新形态教材

植物生理学
Plant Physiology
第8版

全国优秀教材
二等奖

主　编	王小菁
副主编	李　玲　　张盛春
编著者	王小菁　　李　玲
	张盛春　　彭长连
	朱建军　　李娘辉
	李海航　　施和平
	邢　惕　　方　璐

U0250919

高等教育出版社·北京

内容简介

本版教材力求保持前 7 版逻辑性强、简明扼要、易于自学、与时俱进的特色，并注重联系生产生活实际，体现中国科学家的重要工作，关注全球范围内与植物生理相关的热点和前沿。为充分反映学科发展，对主要植物生理过程所涉及的分子机理以及近年来的一些新发现进行了补充和完善，同时对各篇章安排进行了调整。

全书分为 4 篇，共 13 章。第一篇植物的水分和矿质营养，讲述植物的水分生理和矿质营养；第二篇物质代谢和能量转换，包括植物的光合作用、呼吸作用、同化物运输和次生代谢物；第三篇植物的信号转导，包括细胞信号转导、植物生长物质和光形态建成；第四篇植物的生长和发育，包括植物的生长生理、生殖生理、成熟和衰老生理以及植物对胁迫的应答与适应。全书插图进行了重新设计和绘制。

与主教材配套的数字课程，包括知识拓展、重要事件、术语解释、推荐阅读以及参考文献等内容，同时配套了与正文知识点相对应的专题讲座，以满足个性化教学和学习的需要。

本书主要作为高等师范院校、综合性大学和农林院校的植物生理学教材，也可供相关领域的科技工作者参考。

图书在版编目（CIP）数据

植物生理学 / 王小菁主编 . --8 版 . -- 北京：高等教育出版社，2019.3（2024.11 重印）

ISBN 978-7-04-050044-8

Ⅰ . ①植… Ⅱ . ①王… Ⅲ . ①植物生理学—高等学校—教材 Ⅳ . ① Q945

中国版本图书馆 CIP 数据核字（2019）第 017161 号

Zhiwu Shenglixue

| 策划编辑 | 王　莉 | 责任编辑 | 田　红 | 封面设计 | 张申申 | 责任印制 | 沈心怡 |

出版发行	高等教育出版社	网　　址	http://www.hep.edu.cn
社　　址	北京市西城区德外大街4号		http://www.hep.com.cn
邮政编码	100120	网上订购	http://www.hepmall.com.cn
印　　刷	涿州市星河印刷有限公司		http://www.hepmall.com
开　　本	889mm×1194mm　1/16		http://www.hepmall.cn
印　　张	23.5	版　　次	1979 年 4 月第 1 版
字　　数	580 千字		2019 年 3 月第 8 版
购书热线	010-58581118	印　　次	2024 年 11 月第 12 次印刷
咨询电话	400-810-0598	定　　价	58.00元

数字课程（基础版）

植物生理学

（第8版）

主编 李 玲 李娘辉

植物生理学（第8版）

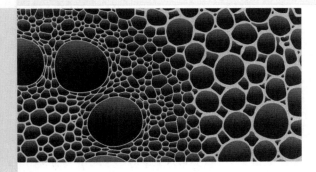

本数字课程与纸质教材一体化设计，紧密配合。立足全面展现课程知识体系并反映学科快速发展的趋势和成果，数字课程涵盖了知识拓展、重要事件、术语解释、推荐阅读及参考文献等多种资源，不仅丰富了知识的呈现形式，而且立体化的教学设计更加贴合课程教学的实际需要。在提升课程教学效果的同时，为学生学习提供了更多思考和探索的空间。

用户名：[　　] 密码：[　　] 验证码：[　　] 5360 忘记密码？ **登录** 注册

http://abook.hep.com.cn/50044

扫描二维码，下载 Abook 应用

序

　　潘瑞炽先生是我国老一代著名的植物生理学家。由高等教育出版社出版、潘瑞炽先生主编的《植物生理学》教材从 20 世纪 50 年代至今，历经"文革"前 2 版、"文革"后 7 版，是我国发行年代最长、使用面最广、影响力最大的植物生理学品牌教材，为我国植物生理学和农业生物学人才培养做出了卓越贡献。潘先生的教材是 20 世纪 80 年代最重要的两个《植物生理学》教材之一，也是我大学时代的重要专业参考书。我第一次见到潘先生是在 1985 年，潘先生在兰州大学讲学，后来多次见面交谈是在我的导师谭克辉先生办公室，先生渊博的知识和开阔的思路，至今印象深刻，学术思想使我受益匪浅。

　　华南师范大学的王小菁教授在植物发育生理研究方面取得了突出的成绩，在教学方面有丰富的经验。令人高兴的是王小菁教授领衔修订并出版了《植物生理学》第 8 版。新一版教材一方面继承了前 7 版简明扼要、适于自学的传统；另一方面与时俱进，通过对各篇章的调整和相关章节的重写和增补，力求体现国内外植物生理学相关领域的研究前沿和进展，注重从分子和细胞水平阐述生理学问题，并将植物生理学原理与全球生态环境、绿色农业、健康医药等重大问题结合起来。此外，由于植物生理学的学科发展日行千里，如何面对挂一漏万的知识和信息爆炸是编写教材需要解决的问题。新一版教材采用主教材讲述核心内容，与之配套的数字课程则通过重要事件、知识拓展、专题讲座、术语解释以及推荐阅读等模块，展示植物生理学重要问题的发现和研究历史、重要概念和内容的研究进展。这样的编排有利于读者在各自感兴趣的领域扩大知识面，更多了解植物生理学相关领域的研究进展，对于掌握知识和建立科学思维有所帮助。

　　近年来，植物科学的发展十分迅猛，基因组学、转录组学、代谢组学，蛋白质组学等各种组学技术的飞跃发展、基因编辑新技术的不断涌现以及各种显微技术的持续进步都大力推动了从分子、细胞、组织器官乃至整体水平阐明植物生理学问题的机理。我国科学家以水稻和拟南芥等为材料，在植物生理学多个领域如激素、植物株型控制、开花机制、光合作用、光信号转导、低温和盐胁迫信号转导以及广谱抗病机制等研究中都获得了引领国际的卓越成果。在新一版教材中也特别关注了我国科学家相关的研究成果。

　　植物生理学作为研究植物生命活动规律的科学，是农业、林业、环境生态、食品、医药等相关产业发展的基础，也是植物科学的一个重要分支。国家在植物科学和农林相关产业持续不断的投入，需要更多高素质的人才。第八版《植物生理学》既具有学科系统性框架，又具有反映学科前沿，以及图文并茂简明扼要等特点，相信该教材的出版将为我国植物生理学教学和人才培养做出更大的贡献。

种康

2018年12月于北京

前言

潘瑞炽先生主编的《植物生理学》教材自 1958 年至 2012 年共出版了 9 版（"文革"前 2 版，"文革"后 7 版）。第 5 版、第 6 版和第 7 版分别被列入普通高等教育"十五""十一五"和"十二五"国家级规划教材，第 6 版被评为 2009 年普通高等教育精品教材。本教材供高等院校本科生使用，立足于阐明植物生理学基本概念、基本原理和植物生命活动基本规律，联系生产实际和生活实际，力求内容精简扼要，易于自学。

为充分反映学科发展，第 8 版的修订增加了副主编和参编人员，对主要植物生理过程所涉及的分子机理以及近年来的一些新发现进行了补充和完善，同时对各篇章安排进行了调整，主要变动如下：全书由第 7 版的 3 篇改为 4 篇，第一、第二篇及其所涉及各章的名称与第 7 版保持一致；第三篇改为"植物的信号转导"，包括细胞信号转导、植物生长物质和光形态建成等 3 章；第四篇为"植物的生长和发育"，包括植物的生长生理、生殖生理、成熟和衰老生理以及植物对胁迫的应答与适应等 4 章。全书大部分插图进行了重新设计和绘制（方璐负责）。

与第 7 版相比，各章主要修订的内容如下：

绪论（王小菁修订）概述我国近 40 年来植物生理学研究发展。

水分生理（朱建军重写）新增了大气的水势，修订了根系吸收途径示意图，增添了吐水和伤流模型图，改写了植物体内水分的长距离运输、合理灌溉的生理基础。

矿质营养（李娘辉修订）改写了离子的跨膜运输方式，增加了简单扩散、离子通道运输、细胞膜质子泵运输和胞饮作用的示意图，修订了单向运输载体示意图。

光合作用（彭长连修订）新增光合膜蛋白的晶体结构、细胞核与叶绿体间的信号调控、叶绿体蛋白转运机制以及 C_4 途径的分类，改写了 Rubisco 和光呼吸的功能。

呼吸作用（施和平修订）改写光合作用与呼吸作用的关系，增加了呼吸作用与农产品加工，调整呼吸作用的指标。

同化物运输（李玲修订）改写同化物运输途径和运输方向，补充了韧皮部装载途径，改写了韧皮部卸出，增加了蔗糖转运蛋白作用机制，补充了磷酸丙糖在同化物配置中的功能。

次生代谢物（李海航修订）新增萜类物质在医药中的应用，改写了酚类化合物的种类，补充了苯丙素类和黄酮类化合物的生物合成，增加了生物碱的生物合成途径以及次生代谢物的开发利用技术。

细胞信号转导（邢惕、王小菁修订）增加了脂类信号分子，新增 CDPK 的生理功能和植物细胞信号转导的特点。

生长物质（李玲修订）增加了一节介绍植物油菜素甾醇类激素，增补了合成代谢的新内容，强调了稳态的调节，改写了主要的植物激素信号转导通路，增添了独脚金内酯，补充了生长延缓剂抑制赤霉素合成的原因。

光形态建成（王小菁重写）重新撰写并独立成章，增加了紫外光受体，修订了主要的光形态建成反应类型，补充了光形态建成的反应机理。

生长生理（王小菁修订）各节安排有所改动，第一节改为"细胞的生长生理"，并修订了细胞伸展的生理；第二节改为"种子萌发"，包括种子萌发的生理生化变化和种子萌发的调节；第三节增加了根尖和茎尖发育；第四节增补了激素调节顶端优势机制；删除了第五节"植物的光形态建成"（另独立成章）；第五节增补了生理钟的调控。

生殖生理（张盛春修订）增加了植物幼年期向成年期转换的机制，开花素 FT 的运输机制；增补了春化作用的感知和作用机理，修订了花器官发育的 ABCDE 模型和花发育的信号转导网络，改写了花粉管导向和自交不亲和的机理。

成熟和衰老生理（张盛春修订）增补了种子成熟过程中贮藏物质积累的调控机制，果实成熟的分子调控机制，植物激素与休眠调控基因。改写了衰老时的生理生化变化，程序性细胞死亡的特征。增加了植物衰老调控相关的转录因子、细胞自噬、脱落的基因调控等。

植物对胁迫的应答与适应（李玲、张盛春、邢惕重写）各节安排及改动较大，第一节改为"胁迫应答与适应生理通论"，对内容进行了重写；原第二节、第三节和第四节合并为第二节"植物对温度胁迫的应答与适应"；原第五节和第六节合并为第三节"植物对水分胁迫的应答与适应"；第四节"植物对盐胁迫的响应"，增加了 SOS 信号转导途径。第五节"植物的抗病性"，增加了植物的天然免疫系统及抗病机制，以及植物激素在抗病中的功能。

修改和更新了各章的思考题，旨在培养学生利用已学习的专业基础知识分析问题的能力。重新编写和制作了与纸质教材配套的数字课程（http://abook.hep.com.cn/50044），包括知识拓展、重要事件、术语解释、推荐阅读以及参考文献等内容。同时配套了与正文知识点相对应的专题讲座，读者可通过微信扫相应位置的二维码付费浏览。这些数字资源增加了知识点广度与深度，以满足个性化教学和学习的需要。

特别感谢种康院士为第 8 版作序。在修订过程中，中国科学院植物研究所童哲先生和山东大学夏光敏教授为主教材的整体布局和修改提出指导性意见；童哲研究员，夏光敏教授，南开大学王宁宁教授，中国科学院上海植物生理与生态研究所刘宏涛研究员，山东大学程爱霞和向凤宁教授，南方科技大学梁建生教授，香港中文大学张建华教授，中国科学院南京土壤研究所施卫明研究员，中国科学院遗传与发育研究所储成才研究员，中国科学院植物研究所张立新、王柏臣、卢从明研究员，中国科技大学苏吉虎教授，兰州大学胡建成教授，华南农业大学侯学文、朱国辉教授、王金祥副教授，临沂大学刘林教授，河南师范大学刘萍教授以及其他高等院校教师对教材的修改和数字课程的编写提供宝贵意见，有的还参与了数字课程的部分编写；陈凤婷女士协助绘图；张玲瑞博士、文李副教授、李娟副教授帮助查找参考资料。高等教育出版社王莉提出许多宝贵意见和建议，田红、孟丽在文字、图表以及格式方面进行了细致的修改和审定。在此一并表示衷心感谢！

　　近年来，植物生理学相关研究迅猛发展，新成果、新进展层出不穷，修订教材过程中时时感到自己的知识储备有限，语言能力尚待提高。虽经仔细修改，书中错误之处仍在所难免，希望读者多多指教。

　　谨以本教材的再版纪念潘瑞炽先生！

王小菁

2018年6月于华南师范大学

◎《植物生理学》教材建设历程

目录

绪论

一、植物生理学的定义、内容和任务

（一）植物生理学的定义和内容

植物生理学（plant physiology）是研究植物生命活动规律的科学。

植物的生命活动是十分复杂的，它的内容大致可分为生长发育与形态建成、物质与能量转化、信息传递与信号转导 3 个方面。

生长发育（growth and development）是植物生命活动的外在表现。生长是指增加细胞数目和扩大细胞体积而导致植物体积和质量的增加。发育是指细胞不断分化，形成新组织、新器官，即形态建成（morphogenesis），具体表现为种子萌发，根、茎、叶生长，开花，结实，衰老死亡等过程。

物质与能量转化是生长发育的基础。而物质转化与能量转化又紧密联系，构成统一的整体，统称为代谢（metabolism）。植物代谢包括对水分和养分的吸收和利用，糖类（碳水化合物）的合成与代谢，以及次生代谢物的合成与代谢等。绿色植物的光合作用将无机物 CO_2 和 H_2O 合成糖类的同时，将太阳能转变为化学能，贮存于糖类中，这就完成物质转化（material transformation）和能量转化（energy transformation）步骤。

信息传递（message transportation）与信号转导（signal transduction）是植物适应环境的重要环节。植物生长在复杂多变的环境中，必须适应环境有规律的变化或抵抗逆境的变化，要完成这些任务，植物必须响应或"感知"环境的变化。植物"感知"环境信息的部位与发生反应的部位可能是不同的，这就存在信息感受部位将信息传递到发生反应部位的过程，即所谓信息传递。例如，土壤干旱（物理信号）时，根系迅速合成脱落酸，运送到叶片，使气孔关闭，以适应干旱。而所谓信号转导是指单个细胞水平上，信号与受体结合后，通过信号转导系统，产生生理反应。例如赤霉素（化学信号）与大麦种子糊粉层细胞质膜上的受体结合，进入细胞，经过信号转导系统，产生 α- 淀粉酶。简而言之，信息传递是指环境的物理或化学信号在器官或组织上的传递，而信号转导是指细胞水平上的传递。

（二）植物生理学的任务

植物生理学的任务是研究和了解植物在各种环境条件下进行生命活动的规律和机制，并将这些研究成果应用于一切利用植物生产的事业中。

植物通过光合作用，利用光能同化 CO_2 和其他无机物，形成有机物，作为动物（包括人类）和微生物的食物和能量来源。植物体内的光合产物，通过转变形成各式各样的有机物（其中有些是次生代谢物），其中有些有机物又是工业、医药原料或中草药的有效成分。

植物对地表、水域和大气的化学成分产生着巨大的影响，占大气体积 21% 的氧气，就是植物光合过程中释放出来的。植物遗体参与土壤形成的过程；豆科植物与固氮微生物共生的生物固氮，大大丰富了生物圈中流通和积累的总氮量。植物根部吸收矿质元素，对岩石和水流中某些无机元素也起到了集聚作用。

由此可见，植物的生长发育是农业生产和林业生产的中心过程，它为畜牧业和水产业提供了有机物质基础；水土保持和环境净化与植物生长有密切关系；植物合成的生物碱、橡胶、鞣质等又是工业原料或药物的有效成分。我们认识了植物的生理、生化过程和本质，就可以合理地利用光、气、水、土资源，发展农、林、牧业生产，加强生态环境保护，为加快建设现代化强国和实现农业现代化服务。

二、植物生理学的产生和发展

早在六七千年以前，我国劳动人民就以农耕为主要生产活动，因此与农业生产密切相关的植物生理学知识就不断得到孕育和总结，内容十分丰富。在《荀子·富国篇》（战国荀况，公元前 3 世纪）里有"多粪肥田"，在《韩非子》（战国韩非，公元前 3 世纪）里记有"积力于田畴，必且粪灌"，说明战国时期古人已十分重视施肥和灌溉。西汉《氾胜之书》（西汉氾胜之，公元前 1 世纪）已记载施肥方式有基肥、种肥和追肥之分，也记载了杂草压青做绿肥的技术。《氾胜之书》提出种子安全贮藏的基本原则："种，伤湿，郁，热则生虫也"；强调种子要"曝使极燥"，降低种子含水量。窖麦法必须"日曝令干，及热埋之"，这种"热进仓"的窖麦法民间一直流传至今。《齐民要术》种枣篇中写道，"正月一日日出时，反斧斑驳椎之"，名曰"嫁枣"，可使树干韧皮部受轻伤，有机物质向下运输减少，地上枝条有机营养相应增多，促使花芽分化，有利于开花结实。至今我国果树产区对枣、梨、柿、李等果木所用的"开甲""割树""删树""压枣""刮皮"等技术，正是"嫁枣"法的演进。这里仅举部分例子说明我国古代劳动人民很早就已有丰富的植物生理学的感性认识和生产经验，但由于时代的限制，当时还不可能上升为理论。

在古时，西欧的罗马人所使用的肥料，除动物的排泄物外，还包括某些矿物质（如灰分、石膏和石灰等）。他们也知道绿肥的作用。他们记载的很多方法和我国总结的相似。

植物生理学的发展大致可分为 4 个时期。

第一时期是植物生理学的孕育时期（16 世纪至 17 世纪）。荷兰的 Van Helmont（1577—1644）是最早进行植物生理学实验的学者，他进行柳树枝条实验，探索植物长大的物质来源。其后，英国的 S. Hales（1672—1761）研究蒸腾作用，从理论上解释水分吸收与转运的道理。英国的 J. Priestley（1733—1804）发现老鼠在密封钟罩内不久即死，老鼠与绿色植物一起放在钟罩内则不死。荷兰的 J. Ingenhousz（1730—1799）接着了解到绿色植物在日光下才能清洁空气，初步建立起空气营养的观念。

第二时期是植物生理学的奠基与成长时期（18 世纪至 19 世纪）。法国的 G. Boussingault（1802—1899）建立砂培实验法，并开始以植物为对象进行研究工作。德国的 J. von Liebig（1803—1873）提出施矿质肥料以补充土壤营养的消耗，成为利用化学肥料理论的创始人。德国的 J. von Sachs（1832—1897）对植物的生长、光合作用和矿质营养做了许多重要实验，促使植物生理学形成一个完整的体系。他于 1882 年编写了《植物生理学讲义》，他的弟子 W. Pfeffer 在 1904 年出版了《植物生理学》，标志着植物生理学作为一门学科的诞生，因此 Sachs 被称为植物生理学的奠基人，Sachs 和 Pfeffer 被称为植物生理学的两大先驱。这个时期自然科学的三大发现——细胞学说、进化论和能量守恒定律对植物生理学的发展也产生了深远的影响，如光合作用中光能转换为化学能，并以有机物形式贮存起来（能量守恒）。

第三时期是植物生理学的初级发展时期（20 世纪）。随着物理学、化学与计算机科学的成就以及研究仪器与方法的改进，使得分析结果更加精细和准确；随着细胞生物学、分子生物学、遗传学、生物化学与生物物理等学科的交叉渗透，植物生理学的各个方面都有突破性的进展。例如，基于植物细胞全能性的概念，成功地进行细胞培养和组织培养，形成完整的植株，在生产上发挥很大的作用；光合作用中光反应、碳反应、光呼吸，C_3、C_4 和 CAM 途径的发现，把光合作用研究推向了崭新阶段；生长发育过程中的光周期和光敏色素、向光素、隐花色素等的发现，成花诱导途径的阐明都为调控植物生长发育打下理论基础；钙和钙调素、细胞信号转导途径的深入研究，了解到了细胞内功能的调节机理；各种植物生长物质的发现、合成与作用机制的阐明，能更有效地控制植物的生长发育，提高产量。

第四时期是植物生理学的迅猛发展时期（21 世纪至今）。进入 21 世纪后，随着基因组学、功能基因组学、蛋白质组学、代谢组学、表观遗传学、系统生物学等的发展，分子生物学渗透到营养、呼吸、光合、代谢等植物生理学各个传统领域，植物生理学已全面进入分子生物学时代。氮、磷、钾等转运蛋白的发现使农业生产栽培过程中实现低肥高效的目标指日可待；各种重要农艺性状相关基因的鉴定为作物育种提供了基因资源；新的植物激素的发现、植物激素受体的鉴定以及信号转导机制的阐明，加速了第二次绿色革命的进程；光合膜蛋白晶体结构的解析、C_4 植物光合作用机制的深入研究为光能的高效利用提供了基础；各种次生代谢物合成与代谢酶的发现大大提高了植物资源的利用效率；植物感受各种逆境胁迫、与病原微生物互作机制以及紫外光 B 受体的发现，阐明了植物适应环境变化的生理与分子规律；比较基因组学、全基因组序列分析、基因编辑新技术的发展和应用有望成为改造植物性状、阐明植物生理学规律以及农作物育种的有力工具。

我国植物生理学起步较晚，早期发展缓慢。钱崇澍（1883—1965）1917 年在国际刊物上公开发表《钡、锶及铈对水绵的特殊作用》论文，又在各大学讲授"植物生理学"，他是我国植物生理学的创始人。20 世纪 30 年代初是我国植物生理学教学和研究的起始期。李继侗（1892—1961）、罗宗洛（1898—1978）和汤佩松（1903—2001）等先后回国，在大学任教，建立实验室，进行科学研究，为我国的植物生理学奠定了基础，他们三人是我国植物生理学的奠基人。中华人民共和国成立前，由于从事植物生理学研究的队伍小，设备差，加上颠沛流离，发展极慢。中华人民共和国成立后，尽管有一些曲折，但植物生理学还是有较大的发展，具体表现在研究和教学机构剧增，队伍迅速扩大，研究成果众多，其中比较突出的有：殷宏章等的作物群体生理学研究；沈允钢等证明光合磷酸化中高能态存在的研究；汤佩松等首先提出呼吸的多条途径的论证；娄成后等深入研究细胞原生质的胞间运转，等等。这些研究在国际上都是较早发现或提出的。

20世纪70—80年代，我国科学家在花药和花粉培养、单倍体育种方面做了大量工作，使700余种植物能够通过茎尖或原生质体获得再生，一些成果被应用到生产上，植物激素在组织培养中的应用得到重视，研究工作不少。改革开放后，从20世纪90年代中后期开始，国家投入更多的研究经费，研究技术不断推陈出新，新成果不断涌现。近年来，我国植物生理学研究成果丰硕，许多研究接近国际水平并在某些领域如植物激素作用机理、作物特别是水稻生长发育、生殖生理、产量和品质调控等方面在国际学术界占有重要地位，领跑世界水稻乃至作物生理学研究。

三、植物生理学的展望

近三四十年，植物生理学的发展有4大特点：

1. 研究层次越来越丰富

由于科学发展，植物生理学已从个体研究深入到器官、组织、细胞、细胞器一直到分子水平的研究，不断向微观方向发展。美国出版的《植物生理学年评》（*Annual Review of Plant Physiology*）从1988年开始改为《植物生理学和植物分子生理学年评》（*Annual Review of Plant Physiology and Plant Molecular Biology*），1999年又改为《植物生物学年评》（*Annual Review of Plant Biology*）。这样易名，一方面，反映从个体到器官、细胞、分子之后，再从分子、细胞、器官到个体的综合性研究趋势。另一方面，根据生态平衡、农林生产需要，研究从个体水平扩展到群体、群落水平，向宏观方向发展。防止环境污染、保持生态平衡和提高农林生产等问题，都需要从宏观方面研究环境和植物的相互影响、植物（作物）成为群体时的生理生化变化等。事实上，从分子到群体不同层次的研究都是需要的，它们紧密联系，却不能相互代替。

2. 学科之间相互渗透

随着科学发展，学科与学科之间相互渗透、相互借鉴的现象越来越多。植物生理学要不断引进相关学科新的概念、新的方法以增强本学科的活力，解决理论问题和实际问题。随着物理、化学、计算机等学科与生物学科的交叉，以及生物分支学科如遗传学、生物物理学、微生物学等的相互渗透，除了拟南芥、水稻等模式植物之外，许多作物和特有植物的基因组全序列测序工作已经或正在完成，不少酶和功能蛋白的结构得到解析，使植物生理学能够在植物个体、器官、细胞及分子水平上，研究它们的生命活动及其调控机理。从学科间的相互关系上看，植物生理学正是基因水平与性状表达之间的"桥梁"。

3. 理论联系实际

植物生理学虽是一门基础学科，但其任务是运用理论于生产实践，满足人类的需要。植物生理学的研究成果对一切以植物生产为对象的事业，有普遍性和指导性的作用。例如，对农业、林业和海洋产业的植物，植物生理学不只是为它们的栽培和育种提供理论依据，而且不断提供新的和有效的手段，为进一步提高产量和改良品质以及综合利用做出贡献。新的植物生长物质的发现和合成，应用于调节作物和果树的生长发育，获得丰产，就是其中一例。

4. 研究手段现代化

由于数学、物理和化学等学科的发展，实验技术越来越细致，仪器设备越来越精密和自动化。层析、电泳、分级离心、放射性同位素示踪、分光光度计、PCR仪、光合测定仪等已是实验室的基本设备或必须掌握的技术。气相色谱仪、高效液相色谱仪、质谱仪、电子显微镜、激光共聚焦扫描显微镜、飞行时间质谱等仪器的应用逐渐普遍；基因测序技术已经发展到第三代，在此基础上发展起来的比较基因组学、转录组学、蛋白质组学、代谢组学以及全基因组关联分析等新技术不断涌现，研究手段的现代化，使研究数据精确可靠，而且获得速度快，大大促进了植物生理学的发展。

世界面临着食物、能源、资源、环境和人口五大问题。这些问题都和生物学有关。植物可利用太阳光能，吸收 CO_2 和放出 O_2，合成有机物，在增收粮食、增加资源和改善环境等方面起着不可替代的、重大的作用。因此，植物生理学在解决五大问题中扮演着重要角色。应当强调指出，中国植物生理学家还要充分认识到我国耕地少、人口多、单位面积产量低的国情，提高为农业服务的积极性，为我国农业现代化做出应有的贡献。农业现代化的本质是农业科学化，即创立一个高产、稳产、优质、低耗的农业生产系统。低能消耗是农业发展的新方向。绿色植物可以固定转换太阳能，农业本来是增加能量的产业，但目前农业增产主要靠化学肥料、农药、农业机械，它们消耗的能量比作物产生的能量多得多。在当今世界能源紧张的情况下，这个局面应当改变。要发挥植物本身利用太阳能的本领，这就涉及光合作用、生物固氮等植物生理学问题。由此可见，植物生理学在社会主义建设中和在实现农业现代化过程中的任务非常艰巨。任重道远，我们要勇挑重担。

植物生理学近几十年来有很大的发展，在生产上起到了较好的作用，例如，植物激素深入的研究，推动了生长调节剂和除草剂的人工合成，从而打破休眠、控制生长、调节花果形成、贮藏保鲜、提高产量和质量、防除杂草等方面起了很大作用；又如，春化现象和光周期现象的发现，对作物栽培、引种和育种等方面有指导意义；再如，组织培养技术的发展，为作物育种、花卉快繁、脱除病毒和植物性药物的工业化生产提供可靠的途径；等等。这些成果充分证明植物生理学是农业的基础和先导。然而，我们对植物生命活动内在变化规律的了解还不够，控制和改造植物的本领则差得更远。自然科学日新月异的今天，植物生理学面临着严峻的挑战，要奋起直追。

当前我国植物生理学在国民经济建设中的主要任务是：

1. 深入基础理论研究

植物生理学的基础理论研究是探索植物生命活动的本质。过去许多例子说明，基础理论问题一旦突破，往往产生超出预期的效果，会给农业生产带来革命性的变化。例如，由于细胞培养、组织培养的成功，为遗传育种、植物繁殖提供了新技术。基础理论研究既要吸收国外的成就，又要有自己的特色；既要了解其作用机理，又要探讨其调节控制。

2. 大力开展应用基础研究和应用研究

在部分力量从事重大基础理论研究的同时，要有较多人力、物力从事应用基础研究和应用生产研究，使科学技术迅速转化为生产力。植物生理学是指导科学种田的理论基础，光合、水分、矿质、抗性、呼吸、生长发育和有机物运输等都与提高作物产量、改善产品品质有直接关系。针对我国西部干旱、沙漠化，应用植物生理研究成果，种草植树，以植物为先锋，保土防沙，改造大自然。植物生理学应与农业各学科合作，针对当地生产存在的问题，进行研究，解决问题，促进农业现代化。

⭕ 小结

植物生理学是研究生命活动规律的科学。它的内容可分为生长发育与形态建成、物质与能量转化、信息传递和信号转导 3 个方面。植物生理学的任务是将研究成果应用于一切植物生产事业中。

植物生理学的发展起源于农业生产活动。随着物理、化学的发展，植物生理学亦有较大的突破。植物生理学的发展大致可分为孕育时期、奠基与成长时期、初级发展时期、迅猛发展时期 4 个时期。

近年来，植物生理学发展有 4 大特点：①研究层次越来越丰富；②学科之间相互渗透；③理论联系实际；④研究手段现代化。

我国植物生理学在国民经济中的任务：深入基础理论研究；大力开展应用基础研究和应用研究。

⭕ 名词术语

植物生理学　生长　发育　代谢　信息传递

⭕ 思考题

1. 植物生理学的定义是什么？根据你所知的事实，举例分析讨论之。

2. 为什么说"植物生理学是农业的基础学科"？

⭕ 更多数字课程资源

中国植物科学年度重要研究进展

植物科学研究技术进展

参考文献

第 一 篇

植物的水分和矿质营养

没有水就没有生命，最早的生命是在海洋中产生的。地球上所有的生物，包括植物的一切生命活动只有在有水的条件下才能进行。同时植物的生命过程也离不开多种必需的矿质营养。植物从土壤和环境中吸收水分，也同时吸收和利用植物所必需的矿质营养。水分和矿质营养是植物生命活动和农业生产的基础。

第 一 章

植物的水分生理

在植物的生命过程中，水的重要性往往超过了任何一种其他物质。"有收无收在于水"这句农谚表明我国劳动人民很早就认识到了水在农业生产上的重要性。

植物从土壤和环境中吸收水分，这些水分被植物运输、分配和利用，或经过植物体表面与环境交换而散失。植物的水分生理包括这些过程及其动力学。

⊙ 重要事件 1–1 植物水分生理研究的历史概要

第一节　植物和水的关系·······································

一、植物的含水量和水分状况

（一）植物的含水量

植物体都含有水分，不同类型的植物的含水量差别很大。水生植物（水浮莲、满江红、金鱼藻等）的含水量可达鲜重的 90% 以上，草本植物的含水量为 70%～85%，木本植物的含水量略低于草本植物。在干燥和湿润反复交替的环境（如岩石表面）生长的地衣和苔藓，在干燥阶段的含水量仅有 6% 甚至更低。

生长在荫蔽、潮湿环境中的植物，含水量一般高于生长在向阳、干燥环境中的同一种植物。

同一植株中的不同器官和不同组织的含水量也可能差异很大。例如，根尖、茎的顶端、幼苗和绿叶的含水量通常为 60%～90%，树干为 40%～50%，休眠芽为 40%，风干种子为 10%～14%。植物生命活动较活跃的部分，水分含量都比较高。

（二）植物的水分状况和水势

由于植物体内存在大量的固体亲水表面以及亲水或水溶性的生物大分子，因此植物中总是存在一部分被这些表面和大分子吸附的水（adsorbed water），也称束缚水（bound water），这部分水分子由于被吸附而能量降低，迁移性、反应活性都大大降低。相反，不受固体表面或大分子的吸附力作用或受到的吸附力可以忽略的水称为自由水（free water）或称体相水（bulk water），两种水具有不同的能量特征，但两者之间并没有明确的界限。

束缚水和自由水的概念在很长一段时间一直被用来形象地描述植物体内的水分状况，至今仍然在土壤学和食品科学中广泛使用。而在植物生理学研究中，自 20 世纪 60 年代以后开始广泛使用从水的自由能（free energy）导出的水势（water potential）概念来描述植物和环境的水分状况。

水的自由能在热力学上是指体系中所有水分子具有的能量中能够被用于做功的那部分能量。水的化学势（chemical potential）是体系中水的偏摩尔自由能（partial molar free energy），即其他条件（温度、压力、体系内组分）不变时体系中每增加或减少一摩尔水所引起的自由能改变，也可简单表述为特定条件下体系内每摩尔水所具有的自由能。

根据 Kramer 等人在 1966 年提出的水势概念和后来的完善，一个体系中水的水势（ψ_w）是体系中水的偏摩尔体积化学势与某一标准态的水的偏摩尔体积化学势之差，即

$$\psi_w = \frac{\mu_w - \mu_{w0}}{\overline{V}_w}$$

其中，μ_w 是体系中水的化学势，μ_{w0} 是某一标准态的水的化学势。$\overline{V}_w$ 为水的偏摩尔体积，即其他条件不变（温度、压力、体系内组分不变）时，体系中每增加或减少一摩尔水导致的体积变化，或者简单表达为特定条件下每摩尔水所占有的体积。

水势概念的提出使得植物与环境、植物体内不同部位的水的自由能高低和水自发迁移的方向有了统一的对比判断标准（例如比较树冠和根部细胞中的水，半透膜两侧的水，过冷水和冰，某一溶液中的水和具有某一湿度的空气中的水蒸气等的自由能高低）。同时，水势具

有人们熟悉的压强的量纲,大大方便了实际应用中的测定和计算。

水势的国际单位制单位为帕(Pa)或兆帕(MPa)。由于人们通常以大气压作为标准态的压力参比,也常常用与大气压(atm)大小差不多的巴(bar)作为水势单位(1 bar = 0.1 MPa ≈ 1 atm)。

由于无法知道水的绝对化学势,需要选择一个标准态作为参比标准来比较计算体系中水的水势。标准态的选择不是任意的,为了测量、比较和计算方便,通常选择与所研究的系统具有相同的温度和压力的自由纯水作为标准态。根据水势的定义(体系中水的水势,等于体系中水的偏摩尔体积化学势减去作为基准的标准态水的偏摩尔体积化学势),标准态水的水势自然为零。植物的水势一般都低于零(负值)。在热力学上,水总是从水势高的相或区域自发地流向水势低的相或区域。水势指体系中水的水势,通常将细胞中水的水势称为细胞的水势,大气中水的水势称为大气的水势,等等。

● 知识拓展 1-1
水势概念和标准态

(三)植物细胞的水势

一个体系中水的化学势是温度、压力和水的摩尔分数的函数。在等温条件下,体系中水的化学势和水势是压力和水的摩尔分数的函数。在水溶液中,水的摩尔分数可以转换成渗透势,因此在等温条件下,水势 ψ_w 主要由压力势(pressure potential,ψ_p)和渗透势(osmotic potential,ψ_π)构成:

$$\psi_w = \psi_p + \psi_\pi$$

这也是植物细胞或者组织中占水分绝大部分的自由水的水势。

压力势是体系内的水与标准态水的压力差导致的水势改变量。如果以处在大气压下的纯水为标准态,压力势等于体系内水受到的高于大气压或低于大气压的压力值。与动物细胞不同的是,植物细胞具有细胞壁,细胞内溶液对于细胞壁的压力称为膨压(turgor),与压力势相等。对于木质部导管来说,压力势通常是导管中水溶液的张力(tension)或负压力(negative pressure)。多数情况下,细胞的压力势 > 0,为正值,而木质部导管的压力势 < 0,为负值。但是当植物细胞受到干旱或冰冻脱水胁迫时,也会通过细胞壁产生细胞内的负压力,严重时导致细胞壁向细胞塌陷(cytorrhysis),这时细胞的压力势为负值。另一方面,当环境湿度过高或者饱和时,经过植物体的水分蒸发停止,植物的木质部导管会由于根压的作用产生高于大气压的压力,这时木质部导管内水的压力势为正值。

渗透势是由于体系内水溶液中溶质颗粒的存在导致的水势改变量(土壤学中常称为溶质势,solute potential)。溶质颗粒的存在导致水的化学势降低,因而渗透势总是负值。稀溶液的渗透势 ψ_π 可以按下式近似计算:

$$\psi_\pi \approx -C_S RT$$

其中 C_S 为溶液中溶质颗粒的摩尔浓度,R 为气体常数,T 为绝对温度。由于电解质在水溶液中的解离,以及非电解质溶液与理想溶液都有一定的偏差,准确计算渗透势需要知道溶质在溶液中的有效浓度。溶质的有效浓度可以根据该溶质的范特霍夫系数(van't Hoff factor,i)乘以溶质颗粒的活度系数(activity coefficient,α)来校正计算。对于非电解质如蔗糖、甘露醇和葡萄糖等,$i = 1$;对于电解质分子,需要根据它在水溶液中能解离成几个离子判断,比如对于 NaCl 和 KCl,$i = 2$;对于 Na_2SO_4 和 $CaCl_2$,$i = 3$。溶质颗粒的活度系数 α 可以通过实验测定。因此,较为准确的溶液的渗透势可以根据下式计算:

$$\psi_\pi \approx -i\alpha C_S RT$$

● 知识拓展 1-2
溶液的实际渗透势
的计算

一般来说，非电解质溶液的活度系数随溶液浓度升高变化较小，电解质的活度系数随溶液浓度升高下降较大。

特别需要说明的是，虽然渗透势的导出使用的是体积摩尔浓度（molarity，或 molar concentration，单位为 mol·L^{-1}）的近似值，即每升溶液中溶质摩尔数的近似值，但由于一般溶液偏离理想稀溶液程度较大，国际上通常用质量摩尔浓度（molality，或者 molal concentration，单位为 mol·kg^{-1}），即每千克纯水中溶质的摩尔数进行校正计算。但是由于气体常数的单位为 0.008314 L·MPa·K^{-1}·mol^{-1}（升·兆帕·开$^{-1}$·摩尔$^{-1}$），为避免计算时的量纲矛盾，实际计算时又需要按 1 kg 水约等于 1 L 的关系将质量摩尔浓度单位中的 kg 再转换成 L，即 mol·kg^{-1} ≈ mol·L^{-1}（即每升纯水中溶质的摩尔数）作为浓度来计算渗透势。

如果考虑亲水的固体和生物大分子表面的吸附效应，细胞的水势还要加上衬质势（matric potential，ψ_m）这一项。但是需要注意，这时计算的水势仅仅是代表了被固体和生物大分子表面吸附的那部分微量的薄层水的水势，而不是生活细胞中的绝大部分的体相水（或自由水）的水势，因而衬质势的作用往往可以忽略不计。

● 知识拓展 1-3
植物细胞和组织水
势的测定方法

此外，还有一些教科书将植物细胞所处的水位高度差在重力作用下形成的压力差称为重力势（gravitational potential，ψ_g）也加进水势，但这一项的本质是属于压力势的一部分，不宜再单独列出。

（四）大气的水势

在土壤－植物－大气连续体中，大气的水势 ψ_w 可按下式计算：

$$\psi_w = \frac{RT}{\overline{V}_w} \ln \frac{p_a}{p_o}$$

其中 $\overline{V}_w$ 为水的偏摩尔体积，R 为气体常数，T 为绝对温度，p_a 是大气中水蒸气的分压，p_o 是同温度下水的饱和蒸汽压。其中 $\frac{p_a}{p_o} \times 100\%$ 是大气的相对湿度（relative humidity，RH）。图 1-1A 为大气相对湿度与水势的关系。当大气的相对湿度高于 90% 时，大气湿度与大气水势的关系接近线性关系（图 1-1B）。

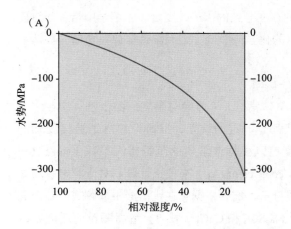
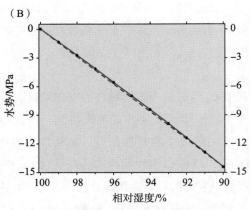

● 图 1-1　大气的相对湿度（RH）
与大气水势的关系（25℃）

二、水的性质及其对植物的重要性

（一）水的化学物理性质

植物的生命过程离不开水。水是由 1 个氧原子和 2 个氢原子组成的极性分子，在常温下呈液态。水具有所有已知液体中最高的介电常数（dielectric constant），这使得水成为非常好的极性溶剂。液态水和固态水（冰）的分子之间存在氢键（hydrogen bond），这使水具有下列特性：①具有所有已知物质中最高的汽化热；②具有所有已知液体中仅次于水银的最高的表面张力；③具有仅次于液态氨的最高比热；④具有极高的分子间内聚力；⑤固态水具有所有已知物质中最高的熔化热和升华热。这些特性使得水能在植物的整个生命过程中起到很多极为重要的作用。

○ 知识拓展 1-4
水的化学物理性质

（二）水在植物生命活动中的作用

水是细胞质的主要成分。水对于维持细胞体积、植物的正常形态和生长发育中细胞膨大是必需的。水是光合作用、呼吸作用、有机物质合成和分解的生物化学过程的反应物质，也是植物中的物质吸收、运输和化学反应的溶剂和介质。水为水生植物和海洋植物提供了必需的生存环境。水分经过植物体表的蒸发是植物散热降温的重要手段，这一过程产生的蒸腾拉力是水分和矿物质沿导管向上运输和根系吸水的主要动力，并且水还是蒸腾拉力的压力传递介质。在细胞中，水是维持细胞的脂双层膜结构所必需的物质。

○ 知识拓展 1-5
脱水过程中脂双层
膜结构的改变

此外，水不仅对植物的起源和生存是必需的，而且水分的可利用量的多少，对于各种植物在地球上的分布，对于植物的生长、发育、代谢途径和次生代谢物质的积累，对于农林植物产品的产量和质量，对于各地区的植被类型（vegetation type，如荒漠植被和雨林植被）的形成和群落结构，对于同一种植物的生态型（ecotype）等，都有决定性的影响。图 1-2 显示了同一地区沙漠和湿地生长的芦苇的生态型的差别。

○ 图 1-2　不同生态型的芦苇

沙漠（A）和湿地（B）生长的芦苇的生态型的差别（2016 年，甘肃临泽）。图中的标示杆长度为 3 m。

第二节　植物的水分交换 ·······································

一、水分迁移的方式

　　植物和环境之间，两个相邻的细胞之间都不断有水分交换和迁移。这些交换和迁移的方式主要有 4 种，即集流（mass flow）、扩散（diffusion）、渗透（osmosis）和蒸腾（transpiration，见本章第四节）。

　　集流也称为整体流（bulk flow），是指流体的溶质和溶剂分子在压力梯度下的整体定向流动，包括溶质穿越细胞壁的流动和溶液在木质部输导组织的远程运输。集流的流速通常与流体通道两端的压力（压强）差成正比。

　　扩散是由于分子或离子的随机热运动所造成的物质从浓度高的区域向浓度低的区域自发迁移直到均匀分布的现象。由于结构阻碍，扩散在植物中仅在短距离的物质运输中起作用。物质的扩散速度可以根据简化的菲克第一定律（Fick's first law）计算：

$$J = -D\Delta C/\Delta x$$

其中，J 为某一物质沿 x 方向的扩散速度，D 为扩散系数，$\Delta C/\Delta x$ 为扩散物沿 x 方向的浓度梯度。

　　如果溶质浓度不同的溶液被仅允许溶剂分子通过的选择性半透膜分隔开，溶剂分子穿越半透膜的扩散将产生渗透作用。渗透作用是指水分子或其他溶剂分子从含有较低浓度溶质的溶液通过半透膜进入较高溶质浓度的溶液中的现象。渗透作用产生的前提是有半透膜的存在。如果溶液经由半透膜与纯水分隔开，渗透作用将在半透膜溶液一侧产生一个附加压力（压强），称为渗透压（osmotic pressure）。或者说，穿越半透膜的水流产生的压力称为渗透压（图 1-3）。对于理想半透膜（即膜只允许溶剂分子通过，不允许任何溶质分子通过）来说，渗透压的大小与膜两侧溶液的渗透势差的绝对值相等，正负值相反。

　　需要说明的是，渗透势是由于水溶液中溶质的存在导致的水势降低值，与是否有半透膜的存在无关；而渗透压则必须要有半透膜将溶质浓度不同的溶液分隔开才能产生。

　　细胞质膜由脂双层膜组成，由于水分子在疏水的脂双层中的溶解度较低，扩散较慢，因此纯粹的脂双层膜对水的透过速率不太高。膜上由于有水通道（water channel）的存在，使水分通过质膜的速度大大增加，通常 70%～90% 的水分是通过水通道跨膜运输的（图 1-4）。

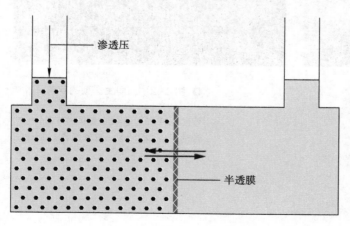

○ 图 1-3　渗透作用

如果含有溶质的水溶液（半透膜左侧）和纯水（半透膜右侧）被半透膜分隔开，水分子将会通过半透膜向溶液一侧迁移。如果要阻止这种迁移，需要向溶液一侧施加一个附加压力，即渗透压，才能使半透膜两侧的水分交换量达到平衡

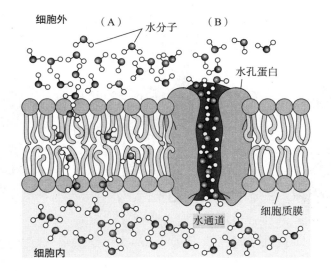

細胞外　（A）　水分子　（B）
水孔蛋白
細胞質膜
水通道
細胞内

● 图 1-4　水分跨过细胞质膜的途径
（自 Taiz 和 Zeiger，2010）

（A）单个水分子通过膜脂双分子层扩散；
（B）许多水分子连续通过水孔蛋白形成的
水通道

　　水通道由水孔蛋白（aquaporin）组成，这是一个分子量相对较小（$2.1 \times 10^4 \sim 3.4 \times 10^4$）而广泛存在于各种植物细胞质膜和细胞内膜系统的一个庞大的蛋白家族。目前在不同生物中已经报道的水孔蛋白基因序列超过 1 700 种，拟南芥中有 35 种，玉米和水稻中分别有 36 和 33 种。高等植物中已发现的水孔蛋白可大致分为 5 类，其中质膜内在蛋白（plasma membrane intrinsic protein，PIP）和液泡膜内在蛋白（tonoplast intrinsic protein，TIP）是研究最多的两类。

　　一般来说，水孔蛋白由 4 个单体组成，每个单体能独立形成一个水孔。每个单体的肽链反复 6 次穿越脂双层膜，折叠形成由 5 个伸出膜两侧的环（loop）串联起来的 6 个跨膜的 α 螺旋（图 1-5A）。这 6 个 α 螺旋围绕起来，在它们的中间形成一个水通道（图 1-5B）。通道大致呈两端粗，中间细的沙漏状。水孔蛋白的基本功能是加速水分的跨膜运输，但这个家族也衍生出一些能运输小分子溶质的通道，这些小分子包括 CO_2、氨、尿素、甘油、过氧化氢、硼、硅和铝的氧化物以及苹果酸、亚砷酸等。水孔蛋白不仅调节这些小分子物质或离子的运输，而且广泛参与植物生命过程中的各个过程，包括根、茎、叶的水分吸收和交换，渗透调节、气孔运动和光合作用、生长发育，氮代谢，开花生理，果实、种子的成熟及种子、花粉萌发，导管栓塞修复和逆境胁迫等，因此水孔蛋白及其活性调控对植物的生命过程有非常大的影响和作用。

● 知识拓展 1-6
水孔蛋白的研究进展

　　植物细胞中水孔蛋白的作用和活性受到多种因素的影响和调节。大量的研究表明，水孔蛋白基因的表达量具有时空性。一般来说，正在生长发育中的植物胚胎、根、胚轴、叶片、繁殖器官或果实中的水孔蛋白表达量高，在根系水流密集的部位，如根内皮层和外皮层细胞中，水孔蛋白也会表达较高。相对于根的成熟部位，根尖部位的表达更高。此外，PIP 和 TIP 在根部比叶片表达更多。

　　水孔蛋白的表达还有日夜节律，白天蒸腾强烈时水孔蛋白活性最高，为夜间最低时的 2～5 倍，水孔蛋白的表达量也接近这一趋势。在拟南芥根中，植物激素脱落酸能够引起 13 种 PIP 中的 6 种蛋白表达量升高，西红柿、小麦和玉米也有类似现象。水孔蛋白的表达还受到干旱、盐、高低温、营养缺乏和植物激素等影响。

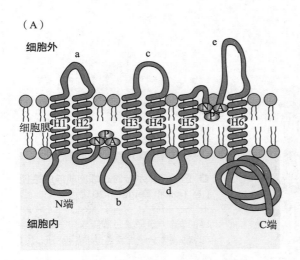
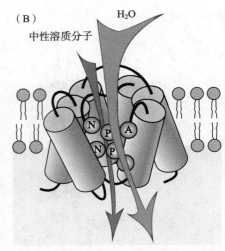

○ 图 1-5　水孔蛋白的结构示意图

（A）H1~H6 为肽链的 6 个跨膜 α 螺旋，a~e 为伸出膜两侧的 5 个环（loop）（自 Sandeze 等，2000）。（B）水孔蛋白的 6 个跨膜 α 螺旋围绕起来，在它们的中间形成水和小分子的通道（自 Maurel 等，2001）

值得注意的是，水孔蛋白只影响水分跨膜运输的速度，但不影响或改变细胞水势和跨膜水流的方向。

二、植物细胞的水分交换

植物细胞在整个生命过程中都在连续不断地与细胞周围的微环境进行着水分交换。例如叶肉细胞表面的水分蒸发以及蒸发失水后从近邻细胞或近邻的木质部导管吸收水分；根部细胞从土壤吸收水分等。

（一）植物细胞的渗透特性

植物细胞形成了一个渗透系统。其中细胞壁主要由纤维素和果胶分子组成，除了少数高分子物质（如 PEG6000）外，水和溶质都可以通过。质膜和液泡膜对水和少数非极性小分子物质的透性较高，但对大分子和大部分极性物质形成屏障。膜对溶质的透性可以用半透膜的反射系数 σ 来描述，理想半透膜的 σ 为 1，即只允许溶剂（水）通过，而细胞壁这种几乎无选择性的网状结构的 σ 接近 0。生物膜的 σ 介于 0 至 1 之间。σ 不仅取决于膜的结构，还取决于溶质的种类。表 1-1 是轮藻细胞的液泡膜对于几种物质的反射系数。

○ 表 1-1　轮藻细胞液泡膜对于几种物质的反射系数 σ

溶质	蔗糖	葡萄糖	乙二醇	乙酰胺	尿素	甘油	乙醇	甲醇	正丙醇
σ	0.97	0.96	0.94	0.91	0.91	0.8	0.34	0.31	0.17

对于 σ 小于 1 的非理想半透膜来说，溶质的渗透势 ψ_π 和能产生的渗透压 π 是不等效

的，即反抗渗透势所需的平衡压力（渗透压 π）要小于渗透势的绝对值：

$$\pi = -\sigma\psi_\pi$$

特别需要说明的是，在植物的每一个细胞内，液泡膜外没有类似细胞壁的结构所形成的膨压，因此尽管细胞质和液泡的成分相差极大，但由于液泡膜两侧水分交换导致的渗透平衡，使细胞质和液泡具有相同的渗透势和水势。

（二）植物细胞的水分交换

植物细胞与环境的水分交换包括水分吸收和水分散失过程。驱动细胞与外部环境水分交换的动力是细胞与环境的水势差。当细胞的水势高于细胞的外部环境时，细胞失水；反之，细胞从环境吸收水分。

当细胞具有膨压时，由于细胞壁的弹性较小，即使细胞少量失水也会导致膨压和水势的大幅度下降。图 1-6 所示为离体单叶蔓菁枝条在失水过程中的细胞水势与细胞总体积关系的曲线。由于细胞水势是用压力室测定的，因此该曲线也称细胞的压力 - 体积关系曲线（或称 P-V 曲线，其原理见知识拓展 1-7）。在膨压大于零的开始阶段（水势 −0.15 到 −1.10 MPa），枝条仅仅失水 0.1 cm³ 就导致 0.95 MPa 的细胞水势变化。但是当膨压降为零后（水势 −1.50 到 −2.50 MPa），枝条失水 0.57 cm³ 仅仅导致 1.00 MPa 的细胞水势变化。因此，在测定有膨压的植物组织的水势时，需要小心避免水分散失所导致的误差。当细胞膨压降为零后，组织失水量与细胞水势的倒数呈线性关系，细胞水势变化对水分减少的敏感度降低，因此植物细胞渗透势的日变化相对较小。

◉ 知识拓展 1-7 植物细胞的压力 - 体积关系曲线

当细胞外部溶液的渗透势等于细胞溶液的渗透势时（水势也相等），植物细胞的膨压下降到零，这一点称为质壁分离（plasmolysis）临界点，如果细胞外溶液浓度继续升高，原生质体将失水收缩，细胞壁和原生质体发生分离，称为质壁分离。质壁分离的原生质体吸水膨胀恢复膨压称为质壁分离复原（deplasmolysis）。渗透浓度高于细胞溶液渗透浓度的溶液称为高渗溶液（hypertonic solution），渗透浓度低于细胞溶液渗透浓度的溶液称为低渗溶液（hypotonic solution），和细胞溶液渗透浓度相同的溶液称为等渗溶液（isotonic solution）。

在土壤中，当根系细胞水势低于土壤溶液的水势时，植物将从土壤吸收水分；当土壤变干燥水势低于根细胞的水势时，根系失水。在荒漠地区，有时植物的根系从深层高水势的

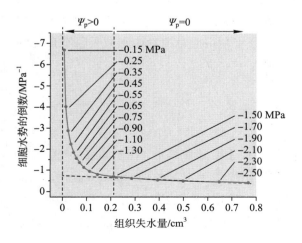

◉ 图 1-6 单叶蔓菁枝条组织的失水量与细胞水势倒数的关系

图中标注的以 MPa 为单位的水势值是与纵坐标的水势倒数值对应的细胞水势值，质壁分离临界点大约为 −1.5 MPa

土壤吸收水分，再通过浅层根系释放到较低水势的浅层土壤的现象，称为植物根系的升水（hydraulic lift）作用。升水作用所释放的水分可缓解浅层土壤的干旱。在干旱或荒漠地区，升水作用对改善植物自身及邻近植物的水分亏缺，促进植物养分吸收，促进土壤养分分解等有一定的生理生态意义。

当植物叶片的气孔张开时，叶肉细胞表面将与大气发生气体交换。由于大气相对湿度通常都低于100%，叶肉细胞吸收CO_2或者O_2分子的同时将失去大量水分。即使是湿度很高的大气的水势一般都很低。例如，相对湿度为90%的空气，在25℃时的水势为−14.5 MPa（见图1−1）。

对于相邻两细胞来说，由于细胞间的扩散阻力和水势梯度快速衰减，细胞间的水分传输往往只能限于几个细胞的距离。例如，假定相邻的两个细胞间有0.01 MPa的水势差才能有明显的水分迁移交换，那么1.0 MPa的水势差在传递到第100个细胞时就将消失。假定细胞的直径为50 μm，这个距离仅有5 mm。因此，水分的远距离运输需要经过植物的木质部导管或管胞进行（见本章第三节），没有真正输导系统的植物（如苔藓和地衣）普遍比较矮小。

（三）种子和复苏植物的水分吸收

干燥植物种子和干燥复苏植物由于内部含有大量的亲水表面，对水分子具有强烈的吸附能力。种子吸水的开始阶段因此吸附大量水分子而散发大量热量，被吸附的水分子的能量和水势大大下降，这种水势下降就是通常说的衬质势。随着种子和组织水分吸收总量的增加和细胞的生长，吸附水的比例和衬质势的作用最终下降到可以忽略的程度。干燥种子和复苏植物的吸水过程还伴随着细胞脂双层膜系统的恢复。

第三节 根系的水分吸收和远距离运输·························

土壤是陆生植物获得水分和矿质营养以及物理支撑的基质。土壤由固相、液相和气相三相物质构成，固相主要包括矿物质、有机质等；液相指土壤溶液；气相是指土壤中的各种气体。土壤是复杂的亲水多孔隙系统，其中的孔隙被水和空气所充满。土壤还含有多种微生物，形成一个土壤生态系统。绝大多数的陆生植物依靠根系从土壤中吸收生命过程所需的水分和无机盐离子，因此土壤的水分状况和水分可利用性对植物的水分吸收有重要的影响。

一、土壤中的水分

按物理状态来分，土壤中的水分大致可以分为3种：①束缚水，指土壤在空气中风干后残留的极少量吸附水，因水势很低，植物不能利用；②毛细管水（capillary water），是水分能够以毛细作用力保持在土壤颗粒间隙的水，是植物水分吸收最主要的来源；③重力水（gravitational water），是指土壤含水量超过毛细作用所能保持的水，能够在重力作用下通过土壤颗粒间的空隙下渗的过量的水，也包括土壤表面可以自由流动的水。

一般来说，土壤水势是由渗透势（或称溶质势，ψ_π）、压力势 ψ_p、衬质势（或称基质势，ψ_m）和重力势（ψ_g）几个组分构成的。其中压力势包括静水压力势、气体压力势以及荷载压力势，重力势是由于测定点与参比面的高度差导致的压力势差。通常土壤中溶质的浓度非常低，ψ_π 一般为 -0.02 MPa 左右，但盐碱土溶质浓度很高，ψ_π 可达到 -0.2 MPa 或更低。在土壤脱水过程中，土壤的衬质势逐渐占主导地位。

离开地表不同深度的土壤的含水量和土壤溶液的溶质浓度是不一样的。接近地表的土壤层，一方面由于水分蒸发含水量较低，同时由于溶液的水分蒸发后将溶液中的盐分留在地表，并不断地从下层和深层土壤通过毛细作用补充新的溶液，继续水分蒸发和盐分累积过程，这样就容易在地表形成盐胁迫。在有足够的降水时，降水能够将地表的过量盐分通过类似于层析的方式淋洗溶解并沉降到地表深处，或通过地表径流带走。但是在干旱地区，由于降水稀少，如果年复一年反复使用溶解有矿物质的河水从事灌溉，河水的水分蒸发后留在地表累积的盐分不能清除，将会导致土壤的快速盐渍化。

二、根系吸水的途径和动力

植物根部水分吸收主要在根尖部分进行。根冠、分生区和伸长区由于输导组织没有成熟，细胞间水分迁移阻力大等原因，水分吸收能力较小。根毛区有大量根毛，形成非常大的吸收面积，加上根毛区的输导组织基本成熟，输水阻力较小，使根毛区具有最大的水分吸收能力（图 1-7）。所以移植植物幼苗时应尽量避免损伤幼根，并且需要在移栽苗定植时，通过压实疏松的泥土并浇水，使土壤颗粒与根表面能够紧密接触，有利于根系吸收水分。

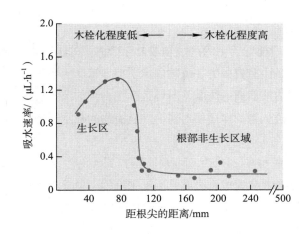

○ 图 1-7 南瓜根不同部位的吸水速率（自 Taiz 和 Zeiger，2010）

（一）根系吸水的途径

水分在根内的运输途径可分为沿根横截面半径方向的径向运输和沿根长度方向的轴向运输或纵向运输。

径向运输的途径有 3 条，即质外体途径（apoplastic pathway）、跨膜途径（transmembrane pathway）和共质体途径（symplastic pathway）（图 1-8）。质外体途径是指水分沿细胞壁表面以及细胞壁内部沿壁的纵轴方向（并非根的纵向方向）的运输，由于沿细胞壁表面的压力梯

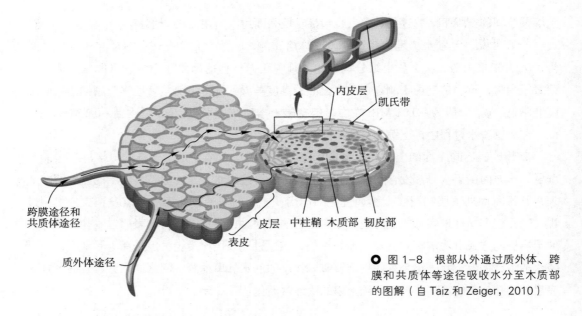

图 1-8　根部从外通过质外体、跨膜和共质体等途径吸收水分至木质部的图解（自 Taiz 和 Zeiger，2010）

图中标注：内皮层　凯氏带　跨膜途径和共质体途径　质外体途径　表皮　皮层　中柱鞘　木质部　韧皮部

度有限，并且沿细胞壁的微小空隙运输阻力很大，因此经质外体途径的运输比例很小，往往仅占根系总吸水量的约 1%。跨膜途径是指水分从一个细胞迁移到另一个细胞，两次通过质膜，这是植物根吸收水分最主要的运输途径。共质体途径是指水分以胞浆（细胞质基质）形式从一个细胞的细胞质经过胞间连丝，直接流向到另一个细胞的细胞质。在连续的蒸腾过程中，由于共质体途径涉及细胞质基质连续不断地从一个细胞流向另一个细胞的单方向迁移运输，这种运输显然是不可持续的，与植物体内流量巨大的蒸腾流相比没有实质意义。

植物根系由于凯氏带（Casparian strip）结构的阻隔，根系的内皮层就形成了事实上的半透膜，因此根系对溶液的吸收具有选择性。

（二）根系吸水的动力

植物根系从土壤中吸收水分的动力是根木质部导管中的溶液和根外土壤溶液的水势差，主要包括压力势差和渗透势差。其中压力势差是由蒸腾拉力在植物的木质部导管产生负压力所导致的，渗透势差为木质部导管溶液与土壤溶液溶质的浓度差所导致。在白天的蒸腾过程中，蒸腾拉力是根系水分吸收的主要动力，渗透势差的作用相对较小，但植物的吐水、伤流和根压与渗透势直接有关。

1. 吐水、伤流和根压

在大气湿度高的早晨，有时可以看到植物叶片尖端或边缘向外溢出水滴的现象，称为吐水（guttation，图 1-9A）。在自然条件下，如果在靠近地面的部位切断植物的茎，在切口上往往会有液滴溢出（图 1-9B），这一过程称为伤流（exudation，exuding 或 bleeding），流出的溶液称为伤流液（exudate），即植物木质部的溶液，它一般含有少量无机盐、有机物和植物激素。

吐水和伤流都是因为植物根的木质部溶液具有高于大气压的压力，驱动水分向上移动所导致的。由于这一压力是在植物的根部产生的，因此称为根压（root pressure）。根压的产生是由于根系从土壤溶液中吸收离子并穿越内皮层细胞转运到木质部导管，使木质部溶液的渗透势降低所导致的。不同植物能产生的最大根压不同，一般介于 0.05～0.5 MPa。吐水和伤

○ 图1-9 植物叶片的吐水（A，邵伟提供）和切断茎（叶鞘）的伤流（B）现象

流的强度可以作为根系生理活动强弱的指标，判断植物的生长状况。

较大的根压的产生意味着根木质部溶液有较高的盐离子浓度。如果这样的溶液被连续不断地输送到植物叶片，溶液中的水分通过持续的蒸腾散失，但溶液中的盐离子却连续不断地沉积留在叶片，对叶片将是致命的，即使是泌盐植物叶片能接受的盐的量也是有限的。因此根压的大小是有限度的。

2. 蒸腾拉力和水的内聚力

植物体内水分远距离的运输是通过木质部的导管或管胞进行的，水分在其中的运输动力主要是蒸腾拉力（transpiration pull）。蒸腾拉力是由毛细作用产生的。当叶片气孔下腔的叶肉细胞表面的水分蒸发时，将在叶肉细胞的细胞壁的亲水微孔中产生无数个弯月面。随着蒸腾作用的继续，如果细胞失去的水分没有及时得到补足，这些水的弯月面将在细胞壁的微孔中下降，通过毛细作用产生很大的负压或张力，并经过叶肉细胞传递到叶片的导管和整个植物的木质部导管直到根部，成为根系的水分吸收动力。有实验显示，苍耳和鸭跖草叶肉细胞壁的微孔孔径为 45～52 nm，理论上，在室温下并且细胞壁完全润湿时，水的弯月面能够在这样的微孔中最多产生 −56.5～−65.3 MPa 的负压力，在假定无阻力的条件下能够克服重力将水提升到 5 500～6 400 m 的高度。

蒸腾拉力能产生很大的负压力，液态水处在这种低于真空的压力下是一种危险的状态，很容易受环境因素诱导产生空化（cavitation），在导管中产生气泡导致栓塞（embolism），即通常所说的水柱被拉断（关于空化可参考知识拓展1-4 水的化学物理性质）。

由于水分子之间有很高的内聚力，大大降低了导管溶液空化的风险，使水能够以负压状态在导管中运输。爱尔兰科学家 Dixon 和 Joly 由此在 1894 年提出了水在植物体内上升的内聚力 - 张力学说（cohesion-tension theory），简称内聚力学说。内聚力学说是指蒸腾拉力产生的张力（或称负压力）通过液态水分子之间的内聚力维持导管内的水柱不断裂，使水分在植物体内能够克服重力上升的学说。

在自然条件下，有可能导致植物木质部溶液空化的因素包括：低于真空的负压力（绝对值越高越危险）、高频声波或振动、因太阳局部照射或气温升高导致的导管溶液中的气体溶解度降低使气体逸出形成微小气泡、风导致的枝条或茎的形变引起木质部导管变形、结冰产

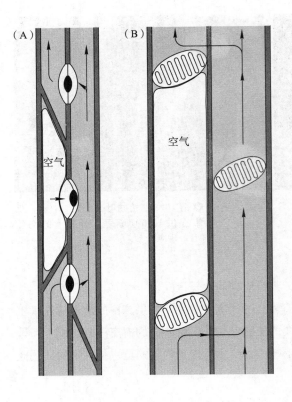

○ 图 1-10 水流在管胞或导管中流过栓塞的管胞和导管的旁路示意图（自 Hopkins 等，2004）

（A）空化后的管胞受到相邻充满水（绿色）的管胞内低于真空的负压力的作用失水形成充满空气的管胞导致气栓塞，同时导致纹孔塞封住具缘纹孔；（B）空化后的导管分子受到相邻充满水（绿色）的导管分子内低于真空的负压力的作用失水变成充满空气的导管分子导致气栓塞。但由于水的表面张力作用，气泡难以通过管胞壁、导管壁以及导管两端的穿孔板的微孔，使空化作用被局限在单个管胞或导管分子内，水分能继续侧向绕过空化栓塞的管胞或导管向上运输

生的微小气泡等。如果一个木质部导管分子发生局部空化作用，导管分子内的压力会立即上升，其中的水将立即流入紧邻的导管分子，气泡受周围导管的负压力作用立即充满空化的导管分子。但由于水的表面张力，气泡无法穿越细胞壁引起邻近其他导管的空化。这时水分能够经由空化导管分子周围的其他导管"绕道"运输（图 1-10）。因此尽管蒸腾拉力导致木质部溶液处于危险的状态，它仍然是茎内水分上升和根系白天水分吸收的主要动力。

在切花生产的过程中，空气会进入切口处较大的导管导致气栓塞。如果将茎的切口上方数厘米处浸到水下并在水下再次切断茎，并使茎切口一直保持在水下，就能够避免导管的气栓塞，延长切花的保鲜期。在一些植物中，部分已经空化并气栓塞的导管或管胞，能够通过根压或毛细作用而重新被水充满（例如灌木中的复苏植物密罗木），恢复输导功能，称为导管的修复，但是离开地面较高的导管或管胞，因为根压作用有限，水柱无法到达，而难以修复。

（三）影响根系吸水的土壤条件

生长在土壤中的植物根系的水分吸收能力和速度受到土壤环境和自身生理状况等多个因素的影响，这些因素主要包括：

（1）土壤中的可利用水分 一般来说，土壤中的毛细管水和重力水能够被植物利用。对于同样含水量的土壤来说，粗砂、细砂、砂壤、壤土和黏土的可用水分的量依次递减。

（2）土壤通气状况 氧气通过影响植物根系的代谢促进水分吸收，高浓度 CO_2 则抑制水分吸收。根部持续缺氧导致无氧呼吸，产生和累积较多酒精伤害根部细胞，影响根部功能，因此作物受涝时反而出现缺水现象。在作物栽培中的中耕耘田、排水晒田等措施的目的就是改善土壤的通气状况。

（3）土壤温度 低温能降低根系的水分吸收速率。这是由于低温下水分本身和细胞质黏性增大，运输阻力增大；低温导致呼吸作用和代谢减弱，影响水分吸收；根系生长缓慢，有碍水分吸收表面的增加。

反过来，温度过高一方面导致细胞呼吸速率升高耗氧需求增加，另一方面却因为氧在水中的溶解度随温度升高而迅速下降，这就非常容易造成细胞缺氧，加速根的老化过程，使根的木质化区域延伸到根尖附近，减少吸收面积和水分吸收。同时，温度过高也能导致酶的钝化，影响根系的代谢和水分吸收。

（4）土壤溶液浓度　土壤溶液所含盐分的高低，直接影响溶液水势的高低。盐碱地土壤溶液中的盐分浓度较高，水势很低，作物水分吸收困难。施用化学肥料时不宜过量，特别是对于含水量相对较低的沙质土，以免造成化肥的渗透浓度过高使根系水分吸收困难或毒害，产生"烧苗"现象。

三、植物体内水分的远距离运输

高大的陆生植物地上部分所需的水分需要通过木质部导管或管胞远距离运输。水分在木质部中运输的速度一般为 $3 \sim 45$ m $\cdot$ h^{-1}。具环孔材的树木的导管较大而且较长，水流速度可高达 40 m $\cdot$ h^{-1}，甚至更高；具散孔材的树木的导管较短，水流速度相对较慢，为 $1 \sim 6$ m $\cdot$ h^{-1}；在只有管胞的裸子植物中，水流速度低于 0.6 m $\cdot$ h^{-1}。

由于木质部导管和管胞的直径都很小，经过这些导管和管胞的运输需要考虑水分通过毛细管的阻力。根据泊肃叶定律，当毛细管两端的压力差为 ΔP，液体的黏度系数为 η 时，某一段时间 t 内流过长度为 L、半径为 R 的毛细管的液体的流量 Q_v 由下式给出：

$$Q_v = \frac{\pi \Delta P R^4 t}{8 \eta L}$$

从式中可以看出，其他参数不变时，毛细管半径的大小对于流过毛细管的液体的流量有非常大的影响，毛细管半径 R 每增大一倍，流量 Q_v 将增大到原来的 16 倍（2^4 倍），如果毛细管半径 R 增加 2 倍，流量将增大到原来的 81 倍（3^4 倍），以此类推。由于在同一植物的茎中木质部导管的直径差别很大，因此半径较大的导管在植物的水分远程运输中起着非常大的主导作用，半径较小的导管对水分运输的贡献相对很小。在同一植物中，叶片和根部之间的压力差，或者说毛细管系统两端的压力差 ΔP（即压力势差），决定着木质部导管远程运输的速度。如果根系水分供应充足，根部的水势较高并且相对稳定，而叶片蒸腾速度很高，就会造成叶片水势很低而根部水势很高，这时叶片和根部的压力差会比较大，溶液在木质部导管的流速就将很高。如果土壤很干旱，根部水势也将很低，这时叶片和根部之间的水势差就相对较小，木质部溶液的流速就会较低。

对于高大的树木如北美红杉，树冠顶部的叶片由于水分运输距离遥远阻力很大，加上巨大的高度差通过重力所产生的压力势差，致使顶部叶片和基部叶片长期存在很大的水势差，顶部叶片形态发育发生改变。树冠基部 2 m 处的叶片形态类似于水杉，而树冠顶部 112 m 处的叶片呈现出类似荒漠植物柽柳的鳞片状形态。这也是植物体内的水分运输和水分状况限制植物生长高度的一个例子。

通常植物根压不大，水分从植物根部向地上部分远程运输的动力主要是蒸腾拉力，根压的作用相对较小。

第四节　蒸腾作用 ·······················

植物在生命过程中，需要与所处的大气环境进行气体交换，以获得所需的 CO_2 和 O_2。这一过程往往伴随着水分经过植物体表面的蒸发，即蒸腾作用。

一、蒸腾作用的定量描述

在研究中人们常用下列指标来定量描述蒸腾作用：

（1）蒸腾速率（transpiration rate）　蒸腾速率是指植物在一定时间内单位叶面积蒸腾的水量。一般用每小时每平方米叶面积蒸腾水量的克数表示（$g \cdot m^{-2} \cdot h^{-1}$）。常见的植物白天的蒸腾速率为 $15 \sim 250\ g \cdot m^{-2} \cdot h^{-1}$，夜间为 $1 \sim 20\ g \cdot m^{-2} \cdot h^{-1}$。

（2）蒸腾比率（transpiration ratio，TR）　蒸腾比率是指植物蒸腾作用失去的 H_2O 的摩尔数与光合作用中固定的 CO_2 摩尔数的比值。C_3 植物的 TR 约为是 400，C_4 植物约为 150，CAM 植物约为 50。也有人用植物蒸腾作用失去的 H_2O 的质量（克）与光合作用中固定的 CO_2 质量（克）的比值，或用植物蒸腾作用失去的 H_2O 的质量（克）与光合作用生成的干物质的质量（克）的比值。因此在具体使用这一指标时应当注明。

（3）水分利用效率（water use efficiency，WUE）　WUE 是 TR 的倒数。

木本植物的茎或枝条具有皮孔蒸腾（lenticular transpiration），但仅占植物全部蒸腾量的约 0.1%。植物的蒸腾作用绝大部分是通过叶片进行的。叶片的蒸腾作用有两种方式，一是通过角质层的蒸腾，称为角质蒸腾（cuticular transpiration）；二是通过气孔的蒸腾，称为气孔蒸腾（stomatal transpiration），占主导地位。一般来说，水分难以透过角质层，但因角质层中间含有亲水的果胶和裂隙而具有一定的透水性。一般植物成熟叶片的角质蒸腾仅占总蒸腾量的 5% ~ 10%。

二、气孔蒸腾

（一）气孔的结构和生理特点

植物的叶片通过调节气孔的开闭大小来调节蒸腾速率。一般来说，除了景天酸代谢的植物外，气孔在白天开放，晚上关闭。气孔的运动与保卫细胞的结构特点有关。保卫细胞的细胞壁有不均匀加厚（辐射状微纤维丝，图 1-11），当细胞膨压有变化时，细胞壁的不均匀加厚导致不同部位呈现出不均匀的膨胀伸缩。不同植物的保卫细胞体积能可逆性地增大的程度不同，一般介于 40% ~ 100%。肾形保卫细胞吸收水分膨胀时，较薄的外壁易于伸长，向外扩展，两个保卫细胞呈现两个面对的拉弓状形变，气孔张开（图 1-11A），哑铃状保卫细胞

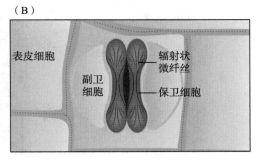

（A）
表皮细胞
辐射状微纤丝
保卫细胞

（B）
表皮细胞
副卫细胞
辐射状微纤丝
保卫细胞

○ 图1-11 肾形保卫细胞（A）和哑铃形保卫细胞（B）的结构（自 Meidner 等，1968）

吸收水分时，细胞的两端局部呈球形膨胀，两个细胞中间的气孔被撑开（图1-11B）。

（二）气孔运动的机理

气孔运动（stomatal movement）是指保卫细胞由于膨压变化导致气孔开放或关闭的运动。气孔运动受到多种环境因素的影响，如光强和光质、温度和湿度、细胞间 CO_2 浓度和某些抑制气孔开放的物质或激素等，并且还受到昼夜节律的调控。这些因素作用的结果都是通过改变保卫细胞内溶质浓度，改变保卫细胞与近邻细胞的水分关系和水分交换而引起气孔的开闭。

气孔开闭的机理仍未完全了解。目前认为参与气孔开度调节的渗透物质主要有钾离子和对应的阴离子，以及蔗糖和苹果酸。

○ 重要事件 1-2 气孔运动的研究历史

近年的研究表明，保卫细胞清晨的开放伴随的是保卫细胞内钾离子浓度的同步增加，但在午后气孔开度还仍然在增大的时候钾离子浓度就开始下降。保卫细胞中的蔗糖浓度在清晨时增加较慢，但随着保卫细胞钾离子的流出，蔗糖变成了保卫细胞维持高渗透浓度起主导作用的物质，傍晚保卫细胞的关闭伴随的是保卫细胞内的蔗糖浓度的同步减小。蓝光能够激活质膜 H^+-ATP 酶，引起保卫细胞跨膜的氢离子运输产生氢离子浓度差，为钾离子的跨膜运输提供了动力（见第十章第五节）。蓝光还能刺激淀粉的降解和苹果酸的合成，加速气孔的开放。

气孔下腔 CO_2 浓度降低能导致气孔张开，其中依赖于磷酸丙酮酸羧化酶的苹果酸合成在保卫细胞感应 CO_2 浓度中起着重要的作用。有关植物激素脱落酸促进气孔关闭的内容见第八章第五节。

现在认为，保卫细胞渗透物质浓度的提高导致气孔张开有4条途径：①保卫细胞对钾离子的大量吸收，以及伴随的 Cl^- 吸收和苹果酸大量合成；②淀粉水解变成蔗糖；③保卫细胞通过碳固定和光合作用合成蔗糖；④保卫细胞从细胞间隙（质外体）吸收叶肉细胞产生的蔗糖（图1-12）。

（三）影响气孔运动的因素

气孔运动受内部因素影响，也受多种外界因素影响，这些因素主要包括：

（1）光 在供水充足的条件下，光照是调节气孔运动的主要环境因素，蓝光的作用至关重要。

（2）水分 保卫细胞必须吸收水分才能够使膨压升高从而引起气孔开放，因此，叶片

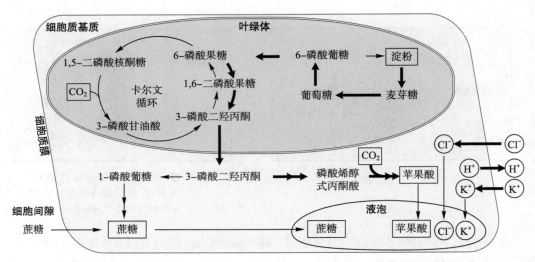

细胞质基质　　　　　　　　　　　叶绿体

1,5-二磷酸核酮糖　　　6-磷酸果糖　　←　6-磷酸葡糖　→　淀粉

CO_2　　卡尔文
循环　　　　1,6-二磷酸果糖　　　　葡萄糖　←　麦芽糖

3-磷酸甘油酸　　3-磷酸二羟丙酮

细胞质膜

细胞间隙　　1-磷酸葡糖　←　3-磷酸二羟丙酮　→　磷酸烯醇
式丙酮酸　→　苹果酸

CO_2　　　　Cl^-　←　Cl^-

H^+　→　H^+

K^+　←　K^+

液泡

蔗糖　→　蔗糖　　　　　　　　蔗糖　　苹果酸　　Cl^-　K^+

○ 图 1-12　保卫细胞中的 4 条渗透
调节途径（改自 Tallott 和 Zeiger，1988）

的水分状况对于气孔运动至关重要。在干旱或荒漠条件下，水分胁迫使气孔开度减小，从而使植物减少水分消耗。

（3）CO_2 浓度　低浓度 CO_2 促进气孔张开，高浓度 CO_2 即使在光照条件下也能使气孔迅速关闭。

（4）温度　与光的影响相比，温度对气孔运动的影响较小，气孔开度一般随温度的上升而增大。在 30℃ 左右达到最大气孔开度，当温度超过 30℃ 或低于 10℃，气孔只有部分张开或关闭。

（5）植物激素和抗蒸腾剂　植物激素脱落酸和一些化学物质如苯汞乙酸、阿特拉津、2,4- 二硝基酚、甲草胺、整形素、黄腐酸等，都能抑制气孔的开放。

三、影响蒸腾作用的因素

首先，植物的蒸腾作用主要是气孔蒸腾，影响气孔开度的因素都能影响蒸腾作用。其次植物本身的形态结构、生理生态特性和环境因素都能影响蒸腾作用。气孔蒸腾实质上是水分从叶肉细胞表面经由气孔到大气的蒸发过程（图 1-13）。

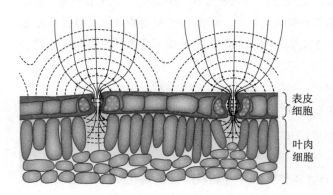

表皮
细胞

叶肉
细胞

○ 图 1-13　气孔蒸腾中水蒸气扩散
的途径（自 Gates，1966）

（一）植物的形态结构和生理生态特性

从形态解剖结构上来说，植物叶片的气孔频度，即每平方厘米叶片的气孔数（stomatal frequency）和气孔大小，气孔的位置和叶片表面的有无附属物，角质层的厚度和完整性，都能影响蒸腾。一般来说，气孔频度大、气孔开口大的叶片蒸腾速率较大；气孔下腔容积大，即暴露在气孔下腔的湿润细胞壁面积大的叶片，蒸腾速率相对较大；气孔下陷，形成气孔窝的植物蒸腾速率较小；叶表面有表皮毛或鳞片等其他附属物的，因扩散阻力增大和对光的反射增加也能减少叶片蒸腾。

从生理上来说，固定等量 CO_2，C_4 植物比 C_3 植物的蒸腾失水量要小；景天酸代谢的植物，由于在一天中相对湿度最高的夜间固定 CO_2，因此蒸腾量最小。

（二）环境因素

光对蒸腾作用的影响首先是引起气孔的开放，从而加速蒸腾作用。其次，光辐射的能量导致叶片温度升高。温度升高能加速叶肉细胞表面的蒸发，提高气孔下腔的水的饱和蒸气压，增加叶内外蒸气压差，温度升高也使气体扩散速度加快，这些都使蒸腾作用加速。在温度相同时，大气的相对湿度越大，气孔内外蒸气压差越小，驱动水蒸气扩散的浓度梯度减小，蒸腾下降。反之，大气的湿度降低，蒸腾加速。风能够大幅度减少扩散阻力，使蒸腾加速。强风可能会引起气孔关闭或开度减小，内部阻力加大，蒸腾减弱。

四、蒸腾作用的生理意义

1. 蒸腾作用是植物水分的吸收和运输的主要动力，特别是高大的树木，假如没有蒸腾作用产生的蒸腾拉力，树冠部分将无法获得水分。

2. 溶于水中的矿质盐类和根系产生的激素等有机物需要随着蒸腾流被运输到植物地上的器官和组织。

3. 蒸腾作用能够降低叶片的温度。叶片吸收太阳光能导致叶温升高。如果叶温过高，叶片细胞会受到高温伤害。由于水的汽化热很高，水分从叶片的蒸发将带走大量的热量，使叶片得到冷却。

4. 蒸腾作用伴随着植物与大气交换气体以获得代谢所需要的 CO_2 或 O_2。

第五节　合理灌溉的生理基础······························

我国人均拥有的水量仅仅约为世界平均量的 1/4，而且时空分布不均匀，北方大面积高度缺水。因此需要研究合理灌溉，用最少量的水取得最大的农业产量。这就需要深入地了解农作物对水分的需要情况。如果灌水太少或不及时，会影响作物生长和产量；相反，灌水太多，不仅浪费水源，还有可能引起许多不良后果。

○ 知识拓展 1–8
水在地球上的分布和循环

一、作物的需水差异和规律

作物需水量因作物种类而异：大豆和水稻的需水量较多，小麦和甘蔗次之，高粱和玉米最少。需水量较小的作物生产等量干物质所需水分少，或者在水分较少时，仍能制造较多的干物质。C_4植物利用等量水分所产生的干物质比C_3植物多1～2倍。

同一作物因生长发育，蒸腾面积增大，对水分的需要量增加。另一方面，作物本身不同生长发育时期的生理生态特征也影响作物对水分的需要量。

现以小麦为例，分析作物在不同生长发育时期对水分的需要情况。

第一个时期是从萌芽到分蘖前期。这个时期主要进行营养生长，根系发育得很快，叶面积比较小，植株耗水量不大。

第二个时期是从分蘖末期到抽穗期。这时茎、叶和穗开始迅速发育，小穗分化，叶面积增大，消耗水量最多。这一时期植株代谢强烈，如果缺水，小穗分化受限（特别是雄性生殖器官发育受阻）或畸形发育，茎的生长受阻，结果是植株矮小，产量减低。因此，这个时期是植物对水分不足特别敏感的时期，称为第一个水分临界期（critical period of water），或关键时期。这个临界期，严格来说，就是孕穗期，也就是从四分体到花粉粒形成的过程。

第三个时期是从抽穗到开始灌浆。这时叶面积的增长基本结束，主要进行受精和种子胚胎生长。如水分不足，上部叶子因蒸腾强烈，开始从下部叶子和花器官抽取水分，引起结实数目减少，导致减产。

第四个时期是从开始灌浆到乳熟末期。这个时期营养物质从母体各处运到籽粒。物质运输与植株水分状况有关。这个时期如果缺水，有机物液流运输变慢，造成灌浆困难，籽粒瘦小，产量降低；同时，也影响旗叶的光合速率和缩短旗叶的寿命，进一步减少有机物的制造。所以，这个时期是第二个水分临界期。

第五个时期是从乳熟末期到完熟期。这时营养物质向籽粒运输的过程已经结束，种子失去大部分水分，渐渐变成风干状态，植株逐渐枯萎，已不需要供给水分，尤其是进入蜡熟期，根系开始死亡。此时如果灌水，反而有害，因为又会从老茎基部再生出新蘖，消耗养分，减低产量。此外，成熟时籽粒水分过多，品质变坏，蛋白质含量降低。

二、合理灌溉的指标

我国农民善于从作物外形来判断它的需水情况，这些外部性状可称为灌溉形态指标。一般来说，缺水时，幼嫩的茎叶就会凋萎（水分供应不上）；叶、茎颜色暗绿（可能是细胞生长缓慢，细胞累积叶绿素）或变红（干旱时，糖类的分解大于合成，细胞中积累较多可溶性糖，就会形成较多花色素苷）；生长速度下降（代谢减慢，生长也慢）。灌溉形态指标容易观察，但要积累实践经验才能掌握好。

现在已经知道，叶片水势、细胞汁液浓度、渗透势和气孔开度都能比较灵敏地反映出作物体的水分状况等，可作为灌溉生理指标。

三、节水灌溉的方法

由于中国很多地区严重缺水，节水灌溉有非常重要的意义。常见的节水灌溉方法有：

● 知识拓展 1-9
节水灌溉的理论与
节水农业工程

（1）喷灌（sprinkling irrigation） 喷灌技术是指利用喷灌设备将水喷到作物的上空成雾状，再降落到作物或土壤中。

（2）滴灌（drop irrigation） 滴灌技术是指在地下或土表装上管道网络，让水分定时定量地流出到作物根系的附近。

（3）亏缺灌溉（deficit irrigation，DI） 即水分受到限制的灌溉，包括调亏灌溉（regulated deficit irrigation，RDI）和持续亏缺灌溉（sustained deficit irrigation，SDI）。亏缺灌溉是在作物的非临界期减少灌水（亏缺），处于干旱胁迫状态，减少蒸腾耗水和延缓营养生长，而把有限的水量集中供给作物的需水临界期，满足生殖器官形成和生长的要求。RDI技术可显著提高多种农林植物的水分利用效率（WUE）而增加以单位耗水量为基础的农产品产量。SDI是通过早期的灌溉后停止灌溉，经过土壤的水分的不断消耗逐渐产生水分胁迫，使植物逐渐适应干旱并减小植物冠层面积和生物量，但不显著减少收获指数（harvest index，HI）。亏缺灌溉已经在桃、巴旦木、杏、阿月浑子、柑橘、酿酒葡萄、苹果和油橄榄等进行试验并取得了明显的经济效益。其中由于酿酒葡萄需要一定的水分胁迫才能提高质量，这一技术的作用尤为重要。亏缺灌溉虽然能够节水，但浇灌的时间和量都需要准确地控制，否则可能造成严重的水分亏缺和较大的产量损失。

（4）部分根区干燥（partial root-zone drying，PRD） 该技术是改良后的亏缺灌溉技术，也称部分根区灌溉（partial root-zone irrigation，PRI）技术。我国学者康绍忠在亏缺灌溉基础上根据我国的情况发展了控制性交替灌溉（controlled alternative irrigation），或控制性分根交替灌溉 control root-splited alternative irrigation，CRAI）技术，已在我国北方大面积应用。部分根区干燥的原理是利用同一植物的部分根系产生干旱胁迫信号脱落酸传送到叶片，减小气孔开度，降低蒸腾耗水量，同时同一植物的另一部分根系处于灌水的区域（湿润区）中，使作物吸收水分，满足正常的生理活动的需要，在不影响或者少影响作物产量的条件下节约大量的水，提高水分利用效率。部分根区灌溉技术甚至还可以通过适度的水分亏缺控制农产品的质量，以及通过加快有机营养从植物的营养组织向种子的运输，改善某些植物因为氮肥过量或杂交优势导致的贪青晚熟现象，提高产量和质量。甘肃省推行大田玉米隔沟交替灌水技术，在保持高产的同时能节水 33.3%。

另外，所有节水灌溉还需要考虑长期可持续性，避免和解决水分蒸发后水中的矿质盐分在地表逐渐累积造成土壤的盐渍化问题。

四、合理灌溉的意义

合理灌溉由于是根据生产需要控制植物的水分供应，因此能够利用有限的水资源最大限度地提高产量。合理灌溉还能改变栽培环境（特别是土壤条件），间接地对作物发生影响。为了和正常的"生理需水"区别开来，另称之为"生态需水"。早稻秧田在寒潮来临前深灌，起保温防寒作用；在盐碱田地灌溉，还有洗盐和压制盐分上升的功能；旱田施肥后灌水，可起溶肥作用。

小结

水分在植物生命活动中起着极重要的作用。一般植物组织的含水量大约占鲜重的 3/4。水分在植物体中经历吸收、运输和蒸腾等过程。

水分移动有 4 种方式：扩散、集流、渗透和蒸腾作用。水分穿越细胞膜和其他膜系统的主要途径是水孔通道。细胞与环境的水分迁移方向和速度取决于细胞与环境的水势差，水分总是从水势高的相或区域流向水势低的相或区域。

水分在植物根中的运输方向有两个：径向运输（根系水分吸收）和轴向运输（水分向上运输）。根系吸收水分的途径有 3 种：质外体途径，跨膜途径和共质体途径，其中共质体途径可以忽略不计。水分沿茎部导管或管胞上升的主要动力是蒸腾拉力，其次是根压。由于水分子的内聚力很大，降低了空化的危险，使木质部导管系统的水柱能够在蒸腾拉力作用下保持连续上升，这就是内聚力学说。

陆生植物的根部从土壤中不断地吸收和利用水分，并经过体表蒸发散失。正常生长的植物能够维持体内水分的动态平衡（homeostasis）。

气孔运动是由于保卫细胞的水势变化导致的体积变化引起，受到多种环境因素的影响，还受到昼夜节律的调控。蔗糖、钾离子、苹果酸根离子、氯离子等是渗透调节物。

作物需水量依作物种类不同而定。同一作物不同生育期对水分的需要以生殖器官形成期和灌浆期最敏感。灌溉的生理指标可客观和灵敏地反映植株水分状况，有助于人们确定灌溉时期。

名词术语

束缚水　自由水　水势　渗透势　压力势　膨压　质外体　共质体　渗透作用　渗透压水孔蛋白　质壁分离　质壁分离复原　扩散　根压　吐水　伤流　空化作用　栓塞升水　蒸腾作用　蒸腾速率　蒸腾比率　水分利用效率　气孔频度　气孔运动　内聚力学说水分临界期　亏缺灌溉

思考题

1. 为什么植物生命活动较活跃的部分水分含量比较高？

2. 为什么束缚水（吸附水）和自由水（体相水）之间没有明确的界限？

3. 干燥大豆在吸水时能产生很大的膨胀动能，其能量来自哪里？

4. 将有膨压的组织粉碎到细胞完全破碎后压榨，得到的溶液的渗透势是否等于细胞的渗透势？为什么？

5. 用纤维素酶和果胶酶溶液脱除细胞壁获得原生质体时，如果将脱壁的酶溶解在浓度较低的低渗溶液中酶解，会有什么结果？

6. 假定木质部导管的直径为 50 μm，水的表面张力为 7.2×10^{-4} N/m 并且能完全润湿导管，水靠毛细作用在标准大气压下最多能上升多高？

7. 考虑到茎或树干的结构，假定植物根系能产生非常大的根压，根压是否有可能将水分运输到高大树木的树冠？为什么？

8. 植物细胞膜上是否有可能存在主动吸水的机制？为什么？

⭕ 更多数字课程资源

术语解释　　　　推荐阅读　　　　参考文献

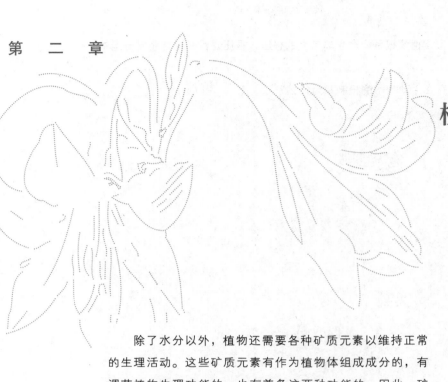

第 二 章

植物的矿质营养

　　除了水分以外，植物还需要各种矿质元素以维持正常的生理活动。这些矿质元素有作为植物体组成成分的，有调节植物生理功能的，也有兼备这两种功能的。因此，矿质元素对植物来说是非常重要的。

　　矿质元素也和水分一样，主要存在于土壤中，由根系吸收进入植物体内，运输到需要的部位，加以同化，以满足植物的需要。植物对矿物质的吸收、转运和同化，称为矿质营养（mineral nutrition）。

　　由于矿质元素对植物的生命活动影响非常巨大，而土壤又往往不能完全及时满足作物的需要。因此，施肥就成为提高产量和改进品质的主要措施之一。"有收无收在于水，收多收少在于肥"，这句民谚对水分生理和矿质营养在农业生产中的重要性作了恰当的评价。

第一节　植物必需的矿质元素·····································

　　植物体中含有许多种化合物，也含有各种离子。无论是化合物还是离子，都是由不同的元素所组成的。我们首先介绍哪些元素是植物生命活动过程所必需的，它们有什么样的生理功能。

一、植物体内的元素

　　将烘干的植物体充分燃烧，燃烧时，有机体中的碳、氢、氧、氮等元素以二氧化碳、水、分子态氮和氮的氧化物形式散失到空气中，余下一些不能挥发的残烬称为灰分（ash）。矿质元素（mineral element）以氧化物形式存在于灰分中，所以，也称为灰分元素（ash element）。氮在燃烧过程中散失而不存在于灰分中，所以氮不是灰分元素。但氮和灰分元素一样，都是植物从土壤中吸收的，而且氮通常是以硝酸盐（NO_3^-）和铵盐（NH_4^+）的形式被吸收，所以将氮归并于矿质元素一起讨论。一般来说，植物体中含有 5%～90% 的干物质，10%～95% 水分，而干物质中有机化合物超过 90%，无机化合物不足 10%。现在发现植物体内的元素超过 70 种。

二、植物必需矿质元素的确定

　　Arnon 和 Stout（1939）提出植物的必需元素必须符合下列 3 条标准：①完成植物整个生长周期不可缺少的；②在植物体内的功能是不能被其他元素代替的，植物缺乏该元素时会表现专一的症状，并且只有补充这种元素症状才会消失；③这种元素对植物体内所起的作用是直接的，而不是通过改变土壤理化性质、微生物生长条件等原因所产生的间接作用。上述 3 条标准目前看来是基本正确的，因此普遍为人们所接受。

◉ 重要事件 2-1 植物矿质营养的研究历史

　　通过溶液培养法（solution culture method）亦称水培法（water culture method）确定植物必需元素的种类。溶液培养法是在含有全部或部分营养元素的溶液中栽培植物的方法。研究植物必需的矿质元素时，可在人工配成的混合营养液中除去某种元素，观察植物的生长发育和生理性状的变化。如果植物发育正常，就表示这种元素是植物不需要的；如果植物发育不正常，但当补充该元素后又恢复正常状态，即可断定该元素是植物必需的。溶液培养方法不仅用于确定植物必需的矿质元素，而且已发展为蔬菜、花卉的现代产业化生产技术。

　　科学实验已经证明，来自水或二氧化碳的元素有碳、氧、氢等 3 种，来自土壤的有氮、磷、钾、钙、镁、硫等 6 种，植物对上述 9 种元素需要量相对较大（大于 10 mmol·kg^{-1} 干重），称为大量元素（macroelement）或大量营养（macronutrient）；其余氯、铁、硼、锰、锌、铜、镍和钼等 8 种元素也是来自土壤，植物需要量极微（小于 10 mmol·kg^{-1} 干重），稍多即发生毒害，故称为微量元素（microelement）或微量营养（micronutrient）（表 2-1）。

元素	符号	植物的利用形式	干重 /%	含量 /($mmol \cdot kg^{-1}$ 干重)
取自水分和空气的大量元素				
碳	C	CO_2	45	40 000
氧	O	O_2、H_2O、CO_2	45	30 000
氢	H	H_2O	6	60 000
取自土壤的大量元素				
氮	N	NO_3^-、NH_4^+	1.5	1 000
钾	K	K^+	1.0	250
钙	Ca	Ca^{2+}	0.5	125
镁	Mg	Mg^{2+}	0.2	80
磷	P	$H_2PO_4^-$、HPO_4^{2-}	0.2	60
硫	S	SO_4^{2-}	0.1	30
取自土壤的微量元素				
氯	Cl	Cl^-	0.01	3.0
铁	Fe	Fe^{3+}、Fe^{2+}	0.01	2.0
锰	Mn	Mn^{2+}	0.005	1.0
硼	B	BO_3^{3-}	0.002	2.0
锌	Zn	Zn^{2+}	0.002	0.3
铜	Cu	Cu^{2+}	0.000 1	0.1
镍	Ni	Ni^{2+}	0.000 1	0.002
钼	Mo	MoO_4^{2-}	0.000 1	0.001

三、植物必需矿质元素的生理作用

必需矿质元素在植物体内的生理作用概括起来有 4 个方面：①细胞结构物质的组成成分，如 N、S、P 等；②植物生命活动的调节者，参与酶的活动，如 K、Mn、Ca、Zn、Cu、Mg；③起电化学作用，即离子浓度的平衡、氧化还原、电子传递和电荷中和，如 K^+、Fe^{2+}、Cl^-；④作为细胞信号转导的第二信使，如 Ca^{2+}。有些大量元素同时具备上述两三个作用，大多数微量元素具有酶促功能。

植物必需矿质元素的各种必需生理作用及缺乏病征如下：

1. 氮

植物吸收的氮素主要是无机态氮，即铵态氮和硝态氮，也可以吸收利用有机态氮，如尿素、寡肽等。氮是氨基酸、酰胺、蛋白质、核酸、核苷酸、磷脂、辅酶等的组成元素，除此以外，叶绿素、某些植物激素、维生素和生物碱等也含有氮。由此可见，氮在植物生命活动中占有首要的地位，故又称为生命元素。

当氮肥供应充分时，植物叶大而鲜绿，叶片功能期延长，分枝（分蘖）多，营养体健壮，花多，产量高。生产上常施用氮肥加速植物生长。但氮肥过多时，叶色深绿，营养体徒

○ 知识拓展 2-1
植物的氮营养

长，细胞质丰富而壁薄，易受病虫侵害，易倒伏，抗逆能力差，成熟期延迟。然而对叶菜类作物多施一些氮肥有助于提高产量。

植株缺氮时，植株矮小，根冠比增加，叶小色淡（叶绿素含量少）或发红（氮少，用于形成氨基酸的糖类也少，余下较多的糖类形成较多花色素苷，故呈红色），分枝（分蘖）少，花少，籽实不饱满，产量低。

2. 磷

通常磷以 HPO_4^{2-} 或 $H_2PO_4^-$ 形式被植物吸收。当磷进入植物体后，大部分同化为有机物，有一部分仍保持无机物形式。磷以磷酸基团形式存在于糖磷酸、核酸、核苷酸、辅酶、磷脂、植酸等中。磷在 ATP 的反应中起关键作用，磷在糖类代谢、蛋白质代谢和脂肪代谢中起着重要的作用。

施磷能促进各种代谢正常进行，使植株生长发育良好，同时提高作物的抗寒性及抗旱性，提早成熟。由于磷与糖类、蛋白质和脂肪的代谢和三者相互转变都有关系，所以不论栽培粮食作物、豆类作物或油料作物都需要磷肥。

○ 知识拓展 2-2
植物的磷营养及信号转导

缺磷时，蛋白质合成受阻，新的细胞质和细胞核形成较少，影响细胞分裂，生长缓慢；叶小；分枝或分蘖减少，植株矮小，促进侧根和根毛形成；叶色暗绿，可能是细胞生长慢，叶绿素含量相对升高。某些植物（如油菜）叶子有时呈红色或紫色，因为缺磷阻碍了糖分运输，叶片积累大量糖分，有利于花色素苷的形成。缺磷时，开花期和成熟期都延迟，产量降低，抗性减弱。

3. 钾

土壤中有 KCl、K_2SO_4 等可溶性钾盐类存在，这些盐在水中解离出钾离子（K^+），进入根部。钾在植物中几乎都呈离子状态，部分在细胞质中处于吸附状态。钾主要集中在植物生命活动最活跃的部位，如生长点、幼叶、形成层等。

钾活化呼吸作用和光合作用的酶活性，是淀粉合成酶、琥珀酸脱氢酶和果糖激酶等40多种酶的辅因子，是形成细胞膨胀和维持细胞内电中性的主要阳离子。

○ 知识拓展 2-3
植物的钾营养及信号转导

在农业生产上，钾供应充分时，糖类合成加强，纤维素和木质素含量提高，茎秆坚韧，抗倒伏。由于钾能促进糖分转化和运输，使光合产物迅速运到块茎、块根或种子，促进块茎、块根膨大，种子饱满，故栽培马铃薯、甘薯、甜菜等作物时，施用钾肥增产显著，钾也被称为品质元素。钾不足时，植株茎秆柔弱易倒伏，抗旱性和抗寒性均差；叶尖叶缘焦枯，叶色变黄，逐渐坏死。由于钾移动性强，能移动到嫩叶，因此缺钾症状先出现在较老的叶，后来发展到植株基部。

4. 硫

植物从土壤中吸收硫酸根离子。SO_4^{2-} 进入植物体后，一部分保持不变，大部分被还原成硫，进一步同化为半胱氨酸、胱氨酸和甲硫氨酸等。硫也是硫辛酸、辅酶 A、硫胺素焦磷酸、谷胱甘肽、生物素、腺苷酰硫酸等的组成元素。

缺硫的症状似缺氮，包括缺绿、矮化、积累花色素苷等。然而缺硫的缺绿是从嫩叶发起，而缺氮则在老叶先出现，因为硫不易再移动到嫩叶，氮则可以。

5. 钙

植物从氯化钙等盐类中吸收钙离子。植物体内的钙存在形式分别为：离子状态 Ca^{2+}、草酸钙以及有机物结合的形式。钙主要存在于叶子或老的器官和组织中，在共质体细胞间以及韧皮部移动性很小。钙在生物膜中可作为磷脂的磷酸根和蛋白质的羧基间联系的桥梁，因而可以维持膜结构的稳定性。

细胞质基质中的钙与可溶性的蛋白质钙调蛋白（calmodulin，CaM）结合，形成有活性的 $Ca^{2+} \cdot CaM$ 复合体，在代谢调节中起"第二信使"的作用（详见第七章）。钙调节细胞伸长和分泌过程。在没有外源钙供应几小时内，根系伸长就会停止。钙是形成分泌性小囊泡和胞吐（exocytosis）作用所必需的，如去除质外体的钙会显著降低根冠细胞的分泌活性。

钙是构成细胞壁的一种元素，细胞壁的胞间层是由果胶酸钙组成的。缺钙时，细胞壁形成受阻，影响细胞分裂，或者不能形成新细胞壁，出现多核细胞。因此缺钙时生长受抑制，严重时幼嫩器官（根尖、茎端）溃烂坏死。番茄蒂腐病、莴苣顶枯病、芹菜裂茎病、菠菜黑心病、大白菜干心病等都是缺钙引起的。

6. 镁

镁主要存在于幼嫩器官和组织中，植物成熟时则集中于种子。镁离子（Mg^{2+}）在光合和呼吸过程中，可以活化各种磷酸变位酶和磷酸激酶。同样，镁也可以活化 DNA 和 RNA 的合成过程。镁是叶绿素的组成成分之一。缺乏镁，叶绿素即不能合成，叶脉仍绿而叶脉之间变黄，有时呈红紫色。若缺镁严重，则形成褐斑坏死。

7. 铁

铁主要以 Fe^{2+} 的螯合物形式被植物吸收。根据植物对铁的吸收，可分为机理 I 植物和机理 II 植物。机理 I 植物是双子叶植物以及非禾本科单子叶植物。高价铁还原系统将三价铁还原成二价铁，然后二价铁转运蛋白将还原的 Fe^{2+} 转运到细胞内。机理 II 植物限于禾本科植物，这些植物根系合成分泌铁载体（如麦根酸，PS），PS 与 Fe^{3+} 形成高稳定性复合物后进入。植物体内的铁主要以高价铁形式存在，也有一部分以亚铁形式存在，因此铁也是细胞内氧化还原反应所需元素。

大约有 80% 的 Fe^{2+} 存在于叶片的叶绿体中，首先根部细胞质膜表面的螯合剂如柠檬酸、苹果酸等将 Fe^{3+} 还原为 Fe^{2+}，再由质膜上的单向运输载体将 Fe^{2+} 运输到细胞内。铁参与光合作用、生物固氮和呼吸作用中的细胞色素和非血红素铁蛋白的组成。铁在这些代谢方面的氧化还原过程中都起着电子传递作用。由于叶绿体的某些叶绿素 – 蛋白复合体合成需要铁，所以，缺铁时会出现叶片叶脉间缺绿。与缺镁症状相反，缺铁发生于嫩叶，因铁不易从老叶转移出来，缺铁过甚或过久时，叶脉也缺绿，全叶白化。华北果树的"黄叶病"就是植株缺铁所致。

8. 锰

植物主要吸收锰离子（Mn^{2+}）。Mn^{2+} 是细胞中许多酶（如脱氢酶、脱羧酶、激酶、氧化酶和过氧化物酶）的活化剂，尤其是影响糖酵解和三羧酸循环。锰使光合中水裂解放出氧。缺锰时，叶脉间缺绿，伴随小坏死点的产生。缺绿会在嫩叶或老叶出现，依植物种类和生长速率而定。

9. 硼

植物主要吸收 BO_3^{3-}，也可以吸收极少量的 $B(OH)_4^-$。硼与甘露醇、甘露聚糖、多聚甘露糖醛酸和其他细胞壁成分组成稳定的复合体，这些复合物是细胞壁半纤维素的组成成分。硼对植物生殖过程有影响，植株各器官中硼的含量以花最高，缺硼时，花药和花丝萎缩，绒毡层组织破坏，花粉发育不良。湖北、江苏等省甘蓝型油菜"花而不实"、棉花"有蕾无铃"，都与植株缺硼有关，黑龙江省小麦不结实也是缺硼引起的。硼具有抑制有毒酚类化合物形成的作用，所以缺硼时，植株中酚类化合物（如咖啡酸、绿原酸）含量过高，嫩芽和顶芽坏死，丧失顶端优势，分枝多。

10. 锌

锌离子（Zn^{2+}）是乙醇脱氢酶、谷氨酸脱氢酶和碳酸酐酶等的组成成分之一。缺锌植物失去合成色氨酸的能力，而色氨酸是吲哚乙酸的前身，因此缺锌植物的吲哚乙酸含量低。锌是叶绿素生物合成的必需元素。锌不足时，植株茎部节间短，莲座状，叶小且变形，叶缺绿。吉林和云南等省玉米"花白叶病"，华北地区果树"小叶病"等都是缺锌的缘故。

11. 铜

铜是某些氧化酶（例如抗坏血酸氧化酶、酪氨酸酶等）的组成成分，可以影响氧化还原过程。铜又存在于叶绿体的质体蓝素中，后者是光合作用电子传递体系的一员。缺铜时，叶黑绿，其中有坏死点，先从嫩叶叶尖起，后沿叶缘扩展到叶基部，叶也会卷皱或畸形。缺铜过甚时，叶脱落。

12. 钼

钼是以钼酸盐（MoO_4^{2-}、$HMoO_4^-$）的形式进入植物体内。钼离子（$Mo^{4+} \sim Mo^{6+}$）是硝酸还原酶的金属成分，起着电子传递作用。钼又是固氮酶中钼铁蛋白的组成成分，在固氮过程中起作用。所以，钼的生理功能突出表现在氮代谢方面。钼对花生、大豆等豆科植物的增产作用显著。缺钼时，老叶叶脉间缺绿，坏死。而在花椰菜缺钼时，形成鞭尾状叶，叶皱卷甚至死亡，不开花或花早落。

13. 氯

氯离子（Cl^-）在光合作用水裂解过程中起着活化剂的作用，促进氧的释放。根和叶的细胞分裂需要氯。缺氯时植株叶小，叶尖干枯、黄化，最终坏死；根生长慢，根尖粗。

14. 镍

镍在植物体内主要以 Ni^{2+} 的形式存在。镍是脲酶的金属成分，脲酶的作用是催化尿素水解成 CO_2 和 NH_4^+。镍也是氢化酶的成分之一，它在生物固氮中产生氢气起作用。缺镍时，叶尖积累较多的脲，出现坏死现象。

关于植物必需的矿质元素，目前尚有争议。Epstein 和 Bloom（2005）认为，除了表 2-1 列出的 17 种外，还包括钠（Na）、硅（Si）和钴（Co），另称之为有益元素（beneficial element）。

许多盐生植物的正常生长发育需要钠盐。钠离子在 C_4 和 CAM 植物中催化 PEP 的再生，钠离子在 C_4 途径中促使维管束鞘与叶肉细胞之间丙酮酸运输。缺钠时，植株叶片黄化（丧失叶绿素）和坏死（组织死亡），甚至不能开花。

硅有益于禾谷类植物的生长发育。硅是以硅酸（H_4SiO_4）形式被植物体吸收和运输的。硅主要以非结晶水化合物形式（$SiO_2 \cdot nH_2O$）沉积在细胞壁和细胞间隙中，它也可以与多酚类物质形成复合物成为胞壁，尤其表皮细胞的细胞壁，避免病菌和害虫侵袭，防止倒伏。施用适量的硅，可促进水稻生长和受精，增加产量。缺硅时，蒸腾加快，生长受阻，易受病菌感染，也易倒伏。

钴是维生素 B_{12} 的成分，而维生素 B_{12} 又是豆科植物根瘤菌中形成豆血红蛋白的必要因子，所以钴在豆科植物共生固氮中起重要作用。钴也是黄素激酶、葡萄糖磷酸变位酶、异柠檬酸脱氢酶、草酰乙酸脱羧酶、肽酶等多种酶的活化剂，因此也是植物生长发育所必需的。

四、作物缺乏矿质元素的诊断

1. 病征诊断法

● 知识拓展 2-4
植物缺乏矿物质
元素的病征检索表

缺少任何一种必需的矿质元素都会引起特有的生理病征。但是必须注意：各种植物缺乏某种元素的病征不完全一致，而缺乏元素的程度不同，表现程度也不同。不同元素之间相互作用，使得病征诊断更复杂。例如，虽然土壤中有适量的锌存在，但大量施用磷肥时，植株吸收的锌少，呈现缺锌病；重施钾肥，植株吸收的锰和钙少，呈现缺锰和缺钙病征。此外，植株产生异常现象，还可能是受病虫害和不良环境（如水分过多或过少，温度过高或过低，光线不足，土壤有毒物质等）的影响。因此，应充分调查，深入分析，综合考虑，具体试验，才能得到一个较正确的结论。

2. 化学分析诊断法

化学分析是营养诊断的一种重要根据。常用于化学分析的对象是叶片。刚成熟的叶片是代谢最活跃的部位，养分供应的变化比较明显。叶片的矿质元素含量最高，比较容易检测，其中元素总量可代表全株的营养水平。此外，叶片取材方便，不影响植株生长和产量。

第二节　植物细胞对矿质元素的吸收······························

● 重要事件 2-2
放射性同位素在矿
质元素运输研究中
的应用

细胞除了吸收水分外，还要从环境中吸收养料，借示踪原子法研究得知，不仅无机离子能进入细胞，分子量较大的有机物（如氨基酸、蔗糖、维生素等）也能进入细胞。植物细胞与外界环境进行的一切物质交换，都必须通过各种生物膜，特别是质膜，这就是跨膜运输。

一、生物膜

植物细胞的原生质体是被质膜包围着，在细胞质和液泡之间，又有液泡膜隔开。植物细胞里有许多细胞器，它们都是有膜包围着或者是由膜组成的。细胞的外周膜（质膜）和内膜系统称为生物膜（biomembrane）。从某种意义上说，植物细胞是一个由生物膜系统组成的单位，这些膜把各种细胞器与其他部分分隔开，有利于各细胞器分别行使各自特有的功能，有利于有秩序地、有条不紊地进行各种代谢活动。研究表明，许多酶"镶嵌"在膜上，且细胞许多生理、生化活动是在膜上或邻近的空间进行的，所以生物膜是植物生理活动的中心所在。

1. 膜的特性

人们早期研究各种物质通过质膜的特性，发现细胞质膜具有让物质通过的性质，称为透性（permeability）。但是质膜对各种物质的通过难易不一，有些容易通过，有些则不易或不能通过，所以质膜对各种物质具有选择透性（selective permeability）。研究表明，膜一定是由亲水性物质和脂质组成；膜对水的透性最大，水可以自由通过；越容易溶解于脂质的物质，透性越大。

2. 膜的化学成分

生物膜的基本成分是蛋白质、脂质和糖。蛋白质占 30% ~ 40%，脂质占 40% ~ 60%，糖类占 10% ~ 20%。膜内蛋白质是糖蛋白、脂蛋白等，它们起着结构、运输及传递信息等方面的作用。脂质的主要成分是磷脂，包括磷脂酰胆碱、磷脂酰乙醇胺、磷脂酰丝氨酸、磷脂酰甘油和磷脂酰肌醇。磷脂的结构和形状如图 2-1C。磷脂既有两条易溶于脂肪性溶剂中的非极性疏水"长尾巴"（通常为 16 ~ 18 个碳原子的脂肪酸侧链），又有一个易溶于水的极性"头部"，所以磷脂是双亲媒性的化合物。磷脂是各种膜的骨架，可能有调控细胞多种功能的作用。类囊体膜中还含有大量糖脂，主要是半乳糖甘油二酯和双半乳糖甘油二酯。此外，膜上还含有固醇，夹杂在磷脂之内，维持膜的通透性和稳定性。

3. 膜的结构

人们通过膜能流动、断裂、重新组合、出芽或形成大囊泡后独立开来等现象，认识到膜是流动的，不是静止的，它是不断适应细胞的生长活动而组成或发展的。膜之所以流动，与磷脂分子的相对运动有关。膜在较高温度下，呈液相状态；在低温下即转变为固相状态。自 1972 年 S. J. Singer 和 G. L. Nicolson 提出流动镶嵌模型（fluid mosaic model）以来，人们从多方面的研究得以证实，生物膜结构的基本特点是：①膜一般是由磷脂双分子层（phospholipid bilayer）和镶嵌的蛋白质组成；②磷脂分子的亲水性头部位于膜的表面，疏水性尾部在膜的内部；③膜上的蛋白质有些是与膜的表面相连，称为外在蛋白质（extrinsic protein），亦称周边蛋白质（peripheral protein）；有些是镶嵌在磷脂之间，甚至穿透膜的内外表面，称为内在蛋白质（intrinsic protein），亦称整合蛋白质（integral protein）（图 2-1A）；④由于蛋白质在膜上的分布不均匀，使膜的结构不对称，部分蛋白质与多糖相连；⑤膜脂和膜蛋白是可以运动的；⑥膜厚 7 ~ 10 nm。

生物膜可把细胞内的空间区域化（各区的 pH、电位、酶系统和反应物各异），使得代谢反应有条不紊地进行。从整个膜结构来看，脂质双分子层使膜的透性弱。膜上的蛋白质则与细胞的生理功能有关，反映了膜的功能。例如催化化学变化的酶；执行离子跨膜运输的运输蛋白；负责特定离子进出细胞或细胞器的载体；传递内外环境化学信号的受体分子；等等。

二、离子的跨膜运输

矿质营养以离子形式跨膜运输到细胞内。关于离子跨膜运输的方式目前有两种分类方法，一是根据离子跨膜运输过程是否需要能量，把它分为被动运输（passive transport）和主动运输（active transport）。前者不需要代谢供给能量，顺电化学势梯度进行；后者需要消耗代谢能量，逆电化学势梯度进行。二是根据膜上运输蛋白的不同，把离子或分子跨膜运输的方式分为简单扩散、离子通道运输、载体运输、离子泵运输和胞饮作用等 5 种方式（图 2-2）。

（一）简单扩散

生物膜纯磷脂双分子层允许一些疏水分子和小而不带电的极性分子，以简单扩散方式

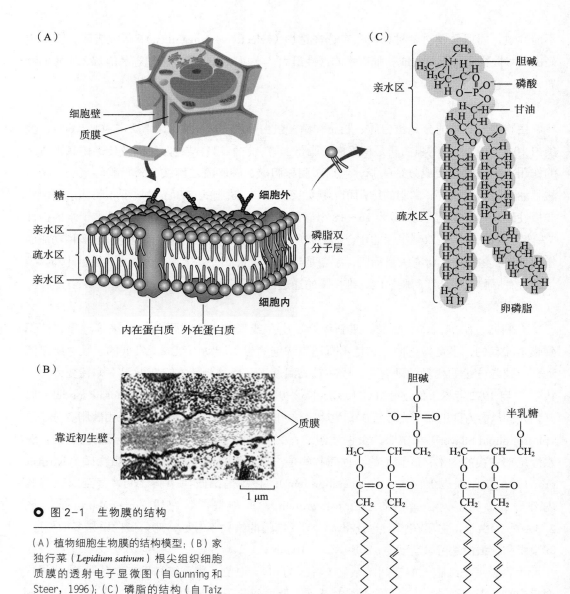

（A）

细胞壁
质膜

糖
亲水区
疏水区
亲水区
细胞外
磷脂双分子层
细胞内
内在蛋白质　外在蛋白质

（C）

CH₃
亲水区
胆碱
磷酸
甘油
疏水区
卵磷脂

（B）

靠近初生壁
质膜
1 μm

○ 图 2-1　生物膜的结构

（A）植物细胞生物膜的结构模型；（B）家独行菜（*Lepidium sativum*）根尖组织细胞质膜的透射电子显微图（自 Gunning 和 Steer，1996）；（C）磷脂的结构（自 Taiz 等，2015）

胆碱
半乳糖
卵磷脂　　　　半乳糖甘油二酯

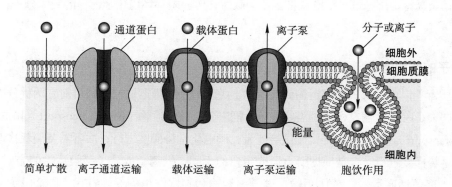

通道蛋白　载体蛋白　离子泵　分子或离子
细胞外
细胞质膜
能量
细胞内

简单扩散　离子通道运输　载体运输　离子泵运输　胞饮作用

○ 图 2-2　植物细胞膜上的运输蛋白和运输方式

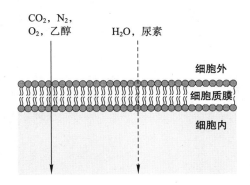

○ 图 2-3　植物细胞膜上的简单扩散

实线箭头：速度快；虚线箭头：速度慢

通过细胞膜。溶质从浓度高的区域跨膜移向浓度较低的邻近区域的物理过程，称为简单扩散（simple diffusion）。决定简单扩散的主要因素是细胞内外浓度梯度。一般而言，气体如 O_2、CO_2、N_2 以及小而不带电荷的极性分子如 H_2O 和尿素等能以简单扩散方式通过磷脂双分子层进入膜内（图 2-3）。

（二）离子通道运输

离子通道（ion channel）是细胞膜中由通道蛋白构成的孔道，控制离子通过细胞膜。通道蛋白（channel protein）是横跨膜两侧的内在蛋白质，其分子中的多肽链折叠成通道，横跨膜两侧。离子通道运输的过程是：当细胞外侧某一离子浓度高于内侧时，离子就顺着离子浓度梯度（ion concentration gradient）和膜电位差（membrane potential gradient），两者合称为电化学势梯度（electrochemical potential gradient），被动地、单方向地通过跨膜的离子通道运输到膜内侧。质膜上的离子通道有 K^+、Cl^-、Na^+、Ca^{2+} 和 NO_3^- 通道等（图 2-4）。离子通道运输是借助于转运蛋白跨膜运输的方式，所以又把它看成是协助扩散的方式。实验表明，一个开放式的离子通道，每秒钟可运输 $10^7 \sim 10^8$ 个离子，比载体蛋白运输离子或分子的速度快 1 000 倍。

通道蛋白具有所谓"闸门"（gate）的结构。当"闸门"开时，通道蛋白形成一条通道，让离子自由通过；当"闸门"关时，通道就不许离子扩散。根据构象开关的机制，可将离子通道分成两种类型：一类对跨膜电势梯度有响应，另一类对多种刺激（如电压、光、激素、离子本身）产生响应，改变通道开放的频度和持续时间。通道蛋白含有感受器（receptor），

○ 知识拓展 2-5
钾离子跨膜运输的方式和机理

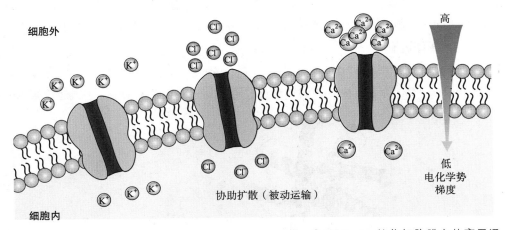

○ 图 2-4　植物细胞膜上的离子通道运输

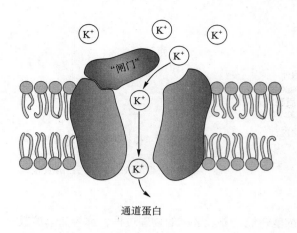

○ 图 2-5 带有 "闸门" 的 K^+ 通道（自 Hopkins 等，2004）

通道蛋白

它感受刺激，改变蛋白质的构象，开闭 "闸门"（图 2-5）。

已证实，细胞膜上存在着阳离子通道（K^+、Ca^{2+}、H^+、Na^+ 通道）、阴离子通道（苹果酸离子通道、NO_3^- 和 Cl^- 通道）和水通道（aquaporin）。液泡膜上的慢通道（slow vacuolar channel，SV）允许一价和二价阳离子通过，而快通道（fast vacuolar channel，FV）只允许一价阳离子通过。

K^+ 通道是被研究最多和最深入的离子通道，已先后研究了蚕豆、拟南芥、小麦、含羞草等植物细胞的 K^+ 通道。目前已报道的 3 类 K^+ 通道中，Shaker 家族的内向 K^+ 通道和外向 K^+ 通道参与了多个生理过程。内向 K^+ 通道起控制胞外 K^+ 进入胞内的作用，由 4 条肽链组成，每条肽链有 6 个跨膜区。例如，AKT1（ARABIDOPSIS K^+ TRANSPORTER1）和 KAT1（K^+ channel of *Arabidopsis thaliana* 1）属于内向 K^+ 通道，AKT1 在成熟的根表皮、皮层和内皮层细胞表达，是控制植物从土壤中吸收钾的离子通道，而 KAT1 主要在保卫细胞表达，参与保卫细胞对钾离子的吸收。外向 K^+ 通道起控制胞内 K^+ 外流的功能，也是由 4 条肽链组成，但每条肽链仅有 4 个跨膜区。4 条肽链对称地围成一个传导离子的中央孔道，孔径约 0.3 nm，恰好让单个 K^+ 通过（图 2-6）。如 SKOR（stelar K^+ outward rectifier）与 GORK（gated outwardly-rectifying K^+ channel）属于外向 K^+ 通道，其中 SKOR 仅在根系中柱表达，负责根细胞中的 K^+ 释放到木质部，而 GOPK 主要在保卫细胞中表达；KCO（Ca^{2+} activated outward rectifying K^+ channel 1）通道也是外向 K^+ 通道，将钾离子排出细胞外。据估计，大约每 15 μm^2 的细胞质膜表面有一个 K^+ 通道，一个表面积为 4 000 μm^2 的保卫细胞质膜约有 250 个 K^+ 通道。

（三）载体运输

载体（carrier）亦称载体蛋白（carrier protein）、转运体或转运蛋白、转运子（transporter，简化为 porter），有时亦称透过酶（permease 或 penetrase）或运输酶（transport

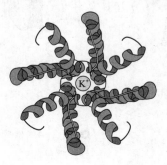

○ 图 2-6 植物细胞 K^+ 通道垂直观，4 条肽链中心形成孔（自 Leng 等，2002）

enzyme）。载体是一类跨膜运输的内在蛋白，在跨膜区域不形成明显的孔道结构。载体蛋白的活性部分首先与膜一侧的转运物质（离子或分子）结合，形成载体－转运物质复合物，通过载体蛋白的构象变化，将被转运物质暴露于膜的另一侧，并释放出去。

载体蛋白有 3 种类型：单向转运体（uniporter）、同向运输器（symporter）和反向运输器（antiporter）。单向转运体能催化分子或离子单方向地顺着电化学势梯度跨质膜运输。质膜上已知的由单向运输载体运输的离子和分子有 Fe^{2+}、Zn^{2+}、Mn^{2+}、Cd^{2+} 和蔗糖等。同向运输器是指运输器与质膜外侧的 H^+（或 Na^+）结合的同时，又与另一离子或分子（如 NO_3^-、PO_4^{3-}、K^+、氨基酸、肽、蔗糖等）结合，将两个转运物质同一方向运输。目前已知的质膜上的同向运输器有 NO_3^-–H^+、PO_4^{3-}–H^+、K^+–H^+、氨基酸 –H^+、肽 –H^+、蔗糖 –H^+ 等；液泡膜上的同向运输器有蔗糖 –H^+ 等。反向运输器是指运输器与质膜外侧的 H^+ 结合的同时，又与质膜内侧的分子或离子（如 Na^+）结合，两者朝相反方向运输。液泡膜上的反向运输器较多，有 NO_3^-–H^+、Na^+–H^+、Ca^{2+}–H^+、Cd^{2+}–H^+、Mg^{2+}–H^+、己糖 –H^+、蔗糖 –H^+ 等，把细胞质中的 NO_3^-、Na^+、Ca^{2+}、Cd^{2+}、Mg^{2+}、己糖、蔗糖等转运到液泡。同向运输器和反向运输器具有运输两种不同溶质的能力，运输过程所需的能量由耦联的质子电化学势梯度或称质子动力势（proton motive force，PMF）提供。所以，在同向运输和反向运输过程中，胞外的 H^+ 是顺着电化学势梯度进入细胞，而被载体同时运输的另一溶质则是逆着电化学梯度进入细胞或运出细胞。载体运输既可以顺着电化学势梯度跨膜运输（被动运输），也可以逆着电化学势梯度进行（主动运输）。载体运输每秒可运输 $10^4 \sim 10^5$ 个离子，比通道慢 1 000 倍，因为载体数量有限，容易饱和（图 2-7）。植物体内存在不同亲和性的 NO_3^-、NH_4^+、PO_4^{3-} 以及 K^+、Cu^{2+}、Zn^{2+}、Ca^{2+}、Mn^{2+} 等转运蛋白家族。这些蛋白的编码基因在转录水平上受转录调控因子的调节，有些在转录后水平受一些小分子 RNA（microRNA）的调控，还有一些在翻译后水平受蛋白激酶磷酸化修饰的调节。例如，拟南芥 NRT1.1 是一类硝酸转运器（硝酸转运蛋白，nitrate transporter）家族的成员，可作为硝态氮浓度的感受器（sensor）。NRT1.1 的转运活性受到蛋白磷酸化的调控。又例如，磷酸化还能够调节 ABC 转运蛋白

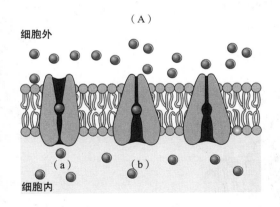

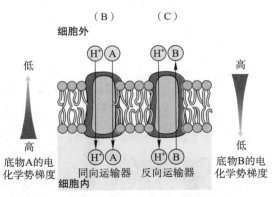

● 图 2-7　植物细胞膜上载体蛋白类型（改自 Taiz 等，2015）

（A）单向转运体：a 示意载体开口于高溶质浓度的一侧，溶质与载体结合；b 示意载体催化溶质顺着电化学势梯度跨膜运输；（B）同向运输器；（C）反向运输器

（ATP-binding cassette transporter）的活性，ABC 转运蛋白是植物中家族成员多、种类广、参与多种生理功能的重要载体，偶联 ATP 的水解来实现对底物的转运。

（四）离子泵运输

植物细胞膜上的离子泵（ion pump）又称 ATP 酶或生电泵（electrogenic pump），也是膜内在蛋白。离子泵工作的原理是：当离子如 H^+ 或 Ca^{2+} 靠近细胞膜时，活化离子泵，ATP 水解提供能量，驱动离子逆着 H^+ 或 Ca^{2+} 电化学势梯度跨膜运输。离子泵运输属于主动运输的过程。离子泵主要分为以下 4 种类型：质膜 H^+-ATP 酶、液泡膜 H^+-ATP 酶、液泡膜 H^+-焦磷酸酶和 Ca^{2+}-ATP 酶。

1. 质膜上的 H^+-ATP 酶

质膜 H^+-ATP 酶也称为质子泵、H^+ 泵，相对分子质量约为 10^6，其水解 ATP 的活性位点在细胞质一侧，其底物为 Mg^{2+}-ATP，最适 pH 为 6.5，最适温度为 $30 \sim 40 ℃$，K^+ 是其激活剂，邻-钒酸盐是专一性抑制剂。质膜 H^+-ATP 酶利用 ATP 为能源，将质子泵出细胞，使细胞质的 pH 通常为 $7.0 \sim 7.5$，质外体的 pH 为 5.5。与此同时，质子（H^+）的运输与离子运输相偶联，通过 H^+-ATP 酶活动，就驱使各种离子跨质膜运输。质膜上的 H^+-ATP 酶作用的过程是：ATP 驱动质膜上的 H^+-ATP 酶，将细胞内侧的 H^+ 向细胞外侧泵出，使细胞外侧的 H^+ 浓度增加，结果使质膜两侧产生了电化学势梯度。细胞外侧的阳离子就利用这种跨膜的电化学势梯度经过膜上的通道蛋白（channel protein）进入细胞内；同时，由于质膜外侧的 H^+ 要顺着浓度梯度扩散到质膜内侧，所以质膜外侧的阴离子就与 H^+ 一道经过膜上的载体蛋白同向运输（symport）到细胞内（图 2-8）。

上述质子泵工作的过程，是一种利用能量逆着电化学势梯度转运 H^+ 的过程，所以它是主动运输（active transport）的过程，亦称为初级主动运输（primary active transport）。由它所建立的跨膜电化学势梯度，又促进了细胞对矿质元素的吸收，矿质元素以这种方式进入细胞的过程便是一种间接利用能量的方式，称之为次级主动运输（secondary active transport）。质膜和液泡膜上的 H^+-ATP 酶依赖消耗 ATP 建立的跨膜质子电化学势梯度，是推动离子和小分子代谢产物跨膜运输的动力，如果这些 H^+-ATP 酶停止工作，则大部分离子跨膜运输亦会受阻，影响各种生理活动，因此，称此酶为"主宰酶"。

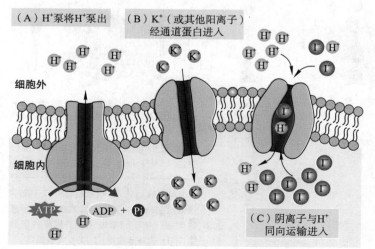

○ 图 2-8　植物细胞膜质子泵运输和由质子泵运输偶联引起的其他运输过程（自 Mader，1998）

（A）质子泵运输（初级主动运输）；
（B）通道运输（次级主动运输）；
（C）同向运输（次级主动运输）

2. 液泡膜上的 H⁺–ATP 酶

液泡膜 H⁺–ATP 酶的相对分子质量约为 6.5×10^3，其催化位点在细胞质一侧。在 ATP 水解过程中，它将 H⁺ 泵入液泡，使液泡 pH 为 5.5。Cl⁻ 可刺激活动，而不被 K⁺ 刺激；对钒酸盐不敏感，但被 NO_3^- 抑制。

3. 液泡膜上的 H⁺– 焦磷酸酶

H⁺– 焦磷酸酶（pyrophosphates）是位于液泡膜上的 H⁺ 泵，它利用焦磷酸（PPi）中的自由能量（而不是利用 ATP），主动把 H⁺ 泵入液泡内，造成膜内外电化学势梯度，从而导致养分的主动跨膜运输。

4. Ca²⁺–ATP 酶

Ca²⁺–ATP 酶亦称钙泵（calcium pump），它催化质膜内侧的 ATP 水解释放出能量，驱动细胞内的 Ca²⁺ 泵出细胞，由于其活性依赖于 ATP 与 Mg²⁺ 结合，所以又称（Ca²⁺、Mg²⁺）–ATP 酶。Ca²⁺–ATP 酶不只转运 Ca²⁺，也可能将 1 个 Ca²⁺ 转运出细胞质的同时，将 2 个 H⁺ 运入细胞质，从而保持电中性，因此，将这种酶称为 Ca²⁺/H⁺–ATP 酶。Ca²⁺–ATP 酶因存在位置不同，分为位于原生质膜的 PM（plasma membrane）型、位于内质网的 ER（endoplasm reticulum）型和位于液泡的 V（vacuole）型，其中 PM 和 V 型均需钙调蛋白激活，ER 型则不需钙调蛋白激活。

（五）胞饮作用

细胞通过膜的内陷从外界直接摄取物质进入细胞的过程，称为胞饮作用（pinocytosis）。胞饮过程是这样的：当物质吸附在质膜时，质膜内陷，液体和物质便进入，然后质膜内折，逐渐包围着液体和物质，形成小囊泡，并向细胞内部移动，囊泡把物质转移给细胞质，或经

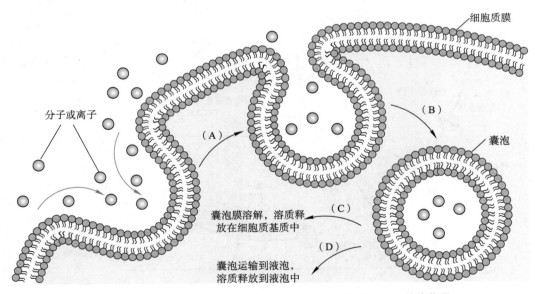

○ 图 2-9　胞饮作用

（A）溶质吸附在质膜上，质膜内陷，溶质进入，形成囊泡；（B）囊泡向内移动；（C）部分囊泡膜溶解，溶质释放在细胞质基质中；（D）部分囊泡运输到液泡膜后，将溶质释放到液泡

过液泡膜交给液泡（图 2-9）。胞饮作用是非选择性吸收，它在吸收水分的同时，把水分中的物质如各种盐类和大分子物质甚至病毒一起吸收进来。番茄和南瓜的花粉母细胞，蓖麻和松的根尖细胞中都有胞饮现象。

总之，离子或分子的跨膜运输有 5 种方式，即简单扩散、离子通道运输、载体运输、离子泵运输和胞饮作用，这 5 种方式保证了植物细胞对矿质营养的需要（图 2-10）。

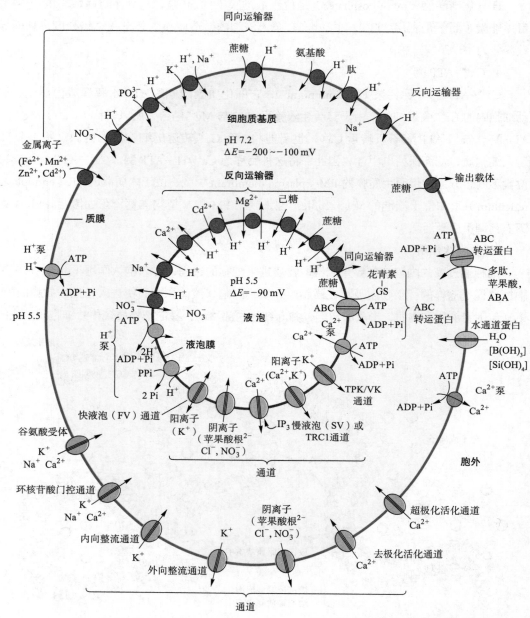

● 图 2-10　植物细胞质膜和液泡膜上各种运输蛋白和运输过程（自 Taiz 等，2015）

图中植物细胞质膜和液泡膜上的运输蛋白主要包括通道、H⁺ 泵、同向运输器、反向运输器、单向转运体等

第三节　植物体对矿质元素的吸收····························

植物体吸收矿质元素是在细胞吸收矿质元素的基础上进行的。植物吸收矿质元素主要是通过根部，但也可以通过叶片。

一、植物吸收矿质元素的特点

植物对矿质元素的吸收是一个复杂的生理过程。它一方面与吸水有关；另一方面又具有独立性，同时对不同离子的吸收还有选择性。

（一）对盐分和水分的相对吸收

植物对盐分和水分的吸收是相对的，既有关又无关。有关，表现在盐分一定要溶解在水分中才能被根部吸收；无关，表现在两者的吸收机理不同，根部吸水主要因蒸腾而引起的被动过程，通过膜上的水孔蛋白；吸收盐分则消耗能量以主动吸收为主，有相应的膜运输蛋白（如离子通道、离子载体和离子泵），把离子送入细胞，具有饱和效应，所以吸盐速度不可能与吸水速度完全一致，植物吸盐量与吸水量不存在直接的依赖关系。

（二）离子的选择吸收

离子的选择吸收（selective absorption）是指植物对同一溶液中不同离子或同一盐分中的阴阳离子吸收比例不同的现象。如图 2-11 所示，番茄吸收钙和镁的速度比吸水速度快，从而使培养液中的钙和镁的浓度下降；但水稻培养液中的钙、镁浓度反而增高，这说明水稻吸钙和镁的速度比吸水慢。就硅来说，水稻积极吸收硅酸，而番茄几乎不吸收。这些差异说明了作物对不同离子的吸收速度不一样，也说明作物吸水和吸收矿质元素的比例不完全一致。同种植物不同生态型或基因型吸收矿质元素方面存在差异。

离子的选择吸收还表现在同一种盐的阴离子和阳离子吸收的差异。例如供给 $NaNO_3$，植物吸 NO_3^- 大于吸 Na^+，由于植物细胞内总的正负电荷数必须保持平衡，因此就必须有 OH^- 或 HCO_3^- 排出细胞。因此供给 $NaNO_3$ 时，植物吸收 NO_3^- 而环境中会积累 Na^+，同时也积累 OH^- 或 HCO_3^-，从而使介质 pH 升高，所以称这种盐为生理碱性盐（physiologically alkaline salt）。同理，供给 $(NH_4)_2SO_4$ 时，植物吸收 NH_4^+ 多于 SO_4^{2-}，同时细胞会向外释 H^+

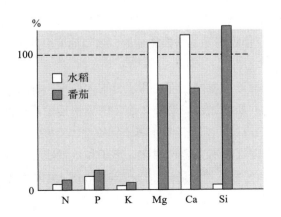

● 图 2-11　水稻和番茄养分吸收的差异

本图表示实验结束时，培养液中各种养分浓度占开始实验时浓度的百分数

以达到电荷平衡，环境中就积累 SO_4^{2-} 和 H^+ 使得介质 pH 下降，所以称这种盐为生理酸性盐（physiologically acid salt），大多数铵盐属于这一类。当供给 NH_4NO_3 时，植物对 NH_4^+ 和 NO_3^- 的吸收量接近，基本不改变介质的 pH，故称这类盐为生理中性盐（physiological neutral salt）。

（三）单盐毒害和离子拮抗

将植物培养在单一盐类溶液中，无论这种盐是否必需营养元素，即使浓度很低，不久植物就受害，这种溶液中只有一种金属离子时，对植物起有害作用的现象称为单盐毒害（toxicity of single salt）。在发生单盐毒害的溶液中（例如 NaCl）再加入少量其他金属离子（例如 $CaCl_2$），即能减弱或消除这种单盐毒害，离子之间这种作用称为离子拮抗（ion antagonism）。所以，植物只有在含有适当比例和浓度的多种盐分配制成的溶液中才能正常生长发育，这样的溶液便称为平衡溶液（balanced solution）。前面提及的溶液培养法中的营养液，就是平衡溶液；对陆生植物来说，绝大多数土壤溶液是平衡溶液；对海洋植物而言，海水也是平衡溶液。

二、根部对土壤中矿质元素的吸收

（一）土壤中养分的迁移

存在于土壤溶液中的养分要迁移到根表才能被植物吸收利用。养分在土壤中的迁移可分为根系截获、质流和扩散。根系截获是指根系生长时，根系接触到养分。质流是由蒸腾引起水和土壤溶液养分向根表移动。扩散是养分随土壤溶液浓度梯度迁移到根表。

（二）根部对溶液中矿质元素的吸收

根部可以从土壤溶液中吸收矿物质，也可以吸收被土粒吸附着的矿物质。根部吸收矿物质的部位也和吸收水分的一样，主要是根尖，其中根毛区吸收离子最活跃。根毛的存在能使根部与土壤环境的接触面积大大增加。

根部吸收溶液中的矿物质是经过以下几个步骤的：

（1）离子吸附在根部细胞表面　根部细胞在吸收离子的过程中，同时进行着离子的吸附与解吸附，这时，总有一部分离子被其他离子所置换。由于细胞吸附离子具有交换性质，故称为交换吸附（exchange adsorption）。根部之所以能进行交换吸附，是因为根部细胞的质膜表层有阴、阳离子，其中主要是 H^+ 和 HCO_3^-，这些离子主要是由呼吸放出的 CO_2 和 H_2O 生成的 H_2CO_3 解离出来的。H^+ 和 HCO_3^- 迅速地分别与周围溶液的阳离子和阴离子进行交换吸附，盐类离子即被吸附在细胞表面，这种交换吸附是不需要能量的，吸附速度很快（几分之一秒）。

（2）离子进入根的内部　离子从根部表面进入根的内部也和水分进入根部一样，有两条途径：一条是经过质外体途径；另一条是共质体途径。质外体途径的离子运输是扩散方式，速度快。当离子从皮层到达内皮层时，内皮层的凯氏带阻止离子从质外体直接扩散入中柱。不过根尖的凯氏带尚未完全发育好，内皮层没有完全栓质化，离子和水就能通过。此外，根部成熟区分化出侧根，突破内皮层，离子和水可能通过凯氏带破损处进入中柱。共质体途径的运输速度慢，因为细胞到细胞间的共质体径向运输要经过胞间连丝。

（3）离子进入导管或管胞　导管和管胞是死细胞，离子是如何从木质部薄壁细胞释放到导管或管胞的呢？有两种意见。

第一种意见是被动扩散。将玉米根浸在含有 1 mmol·L^{-1} KCl 和 0.1 mmol·L^{-1} $CaCl_2$ 的溶液中，用离子微电极插入根部不同横切部位，测定不同部位离子的电化学势。结果表明，表皮和皮层细胞的 K^+、Cl^- 等的电化学势很高，说明这两个部位细胞主动吸收离子；而导管的电化学势急剧下降，说明离子是顺着浓度梯度被动地扩散入导管的。

第二种意见是主动过程。同时测定根尖端吸收示踪离子和离子进入导管的情况。用蛋白质合成抑制剂环己酰亚胺处理后，抑制了离子流入导管，但不抑制表皮和皮层细胞吸收离子，由此说明离子进入导管是代谢控制的主动过程。越来越多的证据表明离子向木质部导管的释放受主动运输控制。

（三）根部对土粒吸附的矿质元素的吸收

土粒表面都带负电荷，吸附着矿质阳离子（如 NH_4^+、K^+），不易被水冲走，它们通过阳离子交换（cation exchange）与土壤溶液中的阳离子交换。矿质阴离子（如 NO_3^-、Cl^-）被土粒表面的负电荷排斥，溶解在土壤溶液中，易流失。但 PO_4^{3-} 则被含有铝和铁的土粒束缚住，因为 Fe^{2+}、Fe^{3+} 和 Al^{3+} 等带有 OH^-，OH^- 和 PO_4^{3-} 交换，于是 PO_4^{3-} 被吸附在土粒上，不易流失。

根部呼吸放出的 CO_2 和土壤溶液中的 H_2O 形成 H_2CO_3。

$$CO_2 + H_2O \rightarrow H_2CO_3 \rightleftharpoons H^+ + HCO_3^-$$

H^+ 和 HCO_3^- 分布在根的表面，土粒表面的营养矿质阳、阴离子分别与根表面的 H^+、HCO_3^- 交换，进入根部。

（四）影响根部吸收矿质元素的条件

1. 温度

在一定范围内，根部吸收矿质元素的速率随土壤温度的增高而加快，因为温度影响了根部的呼吸速率，也即影响主动吸收。但温度过高（超过 40℃），一般作物吸收矿质元素的速率即下降，这可能是高温使酶钝化，影响根部代谢；高温也使细胞透性增大，矿质元素被动外流，所以根部净吸收矿质元素量减少。温度过低时，根吸收矿质元素量也减少，因为低温时，代谢弱，主动吸收慢；细胞质黏性也增大，离子进入困难。

2. 通气状况

如前所述，根部吸收矿物质与呼吸作用有密切关系。因此，土壤通气状况直接影响根吸收矿物质。实验证明，在一定范围内，氧气供应越好，根系吸收矿质元素就越多。土壤通气良好，除了增加氧气外，还有减少二氧化碳的作用。二氧化碳过多，必然抑制呼吸，影响盐类吸收和其他生理过程。在作物栽培中常给作物松土等措施也是改善土壤通气状况目的之一。

3. 溶液浓度

在外界溶液浓度较低的情况下，随着溶液浓度的增高，根部吸收离子的数量也增多，两者成正比。但是，外界溶液浓度再增高时，离子吸收速率与溶液浓度便无紧密关系，通常认为是离子载体和通道数量所限。农业生产上一次施用化学肥料过多，不仅有烧伤作物的弊病，同时根部也吸收不了，造成浪费。

4. 氢离子浓度

外界溶液的 pH 对矿物质吸收有影响。组成细胞质的蛋白质是两性电解质，在弱酸性环境中，氨基酸带正电荷，易于吸附外界溶液中的阴离子；在弱碱性环境中，氨基酸带负电荷，易于吸附外界溶液中的阳离子。

土壤溶液的 pH 对植物矿质营养的间接影响比上述的直接影响还要大。首先，土壤溶液反应的改变，可以引起溶液中养分的溶解或沉淀（图 2-12）。例如，在碱性逐渐加强时，Fe、Mn、B、Cu、Zn 等逐渐形成不溶解状态，能被植物利用的量便减少。在酸性环境中，PO_4^{3-}、K、Ca、N、Mg、S 等易溶解，但植物来不及吸收，易被雨水冲掉，因此酸性的土壤（如红壤）往往缺乏这 6 种元素。在酸性环境中（如咸酸田，一般 pH 可达 2.5～5.0），Al、Fe 和 Mn 等的溶解度加大，植物受害。其次，土壤溶液反应也影响土壤微生物的活动。在酸性反应中，根瘤菌会死亡，固氮菌失去固氮能力；在碱性反应中，对农业有害的细菌如反硝化细菌发育良好，这些变化都是不利于氮素营养的。

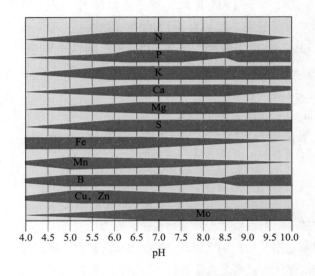

● 图 2-12 pH 对植物养分可用性的影响（自 Lucav 和 Davis，1961）

绿带宽度代表供植物吸收养分的溶解度

由于以上种种关系，一般作物生育环境的最适 pH 是 6～7，但有些作物（如茶、马铃薯、烟草）适于较酸性的环境，有些作物（如甘蔗、甜菜）适于较碱性的环境。栽培作物或溶液培养时应考虑外界溶液的酸度，以获得良好效果。

三、叶片对矿质元素的吸收

植物叶片也可以吸收矿物质和小分子有机物质如尿素、氨基酸等养分，这个过程称为根外营养，或称根外施肥、叶片施肥。

气孔是气体交换场所，也是养分进入叶肉细胞的一个途径。对于气态养分（如 CO_2、SO_2）来说，气孔是它们进入植物体内的必经之路。一些离子态的养分也可以扩散进入气孔之中，然后传到叶肉细胞。

营养物质可以通过气孔进入叶内，但主要从角质层透入叶内。角质层是多糖和角质（脂质化合物）的混合物，无结构、不易透水，但是角质层有裂缝，呈微细的孔道，可让溶液通过。溶液到达表皮细胞的细胞壁后，进一步经过细胞壁中的外连丝（ectodesma）到达表皮细胞的质膜。在电子显微镜下可以看到，外连丝是表皮细胞的通道，它从角质层的内侧延伸到表皮细胞的质膜。当溶液由外连丝抵达质膜后，就转运到细胞内部，最后到达叶脉韧皮部。

要使叶片吸收营养元素，首先要保证溶液能很好地附着在叶面上。有些植物叶片很难附着溶液，有些植物叶片虽附着溶液但不均匀，为了克服这些困难，可在溶液中加入降低表面张力的物质（如表面活性剂吐温80），也可以用较稀的洗涤剂代替。

营养元素进入叶片的数量与叶片的内外因素有关。嫩叶吸收营养元素比成长叶迅速而且量大，这是由于两者的角质层厚度不同和生理活性不同的缘故。由于叶片只能吸收液体，固体物质是不能透入叶片的，所以溶液在叶面上的时间越长，吸收矿物质的数量就越多。凡是影响液体蒸发的外界环境，如风速、气温、大气湿度等，都会影响叶片对营养元素的吸收量。因此，根外追肥的时间以傍晚或下午4时以后较为理想，阴天则例外。溶液浓度宜在2.0%以下，以免烧伤植物。

根外施肥的优点是：作物在生育后期根部吸肥能力衰退时，或营养临界时期，可根外喷施尿素等以补充营养；某些矿质元素（如Fe、Mn、Cu）易被土壤固定，而根外喷施无此弊病，且用量少；补充植物所缺乏的微量元素，效果快，用量省。因此，农业生产上经常采用根外施肥方式。喷施杀虫剂（内吸剂）、杀菌剂、植物生长物质、除草剂和抗蒸腾剂等措施，都是根据根外营养的原理进行的。

与叶部营养相比，根部具有更大更完善的吸收系统，尤其是对大量元素。因此根部营养才是作物吸取养分的主要形式。叶片施肥是根部营养的一种辅助手段。

第四节　矿质元素的运输和利用·······························

根部吸收的矿物质，有一部分留存在根内，大部分运输到植物体的其他部分。叶片吸收的矿物质的去向也是如此。广义地说，矿物质在植物体内的运输，包括矿物质在植物体内向上、向下的运输，以及在地上部分的分布与以后的再次分配利用等。

一、矿质元素运输的形式

根部吸收的无机氮化物，大部分在根内转变为有机氮化物，所以氮的运输形式是氨基酸（主要是天冬氨酸，还有少量丙氨酸、甲硫氨酸、缬氨酸等）和酰胺（主要是天冬酰胺和谷氨酰胺）等有机物，还有少量以硝态氮等形式向上运输。磷酸主要以正磷酸形式运输，但也有在根部转变为有机磷化物（如磷酰胆碱、甘油磷酰胆碱），然后才向上运输。硫的运输形式主要是硫酸根离子，但有少数是以甲硫氨酸及谷胱甘肽之类的形式运输的。金属离子则以离子状态运输。

二、矿质元素运输的途径

1. 木质部运输——由下而上运输

矿质元素以离子形式或其他形式进入导管后，随着蒸腾流一起上升，也可以顺着浓度差而扩散。进行下列实验：把柳茎一段的韧皮部同木质部分离开来，在两者之间插入或不插入不透水的蜡纸，在柳树根施予 ^{42}K，5 h 后测定 ^{42}K 在柳茎各部分的分布。结果得知，有蜡纸间隔开的木质部含有大量 ^{42}K，而韧皮部几乎没有 ^{42}K，这就说明根部吸收的放射性钾是通过木质部上升的。在分离以上或以下部分，以及不插入蜡纸的实验中，韧皮部都有较多 ^{42}K。这个现象表示，^{42}K 从木质部活跃地横向运输到韧皮部。

2. 韧皮部运输——双向运输

利用上述的实验技术，同样研究叶片吸收离子后下运的途径。把棉花茎一段的韧皮部和木质部分开，其间插入或不插入蜡纸，叶片施用 $^{32}PO_4^{3-}$，1 h 后测定 ^{32}P 的分布。实验结果表明，叶片吸收磷酸后，是沿着韧皮部向下运输的；同样，磷酸也从韧皮部横向运输到木质部，不过，从叶片的下行运输还是以韧皮部为主。

叶片吸收的离子在茎部向上运输途径也是韧皮部，不过有些矿质元素能从韧皮部横向运输到木质部而向上运输，所以，叶片吸收的矿质元素在茎部向上运输是通过韧皮部和木质部。

矿质元素在植物体内的运输速率为 $30 \sim 100 \ cm \cdot h^{-1}$。

由此可知，与木质部不同，韧皮部运输是一种双向运输。韧皮部运输的方向取决于植物各器官和组织对养分的需求，是从源运输到库。其运输机制一般认为是伴随同化物运输。

三、矿质元素在植物体内的利用

矿质元素进入根部导管后，便随着蒸腾流上升到地上部分。矿质元素在地上部分各处的分布，以离子在植物体内是否参与循环而异。

某些元素（如钾）进入地上部后仍呈离子状态；有些元素（氮、磷、镁）形成不稳定的化合物，不断分解，释放出的离子又转移到其他需要的器官去。这些元素便是参与循环的元素。另外有一些元素（硫、钙、铁、锰、硼）在细胞中呈难溶解的稳定化合物，特别是钙、铁、锰，它们是不能参与循环的元素。从同一物质在体内是否被反复利用来看，有些元素在植物体内能多次被利用，有些只利用一次。参与循环的元素都能被再利用，不能参与循环的元素不能被再利用。在可再利用的元素中以磷、氮最典型，在不可再利用的元素中以钙最典型。

参与循环的元素在植物体内大多数分布于生长点和嫩叶等代谢较旺盛的部分。同样道理，代谢较旺的果实和地下贮藏器官也含有较多的矿质元素。不能参与循环的元素却相反，这些元素被植物地上部分吸收后，即被固定住而不能移动，所以器官越老含量越大，例如嫩叶的钙少于老叶。植物缺乏某些必需元素，最早出现病症的部位（老叶或嫩叶）不同，原因也在于此。凡是缺乏可再度利用元素的生理病征，首先在老叶发生；而缺乏不可再度利用元素的生理病征，首先在嫩叶发生。

参与循环的元素的重新分布，也表现在植株开花结实时和落叶植物落叶之前。例如，玉米形成籽实时所得到的氮，大部分来自营养体，其中尤以叶子最多。又如，落叶植物在叶子脱落之前，叶中的氮、磷等元素运至茎干或根部，而钙、硼、锰等则不能运出或只有少量运出。牧草和绿肥作物结实后，营养体的氮化合物含量大减，不是作饲料或绿肥的最适宜生育期，道理也就在此。

第五节　植物对氮、硫、磷的同化·····························

一、氮的同化

（一）硝酸盐的代谢还原

高等植物不能利用空气中的氮气，仅能吸收化合态的氮。植物可以吸收氨基酸、天冬酰胺和尿素等有机氮化物，但是植物的氮源主要是无机氮化物，而无机氮化物中又以铵盐和硝酸盐为主，它们广泛地存在于土壤中。植物从土壤中吸收铵盐后，即可直接利用它去合成氨基酸。如果吸收硝酸盐，则必须经过代谢还原（metabolic reduction）才能利用，因为蛋白质的氮呈高度还原状态，而硝酸盐的氮却是呈高度氧化状态。硝酸根和铵根离子转运子负责植物吸收铵盐和硝酸盐，一般情况下转运子基因受硝酸盐和铵缺乏诱导表达。

硝酸盐在活细胞内的还原包括硝酸盐还原为亚硝酸盐的过程和亚硝酸盐还原成铵的过程。总反应式如下：

$$\overset{(+5)}{NO_3^-} \xrightarrow{+2e^-} \overset{(+3)}{NO_2^-} \xrightarrow{+2e^-} \overset{(+1)}{[N_2O_2^{2-}]} \xrightarrow{+2e^-} \overset{(-1)}{NH_2OH} \xrightarrow{+2e^-} \overset{(-3)}{NH_4^+}$$

硝酸盐还原成亚硝酸盐的过程是由细胞质中的硝酸还原酶（nitrate reductase，NR）催化的，它主要存在于高等植物的根和叶子中。硝酸还原酶的亚基数目视植物种类而异，相对分子质量为 $2 \times 10^5 \sim 5 \times 10^5$。$NO_3^-$ 还原的具体过程是：还原型 NAD(P)H 氧化为 NAD(P)$^+$，并放出 H^+ 和 e^-，使 FAD 还原为 $FADH_2$，继而 $FADH_2$ 放出 H^+ 和 e^-，氧化为 FAD，把电子转到 Cyt b$_{557}$，使其中 Fe^{3+} 还原为 Fe^{2+}，Fe^{2+} 将电子交给 MoCo（钼辅因子，molybdenum cofactor）的 Mo^{6+}，使之还原为 Mo^{4+}，Mo^{4+} 释放电子，将 NO_3^- 还原为 NO_2^-，并生成水（图 2-13）。

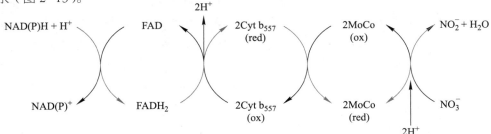

○ 图 2-13　硝酸还原酶还原硝酸盐的过程（自 Taiz 等，2015）

ox: 氧化态；red: 还原态

硝酸还原酶整个酶促反应可表示为：

$$NO_3^- + NAD(P)H + H^+ + 2e^- \longrightarrow NO_2^- + NAD(P)^+ + H_2O$$

硝酸还原酶是一种诱导酶（或适应酶）。所谓诱导酶（或适应酶），是指植物本来不含某种酶，但在特定外来物质的诱导下，可以生成这种酶，这种现象就是酶的诱导形成（或适应形成），所形成的酶便称作诱导酶（induced enzyme）或适应酶（adaptive enzyme）。吴相钰、汤佩松（1957）的实验证明，水稻幼苗如果培养在硝酸盐溶液中，体内即生成硝酸还原酶；如把幼苗转放在不含硝酸盐的溶液中，硝酸还原酶又逐渐消失，这是高等植物内存在诱导酶的首例报道。

亚硝酸盐还原成铵的过程，是由叶绿体或根中的亚硝酸还原酶（nitrite reductase，NiR）催化的，其电子供体由还原态铁氧还蛋白（Fd_{red}）提供。其酶促反应如下式：

$$NO_2^- + 6Fd_{red} + 8H^+ + 6e^- \longrightarrow NH_4^+ + 6Fd_{ox} + 2H_2O$$

NiR 还原亚硝酸的过程是：由光合作用供给 e^- 经过 Fd_{red} 还原，提供电子给 NiR 中的 Fe_4-S_4，然后转给多肽血红素，最后将电子传给 NO_2^- 而还原为 NH_4^+，同时释放少量一氧化氮（N_2O）（温室气体）（图 2-14）。

从叶绿体和根的质体中分离出 NiR，其相对分子质量是 $6 \times 10^4 \sim 7 \times 10^4$ 的蛋白质亚基，含有两个辅基：一个是铁硫簇（Fe_4-S_4），另一个是特异化血红素（siroheme），它们与亚硝酸盐结合，直接还原亚硝酸盐为铵（图 2-14）。

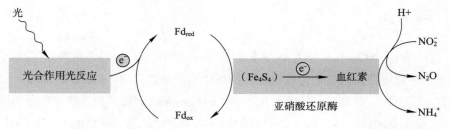

● 图 2-14　亚硝酸还原酶还原亚硝酸的过程（自 Taiz 等，2015）

（二）氨的同化

当植物吸收氨后，或者当植物所吸收的硝酸盐还原成氨后，氨立即被同化。游离氨（NH_3）的量稍微多一点，即毒害植物，因为氨可能抑制呼吸过程中的电子传递系统，尤其是 NADH 的氧化。氨的同化包括铵与谷氨酸合成谷氨酰胺。谷氨酰胺与 α- 酮戊二酸反应形成谷氨酸；或 α- 酮戊二酸直接与铵结合形成谷氨酸；谷氨酸和谷氨酰胺进一步进行氨基交换作用，就形成其他氨基酸或酰胺。

（1）谷氨酰胺合成酶途径　在谷氨酰胺合成酶（glutamine synthetase，GS）作用下，并以 Mg^{2+}、Mn^{2+} 或 Co^{2+} 为辅因子，铵与谷氨酸结合，形成谷氨酰胺。植物有两类 GS，一类在细胞质基质，另一类在根部细胞的质体或叶片细胞的叶绿体。

谷氨酸在谷氨酸合酶作用下，与 $\alpha-$ 酮戊二酸形成谷氨酸。谷氨酸合酶（glutamate synthase）又称谷氨酰胺 $-\alpha-$ 酮戊二酸转氨酶（glutamine$-\alpha-$oxoglutarate aminotransferase，GOGAT），它有 NADH-GOGAT 和 Fd-GOGAT 两种类型，分别以 NADH+H^+ 和还原态的 Fd 为电子供体，催化谷氨酰胺与 $\alpha-$ 酮戊二酸结合，形成 2 分子谷氨酸。第一种酶存在于非光合组织如根部细胞的质体或正在发育的叶片中的维管束，第二种酶存在于叶片的叶绿体中。

（2）谷氨酸脱氢酶途径　铵也可以和 $\alpha-$ 酮戊二酸结合，在谷氨酸脱氢酶（glutamate dehydrogenase，GDH）作用下，以 NAD(P)H+H^+ 为氢供给体，还原为谷氨酸。但是，GDH 对 NH_3 的亲和力很低，只有在体内 NH_3 浓度较高时才起作用。NADH-GDH 存在于线粒体中，NADPH-GDH 存在于叶绿体中。

（3）氨基交换作用　植物体内形成的谷氨酸和谷氨酰胺，可以在细胞质、叶绿体、线粒体、乙醛酸体和过氧化物酶体中通过氨基交换作用（transamination），形成其他氨基酸或酰胺。例如：谷氨酸与草酰乙酸结合，在天冬氨酸转氨酶（aspartate aminotransferase，Asp-AT）催化下，谷氨酸的氨基转移给草酰乙酸的羧基，形成天冬氨酸。

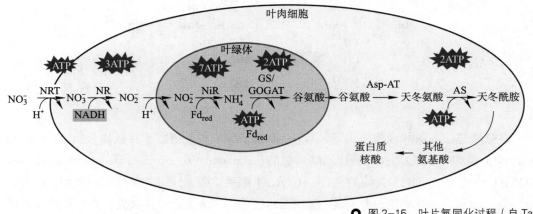

○ 图 2-15 叶片氮同化过程（自 Taiz 等，2015）

NO_3^- 通过叶肉细胞质膜上的硝酸盐 - 质子同向运输器（nitrate-proton symporter, NRT）进入叶肉细胞质基质，在硝酸还原酶（NR）作用下转变为 NO_2^-，NO_2^- 接着进入叶绿体基质并在亚硝酸还原酶（NiR）作用下转变为 NH_4^+，NH_4^+ 与 α- 酮戊二酸结合形成谷氨酸，谷氨酸随后运出到细胞质基质，再转变为天冬氨酸和其他氨基酸，最后形成蛋白质、核酸等。

叶片氮同化过程如图 2-15。

（三）生物固氮

分子氮（N_2）占空气的 79%，数量很大，是很好的氮肥来源。可是氮气不活泼，不能直接被高等植物利用。高等植物只能同化固定状态的氮化物（如硝酸盐和铵盐等）。

工业上，在高温（400～500℃）和高压（约 20 MPa）下，氮气（N_2）和氢气（H_2）反应合成氨。在自然界，同样可以固定氮，而且数量巨大。在自然固氮中，有 10% 是通过闪电完成的，其余 90% 是通过微生物完成的。某些微生物把空气中的游离氮固定转化为含氮化合物的过程，称为生物固氮（biological nitrogen fixation）。由此可见，生物固氮在农业生产上和自然界的氮素平衡中都具有十分重大的意义。

生物固氮是由两类微生物实现的。一类是能独立生存的非共生微生物（asymbiotic microorganism），主要有 3 种：好气性细菌（以固氮菌属 *Azotobacter* 为主）、嫌气性细菌（以梭菌属 *Clostridium* 为主）和蓝藻。另一类是与其他植物（宿主）共生的共生微生物（symbiotic microorganism）。例如，与豆科植物共生的根瘤菌，与非豆科植物共生的放线菌以及与水生蕨类红萍（亦称满江红）共生的蓝藻（鱼腥藻）等，其中以根瘤菌最为重要。

固氮微生物体内有固氮酶（nitrogenase），它具有还原分子氮为氨的功能。其总反应如下：

$$N_2 + 8e^- + 8H^+ + 16ATP \xrightarrow{\text{固氮酶}} 2NH_3 + H_2 + 16ADP + 16Pi$$

固氮酶有两个组分：铁蛋白（Fe protein）和钼铁蛋白（MoFe protein），两者都是可溶性蛋白质，两者要同时存在才能起固氮酶的作用，缺一则没有活性。铁蛋白是较小的部分，由两个相对分子质量为 $3 \times 10^4 \sim 7.2 \times 10^4$ 的亚基组成（因微生物品种而异）。每个亚基含有一个 Fe_4–S_4 簇，其作用是水解 ATP，还原钼铁蛋白。钼铁蛋白是较大的部分，由 4 个亚基组成，总相对分子质量为 $1.8 \times 10^5 \sim 2.4 \times 10^5$，每个亚基有 2 个 Mo–Fe–S 簇，作用是还原 N_2 为 NH_3。

　　生物固氮是把 N_2 转化为 NH_3 的过程，主要变化如下：在整个固氮过程中，以铁氧还蛋白（Fd_{red}）为电子供体，去还原铁蛋白（Fe_{ox}），成为 Fe_{red}，后者进一步与 ATP 结合，并使之水解，使铁蛋白发生构象变化，把高能电子转给钼铁蛋白（$MoFe_{ox}$）成为 $MoFe_{red}$，$MoFe_{red}$ 接着还原 N_2，最终形成 NH_3（图 2–16）。

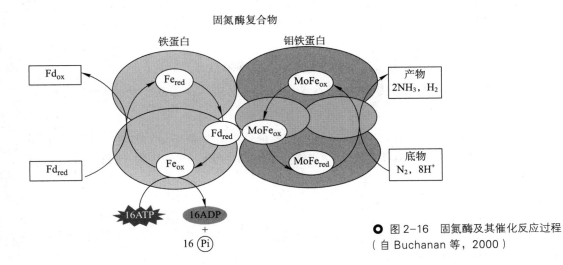

○ 图 2–16　固氮酶及其催化反应过程
（自 Buchanan 等，2000）

　　固氮酶对 O_2 高度敏感，很快就被钝化。铁蛋白在空气中的半衰期是 $30 \sim 45$ s，而钼铁蛋白则为 10 min。固氮需要的 ATP 是来自呼吸。呼吸需氧而固氮菌怕氧，这个矛盾如何解决？不同固氮微生物有不同机制。例如，独立生活的固氮细菌仍然保留无氧生活周期或只在无氧环境下才固氮；蓝藻中异形胞的壁厚、多层、限制 O_2 扩散，并且在低 O_2 条件下也有较强的呼吸速率；豆科植物合成豆血红蛋白（leghemoglobin）并贮存于豆科根瘤的类细菌 – 宿主细胞中，它与氧结合且控制氧释放，有效地降低根瘤中的游离氧浓度。

　　固氮酶还原许多种底物。在自然条件下，它与 N_2 和 H^+ 反应。固氮酶也可还原乙炔为乙烯。由于乙炔的还原和氮的还原平行相关，而乙炔还原为乙烯可用气相色谱法测定，简便且灵敏，所以在生物固氮研究中得到广泛应用。固氮酶还可以还原质子（H^+）而放出氢（H_2）。氢在氢化酶（hydrogenase）作用下，又可还原铁氧还蛋白，这样氮的还原就形成一个电子传递的循环。实验证明，红萍能在比较长的时间内稳定地放氢，是一个较有希望的太阳能生物转换系统。

　　生物固氮可以改良土壤，增加土壤肥力。据农业部门介绍，目前我国耕地退化，土壤肥力有所下降。因此，在农田放养红萍，种植紫云英、田菁、花生、大豆等豆科植物，是改良和保护土壤的最有效最经济的方法之一。

　　生物固氮固然可以利用固氮酶作用得到可利用的氮，满足作物需要。但是，从上述固氮反应式可见，固氮酶固定 2 分子 NH_3 要消耗 16 分子的 ATP，固氮反应是一个耗能反应

$\Delta G^{\theta'} = -27\,kJ \cdot mol^{-1}$。据计算，高等植物固定 1g N_2 要消耗有机碳 12 g。看来，如何减少固氮所需的能量投入是生物固氮研究中亟待解决的问题之一。农业生产上可通过增施磷肥来促进豆科作物固氮，达到以磷促氮的效果。

二、硫酸盐的同化

高等植物获得硫主要是通过根部从土壤中吸收硫酸根离子（SO_4^{2-}），也可以通过叶片吸收和利用空气中少量的二氧化硫（SO_2）气体。不过，二氧化硫要转变为硫酸根离子后，才能被植物同化。因此，二氧化硫的同化和硫酸盐的同化是同一个过程。硫酸盐既可以在植物根部同化，也可以在植物地上部分同化。SO_4^{2-} 要经过几步还原过程，才能同化形成含硫氨基酸。总反应式简化如下：

$$SO_4^{2-} + 8e^- + 8H^+ \longrightarrow S^{2-} + 4H_2O$$

植物对 SO_4^{2-} 的还原反应主要包括 3 个步骤，即活化 SO_4^{2-}，将 SO_4^{2-} 还原为 S^{2-} 及将 S^{2-} 合成半胱氨酸（图 2-17）。

（1）SO_4^{2-} 活化过程 SO_4^{2-} 非常稳定，在与其他物质作用之前，必须先行活化。在 ATP 硫酸化酶催化下，SO_4^{2-} 与 ATP 反应，产生腺苷酰硫酸（APS）和焦磷酸（PPi）。APS 是活化硫酸盐。

$$SO_4^{2-} + ATP \xrightarrow{\text{ATP 硫酸化酶}} APS$$

（2）APS 还原为 S^{2-} 的过程 在质体的 APS 还原分为 2 个步骤。首先 APS 还原酶从还原态谷胱甘肽（GSH）转移 2 个电子，产生亚硫酸盐（SO_3^{2-}）和氧化态谷胱甘肽（GSSG）。其次，亚硫酸盐还原酶从 Fd_{red} 转移 6 个电子，产生硫化物（S^{2-}）。

$$APS + 2GSH \xrightarrow{\text{APS 还原酶}} SO_3^{2-} + 2H^+ + GSSG + AMP$$

$$SO_3^{2-} + 6Fd_{red} \xrightarrow{\text{亚硫酸盐还原酶}} S^{2-} + 6Fd_{ox}$$

（3）S^{2-} 合成半胱氨酸的过程 此过程分为两步。首先，丝氨酸（Ser）在丝氨酸乙酰转移酶的催化下，与乙酰 CoA 反应形成 O- 乙酰丝氨酸（OAS）和 CoA。其次，OAS 在乙酰丝氨酸硫酸化酶催化下，与 S^{2-} 反应形成半胱氨酸（Cys）和乙酸（Ac）。半胱氨酸会进一步合成胱氨酸等含硫氨基酸。

$$Ser + 乙酰\,CoA \xrightarrow{\text{丝氨酸乙酰转移酶}} OAS + CoA$$

$$OAS + S^{2-} \xrightarrow{\text{乙酰丝氨酸硫酸化酶}} Cys + Ac$$

硫酸盐的同化过程可见图 2-17。

硫酸盐进入植物需要硫（酸盐）转运蛋白（sulphate transporter），研究表明，硫亏缺条件下诱导硫转运蛋白以及 APS 还原酶的基因表达。乙烯信号通路成员 EIL3（ETHYLENE-INSENSITIVE3-LIKE3）作为转录调节因子在硫亏缺条件下转录增强，EIL3 结合在硫转运蛋白基因 *SULTR1;2* 的启动子上，促进其转录，由此增加根系对硫的吸收。

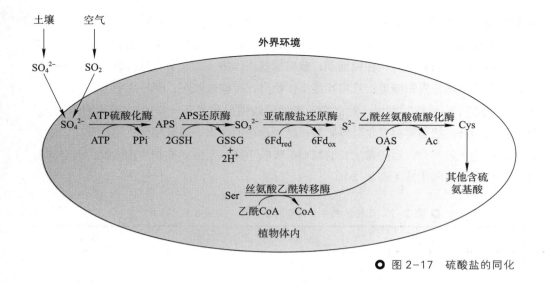

○ 图 2-17　硫酸盐的同化

三、磷酸盐的同化

土壤中的磷酸盐（HPO_4^{2-}）被植物吸收以后，少数仍以离子状态存在于体内，大多数同化成有机物，如磷酸糖、磷脂和核苷酸等。同化部位不限，根和地上部位都一样。在线粒体中，磷酸盐通过氧化磷酸化使 NADH（或琥珀酸）氧化为 ATP。在叶绿体中，光合磷酸化也可形成 ATP。

除了在线粒体和叶绿体中进行这些反应以外，在细胞质基质中也可以通过转磷酸作用形成 ATP。例如，在糖酵解中，3- 磷酸甘油醛在 3- 磷酸甘油醛脱氢酶作用下，与 $H_2PO_4^-$ 结合，把无机磷酸参入 1,3- 二磷酸甘油酸，进一步在磷酸甘油酸激酶催化下，1,3- 二磷酸甘油酸的磷酸转移，形成 3- 磷酸甘油酸和 ATP（详见第四章）。这就是底物水平的磷酸化反应。

○ 知识拓展 2-6
植物对磷的吸收

第六节　合理施肥的生理基础·······························

在农业生产中，施肥是提高作物产量和质量的一个重要手段。要增产，不仅要有足够的肥料，而且还要合理施用。要合理施肥，就应根据矿质元素对作物所起的生理功能，结合作物的需肥规律，适时地、适量地施肥，做到少肥高效。

一、作物的需肥规律

虽然每种作物都需要各种必需元素，但不同作物对三要素（氮、磷、钾）所要求的绝对量和相对比例都不一样。即使是同一作物，其所需三要素含量也因品种、土壤和栽培条件等而有差异。由于人们对各种作物的需用部分不一，而不同元素的生理功能又不一样，所以，不同作物对不同元素的相对需要量就不同。例如，栽种以果实籽粒为主要收获对象的禾谷类作物时，要多施一些磷肥，以利籽粒饱满；栽培根茎类作物（如甘薯、马铃薯）时，则可多施钾肥，促进地下部分累积糖类；栽培叶菜类作物时，可偏施氮肥，使叶片肥大。

同一作物在不同生育时期中，对矿质元素的吸收情况也是不一样的。在萌发期间，因种子本身贮藏养分，故不需要吸收外界肥料；随着幼苗的长大，吸肥渐强；将近开花、结实时，矿质养料进入最多；以后随着生长的减弱，吸收下降，至成熟期则停止吸收，衰老时甚至有部分矿质元素排出体外（表2-2）。

○ 表2-2　几种作物各生育期的氮、磷、钾吸收量（%）

作物	生育期	N	P₂O₅	K₂O
早稻	移栽 – 分蘖期	35.5	18.7	21.9
	稻穗分化 – 出穗期	48.6	57.0	61.9
	结实成熟期	15.9	24.3	16.2
晚稻	移栽 – 分蘖期	22.3	13.9	20.5
	稻穗分化 – 出穗期	58.7	47.4	51.8
	结实成熟期	19.0	38.7	27.7
冬小麦	出苗 – 返青	15.0	7.0	11.0
	返青 – 拔节	27.0	23.0	32.0
	拔节 – 开花	42.0	49.0	51.0
	开花 – 成熟	16.0	21.0	6.0
棉花	出苗 – 着蕾	8.8	8.1	10.1
	着蕾 – 棉铃形成	59.6	58.3	63.5
	棉铃形成 – 成熟	31.6	33.6	26.4
花生	苗期	4.8	5.2	6.7
	开花期	23.5	22.6	22.3
	结荚期	41.9	49.5	66.4
	成熟期	29.7	22.6	4.7
甘蔗	幼苗期	0.6	0.3	0.3
	分蘖期	6.3	2.7	5.5
	伸长期	50.7	73.3	78.8
	成熟期	42.5	23.7	15.3

作物在不同生育期中，各有明显的生长中心。例如，水稻和小麦等分蘖期的生长中心是腋芽，拔节孕穗期的生长中心是穗的分化发育和形成，抽穗结实期的生长中心是种子形成。生长中心的生长较旺盛，代谢强，养分元素一般优先分配到生长中心，所以，不同生育期施肥，对生长影响不同，增产效果有很大的差别，其中有一个时期施用肥料的营养效果最好，这个时期被称为最高生产效率期或植物营养最大效率期。我国农民在长期生产实践中，对植物营养最大效率期有深刻的认识。一般作物的营养最大效率期是生殖生长时期，这时，正处于生殖器官分化和退化的关键时刻，加强营养既可促进颖花的分化形成，又可防止颖花和枝梗的退化，所以能获得较大的经济效率，水稻和小麦的营养最大效率期是在幼穗形成期，而

油菜和大豆则在开花期，农谚"菜浇花"就是这个道理。

二、合理追肥的指标

作物对矿质元素的吸收随本身的生育时期而有很大的改变，所以应该在充足基肥的基础上，分期追肥，以及时满足作物不同生育期的需要。具体运用时还得看实际情况而定。作物生长发育是受环境（土壤与气候）支配的，而环境条件千变万化，由于植物生长情况实际上是环境对植物影响的综合反映，所以具体施肥时期和数量，还要根据植株生长情况来决定，与植物"对话"，对植株进行诊断。

1. 追肥的形态指标

我国农民看苗施肥的经验很丰富，他们根据作物植株的外部形态来判断缺肥不缺肥，这些反映植株需肥情况的外部形状，称为追肥的形态指标。

（1）相貌 作物的相貌是一个很好的追肥形态指标。氮肥多，植物生长快，叶长而软，株型松散；氮肥不足，生长慢，叶短而直，株型紧凑。有经验的农民根据植株相貌就知道肥料过多或不足，什么时期要有什么相貌才是正常的、高产的。

（2）叶色 叶色也是一个很好的追肥形态指标，因为叶色是反映作物体内营养状况（尤其是氮素水平）的最灵敏的指标。功能叶的叶绿素含量，与其含氮量的变化基本上是一致的。叶色深，氮和叶绿素均高；叶色浅，两者均低。生产上常以叶色作为施用氮肥的指标。

2. 追肥的生理指标

植株缺肥不缺肥，也可以根据植株内部的生理状况去判断。这种能反映植株需肥情况的生理生化变化，称为施肥的生理指标。施肥生理指标一般都是以功能叶为测定对象。

（1）营养元素诊断 叶片营养元素诊断是研究植物营养状况较有前途的途径之一。当养分严重缺乏时，产量甚低；养分适当时，产量最高；养分如继续增多，产量亦不再增加，浪费肥料；如养分再多，就会产生毒害，产量反而下降。在营养元素严重缺乏与适量之间有一个临界含量（critical concentration），临界含量是获得最高产量的最低养分含量。不同作物、不同生育期、不同元素的临界含量各也不同。表 2-3 是几种作物矿质元素的临界含量，供参考。

○ 表 2-3　几种作物的矿质元素临界含量（占干重的百分比）

作物	测定时期	分析部位	N	P_2O_5	K_2O
春小麦	开花末期	叶子	2.6 ~ 3.0	0.52 ~ 0.60	2.8 ~ 5.0
燕麦	孕穗期	植株	4.25	1.05	4.25
玉米	抽雄	果穗前一叶	3.10	0.72	1.67
花生	开花	叶子	4.0 ~ 4.2	0.57	1.20

（2）酰胺含量 作物吸收氮素过多时，就会以酰胺状态贮存起来，以免游离氨毒害植株。研究证实，水稻植株中的天冬酰胺与氮的增加是平行的，天冬酰胺的含量可作为水稻植株氮素状态的良好指标。在幼穗分化期，测定未展开或半展开的顶叶内天冬酰胺的有无，如

有，表示氮营养充足；如没有，说明氮营养不足。本法可作为穗肥的一个诊断指标。

（3）酶活性　作物体内有些营养离子与某些酶结合在一起，当这些离子不足时，相应酶的活性就要下降。硝态氮或铵态氮的转变是分别由硝酸还原酶和谷氨酸脱氢酶催化的。当这些氮化物不足时，酶的活性也下降；随着氮化物的增多，这两种酶的活性也增强；可是当施肥量超过一定限度时，以上这两种酶的活性就不再上升，而保持一定的水平。因此，可根据作物体内硝酸还原酶和谷氨酸脱氢酶活性的变化，来确定氮肥的合理用量。

三、发挥肥效的措施

为了使肥效得到充分发挥，除了合理施肥外，还要注意其他措施：

（1）适当灌溉　水分不但是作物吸收矿物质营养的重要溶剂，而且是矿物质在植物体内运输的主要媒介，同时还能明显地影响生长。在干旱地区，水分亏缺影响肥效，适当供应水分，可达到"以水促肥"的效果。

（2）适当深耕　适当深耕使土壤容纳更多的水分和肥料，而且也促进根系发达，以增大吸肥面积。

（3）改善施肥方式　根外施肥是经济用肥的方式之一，这里着重介绍深层施肥。以往施肥都是表施，氧化剧烈，容易造成铵态氮转化，氮、钾肥分流失，某些肥料分解挥发，磷素被土壤固定等，所以被植株吸收利用的效率不高。深层施肥是施于作物根系附近土层 $5 \sim 10 \ cm$ 深，挥发少，铵态氮的硝化作用也慢，流失少，供肥稳而久；加上根系生长有趋肥性，根系深扎，活力强，植株健壮，增产显著。

⭕ 小结

利用溶液培养法或砂基培养法，了解到植物生长发育必需的元素有从水分和 CO_2 取得的碳、氢、氧 3 种，有从土壤取得的大量元素为氮、磷、钾、硫、钙、镁 6 种，微量元素为铁、锰、硼、锌、铜、钼、钠、镍和氯 8 种，此外，还包括钠、硅和钴 3 种有益元素。各种元素有各自功能，一般不能相互替代。植物缺乏某种必要元素时，会表现出一定的缺乏症。

矿质离子跨膜运输是植物吸收矿质元素的基础，跨膜运输可分为被动运输和主动运输两种。根据膜上运输蛋白的不同，把离子或分子跨质膜运输的方式分为简单扩散、离子通道运输、载体运输、离子泵运输和胞饮作用 5 种方式。

细胞吸水和吸盐关系密切。但是吸水和吸盐的机制不同，因此两者是相对独立的。

根部是植物吸收矿质元素的主要器官。根毛区是根尖吸收离子最活跃的区域。根部吸收矿物质的过程是：首先经过交换吸附把离子吸附在表皮细胞表面；然后通过质外体和共质体运输进入皮层内部。对离子进入导管的方式有两种意见：一是被动扩散，二是主动过程。土壤温度和通气状况是影响根部吸收矿质元素的主要因素。叶子也可以吸收溶解于水中的矿质元素，它通过气孔和角质层透入叶肉细胞。根外追肥、喷施农药等措施，都是根据叶片营养的原理进行的。

根部吸收的矿质元素向上运输主要通过木质部，也能横向运到韧皮部后再向上运。叶片吸收的离子在茎内向上或向下运输途径都是韧皮部，同样，也可横向运到木质部继而上下运输。

磷和氮等参与循环利用的矿质元素，多分布于代谢利用较旺盛的部分；钙和铁等不参与循环利用的矿质元素，则固定不动，器官越老，含量越多。

植物能直接利用铵盐的氨。当吸收硝酸盐后，要经过硝酸还原酶催化成亚硝酸，再经过亚硝酸还原酶把亚硝酸还原为铵，才能被利用。游离氨的量稍多，即毒害植物。植物体通过各种途径把氨同化为氨基酸或酰胺。高等植物不能利用游离氮，靠借固氮微生物固氮酶的作用，经过复杂的变化，把氮还原成铵，供植物利用。植物吸收的硫酸根离子经过 ATP 和酶的活化，形成活化硫酸盐，再通过谷胱甘肽的还原，参与含硫氨基酸的合成。磷酸盐被吸收后，大多数被同化为有机物，如磷脂等。

不同作物对矿质元素的需要量不同，同一作物在不同生育期对矿质元素的吸收情况也不一样，因此应分期追肥，看苗追肥。为了充分发挥肥料效能，要适当灌溉、改进施肥方式和适当深耕等。

○ 名词术语

矿质营养　大量元素　微量元素　溶液培养法　透性　选择透性　钙调蛋白　生物膜
流动镶嵌模型　被动运输　主动运输　离子跨膜运输　离子通道　通道蛋白　载体蛋白　离子泵
胞饮作用　离子的选择吸收　单盐毒害　离子拮抗　硝酸还原酶　生物固氮　固氮酶
临界含量　追肥

○ 思考题

1. 在植物生长过程中，如何鉴别植物发生了缺氮、缺磷和缺钾现象？若发生了上述缺乏的元素，可采用哪些补救措施？

2. 植物细胞通过哪些方式来吸收溶质以满足正常生命活动的需要？

3. 植物细胞吸收的 NO_3^- 如何同化为谷氨酰胺、谷氨酸、天冬氨酸和天冬酰胺？

4. 植物细胞通过哪些方式来控制胞质中的 K^+ 浓度？

5. 根部细胞吸收的矿质元素通过什么途径和动力运输到叶片？

6. 细胞吸收水分和吸收矿质元素有什么关系？有何异同点？

7. 自然界或栽种作物过程中，叶子出现红色，为什么？

8. 会引起嫩叶发黄和老叶发黄的分别是什么元素？请列表说明。

○ 更多数字课程资源

术语解释　　　　推荐阅读　　　　参考文献

第 二 篇

物质代谢和能量转换

代谢（metabolism）是维持各种生命活动（如生长、繁殖和运动等）过程中化学变化（包括物质合成、转化和分解）的总称。植物代谢的特点在于它能把环境中简单的无机物直接合成为自身复杂的有机物，因此，植物是地球上最重要的自养生物。

植物的代谢，从性质上可分为物质代谢和能量转换；具体来说，植物从环境中吸收简单的无机物，形成自身组成物质并贮存能量的过程，称为同化作用（assimilation）。反之，植物将自身组成物质分解转换而释放能量的过程，称为异化作用（dissimilation）。

本篇共有 4 章，光合作用一章说明绿色植物把外界的二氧化碳和水合成有机物并贮藏能量；呼吸作用一章讨论物质和能量的转变；同化物运输一章介绍同化物在植物体内空间的移迁，以满足生长发育的需要；最后一章是次生代谢物，叙述次生代谢物的生物合成和生态意义。简而言之，本篇说明植物体内物质的合成、转变和利用。

第 三 章

植物的光合作用

碳素营养是植物的生命基础，这是因为，第一，植物体的干物质中 90% 以上是以碳作为核心元素的有机化合物（碳约占有机化合物质量的 45%），碳素成为植物体内含量较多的一种元素；第二，碳原子组成了所有有机化合物的主要骨架，好像建筑物的栋梁支柱一样。碳原子与其他元素有各种不同形式的结合，由此决定了这些化合物的多样性。

按照碳素营养方式的不同，植物可分为两大类：①只能利用现成的有机物作营养，这类植物称为异养植物（heterophyte），如少数高等植物；②可以利用无机碳化合物作营养，并且将它合成有机物，这类植物称为自养植物（autophyte），如绝大多数高等植物、低等植物。异养植物与自养植物相比，后者在植物界中最普遍，是生物界的第一生产者，所以，我们着重讨论自养植物。

自养植物吸收二氧化碳，将其转变成有机物质的过程，称为植物的碳素同化作用（carbon assimilation）。植物碳素同化作用包括细菌光合作用、绿色植物光合作用和化能合成作用 3 种类型。其中绿色植物光合作用最广泛，合成的有机物质最多，与人类的关系也最密切。因此本章重点阐述绿色植物光合作用（以下简称光合作用）。

第一节　光合作用的重要性·································

绿色植物吸收太阳光的能量，同化二氧化碳和水，制造有机物质并释放氧气的过程，称为光合作用（photosynthesis）。光合作用所产生的有机物质主要是糖类，并贮藏着能量。光合作用的过程，可用下列方程式来表示。

$$CO_2 + H_2O \xrightarrow[\text{绿色细胞}]{\text{光能}} (CH_2O) + O_2$$

光合作用的重要性，可概括为下列 3 个方面：

（1）把无机物变成有机物　植物通过光合作用制造有机物的规模是非常巨大的。据估计，地球上的自养植物同化的碳素，60% 是由陆生植物同化的，因此人们把绿色植物喻为庞大的合成有机物的绿色工厂。今天人类所吃的全部食物和某些工业原料，都是直接或间接地来自光合作用。

（2）蓄积太阳能量　植物在同化无机碳化合物的同时，把太阳光能转变为化学能，贮藏在形成的有机化合物中。有机物所贮藏的化学能，除了供植物本身和全部异养生物之用以外，更重要的是可提供人类营养和活动的能量来源。我们所利用的能源，如煤炭、天然气、木材等，都是过去或现在的植物通过光合作用形成的。因此可以说，光合作用是目前人类所利用的主要能量来源。绿色植物又是一个巨型的能量转换站。

（3）环境保护　绿色植物广泛地分布在地球上，不断地进行光合作用，吸收二氧化碳和放出氧气，使得大气中的氧气和二氧化碳含量相对比较稳定，因此绿色植物被认为是一个自动的空气净化器。当前绝大部分的好氧动、植物，也只有在地球上产生光合作用以后，才得到发生和发展。

◉ 重要事件 3-1
光合作用的发现与发展

总之，光合作用是地球上生命存在、繁荣和发展的根本源泉，所以人们称光合作用是"地球上最重要的化学反应"（图 3-1）。

光合作用的研究在理论上和生产实践上都具有重大的意义，对农业现代化来说，人们栽培作物、果树、蔬菜、树木和牧草的目的，在于获得更多可利用的光合产物。因此，光合作用成为农业和林业生产的核心，各种农（林）业生产的耕作制度和栽培措施，都是为了更大限度地进行光合作用。对工业现代化来说，弄清光合作用的机理对太阳光能的利用、生物催化的应用，以至最终实现模拟光合作用来人工合成食物等都有指导意义。对科学技术现代化来说，由于光合作用是地球上普遍存在而又特有的一个过程，是其他生物生存的基础，因此，光合作用的研究有助于生物科学中其他科学问题的阐明，例如生命起源、细胞起源、生物进化、仿生学等，也有助于促进光物理、化学、材料科学等学科的发展。光合作用是植物生理学的主攻方向之一，又是自然科学中的一个重点研究领域。

◉ 重要事件 3-2
光合作用研究过程中的诺贝尔奖及其贡献

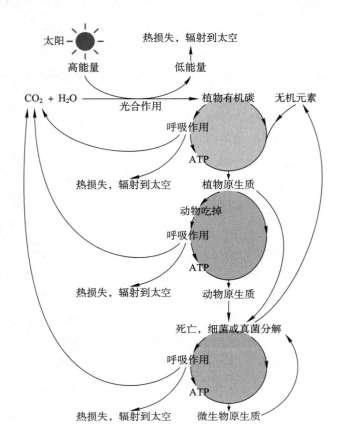

太阳

高能量

热损失，辐射到太空

低能量

$CO_2 + H_2O$ ——光合作用——→ 植物有机碳 　无机元素

呼吸作用

ATP

热损失，辐射到太空 　植物原生质

动物吃掉

呼吸作用

ATP

热损失，辐射到太空 　动物原生质

死亡，细菌或真菌分解

呼吸作用

ATP

热损失，辐射到太空 　微生物原生质

○ 图3-1　通过光合作用的碳和能量在生物圈中的循环（自 Opik 等，2005）

第二节　叶绿体及其色素······················

叶片是进行光合作用的主要器官，而叶绿体（chloroplast）是进行光合作用的主要细胞器。光呼吸中乙醇酸循环一部分在叶绿体里进行，一部分在其他细胞器（过氧化物酶体和线粒体）里进行。由于光合作用中的主要反应是在叶绿体里进行的，所以叶绿体是进行光合作用的细胞器。

一、叶绿体的结构和成分

（一）叶绿体的结构

显微镜下高等植物的叶绿体大多数呈椭圆形，一般直径为 $3 \sim 6\ \mu m$，厚为 $2 \sim 3\ \mu m$。据统计，每平方毫米的蓖麻叶就含有 $3 \times 10^7 \sim 5 \times 10^7$ 个叶绿体。这样，叶绿体总的表面积就比叶面积大得多，有利于太阳光能的利用和空气中 CO_2 的吸收（图3-2）。

在电子显微镜下，可以看到叶绿体的外围有由两层薄膜构成的叶绿体膜（chloroplast membrane），外膜含有由孔蛋白构成的通道，允许小分子量的物质通过。细胞质中合成的叶绿体蛋白必须通过叶绿体内外两层膜上的蛋白质运输体才能进入叶绿体内，即叶绿体外膜运输体（translocon of the outer envelope membrane of the chloroplasts，Toc）和叶绿体内膜运输体（translocon of the inner envelope membrane of the chloroplasts，Tic）。在 Toc 和 Tic 之间结合着分子伴侣 Hsp70 家族蛋白，为前体蛋白质的跨膜运输充当分子伴侣作用，可能提供一种驱动力。

叶绿体还有第三层膜叫类囊体膜，类囊体膜是单层膜，组成许多小的互连扁平的小泡，叫作类囊体（thylakoid）（图 3-2A、B）。类囊体膜上的叶绿素吸收光能、合成 ATP 和 NADPH 以及传递电子。因此，光合作用的光反应就在类囊体上进行。

叶绿体膜以内的基础物质称为基质（stroma），呈淡黄色。基质成分主要是可溶性蛋白质（酶）和其他代谢活跃物质，呈高度流动性状态，具有固定 CO_2 的能力，光合产物——淀粉是在基质里形成和贮藏起来的。

基质中存在着许多浓绿色呈圆饼状的颗粒叫基粒（grana）。叶绿体的光合色素主要集中在基粒之中，光能转换为化学能的主要过程是在基粒中进行的。一个典型的成熟的高等植物的叶绿体，含有 20～200 个甚至更多的基粒。基粒的直径一般为 0.5～1 μm（在干的状态下测量）。每个基粒是由 2 个以上的类囊体垛叠在一起，像一叠镍币一样（从上看下去则呈小颗粒状），这些类囊体称为基粒类囊体（grana thylakoid）。有一些类囊体较大，贯穿在两个基粒之间的基质之中，这些类囊体称为基质类囊体（stroma thylakoid）。叶绿体中类囊体垛叠成基粒，是高等植物光合细胞所特有的膜结构。膜的垛叠（重叠）意味着捕获光能的机构高度密集，能更有效地收集光能；另外，因为膜系统往往是酶的排列支架，膜垛叠就犹如形成一个长的物质传送带，使代谢顺利进行。

不同植物或同一植物不同部位的叶绿体内基粒的类囊体数目不同。例如，烟草叶绿体的基粒有 10～15 个类囊体，玉米则有 15～50 个；同是冬小麦，基粒类囊体数目随叶位上升而增多，至旗叶（小麦最后生长的一片叶子，位于植株的最上端）达到高峰。据统计，旗叶基

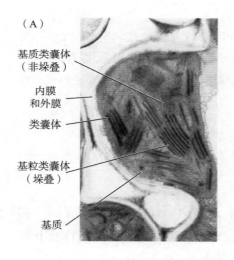
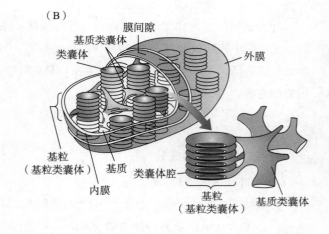

O 图 3-2　叶绿体的结构

（A）大麦叶绿体结构的电镜图片（彭长连提供）；（B）叶绿体与类囊体结构示意图（自 Taiz 等，2015）

粒的类囊体数目较第 5 叶的几乎高出 1.5～3 倍，所以旗叶的光合速率较高。

（二）叶绿体的成分

叶绿体约含 75% 的水分，而在干物质中，以蛋白质、脂质、色素和无机盐为主。蛋白质是叶绿体的结构基础，一般占叶绿体干重的 30%～45%，蛋白质在叶绿体中最重要的功能是作为代谢过程中的催化剂，如酶本身就是由蛋白质组成的；又如起电子传递作用的细胞色素、质体蓝素（plastocyanin）等，都是与蛋白质结合的，所有光合色素也都与蛋白质结合成为复合体。叶绿体中的色素很多，占干重 8% 左右，在光合作用中起着决定性的作用。叶绿体还含有 20%～40% 的脂质，它是组成膜的主要成分之一。叶绿体中还含有 10%～20% 的贮藏物质（淀粉等），10% 左右的矿质元素（铁、铜、锌、钾、磷、钙、镁等）。此外，叶绿体还含有各种核苷酸（如 NAD^+ 和 $NADP^+$）和醌（如质体醌，plastoquinone），它们在光合过程中起着传递质子（或电子）的作用。

叶绿体中含有光合磷酸化酶系、CO_2 固定和还原酶系等几十种酶。因此，叶绿体也是细胞生物化学活动的中心之一。

（三）叶绿体的遗传

叶绿体也有自己的遗传物质 DNA，它的生长和增殖受核基因组和自身基因组共同控制。叶绿体基因组一般呈环状，在大多数植物中含有反向重复序列。叶绿体内约有 3 000 种蛋白质，其中叶绿体基因组只能编码大约 100 种蛋白质，超过 95% 的叶绿体蛋白都由核基因所编码。核基因编码产物调控着叶绿体基因的转录和翻译，控制叶绿体的发育，即细胞核与叶绿体之间的正向调控作用。细胞核中的光合相关基因转录形成 mRNA，从细胞核运输到细胞质基质，在胞质 80 S 核糖体上翻译合成蛋白质，继而在引导肽（也称为转运肽）作用下由叶绿体膜上负责叶绿体蛋白转运的蛋白复合体 Toc 和 Tic 运至叶绿体内。很多核基因编码蛋白与叶绿体编码蛋白相互作用，在叶绿体中共同组装成具有活性的蛋白复合体，如 ATP 合酶（ATP synthase）、1,5- 二磷酸核酮糖羧化酶 / 加氧酶（RuBP carboxylase/oxygenase，亦称 Rubisco）等。Rubisco 的大亚基由叶绿体基因组编码，而小亚基由核基因编码。8 个大亚基和 8 个小亚基组装成 16 个亚基的 Rubisco 全酶，两个亚基的协调表达对植物光合作用功能实现和维持具有至关重要的作用。叶绿体也可以调控核基因的表达，这称为叶绿体逆向信号。近年，张立新等发现的 PTM（for PHD type transcription factor with transmembrane domains）是实现叶绿体逆向信号中的关键因子，该蛋白将叶绿体内的需求信号传递给细胞核，调控叶绿体与核基因的协同表达。

○ 知识拓展 3-1 胞质前体蛋白转运到叶绿体的机制

二、光合色素的化学特性

高等植物的光合色素有 2 类：叶绿素和类胡萝卜素，排列在类囊体膜上。

（一）叶绿素

高等植物的叶绿素（chlorophyll）中主要有叶绿素 a 和叶绿素 b 两种。它们能溶于酒精、丙酮和石油醚等有机溶剂。在颜色上，叶绿素 a 呈蓝绿色，而叶绿素 b 呈黄绿色。叶绿素的化学组成如下：

$$叶绿素 a \qquad C_{55}H_{72}O_5N_4Mg$$
$$叶绿素 b \qquad C_{55}H_{70}O_6N_4Mg$$

按化学性质来说，叶绿素是叶绿酸的酯。叶绿酸是双羧酸，其中的两个羧基分别与甲醇（CH_3OH）和叶绿醇（phytol，$C_{20}H_{39}OH$）发生酯化反应，形成叶绿素。

叶绿素分子含有 4 个吡咯环，它们和 4 个甲烯基（＝CH—）连接成 1 个大环，叫作卟啉环。镁原子居于卟啉环的中央。另外有 1 个连接羰基和羧基的副环（同素环 V），羧基以酯键和甲醇结合。叶绿醇则以酯键与在第 IV 吡咯环侧链上的丙酸相结合。图 3-3 是叶绿素 a 的结构式。目前可通过人工合成叶绿素分子。叶绿素分子是一个庞大的共轭系统，吸收光形成激发状态后，由于配对键结构的共振，其中 1 个双键的还原，或双键结构丢失 1 个电子等，都会改变它的能量水平。以氢的同位素氘或氚试验证明，叶绿素不参与氢传递，而只以电子传递（即电子得失引起的氧化还原）及共振传递（直接传递能量）的方式，参与光反应。在第 IV 环上存在的叶绿醇链是高分子量的碳氢化合物，是叶绿素分子的亲脂部分，使叶绿素分子具有亲脂性。这条长链的亲脂"尾巴"，对叶绿素分子在类囊体片层上的固定起着极其重要的作用。叶绿素分子的"头部"是金属卟啉环，镁原子带正电荷，而氮原子则偏向于带负电荷，呈极性，因而具有亲水性，可以和蛋白质结合。叶绿素分子的头部和尾部分别具有亲水性和亲脂性的特点，决定了它在类囊体片层中与其他分子之间的排列关系。绝大部分叶绿素 a 分子和全部叶绿素 b 分子具有收集和传递光能的作用。少数特殊状态的叶绿素 a 分子（特殊叶绿素 a 对）有将光能转换为化学能的作用（图 3-3）。

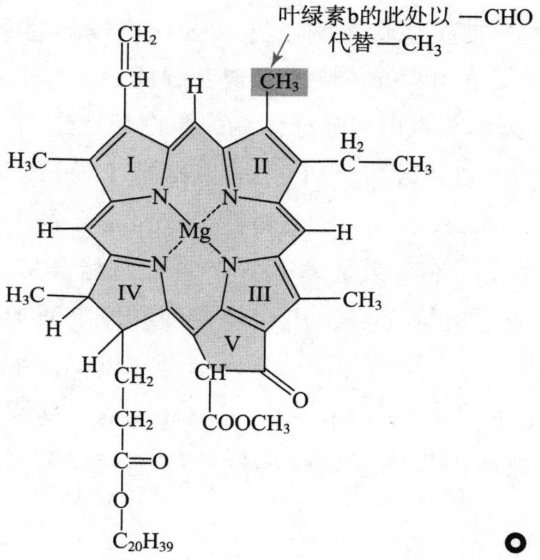

○ 图 3-3　叶绿素 a 的结构式

（二）类胡萝卜素

叶绿体中的类胡萝卜素（carotenoid）主要有两种，即胡萝卜素（carotene）和叶黄素（xanthophyll）。类胡萝卜素只溶于有机溶剂，是一种重要的抗氧化剂。在颜色上，胡萝卜素呈橙黄色，而叶黄素呈黄色。类胡萝卜素也有收集和传递光能的作用，除此之外，还有保护光合机构免受过剩光能伤害的功能，如叶黄素循环（xanthophyll cycle）在耗散过剩光能保护光系统 II 中起着重要作用。

○ 知识拓展 3-2
光抑制和光保护

胡萝卜素是不饱和的碳氢化合物，分子式是 $C_{40}H_{56}$，它有 3 种同分异构物：α-、β- 及

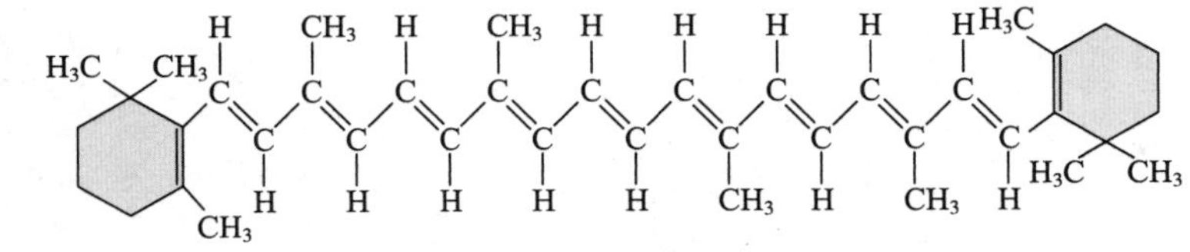

β-胡萝卜素

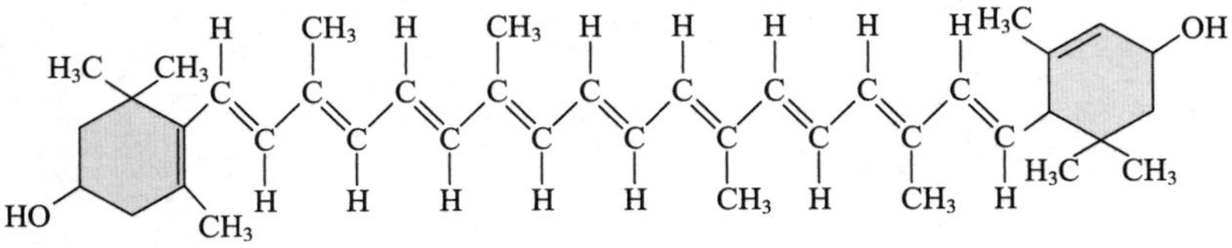

叶黄素

○ 图 3-4　β- 胡萝卜素和叶黄素的
结构式

γ- 胡萝卜素。叶片中常见的是 β- 胡萝卜素，它的两头分别具有一个对称排列的紫罗兰酮环，中间以共轭双键相连接。叶黄素是由胡萝卜素衍生的醇类，分子式是 $C_{40}H_{56}O_2$。β- 胡萝卜素和叶黄素的结构式见图 3-4。

三、光合色素的光学特性

由于植物在进行光合作用时，其光合色素对光能的吸收和利用起着重要的作用，所以研究各种光合色素（特别是叶绿素）的光学性质非常重要。

（一）两个吸光强区

太阳光不是单一波长的光，到达地表的光波含有从 300 nm 的紫外光到 2 000 nm 的红外光，其中只有波长在 390 ~ 760 nm 之间的光是可见光（图 3-5）。

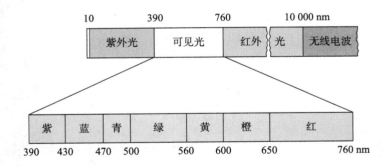

○ 图 3-5　太阳光的光谱

叶绿素吸收光的能力极强。叶绿素吸收光谱（absorption spectrum）的最强吸收区有两个：一个在波长为 640 ~ 660 nm 的红光部分，另一个在波长为 430 ~ 450 nm 的蓝紫光部分（图 3-6）。白光中，红、蓝光被叶绿素大量吸收，而绿光则被叶绿素反射和透射，因此叶片的反射和透射光都呈绿色，叶子呈现绿色，叶绿素溶液也呈绿色。叶绿素的荧光呈红色。胡萝卜素和叶黄素的吸收光谱的最大吸收带在蓝紫光部分，不吸收红光等长波的光（图 3-7）。

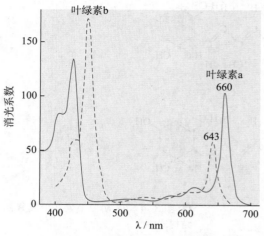

● 图3-6　叶绿素a和叶绿素b在乙醚溶液中的吸收光谱（自 Comar 和 Zscheile，1941）

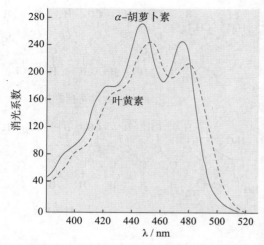

● 图3-7　α-胡萝卜素和叶黄素的吸收光谱（自 Zscheile，1942）

（二）激发态

当叶绿素分子吸收光子后，就由最稳定的、最低能量的基态（ground state）（常态）上升到一个不稳定的、高能状态的激发态（excited state）。激发态极不稳定，停留时间一般不超过几纳秒（10^{-9} s），以后就迅速向较低能状态转变。转变的途径有几条：第一，吸收的光能有的以热的形式消耗回到基态；第二，分子吸收的光能也以光能形式（可分荧光和磷光两种，荧光是指电子从第一单线态返回到基态时释放的光，其寿命一般是纳秒量级的；磷光是指电子从第一三线态返回到基态释放的光，其寿命一般是微秒量级的）释放，这样叶绿素分子便回到基态；第三，激发态的叶绿素参与能量转移，迅速地把光能传递给邻近的其他分子。最后，激发态能量推动光化学反应的进行（图3-8）。

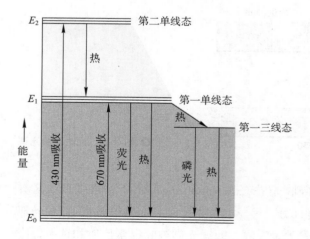

● 图3-8　色素分子吸收光后能量转变（自 Ting，1981）

色素分子吸收蓝光（430 nm）或红光（670 nm）后，分别激发为第二单线态（E_2）或第一单线态（E_1），E_1转变为第一三线态，它们进一步回到基态（E_0）时则分别产生荧光或磷光

四、叶绿素的合成及降解

（一）叶绿素的生物合成

叶绿素的生物合成分为 4 个阶段。第 1 阶段是从谷氨酸开始，经过 5- 氨基酮戊酸（5-aminolevulinic acid，ALA），2 分子 ALA 合成含吡咯环的卟胆原（porphobilinogen，PBG，又称为胆色素原）。第 2 阶段是 4 个 PBG 分子聚合成原卟啉 IX（protoporphyrin IX）。原卟啉 IX 是形成叶绿素和亚铁血红素的分水岭。如果与铁结合，就生成亚铁血红素（ferroheme）；如果导入镁原子，则形成 Mg 原卟啉（Mg-protoporphyrin）。后者 V 环环化，就形成单乙烯基原叶绿素酯 a（monovinyl protochlorophyllide a）。在光照和 NADPH 存在下，原叶绿素酯氧化还原酶（protochlorophyllide oxidoreductase）催化后者进入第 3 阶段，IV 环还原形成叶绿素酯 a（chlorophyllide a），这个阶段是需光过程。第 4 阶段是植醇尾巴与 IV 环的丙酸酯化，就形成叶绿素 a（图 3-9）。叶绿素 b 是由叶绿素 a 演变过来的。

（二）叶绿素的降解

叶绿素降解的过程为：首先类囊体内叶绿素 b 转变成叶绿素 a，然后运输到叶绿体基质后，先后形成脱植基叶绿素 a 和脱镁叶绿素 a；脱镁叶绿素 a 因保留卟啉大环，故仍显绿色，在

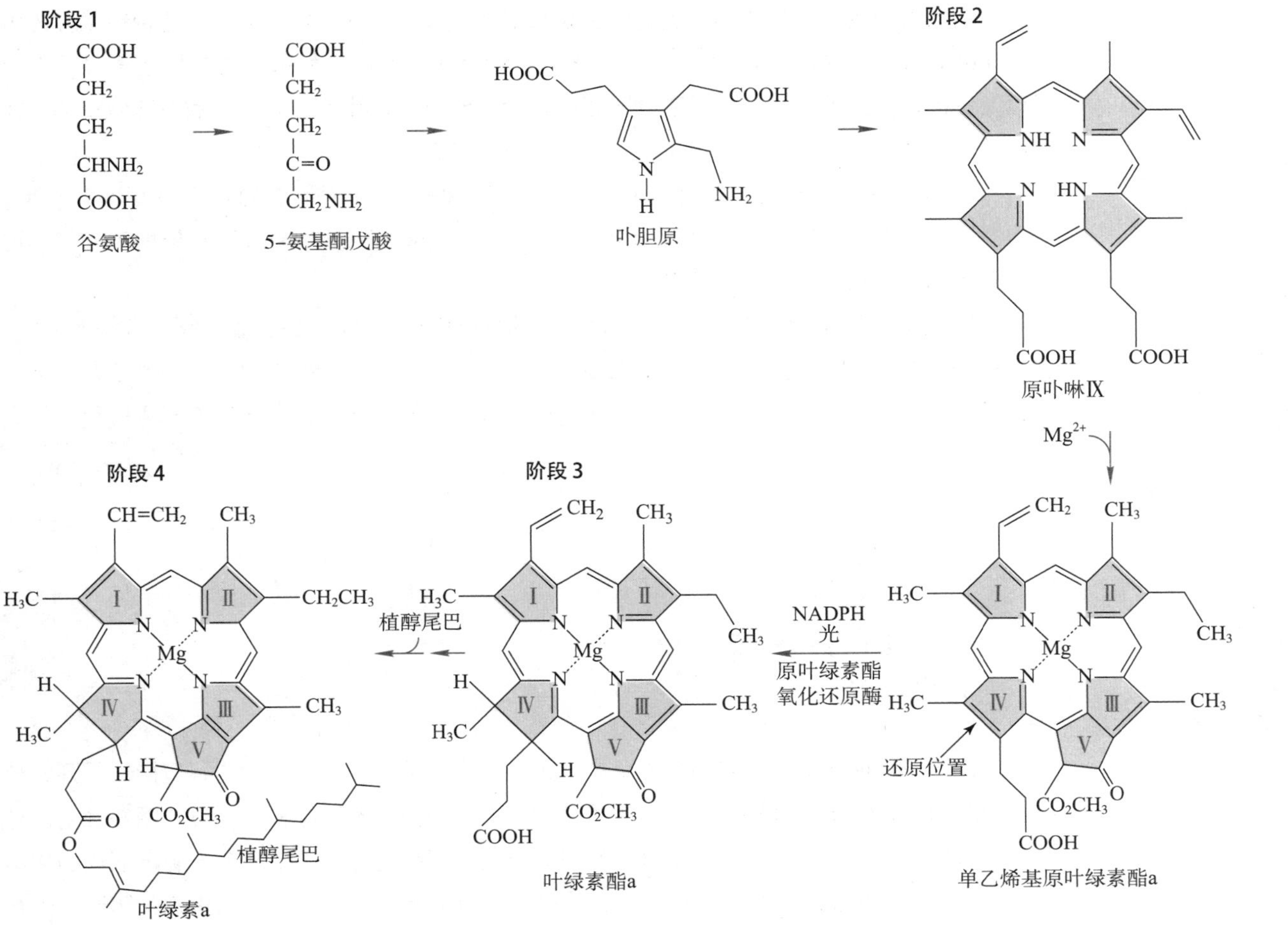

图 3-9　叶绿素 a 的生物合成途径

酶的作用下卟啉环裂解，最终成为水溶性的无色产物，转运到附近的液泡。

$$叶绿素 b \xrightarrow{\text{叶绿素 b 还原酶}} 叶绿素 a \xrightarrow{\text{叶绿素酶}} 脱植基叶绿素 a \xrightarrow{\text{脱镁整合酶}} 脱镁叶绿$$

$$素 a \xrightarrow{\text{脱镁叶绿素 a 氧化酶}} 水溶性的无色产物$$

（三）植物的叶色

植物叶子呈现的颜色是各种色素的综合表现，其中主要是绿色的叶绿素和黄色的类胡萝卜素两大类色素之间的比例。高等植物叶子所含各种色素的数量与植物种类、叶片老嫩、生育期及季节有关。一般来说，正常叶子的叶绿素和类胡萝卜素的分子比例约为 3：1，叶绿素 a 和叶绿素 b 也约为 3：1，叶黄素和胡萝卜素约为 2：1。由于绿色的叶绿素比黄色的类胡萝卜素多，所以正常的叶片总是呈现绿色。秋天、气温下降或叶片衰老时，叶绿素的含量减少，而类胡萝卜素比较稳定，所以叶片呈现黄色。枫树叶片等在秋季变红，是因为秋天降温，体内积累了较多糖分以适应寒冷，体内可溶性糖多了，就形成较多的花色素苷（红色），叶子就呈红色。花色素苷吸收的光不传递到叶绿素，不能用于光合作用。

许多环境条件影响叶绿素的生物合成，从而也影响叶色的深浅。

光是影响叶绿素形成的主要因素。从上述可知，单乙烯基原叶绿素酯经过光照后，才能顺利合成叶绿素，如果没有光照，一般就只能停留在这个步骤。可见光中各种波长的光照都能促使叶绿素形成。一般植物在黑暗中生长都不能合成叶绿素，叶子发黄。这种现象称为黄化（etiolation）。光线过弱，不利于叶绿素的生物合成，所以，如果作物栽培密度过大，上部遮光过甚，植株下部叶片叶绿素分解速度大于合成速度，叶色变黄，影响整株植物的光能利用并导致产量下降。因此，农业生产上讲究合理密植。

叶绿素的生物合成过程要有酶的参与。一般来说，叶绿素形成的最低温度是 2～4℃，最适温度是 30℃左右，最高温度是 40℃。秋天叶子变黄和早春寒潮过后水稻秧苗变白等现象，都与低温抑制叶绿素形成有关。

矿质元素对叶绿素形成也有很大的影响。植株缺乏氮、镁、铁、锰、铜、锌等元素时，就不能形成叶绿素，呈现缺绿病（chlorosis），其中，氮和镁都是组成叶绿素的元素。至于铁、锰、铜、锌等元素可能是叶绿素形成过程中某些酶的活化剂，在叶绿素形成过程中起间接作用。

第三节　光合作用过程·····································

光合作用是地球上最重要的化学反应。光合作用又是一个极为复杂的，包括一系列的光化学步骤和物质转变的过程。光合作用可分为两个反应——光反应和碳反应（图3-10）。光反应是由光引起的光化学反应；碳反应是在暗处或光下都能进行的，由若干酶所催化的化学反应。光合作用光能的吸收、传递和转换均是在具有一定分子排列及空间构象、镶嵌在光合膜上的捕光及反应中心色素蛋白复合体中高效进行的。其能量的传递效率高达 98%～100%，

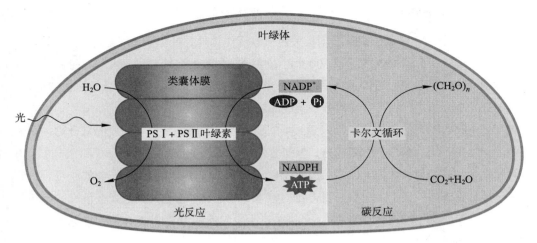

● 图 3-10　叶绿体中光合作用的光反应和碳反应（自 Taiz 等，2006）

在类囊体膜中，光通过 PS Ⅱ 和 PS Ⅰ 引起 ATP 和 NADPH 合成。在基质中，ATP 和 NADPH 在循环中通过卡尔文循环进行一系列酶促反应，还原 CO_2 为糖类（磷酸丙糖）

能量转化效率几乎达 100%，从光能吸收到原初电荷分离涉及的时间为 $10^{-15} \sim 10^{-7}$ s，它包含着一系列涉及光子、激子、电子、离子等传递和转化的复杂物理及化学过程。

　　光合作用是积蓄能量和形成有机物的过程，大致可分为 3 大步骤：①原初反应，包括光能的吸收、传递和转换；②电子传递和光合磷酸化，形成活跃化学能（ATP 和 NADPH）；③碳同化，把活跃的化学能转变为稳定的化学能（固定 CO_2，形成糖类）。第一、二个大步骤基本属于光反应，第三个大步骤属于碳反应（表 3-1）。

● 表 3-1　光合作用各种能量转变的概况

能量转变	光能 ⟶（光化学反应）⟶ 活跃的化学能 ⟶ 稳定的化学能			
贮存能量的物质	量子	电子	ATP、NADPH	糖类等
完成能量转变的过程		原初反应	电子传递、光合磷酸化	碳同化
进行转变的部位		基粒类囊体	基粒类囊体	叶绿体基质
光、碳反应		光反应	光反应	碳反应

一、原初反应

　　光合作用的第一步是原初反应（primary reaction）。它是指光合作用中从叶绿素分子受光激发到引起第一个光化学反应为止的过程，即色素分子捕获光能后呈激发态，能量在色素分子间传递，最终引起一个光化学反应。即由光能推动氧化还原反应的进行。该过程速度极快，可在 $10^{-15} \sim 10^{-12}$ s 完成。

（一）光能的吸收

在光合作用中，叶绿素分子除了同相关色素相互作用外，叶绿素分子之间也相互作用。实验表明，每固定 1 分子 CO_2 需要 2 500 个叶绿素分子吸收的光能，后来发现，每固定 1 分子 CO_2 需要消耗 8 个光子，由此推算固定 1 个光子大约需要 300 个叶绿素分子，也就是说，每吸收 1 个光子必须由几百个叶绿素分子组成的功能单位才能完成。

进行光能吸收的功能单位是由叶绿素、类胡萝卜素、脂质和蛋白质组成的复合物，即光系统。每一个光系统含有两个主要成分：聚光复合物和反应中心复合物。

聚光复合物中的色素（聚光色素）没有光化学活性，只有吸收和传递光能的作用。它们像漏斗一样，将光能聚集到反应中心复合物的特殊叶绿素 a 对，绝大多数光合色素（包括大部分叶绿素 a 和全部叶绿素 b、类胡萝卜素类）属于聚光色素。

（二）光能的传递

聚光色素吸收光能后，色素分子变成激发态，由于类囊体片层的色素分子排列得很紧密（10 ～ 50 nm），光能就在色素之间以共振传递方式向反应中心传递着。在此过程中，激发能量通过非辐射形式由一个分子传递到另一个分子，就像音叉间能量的共振传递。能量传递速度很快，一个寿命为 5×10^{-9} s 的红光量子，在类囊体中可把能量传递给几百个叶绿素 a 分子。能量可以在相同色素分子之间传递，也可以在不同色素分子间传递。能量传递效率很高，类胡萝卜素所吸收的光能传给叶绿素 a 的效率高达 90%，叶绿素 b 所吸收的光能传给叶绿素 a 的效率接近 100%。

聚光色素分子有序排列，当光能在不同色素之间传递时，一个吸收高峰波长较短（激发能较高）的色素分子（如叶绿素 b，650 nm），将向吸收高峰波长较长（激发能较低）的色素分子（如叶绿素 a，670 nm）传递能量，最后顺利到达反应中心。叶绿素 b 和叶绿素 a 激发态相差的能量以热的形式散失掉。光能从被吸收开始传递到反应中心，大约耗时 2×10^{-14} s。

反应中心周围还有类胡萝卜素分子，它们主要吸收 400 ～ 500 nm 波长的光，将能量以诱导共振方式传递给叶绿素分子。

光能在不同色素间的传递顺序：类胡萝卜素 → 叶绿素 b → 叶绿素 a → 特殊叶绿素 a 对。

（三）光能的转换

反应中心是光能转变化学能的膜蛋白复合体，其中包含参与能量转换的特殊叶绿素 a 对（special-pair chlorophyll a，简称特殊对），当特殊对吸收由聚光色素传来的光能后，就被转变为激发态，并迅速交出一个电子给另外一个色素分子（即脱镁叶绿素），再传给位于类囊体外侧膜的非色素分子原初电子受体（如醌 Q）。这样就产生一个不可逆的跨膜的电荷分离（charge separation）（图 3-11）即发生了氧化还原的化学变化。

这种叶绿素吸收光能后十分迅速地产生氧化还原的化学变化，称为光化学反应（photo-chemical reaction），它是光合作用的核心环节，能将光能直接转变为化学能。光化学反应实质上是由光引起的氧化还原反应，具体变化如下：当特殊叶绿素 a 对（P）被光激发后成为激发态（P*），放出电子给原初电子受体（A，即 Q），特殊对被氧化成带正电荷（P+）的氧化态，而受体被还原成带负电荷的还原态（A−）。氧化态的特殊对（P+）在失去电子后又可从叶绿素 a 获得电子，这些叶绿素 a 就是原初电子供体（D），特殊对就恢复原来的还原态。

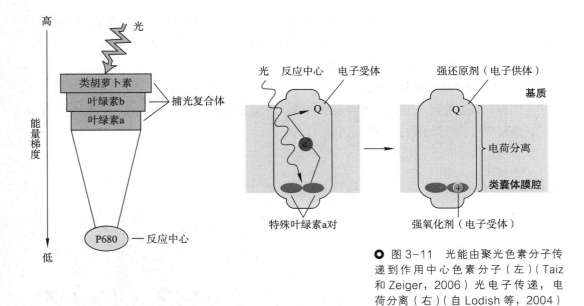

○ 图 3-11　光能由聚光色素分子传递到作用中心色素分子（左）（Taiz 和 Zeiger，2006）光电子传递，电荷分离（右）（自 Lodish 等，2004）

这样不断地氧化还原，原初电子受体将高能电子释放进入电子传递链，直至最终电子受体 $NADP^+$。同样，氧化态的电子供体（D^+）也要向前面的供体夺取电子，依次直到最终的电子供体水。光反应中心的光化学反应：

$$D \cdot P \cdot A \xrightarrow{\text{光}} D \cdot P^* \cdot A \longrightarrow D \cdot P^+ \cdot A^- \longrightarrow D^+ \cdot P \cdot A^-$$

二、电子传递

光合作用的反应中心是由原初电子供体、原初电子受体以及维持电子传递所必需的色素蛋白复合体所组成，是光合作用的场所。反应中心的色素分子受光激发而发生电荷分离，实现了将光能转变为电能的过程。但这种状态的电能极不稳定，生物体还无法利用。电子必须经过一系列电子传递体的传递，引起水的裂解放氧和 $NADP^+$ 还原为 NADPH，并通过光合磷酸化形成 ATP，这样，把光能转化为活跃的化学能。

（一）光系统

1943 年，爱默生（Emerson）以绿藻和红藻为材料，研究其不同光波的量子产额（quantum yield）（即吸收一个光量子后放出的 O_2 分子数或固定的 CO_2 分子数），发现当光波波长大于 685 nm（远红光）时，虽然光量子仍被叶绿素大量吸收，但量子产额急剧下降，这种现象被称为红降（red drop）。爱默生等在 1957 年又观察到，在远红光（710 nm）条件下，如补充红光（波长 650 nm），则量子产额大增，比这两种波长的光单独照射的总和还要多。后人把这两种波长的光协同作用而增加光合效率的现象称为增益效应（enhancement effect）或爱默生效应（Emerson effect）。上述现象说明植物可能存在两种色素系统，各有不同的吸收峰，进行不同的光反应。

随着近代研究技术的发展，可以直接从叶绿体分离出两个光系统，分别为光系统 I（photosystem I，简称 PS I）和光系统 II（photosystem II，简称 PS II）。PS II 的颗粒较大，直径约 17.5 nm，主要分布在类囊体膜的垛叠区域，主要吸收 680 nm 的光；而 PS I 的颗粒较小，直径约 11 nm，主要分布在类囊体膜的非垛叠区域，主要吸收大于 680 nm 的光。它们吸收波长的依赖性能够解释上述的爱默生效应。

（二）光合电子传递体及其功能

在类囊体膜上的光合电子传递体是由 PS I 、PS II 和细胞色素 b_6f 复合体等单位组成的，它们的排列及电子和质子传递步骤见图 3-12。

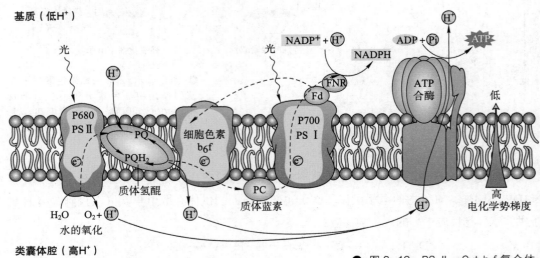

○ 图 3-12 PS II 、Cyt b_6f 复合体、PS I 和 ATP 合酶复合体中的电子和质子传递途径（自 Taiz 和 Zeiger，2010）

实线代表质子传递；虚线代表电子传递

1. PS II 复合体

（1）PS II 的组成和结构 PS II 是色素和蛋白多种亚单位构成的超复合体。色素包括特殊叶绿素 a 对即 P680 和其他叶绿素、类胡萝卜素等色素分子，蛋白包括天线蛋白、反应中心蛋白和与水裂解放氧有关的蛋白等。

反应中心蛋白由 D_1、D_2、细胞色素 b_{559} 等多肽组成。电子传递体主要结合在 D_1 和 D_2 上。天线蛋白包含外天线捕光复合体 II（light harvesting complex II，LHC II）和内天线 CP_{43} 和 CP_{47} 等（图 3-13）。

（2）PS II 的电子传递 PS II 电子传递过程可分为两个部分，第一部分是 P680 激发前将水裂解放氧（见后）；第二部分 P680 激发后，将电子传至脱镁叶绿素（Pheo），再传给质体醌 Q_A（即 PQ_A）、Q_B（PQ_B），最后传至质体氢醌（PQH_2），建立质子梯度。概括如下：

第一部分的电子传递过程：$H_2O \longrightarrow$ 放氧复合体（锰聚集）$\rightarrow Tyr \rightarrow P680$

第二部分的电子传递过程：$P^*680 \xrightarrow{光} Pheo \rightarrow Q_A \rightarrow Q_B \rightarrow PQH_2$

PS II 的功能是利用光能氧化水和还原质体醌，这两个反应分别在类囊体膜的两侧进行，

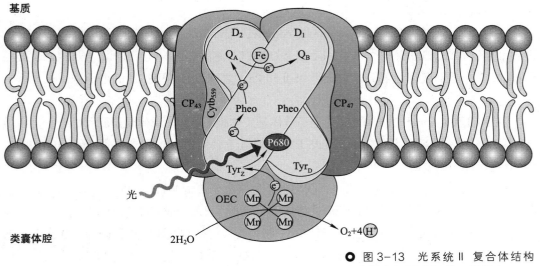

基质

CP₄₃ Cytb₅₅₉ CP₄₇

光

类囊体腔

2H₂O   O₂+4H⁺

⭘ 知识拓展 3-3
S 态转换机制

⭘ 知识拓展 3-4
我国光合作用光合
功能调控的分子机
理研究

⭘ 图 3-13　光系统 Ⅱ 复合体结构
示意图（自 Malkin 等，2000）

Tyr_Z、Tyr_D 表示具有氧化还原活性的酪氨
酸残基

即在腔一侧裂解水放氧并释放质子于腔内，在基质一侧还原质体醌形成质体氢醌，于是在类囊体两侧建立起 H^+ 质子梯度。

（3）PS Ⅱ 的水裂解放氧　水裂解放氧是 Hill（1937）发现的，故称为希尔（Hill）反应，即在光照下，离体叶绿体类囊体能将含有高铁的化合物（如高铁氰化物）还原为低铁化合物，并释放氧。Hill 反应的发现对光合作用内部变化的理解有启示作用。

$$4Fe^{3+} + 2H_2O \xrightarrow{\text{光}} 4Fe^{2+} + O_2 + 4H^+$$

水分子一般比较稳定，实验条件下裂解水需要极强的电流或近 2 000℃高温，而植物细胞对水的裂解仅仅是利用可见光的能量。PS Ⅱ 的一个重要功能是进行水裂解（water splitting）放氧，就是在 PS Ⅱ 的放氧复合体（oxygen-evolving complex，OEC）作用下，释放氧气，产生电子，释放质子到类囊体腔内，整个反应如下：

$$2H_2O \xrightarrow{\text{光子}} O_2 + 4H^+ + 4e^-$$

OEC 是由 3 条多肽链和 Mn_4CaO_5 簇合物（Mn_4CaO_5 cluster）组成的复合物，Kok 等（1970）提出 5 个不同氧化还原状态的 OEC 通过循环的模式完成水的裂解放氧，也叫作 S 态转换机制。

释放氧气是绿色植物特有的现象，特别由于近年来宇宙空间研究的发展，人们企图模拟植物放氧的机理以解决宇宙飞行中氧气的供应问题，所以植物放氧过程引起科学家的关注。2015 年我国科学家张纯喜等成功合成得到新型的 Mn_4CaO_5 簇合物，模拟了 PS Ⅱ 水裂解催化中心的不对称 Mn_4CaO_5 簇合物的核心结构，具有催化水裂解的催化功能，这是人工光合作用研究的重大突破。

既然光合作用的原料 CO_2 和 H_2O 中都含有氧原子，而光合作用放出的氧气是来自水。为了明确起见，将光合作用方程式作一些改动：

$$CO_2 + 2H_2O^* \xrightarrow[\text{绿色细胞}]{\text{光子}} (CH_2O) + O_2^* + H_2O$$

2. 细胞色素 b_6f 复合体

细胞色素 b_6f 复合体（cytochrome b_6f complex，Cyt b_6f）是一个带有几个辅基的大而多亚基的蛋白，Cyt b_6f 含有 2 个 Cyt b，1 个 Cyt c（以前称为 Cyt f），1 个 Rieske 铁硫蛋白（FeS_R），2 个醌氧化还原部分。它位于 PS II 和 PS I 之间，通过可扩散的电子载体来进行电子传递。

在 PS II 和 Cyt b_6f 复合体之间的电子载体是质体醌（PQ），质体醌是脂溶性分子，在膜脂中可进行扩散运动。在 Cyt b_6f 和 PS I 之间的电子载体是质体蓝素（plastocyanin，PC）。PC 是可溶性的蛋白质。

Cyt b_6f 的功能是将 PQH_2 氧化，获得电子后将电子传给 PC，使 PC 还原，同时把质子释放到类囊体的腔进行跨膜转运，建成跨膜质子梯度，成为合成 ATP 的原动力。

关于 PQH_2 至 Cyt b_6f 的电子传递与质子跨膜转移的机制，可以用醌循环（Q cycle）来解释。简单来说，Cyt b_6f 有两个结合位点：一个是位于类囊体膜腔侧与 PQH_2 结合的氧化位点（Q_p），另一个是位于类囊体膜基质侧与 PQ 结合的还原位点（Q_n）。PQH_2 的氧化分为两个循环，第一循环包括 PQH_2 被 FeS_R 氧化为半醌，释放 2 个电子。一个电子经 FeS_R 传到 Cyt f 和 PC，并且释放 2 个质子到膜腔；另一个电子经低电位 Cyt b_6（b_l）和高电位 Cyt b_6（b_h），传至还原位点（Q_n），将 1 个 PQ 还原为半醌（PQ*）。第二循环与第一循环相同，只是 b_h 将电子传给半醌，半醌接受从基质传来的 2 个 H^+，还原成为 PQH_2，脱离复合体，返回 PQH_2 库。Q 循环总的过程是：2 个 PQH_2 氧化，传递 4 个电子，2 个电子使 2 个 PC 还原，另 2 个电子使 1 个 PQ 还原为 PQH_2，同时释放 4 个 H^+ 到膜腔。由于本过程是从 PQH_2 开始氧化，最终又形成 PQH_2，故称为 Q 循环（图 3-14）。

Cyt b_6f 的电子传递可概括如下：

$$PQH_2 \rightarrow b_6 \rightarrow Fe \rightarrow f \rightarrow PC \rightarrow PS\ I$$

3. PS I 复合体

PS I 也是色素蛋白超复合体。色素有反应中心色素 P700 以及类胡萝卜素等，蛋白包

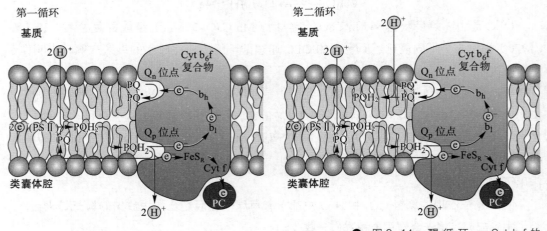

○ 图 3-14 醌循环——Cyt b_6f 的电子传递和质子跨膜的机制（自 Buchanan 等，2004）

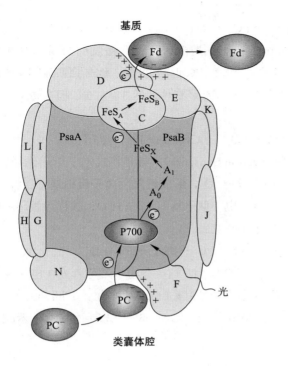

基质

类囊体腔

○ 图 3-15　光系统 I 复合体结构示意图（自 Malkin 和 Niyogi，2000）

————————————

C、D、E、F、G、H、I、J、K、L、N 为 PsaC 至 PsaN 的多肽

括核心复合体、PS I 捕光复合体（LHC I，也称内天线 LHC I）以及负责电子传递的蛋白等。核心复合体由 PsaA、PsaB 和 PsaC 三条中心多肽链组成，与电子传递有关的因子都结合其上；还有从 PsaD 至 PsaP 等 13 条多肽作为亚基参与 PS I 复合体的组成。LHC I 环绕在周围，吸收光能后以诱导共振方式传给 P700，激发后的 P700 便将电子传给原初电子受体 A_0（叶绿素 a）、次级电子受体 A_1（叶醌）及 3 个不同的铁硫蛋白（FeS_X、FeS_A、FeS_B），最后交给铁氧还蛋白（ferredoxin，Fd）（图 3-15）。PS I 复合体上的电子传递途径是：P700 → A_0 → A_1 → FeS_X → FeS_A/FeS_B → Fd。因此，PS I 的功能是将电子从 PC 传递给 Fd。

　　2015 年我国科学家沈建仁和匡廷云等进一步解析的高等植物光系统 I（PS I）光合膜蛋白超分子复合物晶体结构最高分辨率达 2.8Å（0.28 nm），首次提示了 4 对叶绿素和 13 个类胡萝卜素的结构。明确提出并分析了 LHC I 向核心能量传递可能的 4 条途径。这是国际上解析的第一个原子水平分辨率的高等植物 PS I−LHC I 晶体结构，证明了 PS I−LHC I 是一个极高效率的太阳能转化系统。

○ 知识拓展 3-5
我国光合膜色素蛋白复合体的结构与功能的研究

　　4. 光合电子传递途径

　　光合电子传递是指在原初反应中产生的高能电子经过一系列的电子传递体，传递给 $NADP^+$，产生 NADPH 的过程。在类囊体膜上的 PS II 和 PS I 之间几种排列紧密的电子传递体完成电子传递的总轨道，称为光合链（photosynthetic chain）。各种电子传递体具有不同的氧化还原电位，根据氧化还原电势高低排列，呈 "Z" 形电子空间转移，所以称之为光合作用电子传递的 Z 方案（Z-scheme）（图 3-16）。

　　光合电子传递途径有下列 3 种：

　　（1）非环式电子传递（noncyclic electron transport）　PS II 和 PS I 共同受光激发，串联起来推动电子传递，从水中夺电子并将电子最终传递给 $NADP^+$，产生 O_2 和 NADPH + H^+，这是开放式的通路，故称为非环式电子传递。在正常生理条件下，以非环式电子传递为主。

$$H_2O \rightarrow PS\,II \rightarrow PQ \rightarrow Cyt\,b_6f \rightarrow PC \rightarrow PS\,I \rightarrow Fd \rightarrow FNR \rightarrow NADP^+$$

（2）环式电子传递（cyclic electron transport） 是指 PS I 受光激发而 PS II 未受光激发时，PS I 产生的电子传给 Fd，通过 Cyt b_6f 复合体和 PC 返回 PS I，形成了围绕 PS I 的环式电子传递。在正常条件下，环式电子传递电子只有非环式传递的 3% 左右，但在胁迫条件下就会增强，对光合作用起调节作用。

$$PS\,I \rightarrow Fd \rightarrow (NADPH \rightarrow PQ) \rightarrow Cyt\,b_6f \rightarrow PC \rightarrow PS\,I$$

（3）假环式电子传递（pseudocyclic electron transport） 与非环式电子传递途径相似，只是水光解的电子不传给 $NADP^+$，而是传给分子 O_2，形成超氧阴离子自由基（$O_2^{\bar{\cdot}}$），后被超氧化物歧化酶（SOD）消除，最终产生水。电子似乎从 $H_2O \rightarrow H_2O$，故称为假环式电子传递。该过程往往在强光下，$NADP^+$ 供应不足时发生。

$$H_2O \rightarrow PS\,II \rightarrow PQ \rightarrow Cyt\,b_6f \rightarrow PC \rightarrow PS\,I \rightarrow Fd \rightarrow O_2$$

一些化合物可阻断光合电子传递，抑制光合作用。这类化合物便称为光合电子传递抑制剂。农业上常用于防除杂草，故属除草剂。例如敌草隆（DCMU）阻止 PS II PQ_B 的还原；百草枯（paraquat）抑制 PS I Fd 的还原；DBMIB（2,5- 二溴 -3- 甲基异丙基 -p- 苯醌）与

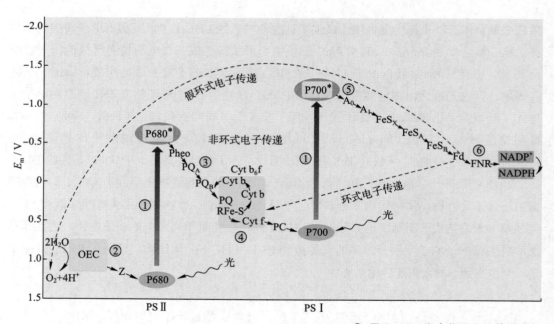

○ 图 3-16 光合作用电子传递途径（Z 方案）

① PS II 和 PS I 的反应中心吸光；② PS II 接受水裂解释放的电子；③ 脱镁叶绿素传递电子至质体醌；④ Cyt-b_6f 传递电子到质体蓝素；⑤ 电子经一系列电子受体被传递至铁氧还蛋白；⑥ 铁氧还蛋白 -NADP 还原酶（FNR）还原 $NADP^+$ 为 NADPH，用于卡尔文循环来还原 CO_2
虚线代表围绕 PS I 的环式电子传递途径；OEC：放氧复合体

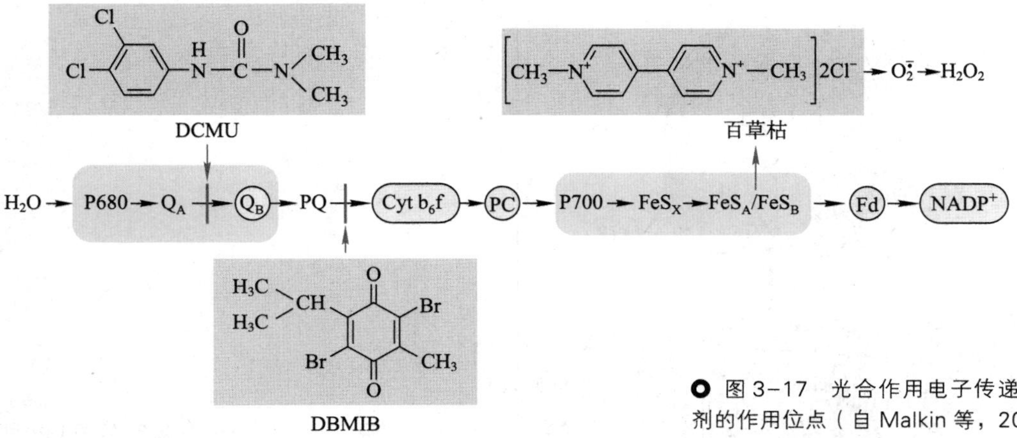

○ 图 3-17 光合作用电子传递抑制剂的作用位点（自 Malkin 等，2000）

PQ 竞争，阻止电子传到 Cyt b_6f（图 3-17）。在理论上，可通过光合电子传递抑制剂诊断分析光合作用的各个环节，促进光合作用的研究。

三、光合磷酸化

光合磷酸化（photosynthetic phosphorylation 或 photophosphorylation）是指叶绿体利用光能驱动电子传递建立跨类囊体膜的质子动力势（PMF），质子动力势就把 ADP 和无机磷酸合成 ATP。由于光合磷酸化与光合电子传递是偶联在一起的，电子传递一旦停止，光合磷酸化就不能进行。同样道理，光合磷酸化也与光合电子传递途径一样，相应分为三种类型：非环式光合磷酸化、环式光合磷酸化和假环式光合磷酸化。我国科学家沈允钢等 1962 年在国际上率先测得了光合磷酸化的中间高能态，并研究了其稳定性。后续国际上也发现并进一步证实光合磷酸化中间高能态的性质，即米切尔（P. Mitchell）在 1961 年提出的化学渗透假说中的跨膜质子梯度。

○ 知识拓展 3-6 我国光合作用的研究历史与发展

（一）ATP 合酶

ATP 合酶是一个大的由多个亚基单位组成的复合物，其功能是利用膜两侧质子浓度梯度把 ADP 和无机磷酸（Pi）合成为 ATP，故名 ATP 合酶。它也将 ATP 的合成与电子传递和 H^+ 跨膜转运偶联起来，故又称为偶联因子（coupling factor）。ATP 合酶复合体由头部（CF_1）和柄部（CF_0）组成，CF_1 在基质中而 CF_0 跨膜，部分伸入类囊体。CF_1 是由 5 种多肽（α、β、γ、δ、ε）组成，它们的数目比为 3：3：1：1：1。α 和 β 多肽各 3 条交替排列成中空的橘瓣状，催化 ADP 的磷酸化合成 ATP 主要发生在 β 上，其他多肽则起调节作用。CF_0 可能由 4 种多肽（a、b、b'、c，也有称为 I、II、IV、III）组成，形成埋入膜内的质子通道，使质子从内腔运动到基质（图 3-18）。在叶绿体 ATP 合酶的组装研究中，我国科学家发现的 PAB 蛋白，能够协同叶绿体内的分子伴侣复合物进行 ATP 合酶 γ 亚基的折叠，促进其快速组装。

（二）ATP 产生

英国人 P. Mitchell（1961）提出化学渗透假说（chemiosmotic hypothesis）来解释 ATP 产生机制，他也因此于 1978 年获得诺贝尔化学奖。在类囊体的电子传递体中，PQ 可传递

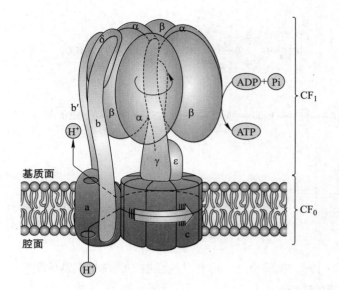

○ 图3-18 ATP合酶的结构（改自 Malkin 等，2000）

电子和质子，而其他传递体如 PC 和 Fd 等，只传递电子而不传递质子。光照引起水的裂解，水释放的质子留在膜内侧，水释放的电子进入电子传递链中的 PQ。PQ 在接受水裂解传来的电子的同时，又接受膜外侧传来的质子。PQ 将质子排入膜内侧，将电子传给 PC。这样，膜内侧质子浓度高而膜外侧低，膜内侧电位较膜外侧高。于是膜内外产生质子浓度差（ΔpH）和电位差（$\Delta \varphi$），两者合称为质子动力势（PMF），即为光合磷酸化的动力。当 H^+ 沿着浓度梯度返回膜外侧时，在 ATP 合酶催化下，ADP 和 Pi 脱水形成 ATP。

关于 PMF 如何驱动 ATP 合成的机制，现在被人们广泛接受的是 1997 年的诺贝尔化学奖的获得者 P. Boyer 等 3 人提出的 "结合变化机制"（binding change mechanism）或称变构学说。当质子流经过 CF_0 时，释放能量，直接推动多肽Ⅲ以及与其相连的 γ 和 ε 多肽旋转，于是带动 β 多肽转动，构象循环地变化。α、β、γ、ε 和Ⅲ（c）在催化过程中作为转子高速运转，δ、Ⅰ（a）、Ⅱ（b）、Ⅳ（b'）作为定子不动。如图3-19，γ 多肽的旋转引起 β 多肽的构象变化，在 β 多肽上的核苷酸的结合位点也发生变化。CF_1 有 3 个不同的核苷酸结合位点，而且每一个位点有不同的状态：松弛（loose，L）：与核苷酸结合松弛的位点；紧密（tight，T）：与核苷酸紧密结合的位点；开放（open，O）：无底物与核苷酸结合的位点。结合变化机制认为，ADP 和 P_i 一开始结合在 O 位点，随着质子流的能量推动 γ 多肽旋转 120°，使这 3 种核苷酸结合位点的构造也随之发生改变。T 位点（含有 ATP）转变为 O 位

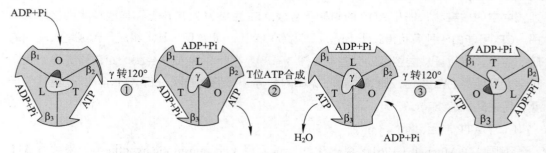

○ 图3-19 ATP合酶上 ADP 合成 ATP 的结合变化机制（自 Lodish 等，2004）

点（T → O），释放 ATP；L 位点（含有 ADP 和 P_i）转变为 T 位点（L → T），推动 ATP 的合成，而不需另外的能量；O 位点就恢复与 ADP + P_i 结合。此时，再一次供给能量，再旋转 120°，蛋白质构象又重新循环，O → L → T → O，γ 多肽每旋转 360°，可产生 3 个 ATP 分子。因此，ATP 合酶是生物分子旋转马达。

经过上述变化以后，由光能转变来的电能便进一步形成活跃的化学能，暂时贮存在 ATP 和 NADPH 中。ATP 的高能磷酸键是贮藏能量的场所，水解时释放出较多能量。ATP 是生物储能和换能的"通货"，生命活动所需的能量，大都是由 ATP 直接供给或转化的。NADPH 也带有能量，因为被还原的物质再氧化时，会放出能量。可以说，一个物质接受 H^+ 后被还原，就意味着化学能的蓄积。所以，在生物氧化过程中，H^+ 的传递实际上就伴随着电子的传递。

ATP 和 NADPH 只能暂时存在但不能累积，是光反应中最早的相对稳定的产物。ATP 和 NADPH 是光合作用中的重要中间产物，一方面这两者都能暂时将能量贮藏，NADPH 的 H^+ 又能进一步还原 CO_2，并形成中间产物。这样，就把光反应和碳反应联系起来。由于 ATP 和 NADPH 用于碳反应中 CO_2 的同化，所以，把这两种物质合称为同化力（assimilatory power）。

四、碳同化

CO_2 同化（CO_2 assimilation）是光合作用过程中的一个重要方面。碳同化作用（也称碳反应）是利用光反应形成的同化力（ATP 和 NADPH）将 CO_2 还原形成糖类物质的过程。从物质生产角度来看，占植物体干重 90% 以上的有机物质，都是通过碳同化并转化而成的。碳同化是在叶绿体的基质中进行的，不直接需要光，有许多种酶参与反应，因此也称为暗反应（dark reaction）。高等植物固定 CO_2 的生化途径有 3 条：C_3 途径、C_4 途径和景天酸代谢途径，其中以 C_3 途径为最基本的途径，同时，也只有这条途径才具备合成淀粉等产物的能力；其他两条途径不普遍（特别第 3 条），而且只能起固定、运转 CO_2 的作用，不能形成淀粉等产物。

（一）C_3 途径——卡尔文循环

CO_2 同化是相当复杂的。卡尔文（M. Calvin）等利用放射性同位素示踪和纸层析等方法，经过 10 年的系统研究，在 20 世纪 50 年代提出二氧化碳同化的循环途径，也称为卡尔文循环（Calvin cycle）或卡尔文 – 本森循环（Calvin–Benson cycle）或光合环（photosynthetic cycle）。由于这个循环中的二氧化碳受体是一种戊糖，故又称为还原磷酸戊糖途径（reductive phosphate pentose pathway，简称 RPPP）。这个途径的 CO_2 固定最初产物是一种三碳化合物，故又称为 C_3 途径。水稻、小麦、棉花、大豆等大多数植物都实行 C_3 途径，故称之为 C_3 植物。卡尔文循环是所有植物光合作用碳同化的基本途径，大致可分为三个阶段，即羧化阶段、还原阶段和更新阶段（图 3–20）。

1. 羧化阶段

CO_2 必须经过羧化阶段（carboxylation phase），固定成羧酸，然后才被还原。五碳化合物——1,5- 二磷酸核酮糖（ribulose-1,5-bisphosphate，简称 RuBP）是 CO_2 的受体，在

○ 重要事件 3–4
卡尔文循环的发现

○ 专题讲座 3–1
卡尔文循环的调节
与 Rubisco

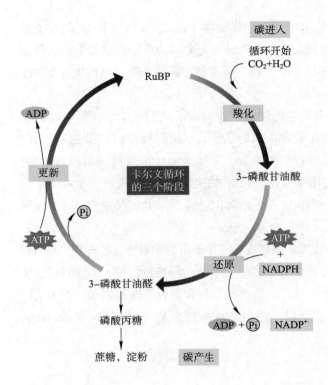

（注：图中文字——碳进入 循环开始 CO₂+H₂O 羧化 RuBP ADP 更新 卡尔文循环的三个阶段 3-磷酸甘油酸 Pi ATP 还原 ATP + NADPH 3-磷酸甘油醛 磷酸丙糖 蔗糖，淀粉 碳产生 ADP + Pi NADP⁺）

○ 图 3-20　卡尔文循环三个阶段
（自 Taiz 和 Zeiger，2006）

1,5- 二磷酸核酮糖羧化酶 / 加氧酶（Rubisco）作用下，和 CO_2 形成中间产物，后者再与 1 分子 H_2O 反应，分解成 2 分子的含 3 个碳原子的 3- 磷酸甘油酸（glycerate-3-phosphate，PGA），故称此过程为 CO_2 羧化的 C_3 途径。

$$3RuBP + 3CO_2 + 3H_2O \longrightarrow 6PGA + 6H^+$$

RuBP　　+ *CO₂　Rubisco　[酶结合的中间产物]　H₂O　3-磷酸甘油酸（PGA）（2分子）

2. 还原阶段

还原阶段的第一步反应是 3- 磷酸甘油酸（PGA）被 ATP 磷酸化，在 3- 磷酸甘油酸激酶（3-phosphoglycerate kinase）催化下，形成 1,3- 二磷酸甘油酸（1,3-diphosphoglyceric acid，DPGA）。第二步反应是 DPGA 在 3- 磷酸甘油醛脱氢酶（glyceraldehyde-3-phosphate dehydrogenase）作用下被 NADPH + H^+ 还原，形成 3- 磷酸甘油醛（3-phosphoglyceraldehyde，PGAld），这就是 CO_2 的还原阶段（reduction phase）。从 3- 磷酸甘油酸到 3- 磷酸甘油醛过程中，由光合作用生成的 ATP 和 NADPH 均被利用掉。CO_2 一旦被还原到 3- 磷酸甘油醛，光合作用的贮能过程便完成。3- 磷酸甘油醛（PGAld）和二羟丙酮磷酸（DHAP）统称为磷酸丙糖（triose phosphate），它们可进一步在叶绿体内合成淀粉，也可运出叶绿体，在细胞质中合成蔗糖。

反应1

$$\overset{*}{C}OOH$$ ... PGA $+ATP$ $\xrightarrow{\text{3-磷酸甘油酸激酶}}$ ... 1,3-二磷酸甘油酸（DPGA） $+ADP$

反应2

DPGA $+NADPH+H^+$ $\xrightarrow{\text{3-磷酸甘油醛脱氢酶}}$ ... $+NADP^++Pi$ 3-磷酸甘油醛（PGAld）

3. 更新阶段

更新阶段（regeneration phase）是 PGAld 经过一系列的转变，再形成 RuBP 的过程，也就是 RuBP 的更新阶段。

现将上述卡尔文循环路线形象地表示如图 3-21。

综上所述，卡尔文循环以光反应形成的 ATP 和 NADPH 作为能源，固定和还原 CO_2。每循环一次，只固定一个 CO_2，循环 3 次，才能把 3 个 CO_2 分子同化为一个三碳糖分子，换句话说，要产生一个三碳糖分子（PGAld），需要 3 个 CO_2 分子，消耗 9 个 ATP 分子和 6 个 NADPH 分子作为能量来源。这一反应将光反应中的活跃化学能转换为稳定的化学能，贮

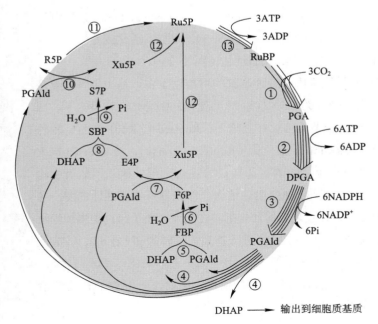

○ 图 3-21　卡尔文循环（自 Bowyer 和 Leegood，1997）

每一线条代表每摩尔代谢物的转变。①是羧化阶段；②和③是还原阶段；其余反应是更新阶段。DHAP，磷酸二羟丙酮；FBP，1,6-二磷酸果糖；F6P，6-磷酸果糖；E4P，4-磷酸赤藓糖；Xu5P，5-磷酸木酮糖；SBP，1,7-二磷酸景天庚酮糖；R5P，5-磷酸核糖；Ru5P，5-磷酸核酮糖；RuBP，1,5-二磷酸核酮糖。循环中的酶如下：①Rubisco；②3-磷酸甘油酸激酶；③3-磷酸甘油醛脱氢酶；④磷酸丙糖异构酶；⑤二磷酸果糖醛缩酶；⑥1,6-二磷酸果糖酯酶；⑦转酮酶；⑧二磷酸果糖醛缩酶；⑨1,7-二磷酸景天庚酮糖酯酶；⑩转酮酶；⑪磷酸核糖异构酶；⑫5-磷酸核酮糖差向异构酶；⑬5-磷酸核酮糖激酶。

存在三碳糖中，能量转化率高达 80% 以上。

卡尔文循环的总反应式如下：

$$3CO_2 + 5H_2O + 6NADPH + 9ATP \longrightarrow PGAld + 6NADP^+ + 3H^+ + 9ADP + 8P_i$$

4. 卡尔文循环的调节

（1）自身催化　卡尔文循环中间产物浓度的增加会促进卡尔文循环进行的速率，以达到稳态时的功能。也就是说，这个循环是自身催化（autocatalysis）的。当 RuBP 含量低时，最初同化 CO_2 形成的磷酸丙糖不运到别处，而用于 RuBP 的增生，以加速 CO_2 的固定；当循环达到稳态后，多余的磷酸丙糖才从叶绿体输出到细胞质基质合成蔗糖，或在叶绿体内积累为淀粉（图 3-22）。

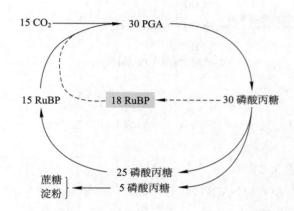

● 图 3-22　卡尔文循环的自身催化

需要时，碳保留在卡尔文循环（虚线）内，以形成 RuBP，促进光合速率

（2）光的调节　光对卡尔文循环的调节有以下各种情况：

①通过铁氧还蛋白-硫氧还蛋白系统　卡尔文循环中被光调节的酶有下列 5 种：Rubisco、3-磷酸甘油醛脱氢酶、1,6-二磷酸果糖磷酸酶、1,7-二磷酸景天庚酮糖磷酸酶和 5-磷酸核酮糖激酶。除了 Rubisco 外，其他 4 种酶都含有 1 个或多个二硫基（—S—S—）。光通过 Fd-Td（铁氧还蛋白-硫氧还蛋白）系统（ferredoxin-thioredoxin system）去控制余下 4 种酶的活性。在暗中，它们的残基呈氧化状态（—S—S—），使酶不活化或亚活化。在光下，—S—S—基还原成硫氢基（—SH，HS—），酶就活化（图 3-23）。

②光增加 Rubisco 活性　Rubisco 是叶绿体中最为丰富的可溶性蛋白，是由 8 个大亚基和 8 个小亚基组成的酶蛋白，相对分子质量为 5.6×10^5。该酶受光的诱导，在转录水平，由核基因编码的小亚基启动子上存在着光调节元件。在黑暗下，Rubisco 与 RuBP 结合，呈钝化状态。在光照下，激活核基因编码的 Rubisco 活化酶（Rubisco activase），使 Rubisco 构象发生变化，释放 RuBP，大亚基活性位点赖氨酸的氨基与 CO_2 结合，形成氨基甲酸衍生物（Rubisco-NH-COO⁻），再与由类囊体排出的 Mg^{2+} 迅速结合，形成具有催化活性的酶。在这里，CO_2 不只是作为 Rubisco 的底物，而且是它的活化剂。在光下，质子跨过类囊体膜进入内腔，pH 就降为 5.0，与之相偶联的是内腔的 Mg^{2+} 进入基质，基质的 pH 是 8.0，较高浓度的 Mg^{2+} 和 pH 适合于 Rubisco 的活化（图 3-24）。

光除了调节 Rubisco 活性，还能够通过调节其他酶的活性。例如，5-磷酸核酮糖激酶和 3-磷酸甘油酸激酶在黑暗中形成超级分子复合物，活性受抑制。而光下超级分子复合物

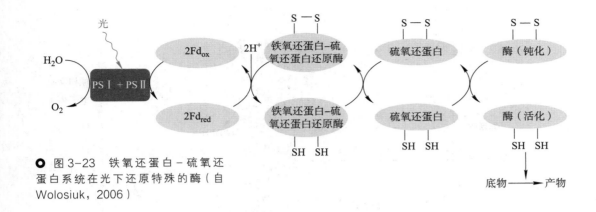

○ 图 3-23　铁氧还蛋白–硫氧还蛋白系统在光下还原特殊的酶（自 Wolosiuk，2006）

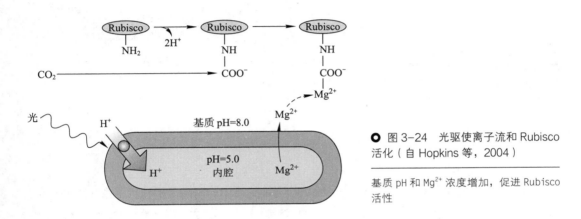

○ 图 3-24　光驱使离子流和 Rubisco 活化（自 Hopkins 等，2004）

基质 pH 和 Mg^{2+} 浓度增加，促进 Rubisco 活性

会解离，提高酶活性。

（3）光合产物转运　叶绿体与细胞质基质之间是通过磷酸丙糖 / 磷酸转运体（triose phosphate/phosphate translocator，TPT）联系的。叶绿体的磷酸丙糖要运到细胞质基质，必须与细胞质基质的正磷酸（Pi）交换，呈等量反向运输。所以光合作用最初产物——磷酸丙糖从叶绿体运到细胞质的数量，受细胞质 Pi 数量所控制。当磷酸丙糖在细胞质中合成为蔗糖时，就释放出 Pi，细胞质的 Pi 浓度增加，有利于 Pi 重新进入叶绿体，也有利于磷酸丙糖从叶绿体运出，光合速率就加快。当蔗糖合成减慢后，Pi 释放也随着缓慢，低 Pi 含量将减少磷酸丙糖外运，光合速率就减慢。

现以图 3-25 总结光合作用各主要过程的变化及其进行部位，以便获得光合作用的整体概貌。原初反应（光能吸收）、电子传递和光合磷酸化属于光反应。它们是在类囊体膜上进行的。将 CO_2 固定并转变为糖是属于碳反应，它开始于叶绿体基质，结束于细胞质。

（二）C_4 途径——四碳二羧酸途径

在前人研究的基础上，M. O. Hatch 和 C. R. Slack（1966）发现甘蔗和玉米等的 CO_2 固定最初的稳定产物是四碳二羧酸化合物（苹果酸和天冬氨酸），故称为四碳二羧酸途径（C_4-dicarboxylic acid pathway），简称 C_4 途径，亦称为 Hatch-Slack 途径。具有这种碳同化途径的植物称为 C_4 植物（C_4 plant）。这类植物大多起源于热带或亚热带，主要集中于禾本科、莎草科、菊科、苋科等植物。

○ 重要事件 3-5
C_4 光合作用途径的发现

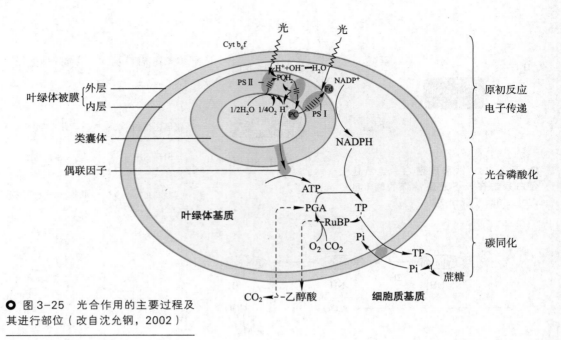

○ 图 3-25 光合作用的主要过程及
其进行部位（改自沈允钢，2002）

虚线示意光呼吸

1. C_4 途径的反应步骤

（1）羧化与还原 C_4 途径的 CO_2 受体是叶肉细胞质中的磷酸烯醇式丙酮酸（PEP），在其羧化酶（PEPC）催化下，固定 HCO_3^-（CO_2 溶解于水），生成草酰乙酸（OAA）。OAA 是含四个碳原子的二羧酸，所以这个反应途径称为四碳二羧酸途径，OAA 经过 NADP- 苹果酸脱氢酶作用，被还原为苹果酸（Mal），但有一些植物的 OAA 与谷氨酸（Glu）在天冬氨酸转氨酶作用下，形成天冬氨酸（Asp）和酮戊二酸（KG）。反应式如下：

$$PEP + CO_2 + H_2O \xrightarrow{\text{PEP 羧化酶}} OAA + P_i$$

$$OAA + NADPH + H^+ \xrightarrow{\text{苹果酸脱氢酶}} Mal + NADP^+$$

$$OAA + Glu \xrightarrow{\text{天冬氨酸转氨酶}} Asp + (KG)$$

（2）转移与脱羧 上述苹果酸和天冬氨酸等形成后就转移到维管束鞘细胞中。接着脱羧，形成丙酮酸（Pyr）或丙氨酸（Ala）等 C_3 酸，并释放 CO_2。

$$Mal + NADP^+ \xrightarrow{\text{苹果酸酶}} Pyr + CO_2 + NADPH + H^+$$

（3）更新 C_4 酸脱羧形成 Pyr 或 Ala C_3 酸后再返回叶肉细胞，在叶绿体中，经磷酸丙酮酸双激酶（PPDK）催化和 ATP 作用，使 PEP 更新，反应就循环进行（图 3-26）。

$$Pyr + ATP + Pi \xrightarrow{\text{磷酸丙酮酸双激酶}} PEP + AMP + PPi$$

2. C_4 途径的类型

根据进入维管束鞘细胞的 C_4 化合物种类和脱羧反应的酶和部位不同，C_4 途径分为 3 种类型（表 3-2，图 3-27）。我国科学家朱新广等的研究表明 PEP 羧化酶激酶类型并不能独立存在而是作为 NAD- 苹果酸酶 或 NADP- 苹果酸酶的补充途径存在的。

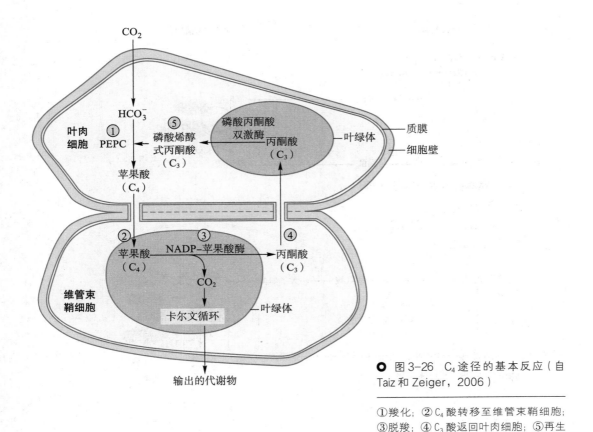

● 图 3-26 C₄ 途径的基本反应（自 Taiz 和 Zeiger，2006）

①羧化；② C₄ 酸转移至维管束鞘细胞；③脱羧；④ C₃ 酸返回叶肉细胞；⑤再生 PEP

● 表 3-2 C₄ 途径的 3 种类型

类型	进入维管束鞘细胞的 C_4 酸	脱羧部位	脱羧酶	返回叶肉细胞的主要 C_3 酸	植物种类
NADP 苹果酸酶类型	苹果酸	叶绿体	NADP 苹果酸酶	丙酮酸	玉米、甘蔗、高粱
NAD 苹果酸酶类型	天冬氨酸	线粒体	NAD 苹果酸酶	丙氨酸	狗尾草、马齿苋
PEP 羧化酶激酶类型	天冬氨酸	细胞质	PEP 羧化酶激酶	丙氨酸和丙酮酸	羊草、非洲鼠尾粟

3. C₄ 途径的调节

C₄ 途径的酶活性受光、效应剂和二价金属离子等的调节。

光可激活苹果酸脱氢酶和磷酸丙酮酸双激酶（PPDK），其活化程度与光强成正比，这两种酶在暗中则被钝化。光还可激活 PEP 羧化酶，使 PEP 羧化酶的丝氨酸残基发生磷酸化，从而激活 PEP 羧化酶。

效应剂可调节 PEP 羧化酶的活性。实验表明，苹果酸和天冬氨酸抑制 PEP 羧化酶的活性，而 G6P 则增加其活性，这些调节作用在低 pH、低 $[Mg^{2+}]$ 和低 [PEP] 条件下显得十分突出。

二价金属离子都是 C₄ 植物脱羧酶的活化剂。依赖 NADP 苹果酸酶需要 Mg^{2+} 或 Mn^{2+}，依赖 NAD 的苹果酸酶需要 Mn^{2+}，PEP 羧化酶激酶需要 Mn^{2+} 和 Mg^{2+}。

● 知识拓展 3-7
C₄ 植物亚型与种属分布

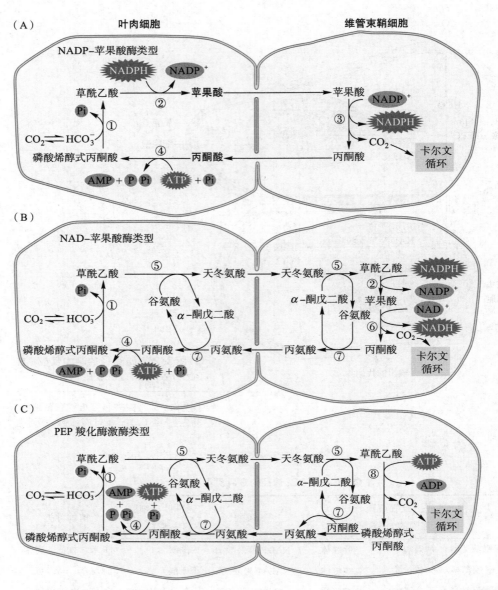

（A）叶肉细胞 　　　　　　　　　　　　　　维管束鞘细胞

○ 图 3-27　C₄ 途径 3 种类型（自 Buchanan 等，2000）

（A）叶绿体；（B）线粒体；（C）细胞质
① PEP 羧化酶；② NADP⁺– 苹果酸脱氢酶；
③ NADP⁺– 苹果酸酶；④ 磷酸丙酮酸双激酶；⑤ 天冬氨酸氨基转移酶；⑥ NAD⁺– 苹果酸酶；⑦ 丙氨酸氨基转移酶；⑧ PEP 羧化酶激酶

（三）CAM 途径——景天酸代谢途径

1. CAM 过程

景天科（Crassulaceae）植物如景天（*Sedum alboroseum*）、落地生根（*Bryophyllum pinnatum*）等的叶子，具有一个很特殊的 CO_2 固定方式。晚上气孔开放，吸进 CO_2，在 PEP 羧化酶作用下，与 PEP 结合，形成 OAA，进一步还原为苹果酸，积累于液泡中。白天气孔关闭，液泡中的苹果酸便运到细胞质基质，在 NADP- 苹果酸酶作用下，氧化脱羧，放出 CO_2，参与卡尔文循环，形成淀粉等。此外，磷酸丙糖通过糖酵解过程，形成 PEP，再进一步循环（图 3-28）。所以植物体在晚上的有机酸含量十分高，而糖类含量下降；白天则相反，有机酸下降，而糖分增多。这种有机酸合成日变化的代谢类型，最早发现于景天科植物，所以称为景天酸代谢（crassulaceae acid metabolism，CAM）途径。仙人掌、菠萝、兰花等植物叶片的有机酸含量，也有同样变化，所以这些植物通称为景天酸代谢植物（CAM plant）。这个特点的形成，是与植物适应干旱地区有关。白天缺水，气孔关闭，植物便利用

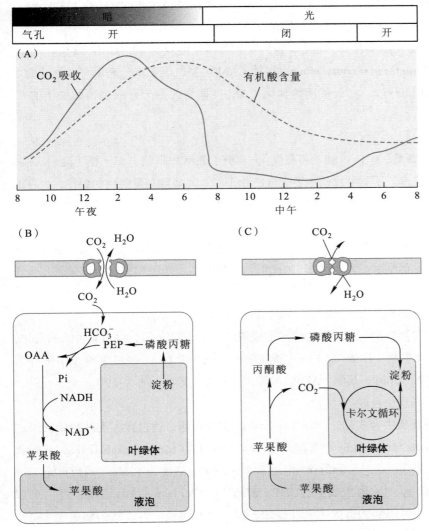

● 图 3-28　景天酸代谢示意图（自 Hopkins 等，2004）

（A）示气孔开闭，CO_2 吸收、液泡有机酸含量在 24h 内的变化；（B）夜晚气孔开放，CO_2 进入，生成苹果酸，贮存在液泡中；（C）白天气孔关闭，贮存的 CO_2 释放出来，进入卡尔文循环参与代谢

前一个晚上固定的 CO_2 进行光合作用。许多沙漠肉质植物属于 CAM 植物，是对极端高温干旱沙漠环境的特殊适应方式。

2. CAM 调节

CAM 的调节有两种：短期调节和长期调节。

（1）短期调节　CAM 植物短期（昼夜）调节，是指气孔夜晚开放，固定 CO_2；白天气孔关闭，释放 CO_2，这样既减少水分丢失，又能进行光合作用。CAM 植物的 PEP 羧化酶有 2 种形式：①夜晚型：在夜晚，羧化作用活化，形成苹果酸，该型对苹果酸不敏感；②白天型：受苹果酸抑制，所以白天无羧化作用，相反，苹果酸酶活化，把细胞质基质里的苹果酸脱羧，放出 CO_2 参与卡尔文循环。这样，在 CAM 细胞中夜晚吸收和固定 CO_2，白天释放 CO_2 进行光合作用，满足 CAM 昼夜调节的要求。

（2）长期调节　在长期（季节）的干旱条件下，某些兼性或诱导的 CAM 植物，例如，冰叶日中花（*Mesembryanthemem erystallinium*）保持 CAM 类型，但在水分充足时，则转变为 C_3 类型，即从气孔夜间开放、白天关闭的典型 CAM 类型变为白天开放、夜间关闭的 C_3 类型。

（四）光合产物

光合产物主要是糖类，包括单糖（葡萄糖）、双糖（蔗糖和果糖）和多糖（淀粉），其中以蔗糖和淀粉最为普遍。不同植物的主要光合产物不同。大多数高等植物如棉花，大豆的光合产物是淀粉，水稻和小麦以积累蔗糖为主，洋葱、大蒜的光合产物是葡萄糖和果糖，不形成淀粉。

利用 $^{14}CO_2$ 供给小球藻，在未产生糖类以前，就发现有放射性的氨基酸（如丙氨酸、甘氨酸等）和有机酸（如丙酮酸、苹果酸）。由此可见，蛋白质、脂肪和有机酸也都是光合作用的直接产物。

1. 淀粉在叶绿体中合成

淀粉是在叶绿体内合成的。当卡尔文循环形成磷酸丙糖（TP）时，经过各种酶的催化，先后形成 1,6- 二磷酸果糖（F-6-BP）、6- 磷酸果糖（F-6-P）、6- 磷酸葡糖（G-6-P）、1- 磷酸葡糖（G-1-P）、ADP- 葡糖（ADPG）等，最后合成淀粉（图 3-29）。

2. 蔗糖在细胞质基质中合成

蔗糖是在细胞质基质中合成的。叶绿体中形成的磷酸丙糖，通过存在于叶绿体被膜的磷酸转运体（phosphate translocator）或称丙糖磷酸转运体（triose phosphate translocator, TPT）运送到细胞质基质。在各种酶的作用下，磷酸丙糖先后转变为 1,6- 二磷酸果糖，6- 磷酸果糖、6- 磷酸葡糖、1- 磷酸葡糖、UDP- 葡糖（UDPG），6- 磷酸蔗糖，最后形成蔗糖并释放出 P_i，P_i 通过磷酸转运体进入叶绿体。这一代谢途径中各步骤的酶见图 3-29。F-6-P，G-6-P 和 G-1-P 也称为己糖磷酸库。

3. 淀粉和蔗糖合成的调节

在叶绿体里的淀粉合成和在细胞质基质里的蔗糖合成呈竞争反应。当细胞质基质中的 Pi 浓度低时，就限制磷酸丙糖从叶绿体运出，这就促进淀粉在叶绿体里形成。相反，细胞质基质中 P_i 浓度高时，叶绿体的磷酸丙糖与细胞质基质的 P_i 交换，输出到细胞质基质合成蔗糖。

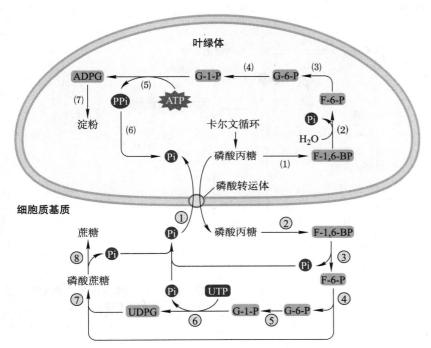

○ 图 3-29　淀粉和蔗糖分别在叶绿体和细胞质基质中的合成（自 Wolosiuk，2002）

（1）醛缩酶；（2）1,6- 二磷酸果糖酶；（3）磷酸己糖异构酶；（4）磷酸葡糖变位酶；（5）ADPG 焦磷酸化酶；（6）焦磷酸酶；（7）淀粉合酶；（8）磷酸蔗糖酶
①磷酸转运体；②醛缩酶；③1,6- 二磷酸果糖酶；④磷酸己糖异构酶；⑤磷酸葡糖异构酶；⑥UDPG 焦磷酸化酶；⑦磷酸蔗糖合酶；⑧磷酸蔗糖酶

　　Pi 和磷酸丙糖控制着蔗糖和淀粉合成途径中的几种酶，其中 ADPG 焦磷酸化酶是调节淀粉生物合成途径的主要酶，此酶活性是被 3- 磷酸甘油酸活化，而被 Pi 抑制。白天，光合作用形成较多 3- 磷酸甘油酸，与 ADPG 焦磷酸化酶结合后，便催化形成淀粉。晚上，光合磷酸化停止，积累在叶绿体里的 Pi 浓度便升高，便抑制淀粉形成。因此，白天或光照下［3- 磷酸甘油酸］/［Pi］的比值高时，合成淀粉活跃；在夜晚不但抑制淀粉合成，而且白天合成仍滞留于叶绿体中的淀粉，就水解为麦芽糖和葡萄糖，再度合成为蔗糖，有些蔗糖运到生长着的器官（如幼苗、幼叶、花芽）供生长发育用，有些运到茎、果实种子等作贮存用。因此，白天在叶绿体中存在许多淀粉，晚上淀粉粒就消失了（图3-30）。

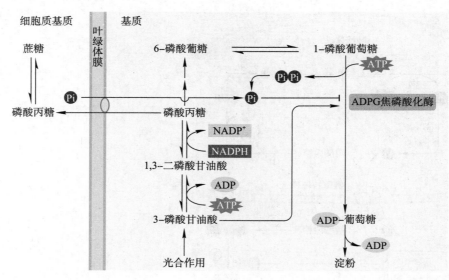

細胞质基质　基质

蔗糖

叶绿体膜

6-磷酸葡糖　　　　　1-磷酸葡萄糖

ATP

磷酸丙糖　　　Pi　　　　　　Pi　Pi

Pi　　　　　ADPG焦磷酸化酶

磷酸丙糖

NADP⁺

NADPH

1,3-二磷酸甘油酸

ADP

ATP

3-磷酸甘油酸　　　　　ADP-葡萄糖

ADP

光合作用　　　　　　　　淀粉

○ 图 3-30　叶绿体淀粉生物合成的调节（自 Dennis 等，2002）

第四节　C₃、C₄ 与 CAM 植物的光合特性比较 ················

一般来说，C_4 植物比 C_3 植物具有更强的光合作用（CAM 植物的光合速率和生物产量最低），其原因可从结构和生理两方面来讨论。

一、叶片结构

C_4 植物叶片维管束鞘薄壁细胞的外侧有一层或几层叶肉细胞，从横切面看，好似花环，组成"花环型"的克兰茨结构（Kranz type）结构。C_4 植物叶片维管束鞘薄壁细胞比较大，里面的叶绿体数目少，个体大，叶绿体没有基粒或基粒发育不良。C_4 植物叶片的叶肉细胞内的叶绿体数目多，个体小，有基粒。C_3 植物没有"花环型"结构，维管束鞘周围的叶肉细胞排列疏松，维管束鞘薄壁细胞较小，不含或很少叶绿体（图 3-31）。C_4 植物进行光合作用时，只有维管束鞘薄壁细胞内形成淀粉，叶肉细胞没有。而 C_3 植物由于仅有叶肉细胞含有叶绿体，整个光合过程都是在叶肉细胞里进行，淀粉亦只是积累在叶肉细胞中，维管束鞘薄壁细胞不积存淀粉。

二、生理特性

在生理上，C_4 植物一般比 C_3 植物的光合作用强，这与 C_4 植物的羧化酶活性较强及光呼吸很弱有关。

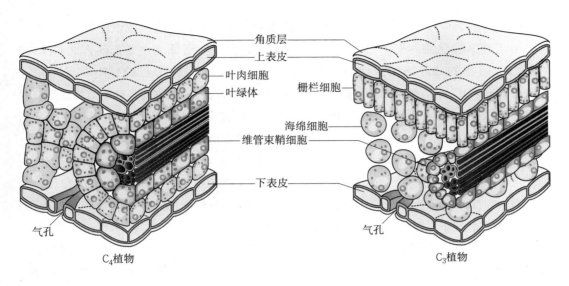

角质层
上表皮
叶肉细胞
叶绿体
栅栏细胞
海绵细胞
维管束鞘细胞
下表皮
气孔
气孔

C_4植物

C_3植物

○ 图 3-31 C_4 植物与 C_3 植物叶片的解剖结构

（一）羧化酶种类和位置

前面已经介绍过 C_3、C_4 和 CAM 途径过程，现归纳和比较它们异同（图 3-32）：①从羧化酶种类和所在位置来看，C_3 植物是由叶肉细胞叶绿体的 Rubisco 羧化空气中的 CO_2，而 C_4 植物和 CAM 植物则由叶肉细胞细胞质基质中的 PEP 羧化酶羧化。②从卡尔文循环固定的 CO_2 来源来看，C_3 植物直接固定空气的 CO_2，而 C_4 植物和 CAM 植物则利用 C_4 酸脱羧出来的 CO_2。③从进行卡尔文循环的叶绿体位置来看，C_3 植物和 CAM 植物都是在叶肉细胞进行，而 C_4 植物则在维管束鞘细胞进行。④从同化 CO_2 和进行卡尔文循环来看，C_3 植物是同时同处进行，C_4 植物在空间分隔进行，即分别在叶肉细胞和维管束鞘细胞进行，CAM 植物是时间上分隔进行，即分别在夜晚和白天进行。

（二）PEP 羧化酶对 CO_2 的亲和力强

PEP 羧化酶对 CO_2 的 K_m 值（米氏常数）是 $7\ \mu mol \cdot L^{-1}$，Rubisco 的 K_m 值是 $450\ \mu mol \cdot L^{-1}$，

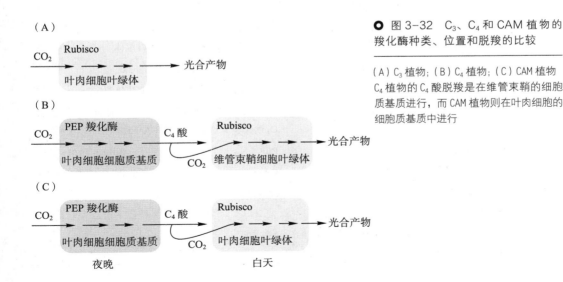

（A）
CO_2 → Rubisco / 叶肉细胞叶绿体 → 光合产物

（B）
CO_2 → PEP 羧化酶 / 叶肉细胞细胞质基质 → C_4 酸 → Rubisco / 维管束鞘细胞叶绿体 → 光合产物
CO_2

（C）
CO_2 → PEP 羧化酶 / 叶肉细胞细胞质基质 → C_4 酸 → Rubisco / 叶肉细胞叶绿体 → 光合产物
CO_2
夜晚   白天

○ 图 3-32 C_3、C_4 和 CAM 植物的羧化酶种类、位置和脱羧的比较

（A）C_3 植物；（B）C_4 植物；（C）CAM 植物
C_4 植物的 C_4 酸脱羧是在维管束鞘的细胞质基质进行，而 CAM 植物则在叶肉细胞的细胞质基质中进行

前者对 CO_2 的亲和力比后者大得多。因此，C_4 植物的光合速率比 C_3 植物快许多。

由于 PEP 羧化酶对 CO_2 的亲和力大，C_4 植物能够利用低浓度的 CO_2，而 C_3 植物不能。C_4 植物的 CO_2 补偿点比较低（$<10 \ mg \cdot L^{-1}$），而 C_3 植物的 CO_2 补偿点比较高（$50 \sim 150 \ mg \cdot L^{-1}$）。所以，$C_4$ 植物亦称为低补偿植物，C_3 植物亦称为高补偿植物。当外界干旱时，气孔关闭导致胞间 CO_2 浓度降低，C_4 植物就能利用低含量的 CO_2 继续生长，而 C_3 植物就没有这种本领。所以，在干旱环境中，C_4 植物生长比 C_3 植物好。

C_4 植物的 PEP 羧化酶活性较强，对 CO_2 的亲和力很大，加之 C_4 酸是由叶肉细胞进入维管束鞘，这种酶就起一个 "CO_2 泵" 的作用，把外界的 CO_2 "压" 进维管束鞘薄壁细胞中去，增加维管束鞘薄壁细胞的 CO_2/O_2 比率，改变 Rubisco 的作用方向，羧化大于加氧。因此 C_4 植物在光照下只产生少量的乙醇酸，光呼吸非常低。

此外，C_4 植物的光呼吸酶系主要集中在维管束鞘薄壁细胞中，光呼吸（见第五节）就局限在维管束鞘内进行。在它外面的叶肉细胞中所含的是对 CO_2 亲和力较大的 PEP 羧化酶，所以即使光呼吸在维管束鞘放出 CO_2，也很快被叶肉细胞再次吸收利用，不易"漏出"。

综合上述各点，C_3 植物的光呼吸很明显，故亦称为光呼吸植物或高光呼吸植物；C_4 植物的光呼吸较低，几乎测量不出，故亦称为非光呼吸植物或低光呼吸植物。

由于 C_4 植物的叶片中存在独特的解剖结构，C_4 途径与 C_3 途径相结合，因此具有比 C_3 植物更高的光能利用效率。C_4 植物多为一年生被子植物，主要分布在干旱、高温的热带地区，温带草原地区也有分布。随着海拔高度的提高，C_4 植物呈现明显减少趋势。高大灌木和树木还没有形成明显的 C_4 植物综合特征。利用 $\delta^{13}C$ 值区别植物的光合途径，已被认为是一种灵敏、准确有效的方法，得到了广泛的应用。

○ 知识拓展 3-8
稳定性碳同位素

C_3 植物、C_4 植物和 CAM 植物的某些光合特征和生理特征的对比总结如表 3-3。

○ 表 3-3　C_3 植物、C_4 植物和 CAM 植物的某些光合特征和生理特征

序号	特征	C_3 植物	C_4 植物	CAM 植物
1	植物类型	典型温带植物	典型热带或亚热带植物	典型干旱地区植物
2	生物产量 / （t 干重 $\cdot$ hm^2 $\cdot$ a^{-1}）	22 ± 0.3	39 ± 17	通常较低
3	叶结构	无 Kranz 型结构，只有一种叶绿体	有 Kranz 型结构，常具两种叶绿体	无 Kranz 型结构，只有一种叶绿体
4	叶绿素 a/b	2.8 ± 0.4	3.9 ± 0.6	$2.5 \sim 3.0$
5	CO_2 固定酶	Rubisco	PEP 羧化酶，Rubisco	PEP 羧化酶，Rubisco
6	CO_2 固定途径	只有卡尔文循环	在不同空间分别进行 C_4 途径和卡尔文循环	在不同时间分别进行 CAM 途径和卡尔文循环
7	最初 CO_2 接受体	RuBP	PEP	光下：RuBP；暗中：PEP
8	CO_2 固定的最初产物	PGA	OAA	光下：PGA；暗中：OAA
9	PEP 羧化酶活性 / （$\mu mol \cdot mg^{-1}Chl^{-1} \cdot min^{-1}$）	$0.30 \sim 0.35$	$16 \sim 18$	2.0
10	光合速率 / （$\mu mol \cdot m^{-2} \cdot s^{-1}$）	$10 \sim 25$	$25 \sim 50$	$0.6 \sim 2.5$

序号	特征	C_3 植物	C_4 植物	CAM 植物
11	CO_2 补偿点 / $(mg \cdot L^{-1})$	30 ~ 70	<10	暗中: <5
12	饱和光强	全日照 1/2	无	同 C_4 植物
13	光合最适温度 /℃	15 ~ 25	30 ~ 47	~ 35
14	蒸腾比率 / (蒸腾水分·同化 CO_2 摩尔数 $^{-1}$)	450 ~ 950	250 ~ 350	18 ~ 125
15	气孔张开	白天	白天	晚上
16	光呼吸	高，易测出	低，难测出	低，难测出
17	耐旱性	弱	强	极强

第五节　光呼吸

植物的绿色细胞依赖光照，吸收 O_2 和放出 CO_2 的过程，称为光呼吸（photorespiration）。光呼吸过程中几种主要化合物如乙醇酸、乙醛酸、甘氨酸等都是二碳化合物，因此光呼吸也称 C_2 环（C_2 cycle）。

一、光呼吸（C_2 环）的途径

光呼吸是一个氧化过程，被氧化的底物是乙醇酸，故又称乙醇酸氧化途径（glycolate oxidation pathway）。在光照下（黑暗不行）Rubisco 把 RuBP 氧化成磷酸乙醇酸（phosphoglycolate），后者在磷酸酶作用下，脱去磷酸而产生乙醇酸（glycolate），这些过程是在叶绿体内进行的。

● 专题讲座 3-2
光呼吸途径

$$2RuBP + 2O_2 \xrightarrow{\text{Rubisco}} 2 \text{ 磷酸乙醇酸} + 2PGA$$

$$2 \text{ 磷酸乙醇酸} + 2H_2O \xrightarrow{\text{磷酸酶}} 2 \text{ 乙醇酸} + 2Pi$$

乙醇酸形成后就转移到过氧化物酶体（peroxisome）。过氧化物酶体是一种细胞器，直径为 0.2 ~ 1.5 μm，只有单层膜。所有高等植物的光合作用细胞中均有过氧化物酶体。C_3 植物叶肉细胞的过氧化物酶体较多，而 C_4 植物的过氧化物酶体大多数在维管束鞘的薄壁细胞内。过氧化物酶体位于叶绿体附近。

在过氧化物酶体内，乙醇酸在乙醇酸氧化酶（glycolate oxidase）作用下，被氧化为乙醛酸（glyoxylate）和过氧化氢。过氧化氢在过氧化氢酶的作用下分解，放出氧。乙醛酸在转氨酶（aminotransferase）作用下，从谷氨酸得到氨基而形成甘氨酸，甘氨酸的进一步转化是在线粒体中进行。两分子甘氨酸转变为丝氨酸并释放 CO_2。丝氨酸再进入过氧化物酶体，经转氨酶的催化，形成羟基丙酮酸。羟基丙酮酸在甘油酸脱氢酶作用下，还原为甘油酸。最后，

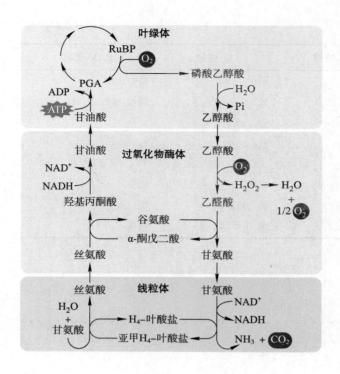

○ 图 3-33 光呼吸代谢途径（整个途径在 3 种细胞器中合作进行）

甘油酸在叶绿体内经过甘油酸激酶的磷酸化，产生 3- 磷酸甘油酸（PGA），参加卡尔文循环的代谢。乙醇酸途径到此结束（图 3-33）。在整个乙醇酸途径中，O_2 的吸收发生于叶绿体和过氧化物酶体，CO_2 的放出发生于线粒体，因此，乙醇酸途径是在叶绿体、过氧化物酶体和线粒体三种细胞器的协同参与下完成的。

光呼吸的底物——乙醇酸是 C_2 化合物，其氧化产物乙醛酸以及其转氨形成的甘氨酸都是 C_2 化合物，故也称这条途径为二碳光呼吸碳氧化环（C_2 photorespiratory carbon oxidation cycle），简称 C_2 环。

光呼吸的调节与外界条件密切有关。首先是 O_2 及 CO_2 的浓度，CO_2 抑制光呼吸而促进光合作用，O_2 则抑制光合作用而促进光呼吸。随着光强、温度和 pH 的增高，光呼吸也加强，其实质是 CO_2 和 O_2 对 RuBP 的竞争。

Rubisco 是一个双功能酶，它既催化 RuBP 的羧化反应，同时又催化 RuBP 的加氧反应。已经证明，O_2 是羧化酶反应的竞争性抑制剂；同样，CO_2 是加氧酶反应的竞争性抑制剂。因此，Rubisco 处于光合碳还原（光合作用）和光合碳氧化（光呼吸）两个方向相反但又相互连锁的循环反应的交叉点上，Rubisco 羧化作用和加氧作用的相对速率完全决定于 CO_2 和 O_2 的相对浓度。藻类光合生物的 Rubisco 一般比植物具有更强的 CO_2 亲和力，根据理论计算，红藻（*Griffithsia monilis*）Rubisco 的底物特异性与活性的比率约为 C_3 植物的 2 倍，如果以红藻中 Rubisco 代替 C_3 作物中的酶，可以提高 25% 的产量。科学家试图通过改造农作物中的 Rubisco 活性来提高其产量，2014 年首次成功地以蓝藻的 Rubisco 替代了烟草叶片中的 Rubisco。

Rubisco 催化反应的机制见下列反应式：

酮–烯醇
异构化

缩合

水合作用/
质子化作用

H
H–C–O P —→ 光呼吸
COOH
2–乙醇酸磷酸

H
H–C–O P
HO–C–OO⁻
C=O
H–C–OH
H–C–OP
H
2–氢过氧化物–3–酮–
1,5–二磷酸阿拉伯糖醇

H₂O

COOH
H–C–OH
H–C–O P —→ 光合作用
3–磷酸甘油酸

H
H–C–O P
C=O
H–C–OH
H–C–OH
H–C–O P
H
RuBP

H⁺

H
H–C–O P
C–O⁻
C–OH
H–C–OH
H–C–O P
H
烯二醇中间产物

O₂

CO₂

H
H–C–O P
HO–C–COO⁻
C=O
H–C–OH
H–C–O P
H
2–羧基–3–酮–1,5–
二磷酸阿拉伯糖醇

H₂O

H–C–O P
H–C–COOH —→ 光合作用
3–磷酸甘油酸

COOH
H–C–OH
H–C–O P —→ 光合作用
H
3–磷酸甘油酸

二、光呼吸的生理功能

越来越多的研究表明，光呼吸对于维持光合机构的正常运转具有重要的生理意义，归纳起来有：①减少光抑制。在高光强、高温、干旱和辐射环境条件下，植物发生气孔关闭，CO_2 不能进入叶肉细胞，会导致光抑制（photoinhibition）（见第六节）。此时，植物的光呼吸释放 CO_2，消耗多余的能量，减少活性氧的产生，对光合器官起保护作用，避免产生光抑制。② 在有氧呼吸条件下避免损失过多的碳。Rubisco 具有羧化和加氧的功能，在有氧条件下，通过 C_2 环可以弥补一些损失的碳。③光呼吸可能为光合作用过程提供磷或参与某些蛋白质的合成过程。

水稻、小麦等 C_3 植物的光呼吸显著，通过光呼吸耗损光合作用新形成有机物的 1/4，而高粱、玉米、甘蔗等 C_4 植物的光呼吸消耗很少，只占光合作用新形成有机物的 2%～5%。科学家试图通过引入光呼吸支路来改造 C_3 植物的光呼吸，在参与光呼吸的三个细胞器中构建一系列的生物化学反应造成光呼吸的"短路"或更加快捷，从而降低了能量消耗，达到提高光合效率的目的。目前报道的主要有四种支路：叶绿体的乙醇酸氧化支路、叶绿体的甘油酸支路、叶绿体的三羟基丙酸支路和过氧化物酶体甘油酸支路。在这几种支路的改造中，有的改造可以明显提高叶片的光合效率，如叶绿体甘油酸支路中，把大肠杆菌的甘油酸途径导入拟南芥或亚麻荠叶绿体后，光合作用增强，生长加快，生物量增加。

第六节　影响光合作用的因素····································

一、外界条件对光合速率的影响

光合作用经常受到外界条件和内在因素的影响而不断地变化，而衡量光合作用量的指标是光合速率（photosynthetic rate）。光合速率通常是指单位时间、单位叶面积吸收 CO_2 的量或放出 O_2 的量，或者积累干物质的量，即 $\mu mol\ CO_2 \cdot m^{-2} \cdot s^{-1}$，$\mu mol\ O_2 \cdot m^{-2} \cdot s^{-1}$ 或 $gDW \cdot m^{-2} \cdot h^{-1}$。

C_3 植物白天和夜晚的气体交换是不同的（图 3-34）。一般测定光合速率的方法都没有把叶片的线粒体呼吸（见第四章）和叶绿体的光呼吸考虑在内，所以测得的结果实际上是表观光合作用（apparent photosynthesis）或净光合作用（net photosynthesis）。如果我们同时测定其线粒体暗呼吸作用和叶绿体光呼吸作用，再加表观光合作用，则得到真正光合作用（true photosynthesis）：

表观光合作用 = 真正光合作用 –（暗呼吸作用 + 光呼吸作用）

真正光合作用 = 表观光合作用 + 暗呼吸作用 + 光呼吸作用

（一）光照

光合速率随着光照强度的变化而变化。同一个叶片在同一时间内，光合过程中吸收的 CO_2 与光呼吸和呼吸作用过程中放出的 CO_2 等量时的光照强度，就称为光补偿点（light compensation point，LCP）（图 3-35）。从全天来看，植物生长所需的最低光照强度必须高于光补偿点，才能使植物正常生长。一般来说，阳生植物的光补偿点为 9 ~ 18 $\mu mol \cdot m^{-2} \cdot s^{-1}$，而阴生植物的则小于 9 $\mu mol \cdot m^{-2} \cdot s^{-1}$。光补偿点在实践上有很大的意义。间作和套作时作物种类的搭配，林带树种的配置，间苗、修剪、采伐的程度，冬季温室

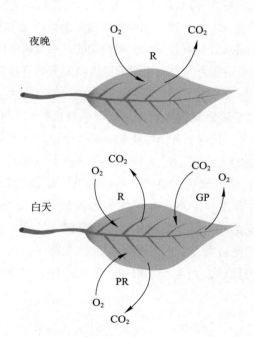

○ 图 3-34　C_3 植物叶片在白天和晚上的气体交换（自 Hopkins 等，2004）

GP：真正（总）光合作用；R：呼吸作用；PR：光呼吸

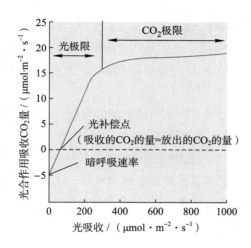

图 3-35 光照强度与光合速率的关系

纵轴：光合作用吸收CO₂量 / (μmol·m⁻²·s⁻¹)

横轴：光吸收 / (μmol·m⁻²·s⁻¹)

图内标注：光极限、CO₂极限、光补偿点（吸收的CO₂的量＝放出的CO₂的量）、暗呼吸速率

专题讲座 3-3 植物的光合速率与光饱和点

栽培蔬菜等等都与光补偿点有关。又如，栽培作物由于过密或肥水过多，造成徒长，封行过早，中下层叶子所受的光照往往在光补偿点以下，这些叶子不但不能制造养分，反而消耗养分，变成消费器官。因此，生产上要注意合理密植，肥水管理恰当，保证透光良好。

在一定的光强范围内，当光照强度在光补偿点以上继续增加时，光合速率就呈比例地增加，光合速率和光强呈直线关系。换句话说，在这个范围内，光是光合作用的限制因子，光照越强，光合速率越快。

如光辐射继续增强超过一定范围之后，光合速率的增加转慢；当达到某一光照强度时，光合速率就不再增加，这一光强称为光饱和点（light saturation point，LSP）。光饱和点之所以产生，是电子传递反应、Rubisco 活性或磷酸丙糖代谢在该时成为限制因子，CO₂ 代谢不能与吸收光能同步。植物的光饱和点与品种、叶片厚薄、单位叶面积叶绿素含量多少等有关。

根据对光照强度需求的不同，可把植物分为阳生植物（sun plant）和阴生植物（shade plant）两类。大体上，阳生植物叶片光饱和点为 $360 \sim 450\ \mu mol \cdot m^{-2} \cdot s^{-1}$ 或更高，阴生植物的光饱和点为 $90 \sim 180\ \mu mol \cdot m^{-2} \cdot s^{-1}$。阳生植物要求充分直射日光，才能生长良好，如马尾松（*Pinus massoniana*）和白桦（*Betula platyphylla*）。阴生植物适宜于生长在较荫蔽的环境中，例如胡椒（*Peperomia* sp.）和酢浆草（*Oxalis corniculat*），它们在完全日照下反而生长不良或不能生长。阳生植物和阴生植物之所以适应不同的光照，是与它们的生理特性和形态特征的不同有关。以环境光强来说，阳生植物的饱和光强比阴生植物的高。阴生植物由于叶片的输导组织比阳生植物的稀疏等原因，当光照强度较大时，它的光合速率便不再增加。但阳生植物的光补偿点也比阴生植物高，意味着阴生植物可以利用较低光强生长，而阳生植物在低光环境下呼吸大于光合，不能生长。以叶绿体来说，阴生植物与阳生植物相比，前者有较大的基粒，基粒片层数目多得多，叶绿素含量又较高，这样，阴生植物就能在较低的光强度下充分地吸收光能。此外，阴生植物还适应于遮阴处波长的光。例如，阴生植物经常处于漫射光中，漫射光中的较短波长光较丰富。上面已经讨论过，叶绿素 a 在红光部分的吸收带偏向长光波方面，而叶绿素 b 在蓝紫光部分的吸收带较宽。阴生植物的叶绿素 a 和叶绿素 b 的比值小，即叶绿素 b 的含量相对较多，所以阴生植物便能有效利用蓝紫光，适应于在遮阴处生长。

光饱和点的数值是指单叶而言，对群体则不适用。因为大田作物群体对光能的利用，与单株叶片不同。群体叶枝繁茂，当外部光照很强，达到单叶光饱和点以上时，群体内部的光照强度仍在光饱和点以下，中、下层叶片就能比较充分地利用群体中的透射光和反射光。群体对光能的利用更充分，光饱和点就会上升。

光是光合作用的能源，然而，光能超过光合系统所能利用的量时，光合功能下降，这个现象就称为光合作用的光抑制。光抑制主要发生于 PS II。近年一些学者认为，光抑制不一定是光合机构被破坏的结果，有时它仅是一些防御性的激发能热耗散过程加强或其他保护机制启动的反映，当解除强光后光合功能又可以恢复到原来的水平，这是一种光合机构应对强光的自我保护机制（photoprotection）。当植物处于长时间的光抑制状态或环境胁迫加强时，叶绿素会氧化降解，叶片出现漂白现象，光合机构发生了不可逆的伤害，叫作光氧化（photooxidation）。在自然条件下，晴天中午植物上层叶片常常发生光抑制，当强光和其他环境胁迫因素（如低温、高温和干旱等）同时存在时，光抑制加剧甚至出现光氧化损伤，有时即使在中、低光强下也会发生。植物本身对光抑制有一定程度的保护性反应。例如，叶子运动，调节角度去回避强光；叶绿体运动以适应光照强弱。又如，生长在强光下的小麦幼苗，叶绿体中的捕光叶绿素 a/b 蛋白复合体含量低于生长在弱光下的；而负责将光能转化为化学能的反应中心复合体含量，则前者大于后者。我国科学家李振声等培育的"小偃 6 号"和"小偃 54"小麦品种是通过普通小麦与长穗偃麦草远缘杂交系统选育而来。"小偃 54"继承了长穗偃麦草抗病、抗强光氧化等特点，进一步利用"京 411"和"小偃 54"培育出了光合效率高、适应范围广和品质优良高产的"小偃 81"以及"小偃 101"小麦新品系，已经在我国北方大面积推广，产生了巨大的经济效益。

光质也影响植物的光合效率。在自然条件下，植物会或多或少受到不同波长比例的光线照射。例如，阴天的光照不仅光强弱，而且蓝光和绿光成分增多；树木的叶片吸收红光和蓝光较多，故树冠下的光线富含绿光，尤其是树木繁茂的森林下更是明显。

（二）CO_2

陆生植物光合作用所需要的碳源大多是空气中的 CO_2，CO_2 主要通过叶片气孔进入叶肉细胞的细胞间隙，以气体状态扩散，速度很快；但当 CO_2 通过细胞壁透到叶绿体时，便必须溶解在水中，扩散速度就大减。陆生植物的根部也可以吸收土壤中的 CO_2 和碳酸盐，用于光合作用。实验证明，把菜豆幼苗根部放在含有 $^{14}CO_2$ 的空气中或 $NaH^{14}CO_3$ 的营养液中进行光照，结果在光合产物中发现 ^{14}C。浸没在水中的绿色植物，其光合作用的碳源是溶于水中的二氧化碳、碳酸盐和重碳酸盐，这些物质可通过表皮细胞进入叶子中去。

CO_2 是光合作用的原料，对光合速率影响很大。目前空气中的 CO_2 含量约为 360 $\mu mol \cdot mol^{-1}$，城市周围为 370～400 $\mu mol \cdot mol^{-1}$，对 C_3 植物的光合作用来说是比较低的。如果 CO_2 浓度更低，光合速率急剧减慢。当光合吸收的 CO_2 量等于呼吸放出的 CO_2 量，这个时候外界的 CO_2 含量就叫作 CO_2 补偿点（CO_2 compensation point）。光照弱，光合降低比呼吸显著，所以要求较高的 CO_2 水平，才能维持光合与呼吸相等，也即是 CO_2 补偿点高。光强，光合显著大于呼吸，CO_2 补偿点就低。作物高产栽培的密度大，肥水充足，植株繁茂，吸收更多的 CO_2，特别在中午前后，CO_2 就成为增产的限制因子之一。本来太阳辐射到地面的一部分热，地球以红外线形式重新辐射到空间。由于人类无限制地向

地球大气层中排放CO_2，使CO_2浓度不断增长。大气层中的CO_2能强烈地吸收红外线，太阳辐射的能量在大气层中就"易入难出"，温度上升，像温室一样，由此产生"温室效应"（greenhouse effect）（图 3-36）。温室效应已引起全球关注。防止温室效应加剧的办法是积极种植树木，以及尽量减少CO_2的排放，如增加能源的利用效率，减少化石燃料的应用，加大清洁能源（如风能、太阳能、水电及生物质能等）的使用，提倡低碳环保的生活方式等。生物质能源（bioenergy）是植物通过光合作用将太阳能转化为化学能而贮存于生物体内的能量。农作物、树木及其残体、畜禽粪便等有机物废弃物都是生物质能源的原材料，生物质能源的利用可以实现CO_2的零排放。

⬤ 知识拓展 3-9
能源植物

（三）温度

　　光合过程中的碳反应是由酶所催化的化学反应，而温度直接影响酶的活性，因此，温度对光合作用的影响也很大。除了少数的例子以外，一般植物可在 $10\sim35℃$下正常地进行光合作用，其中以 $25\sim30℃$最适宜，在 35℃以上时光合作用就开始下降，$40\sim50℃$时即完全停止。在低温中，酶促反应下降，故限制了光合作用的进行。光合作用在高温时降低的原因，一方面是高温破坏叶绿体和细胞质的结构，并使叶绿体的酶钝化；另一方面是在高温时，暗呼吸和光呼吸加强，净光合速率便降低。

　　极端的情况也会发生，例如有些耐寒植物如地衣在 −20℃还能进行光合作用，而耐热的植物能在 $50\sim60℃$下存活。我国科学家张立新和卢从明等获得了一个响应高温的叶绿体小分子热激蛋白 HSP21，并找到了 HSP21 的靶蛋白 pTAC5，它们共同作用调节叶绿体基因的转录，从而维持高温胁迫条件下叶绿体的发育和功能发挥。此外，我国科学家米华玲和马为民等还阐释了叶绿体 NDH 复合物介导的光合环式电子传递在高温、高光以及低温条件下维持植物高效光合作用的分子机理。

（四）矿质元素

　　矿质元素直接或间接影响光合作用。氮、镁、铁、锰等是叶绿素等生物合成所必需的矿质元素；铜、铁、硫和氯等参与光合电子传递和水裂解过程；钾、磷等参与糖类代谢，缺乏时便影响糖类的转变和运输，这样也就间接影响了光合作用；同时，磷也参与光合作用中间产物的转变和能量传递，所以对光合作用影响很大。

（五）水分

水分是光合作用的原料之一，而光合作用所需的水分只是植物所吸收水分的一小部分（1%以下），因此，水分缺乏主要是间接地导致光合作用下降。具体来说，缺水使叶片气孔关闭，影响CO_2进入叶内；缺水使叶片淀粉水解加强，糖类积累，光合产物输出缓慢，这些都会使光合速率下降。

（六）光合速率的日变化

影响光合作用的外界条件每天都在时时刻刻变化着，所以光合速率在一天中也有变化。在温暖的日子里，如水分供应充足，太阳光照成为光合作用的主要限制因子，光合过程一般与太阳辐射进程相符合。从早晨开始，光合作用逐渐加强，中午达到高峰，以后逐渐降低，到日落则停止，成为单峰曲线。这是指无云的晴天而言。如果白天云量变化不定，则光合速率随着到达地面的光照强度的变化而变化，成不规则的曲线。但当晴天无云而中午太阳光照强烈时，光合速率有时反而会降低形成双峰曲线：一个高峰在上午，一个高峰在下午。中午前后因强光高温导致光合速率下降，呈现"午休"现象。出现这种现象是因为该时水分供应紧张，空气湿度较低，引起气孔部分关闭，同时也由于光合作用的光抑制所致。

二、内部因素对光合速率的影响

（一）不同部位

由于叶绿素具有接受和转换能量的作用，所以，植株中凡是绿色的、具有叶绿素的部位都能进行光合作用。在一定范围内，叶绿素含量越多，光合越强。以一片叶子为例，最幼嫩的叶片光合速率低，随着叶子成长，光合速率不断加强，达到高峰，随后叶子衰老，光合速率就下降。

（二）不同生育期

一株作物处于不同生育期的光合速率不尽相同，一般都以营养生长期为最强，到生长末期就下降。以水稻为例，分蘖盛期的光合速率较快，在稻穗接近成熟时下降。但从群体来看，群体的光合量不仅决定于单位叶面积的光合速率，而且很大程度上受总叶面积及群体结构的影响。

第七节　植物对光能的利用·······································

一般来说，植物干物质有90%～95%是来自光合作用。因此，如何充分利用照射到地球表面的太阳辐射能进行光合作用，是农业生产中的一个根本性问题。

一、植物的光能利用率

据气象学研究，地球外层垂直于太阳光的平面上，收到的太阳能量称为太阳常数（solar

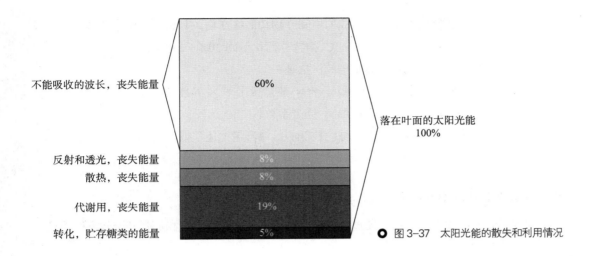

不能吸收的波长，丧失能量 —— 60%

落在叶面的太阳光能
100%

反射和透光，丧失能量 —— 8%

散热，丧失能量 —— 8%

代谢用，丧失能量 —— 19%

转化，贮存糖类的能量 —— 5%

● 图3-37　太阳光能的散失和利用情况

constant），为 8.12 J·min^{-1}·cm^{-2}。光能经过大气到达地表时已大为削弱，即使夏天晴天中午，也很少达到 6.28 J·min^{-1}·cm^{-2}。照射到地面上的太阳光的光能，只有可见光的一部分能被植物吸收利用。同时，落在叶面上的太阳能量，并不是全部被叶子吸收，其中有一部分被反射并散失到空间中，有一部分透过叶子而没有被吸收。光能利用率（efficiency for solar energy utilization）是指植物光合作用所累积的有机物所含的能量，占照射在单位地面上的日光能量的比率。从太阳照射在叶片上的能量损耗（图3-37）来看，落在叶面的太阳光能，植物仅能利用 5%，通过光合作用转化为糖类。

以水稻为例，分析影响其光能利用率的各个因素。照射到地面的太阳辐射能，因不同地点纬度、季节、气象条件等而异。投射到地球表面的光线的波长范围较大，而植物只利用波长 400~700 nm 的光波，其能量占总太阳辐射能的 40%~50%。我们采用 50% 数值。阳光照射到稻田后，有些漏到田面。漏光率因田块肥瘦、行距大小、植株疏密、生育期不同等而异。照到稻叶的阳光，因稻叶表面有茸毛和硅酸层等，能反光。反光率因不同生育期、叶的角度等而异。合理密植、适时封行、改善株型等措施，可以减低漏光率和反光率。除了反光和漏光外，照射到稻田的光就被稻株所吸收。水稻在全生育期（移植到收获）内，对落在稻田上光照的利用情况，一般来说，漏光率 30%，反光率 20%，吸光率 50%。叶子吸收光能后，光能转变为化学能的比率，因光波波长不同而变化。每还原 1 分子 CO_2 需 8~12 个量子，贮藏于糖类中的化学能是 478 kJ。不同波长的光，每个爱因斯坦（爱因斯坦为光子所含能量的单位，1 mol 光子的能量称为 1 爱因斯坦）所具的能量不同，所以其能量转化效率不同。例如，波长 400 nm 的蓝光的爱因斯坦所持的能量是 259 kJ。还原 1 分子 CO_2 需要 10 个量子计算，则其能量转化率为：

$$能量转化率 = \frac{还原 1 分子 CO_2 所需的日光能}{量子需要量 \times 爱因斯坦值} \times 100\%$$

$$= \frac{478}{10 \times 259} \times 100\% = 18.46\%$$

波长为 700 nm 的红光，其爱因斯坦值是 172 kJ，能量转化率则是 27.79%。一般来说，平均能量转化率为 23%。光合作用合成的中间产物和最终产物，有相当一部分是通过光呼吸和暗呼吸消耗掉了，光呼吸消耗一般占 C_3 植物总同化量的 20% ~ 27%。

根据上述分析，可以粗略推算水稻的产量是：

水稻产量 = 太阳辐射能 × 叶片吸光率 × 能量转化率 × 光能转为化学能比率 ×

净同化率 × 生产日数 × 经济系数

从水稻产量推算其光能利用率，是比较低的，增产潜力还是很大的。

二、提高光能利用率的途径

要提高光能利用率，主要是通过延长光合时间、增加光合面积和加强光合效率等途径。

1. 延长光合作用时间

延长光合时间就是最大限度地利用光照时间，提高光能利用率。延长光合时间的措施有：

（1）提高复种指数　复种指数就是全年内农作物的收获面积对耕地面积之比。提高复种指数就是增加收获面积，延长单位土地面积上作物的光合时间。提高复种指数的措施就是通过轮、间、套种。在一年内巧妙地搭配各种作物，从时间上和空间上更好地利用光能，缩短田地空闲时间，减少漏光率。

（2）补充人工光照　在小面积的温室或塑料棚栽培中，当阳光不足或日照时间过短时，还可用人工光照补充。但是人工光照耗电太多，增加成本。

2. 增加光合面积

光合面积即植物的绿色面积，主要是叶面积。它是影响产量最大因素，同时又是最容易控制的一个方面。但叶面积过大，又会影响群体中的通风透光而引起一系列矛盾，所以，光合面积要适当。

合理密植能够使群体得到最好的发展，有较合适的光合面积，充分利用日光能。叶面积系数（leaf area index，LAI）可作为衡量是否合理密植的指标，一般 5 ~ 7 比较合理。

比较优良的高产新品种（如水稻、小麦、玉米），株型的特征为：秆矮，叶直而小、厚，分蘖密集。株型改善，就能增加密植程度，增大光合面积，耐肥不倒伏，充分利用光能，提高光能利用率。

3. 提高光合效率

光合作用效率是指绿色植物通过光合作用制造的有机物中所含有的能量与光合作用所吸收的光能的比值。提高农作物的光合效率是增加粮食单产的有效手段，据理论计算，目前植物将光能转化为生物量的效率只有 1% 左右，光合作用的效率有较大的提升空间。通过长期的研究，除了控制 CO_2、温度、水分、营养等环境条件，一般认为通过优化以下几个主要的光合作用过程有可能有效提高光合效率。

（1）优化光能的吸收、传递和转化效率。主要包括优化捕光天线系统；提高电子在光合膜上的传递效率；增强光合电能转化为 ATP 及 NAD(P)H 的效率。

（2）增加光能的高效利用。主要包括了降低非光化学猝灭等能量损耗；增强光保护减少光抑制等带来的光合效率的下降。

（3）提高光合碳同化效率。主要包括提高 Rubisco 的羧化活性；引进 CO_2 的浓缩机制；减少碳损耗，降低光呼吸。

（4）促进光合产物从叶片（源）向经济器官（库）的运输（见第五章）。

在以上四个方面中光能的吸收、利用与转化是光合作用的起始与基础，而光能的高效利用及碳同化效率的提高又可以促进光能的吸收，所以这三个方面相互依赖、互相制约和调控，提高植物的光合效率必须把三者统一考虑并结合起来。

○ 小结

光合作用是地球上最重要的化学反应。叶绿体是进行光合作用的细胞器。类囊体膜（光合膜）是光反应的主要场所，基质是碳反应的场所。叶绿素是叶绿体的最主要色素，其生物合成是以谷氨酸或 $\alpha-$ 酮戊二酸为原料，在光照条件下还原而成。

光合作用是光反应和碳反应的综合，分为 3 大步骤：光能的吸收、电子传递和光合磷酸化、碳同化。光能的吸收、传递和转换过程是通过原初反应完成的。聚光色素吸收光能后，通过诱导共振方式传递到反应中心，反应中心的特殊叶绿素 a 对吸光后能引起氧化还原的电荷分离，是光化学反应.它是光合作用的核心环节，能将光能直接转变为化学能。

色素吸收光能产生的电子，经过一系列电子传递和质子转移，加上光合磷酸化，导致 NADPH 和 ATP 形成。高能化学物 NADPH 和 ATP 还原 CO_2，并推动 CO_2 同化为有机物质。所以 NADPH 和 ATP 合称为同化力。

卡尔文循环（C_3 途径）是碳同化的主要形式。通过羧化阶段、还原阶段和更新阶段，合成淀粉等多种有机物。C_4 途径和 CAM 都只不过是 CO_2 固定方式不同，最后都是在植物体内再次把 CO_2 释放出来，参与卡尔文循环，合成淀粉等。

C_4 植物比 C_3 植物具有更强的光合作用，主要原因是 C_4 植物叶肉细胞中的 PEP 羧化酶活性比 C_3 植物的高许多倍，而且 C_4 途径是把 CO_2 运入维管束鞘细胞内释放，供卡尔文循环同化，因此起了 "CO_2 泵" 的功能，把外界 CO_2 "压" 到维管束鞘，光呼吸降低，光合速率增快。

在干旱地区生长的景天科植物有一种特殊的 CO_2 固定方式即景天酸代谢（CAM）。

光合作用的主要产物是淀粉和蔗糖，前者是在叶绿体内合成，后者是在细胞质中合成。两者合成都需要磷酸丙糖（TP）为前体，所以呈竞争反应。TP 和 Pi 相对浓度影响淀粉和蔗糖的生物合成。

光呼吸的生理功能是消耗多余能量，对光合器官起保护作用；同时还可收回 75% 的碳，避免损失过多。

光照、二氧化碳和温度是影响光合作用主要的外界条件，它们对光合作用的影响是相互联系、相互作用的。植物的光能利用率约为 5%，要提高作物的光能利用率，主要通过延长光合时间、增加光合面积和提高光合效率等途径。

○ 名词术语

光合作用　吸收光谱　叶绿素　类胡萝卜素　光反应　碳反应　光合链　聚光色素　原初反应　特殊叶绿素 a 对　光化学反应　光系统　细胞色素 b6f 复合体　反应中心　希尔反应

原初电子供体　碳同化　卡尔文循环　Rubisco　原初电子受体　同化力　光合磷酸化　Z 方案
光合速率　C_4 途径　光抑制　景天酸代谢途径　光呼吸　表观光合作用　真正光合作用
光饱和点　温室效应　光补偿点　光能利用率　CO_2 补偿点

思考题

1. 在光合作用过程中，ATP 和 NADPH+H⁺ 是如何形成的？ATP 和 NADPH+H⁺ 又是怎样被利用的？

2. 试比较 PS Ⅰ 的 PS Ⅱ 的结构及功能特点。

3. Rubisco 的结构有何特点？它在光合碳同化过程中有什么作用？

4. 试述水稻、玉米、菠萝的光合碳同化途径有什么不同？

5. 从光呼吸的代谢途径来看，光呼吸有什么意义？

6. 分析类胡萝卜素在光合作用光保护中的作用。

7. 通过学习植物的水分代谢、矿质营养和光合作用的知识之后，你认为怎样才能提高农作物的产量？

8. 为什么寒潮、水淹等灾害天气结束后是晴天，对农作物的伤害大，而是阴天则伤害会相对小些？

9. 太阳能如何转换成植物中蒸腾拉力产生的机械能？

10. 我国科学家成功合成 Mn_4Ca 簇合物在人工光合作用研究中有什么重大意义？

更多数字课程资源

术语解释　　　　推荐阅读　　　　参考文献

第 四 章

植物的呼吸作用

前面三章都是说明植物把外界物质改造为自身物质的过程，是新陈代谢的同化作用方面。本章讨论的呼吸作用（respiration），是将植物光合作用产生的有机物质不断分解，同时释放能量的过程，是新陈代谢的异化作用方面。它不仅产生能量以满足植物各种生理活动的需求，而且为植物体内各种生物合成提供代谢底物，是植物能量代谢和物质代谢的中心。与其他生物的呼吸作用相比，植物呼吸代谢具有多样性，具体表现在呼吸途径的多样性、呼吸链电子传递系统的多样性和末端氧化系统的多样性。植物呼吸代谢的调控研究成果可更好地为农业生产服务。

第一节　呼吸作用的概念和生理意义······························

一、呼吸作用的概念

呼吸作用包括有氧呼吸和无氧呼吸两大类型。

（一）有氧呼吸

有氧呼吸（aerobic respiration）指生活细胞在氧气的参与下，把某些有机物质彻底氧化分解，放出二氧化碳并形成水，同时释放能量的过程。一般来说，呼吸作用以葡萄糖的氧化表示，葡萄糖是植物细胞呼吸最常利用的物质，因此，呼吸作用过程简括表示如下：

$$C_6H_{12}O_6 + 6O_2 \longrightarrow 6CO_2 + 6H_2O + 能量$$

$\Delta G^{\ominus'} = -2\ 870\ kJ \cdot mol^{-1}$（$\Delta G^{\ominus'}$ 是指 pH 为 7 时标准自由能的变化）

上述方程式是目前通常使用的。然而有人认为，上述反应不能准确说明呼吸的真正过程，因为氧气在呼吸过程中不直接与葡萄糖作用，需要水分子参与到葡萄糖降解的中间产物里，中间产物的氢原子与空气中的氧结合，还原成水。为了更准确说明其生化变化，故将呼吸作用方程式改写为下式：

$$C_6H_{12}O_6 + 6H_2O + 6O_2 \longrightarrow 6CO_2 + 12H_2O + 能量$$

$$G^{\ominus'} = -2\ 870\ kJ \cdot mol^{-1}$$

虽然葡萄糖是最基本的呼吸底物，但在植物细胞中，其呼吸作用底物主要来自光合作用产生的蔗糖、丙糖磷酸和其他糖类，以及由脂质和蛋白质降解的代谢产物转化而来的中间产物。从化学角度来看，植物（有氧）呼吸过程可表述为含 12 个碳原子的蔗糖分子的氧化和 12 分子氧的还原，即

$$C_{12}H_{22}O_{11} + 13H_2O \longrightarrow 12CO_2 + 48H^+ + 48e^-$$

$$12O_2 + 48H^+ + 48e^- \longrightarrow 24H_2O$$

净反应式为：$C_{12}H_{22}O_{11} + 12O_2 \longrightarrow 12CO_2 + 11H_2O + 能量$

与植物光合作用的方程式相比，这一过程可看作是光合作用的逆过程。

有氧呼吸是高等植物进行呼吸的主要形式。事实上，通常所提的呼吸作用就是指有氧呼吸，甚至把呼吸看成为有氧呼吸的同义语。本书仍依此惯称呼吸。

（二）无氧呼吸

无氧呼吸（anaerobic respiration）一般指在无氧条件下，细胞把某些有机物分解成为不彻底的氧化产物，同时释放能量的过程。这个过程用于高等植物，习惯上称为无氧呼吸，如应用于微生物，则惯称为发酵（fermentation）。

高等植物无氧呼吸可产生酒精，其过程与酒精发酵是相同的，反应如下：

$$C_6H_{12}O_6 \longrightarrow 2C_2H_5OH + 2CO_2 + 能量 \qquad \Delta G^{\ominus'} = -226\ kJ \cdot mol^{-1}$$

除了酒精以外，高等植物的无氧呼吸也可以产生乳酸，反应如下：

$$C_6H_{12}O_6 \longrightarrow 2CH_3CHOHCOOH + 能量 \qquad \Delta G^{\ominus'} = -197\ kJ \cdot mol^{-1}$$

从发展的观点来看，有氧呼吸是由无氧呼吸进化而来的。

二、呼吸作用的指标

衡量呼吸作用的指标主要有呼吸速率和呼吸商。

（1）呼吸速率（respiratory rate），又称呼吸强度，是呼吸作用的重要指标。植物的呼吸速率可以用植物的单位鲜重、干重或细胞（以含氮量）在一定时间内所放出的二氧化碳的体积（Q_{CO_2}），或所吸收的氧气的体积（Q_{O_2}）来表示。应根据具体情况来决定采用何种单位，以尽量表达出其客观真实变化。

（2）呼吸商　呼吸商（respiratory quotient，RQ）是表示呼吸底物的性质和氧气供应状态的一种指标。植物组织在一定时间（如 1 h）内，放出二氧化碳的物质的量与吸收氧气的物质的量（mol）的比率叫作呼吸商。

$$RQ = \frac{放出的\ CO_2\ 的物质的量}{吸收的\ O_2\ 的物质的量}$$

当呼吸底物是糖类（如葡萄糖）而又完全氧化时，呼吸商是 1。如果呼吸底物是一些富含氢的物质，如脂质或蛋白质，则呼吸商小于 1。如果呼吸底物只是一些比糖类含氧多的物质，如已局部氧化的有机酸，则呼吸商大于 1。因此可以根据呼吸商来了解某呼吸过程的底物性质。事实上植物体内的呼吸底物是多种多样的，糖类、蛋白质、脂质或有机酸等可以被呼吸利用。一般来说，植物呼吸通常先利用糖类，其他物质较后才被利用。

三、呼吸作用的生理意义

呼吸作用具有很重要的生理意义，主要表现在下列两方面：

（1）提供植物需要的能量　呼吸作用释放能量的速度较慢，而且逐步释放，适合于细胞利用。释放出来的能量，一部分转变为热能而散失掉，一部分以 ATP 等形式贮存着。以后当 ATP 等分解时，就把贮存的能量释放出来，供植株生理活动需要。植株对矿质营养的吸收和运输，有机物的运输和合成，细胞的分裂和伸长，植株的生长和发育等，无一不需要能量。任何活细胞都在不停地呼吸，呼吸停止则意味着死亡。

（2）为其他化合物合成提供原料　呼吸过程产生一系列的中间产物，这些中间产物很不稳定，成为进一步合成植物体内各种重要化合物的原料，也就是在植物体内有机物转变方面起着枢纽作用。

由于呼吸作用供给能量以带动各种生理过程，其中间产物又能转变为其他重要的有机物，所以，呼吸作用就成为代谢的中心，呼吸速率可作为植物生理活动的重要指标。

第二节　呼吸代谢途径·······························

植物呼吸代谢的底物主要是糖类，所以呼吸作用实际上是细胞内糖类物质氧化分解的过程。本节仅讲述糖分解代谢的 3 条途径：糖酵解、磷酸戊糖途径和三羧酸循环，它们分别在细胞质基质、质体和线粒体内进行。

一、糖酵解

细胞质基质中的己糖经过一系列酶促反应步骤分解成丙酮酸的过程，称为糖酵解（glycolysis）。糖酵解亦称为 EMP 途径（EMP pathway），以纪念对这方面工作贡献较大的三位德国生物化学家 G. Embden，O. Meyerhof 和 J. K. Parnas。

（一）糖酵解的化学反应

与其他生物一样，植物的糖酵解化学反应可分为 3 个阶段：

（1）己糖的磷酸化　这一阶段是淀粉或己糖活化，消耗 ATP，将葡萄糖活化为 1,6- 二磷酸果糖，为裂解成 2 分子磷酸丙糖做准备。

（2）磷酸己糖的裂解　这个阶段反应包括磷酸己糖裂解为 2 分子磷酸丙糖，即 3- 磷酸甘油醛和磷酸二羟丙酮以及两者之间的相互转化。

（3）ATP 和丙酮酸的生成　这个阶段 3- 磷酸甘油醛氧化释放能量，经过 3- 磷酸甘油酸、磷酸烯醇式丙酮酸，形成 ATP 和 NADH + H$^+$，最终生成丙酮酸，因此这个阶段也称为氧化产能阶段。这种由底物分子的磷酸基团直接转到 ADP 而形成 ATP，称之为底物水平磷酸化（substrate level phosphorylation）。

● 重要事件 4-1
糖酵解反应途径

由于糖酵解过程中的氧化分解是没有氧参与的，它所需的氧是来自组织内的含氧物质，即水分子和被氧化分解的糖分子，因而糖酵解又称为分子内呼吸（intramolecular respiration）。

根据上列反应，糖酵解的反应可归纳为：

葡萄糖 + 2NAD$^+$ + 2ADP + 2Pi ⟶ 2 丙酮酸 + 2NADH + 2H$^+$ + 2ATP + 2H$_2$O

（二）糖酵解的生理意义

糖酵解普遍存在于动物、植物和微生物中，是有氧呼吸和无氧呼吸的共同途径。糖酵解的一些中间产物（如磷酸丙糖）和最终产物丙酮酸，化学性质十分活跃，可产生不同的物质。糖酵解除了有 3 步反应是不可逆反应以外，其余反应是可逆的，所以，它为糖的合成提供基本途径。糖酵解释放一些能量，供生物体需要，尤其是对厌氧生物。

二、发酵作用

糖酵解形成丙酮酸后，在缺氧条件及丙酮酸脱羧酶作用下，脱羧生成乙醛，进一步在乙醛脱氢酶作用下，被 NADH 还原为乙醇，即酒精发酵（alcoholic fermentation），其反应式如下：

$$CH_3COCOOH \longrightarrow CO_2 + CH_3CHO$$
$$CH_3CHO + NADH + H^+ \longrightarrow CH_3CH_2OH + NAD^+$$

酒精发酵主要在酵母菌作用下进行，但高等植物在氧气不足条件下，也会进行酒精发酵。例如体积大的甘薯、苹果、香蕉等贮藏过久，稻谷催芽时堆积过厚又不及时翻动，便会因发生酒精发酵而有酒味。

在缺少丙酮酸脱羧酶而含有乳酸脱氢酶的组织里，丙酮酸会被 NADH 还原为乳酸。乳酸发酵（lactic acid fermentation）的反应式如下：

$$CH_3COCOOH + NADH + H^+ \longrightarrow CH_3CHOHCOOH + NAD^+$$

乳酸发酵多发生于乳酸菌，但高等植物在低氧或缺氧条件下，也会发生乳酸发酵，例如马铃薯块茎、甜菜块根等体积大的延存器官，贮藏久了，会有乳酸发酵，产生乳酸味。玉米种子在缺氧时，不同时期具有不同发酵类型：初期发生乳酸发酵，后来转变为酒精发酵。

在无氧条件下，通过酒精发酵和乳酸发酵，实现了 NAD^+ 的再生，使糖酵解能够继续进行。但发酵作用能量利用效率低，有机物耗损大，所以高等植物不可能依赖发酵作用长期维持生命活动。酒精发酵产生的酒精，过多时会对细胞有害，不过酒精可以扩散出细胞，可以某种程度地减少毒害。乳酸发酵产生的乳酸，累积在细胞内，使细胞质基质酸化，影响酶代谢。

三、三羧酸循环

糖酵解进行到丙酮酸后，在有氧的条件下，通过一个包括三羧酸和二羧酸的循环而逐步氧化分解，直到形成水和二氧化碳为止，故称这个过程为三羧酸循环（tricarboxylic acid cycle，简写为 TCA 环），因这个循环是英国生物化学家 H. Krebs 首先发现的，故又名 Krebs 环（Krebs cycle）。它是在细胞线粒体的基质内进行。

（一）线粒体的结构和功能

线粒体是三羧酸循环和氧化磷酸化进行的场所。植物线粒体多呈球形或短杆形，直径为 $0.5 \sim 1.0 \ \mu m$，长达 $3 \ \mu m$，一个典型植物细胞有 $500 \sim 2\ 000$ 个线粒体，其数目多少直接与代谢强弱有关。气孔保卫细胞的线粒体丰富，而衰老或休眠细胞的线粒体较少。线粒体有两层膜，外膜平滑，内膜向线粒体里面褶皱伸出，形成许多形式不同的嵴（crista），增加内膜的表面，也就是有效地增大酶分子附着的表面积。嵴的数目增多，细胞呼吸加强，但线粒体嵴的数目、形态和排列在不同种类的细胞中差别很大。通常，需能多的细胞不仅线粒体多，而且线粒体嵴的数目也多。内膜里面的腔充满着透明的胶体状态的基质（matrix），基质的化学成分主要是可溶性蛋白质，它是呼吸底物氧化的场所。

植物的线粒体与叶绿体一样，是半自主性的细胞器。具有自身的 DNA，编码一些 rRNA、tRNA 以及线粒体蛋白质。但绝大多数蛋白质还是由核基因编码的，在细胞质基质中合成后运输到线粒体。

（二）丙酮酸的氧化脱羧

在有氧条件下，丙酮酸进入线粒体，通过氧化脱羧生成乙酰 CoA，然后再进入三羧酸循环彻底分解。因而丙酮酸的氧化脱羧反应是连接糖酵解和三羧酸循环的桥梁。在细胞质糖酵解途径产生的丙酮酸，经过线粒体内膜上的丙酮酸转移酶（pyruvate translocase）将其转移到线粒体基质后，才能经三羧酸循环而彻底氧化降解。丙酮酸是在丙酮酸脱氢酶复合体（pyruvic acid dehydrogenase complex）催化下氧化脱羧生成乙酰 CoA 和 NADH，反应式如下：

$$CH_3COCOOH + CoA-SH + NAD^+ \xrightarrow[\text{硫辛酸、Mg}^{2+}\text{、FAD}]{\text{硫胺素焦磷酸}} CH_3CO \sim SCoA + CO_2 + NADH + H^+$$

乙酰 CoA 在细胞代谢中是降解和合成的枢纽物质，如丙酮酸氧化脱羧、脂肪酸的 β-氧化、氨基酸的降解等均可生成乙酰 CoA；另一方面，乙酰 CoA 又可参入到多种代谢中去，如三羧酸循环和脂肪酸、类胡萝卜素、萜类、赤霉素等的合成均需乙酰 CoA 作为原料。

● 重要事件 4-2
三羧酸循环反应途径

（三）三羧酸循环的化学历程

三羧酸循环可分为柠檬酸的生成、氧化脱羧和草酰乙酸的再生 3 个阶段。

由于糖酵解中 1 分子葡萄糖产生 2 分子丙酮酸，所以三羧酸循环反应可写成下列方程式：

$$2CH_3COCOOH + 8NAD^+ + 2FAD + 2ADP + 2Pi + 4H_2O$$
$$\longrightarrow 6CO_2 + 2ATP + 8NADH + 8H^+ + 2FADH_2$$

在植物三羧酸循环中由琥珀酰 CoA 合成酶催化的从琥珀酰 CoA 转化为琥珀酸的反应，生成 ATP，而在动物中进行的三羧酸循环生成的是 GTP。

此外，在植物中普遍存在可催化苹果酸氧化脱羧形成丙酮酸的 NAD^+ 苹果酸酶（EC1.1.1.39），该酶的存在使植物线粒体可以通过其他途径来代谢从糖酵解产生的磷酸烯醇式丙酮酸（PEP）。PEP 可在细胞质中通过 PEP 羧化酶和苹果酸脱氢酶合成苹果酸；被转运入线粒体基质后，NAD^+ 苹果酸酶可将苹果酸氧化为丙酮酸后，再进入 TCA 循环而彻底被氧化。因此该酶的存在可使植物在缺少丙酮酸的条件下，完全氧化有机酸如苹果酸和柠檬酸等来产生丙酮酸。在果实成熟过程中，线粒体 NAD^+ 苹果酸酶氧化苹果酸，可以调节果实细胞内有机酸水平。

（四）三羧酸循环的生理意义

（1）三羧酸循环是提供生命活动所需能量的主要来源。每个葡萄糖分子通过三羧酸循环产生的 ATP 数远远超过糖酵解的 ATP 数。此外，脂肪、氨基酸等呼吸底物彻底氧化时所产生的能量主要也是通过三羧酸循环。因此，三羧酸循环是有机体获得能量的最主要的途径。

（2）三羧酸循环是物质代谢的枢纽。三羧酸循环既是糖、脂肪和氨基酸等彻底分解的共同途径；其中间产物又是合成糖、脂肪和氨基酸等的原料。因而三羧酸循环具有将各种有机物代谢联系起来，成为物质代谢枢纽的作用。

四、磷酸戊糖途径

在高等植物中，还发现细胞内糖类的氧化可以不经过糖酵解的途径，即由 6- 磷酸葡糖转变为 5- 磷酸核酮糖和 CO_2，就是磷酸戊糖途径（pentose phosphate pathway，PPP），又称磷酸己糖支路（hexose monophosphate pathway，HMS）。

（一）磷酸戊糖途径的化学历程

磷酸戊糖途径是指葡萄糖在细胞质基质和质体中的可溶性酶直接氧化，产生 NADPH 和一些磷酸糖的酶促过程。该途径可分为两个阶段（图 4-1）。

（1）氧化阶段 六碳的 6- 磷酸葡糖经两次脱氢氧化和一次脱羧生成 1 个 5- 磷酸核酮糖和 2 个 NADPH（不是 NADH）并释放 CO_2（图 4-1 左侧），这些反应是不可逆的。

（2）非氧化阶段 以 5- 磷酸核酮糖为起点，经过异构化、基团转移、缩合等反应，非

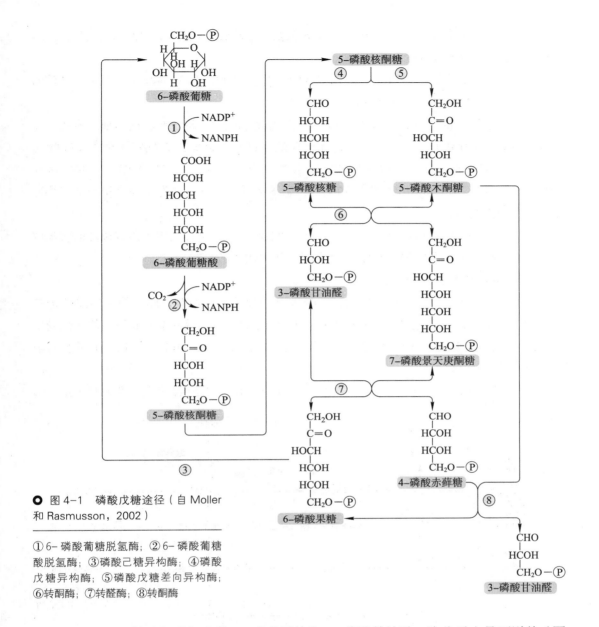

◯ 图 4-1　磷酸戊糖途径（自 Moller 和 Rasmusson，2002）

────────────

①6- 磷酸葡糖脱氢酶；②6- 磷酸葡糖酸脱氢酶；③磷酸己糖异构酶；④磷酸戊糖异构酶；⑤磷酸戊糖差向异构酶；⑥转酮酶；⑦转醛酶；⑧转酮酶

氧化地重组成为糖酵解中间产物 6- 磷酸果糖和 3- 磷酸甘油酸。这些反应是可逆的（图 4-1 右侧）。

磷酸戊糖途径总的反应是：

$$6G6P + 12NADP^+ + 7H_2O \longrightarrow 5G6P + 6CO_2 + Pi + 12NADPH + 12H^+$$

与 EMP 途径一样，磷酸戊糖途径（PPP）也在细胞质中进行，但二者之间的氧化还原酶不同，EMP 途径是 NAD^+，而 PPP 途径是 $NADP^+$。在正常情况下，植物细胞中葡萄糖的降解主要是 EMP-TCA 途径，而 PPP 途径所占比例较小（约百分之几到百分之 30 之间），但两条途径在植物细胞中的所占比例可因植物的种类、器官、年龄和环境不同而异。如 PPP 途径在植物年幼组织中所占比例较小，而在年老组织中所占比重较大。

（二）磷酸戊糖途径的生理意义

（1）该途径产生大量 NADPH，为细胞各种合成反应提供主要的还原力。NADPH 为脂肪酸、固醇等的生物合成，非光合细胞中的硝酸盐、亚硝酸盐的还原，以及氨的同化，丙酮酸羧化还原成苹果酸等过程中所必需。

（2）该途径的中间产物为许多重要化合物合成提供原料。如 5- 磷酸核糖是合成核酸的原料，也是 NAD、FAD 和 NADP 等辅酶的组分。

（3）增强植物抗病、抗旱和抗损伤的能力。该途径的 4- 磷酸赤藓糖与糖酵解的 PEP（磷酸烯醇式丙酮酸）可合成莽草酸，而莽草酸可进一步合成具有抗病作用的多酚物质如芳香族氨基酸和木质素、绿原酸和咖啡酸等。通常，该途径在呼吸作用中的比例为 10%～25%，但不同物种、不同年龄和生理状态下各异。在衰老和遭受病害和干旱等胁迫条件下比例会增加。

（4）该途径己糖重组阶段的一系列中间产物及酶，与光合作用中卡尔文循环的大多数中间产物和酶相同，所以磷酸戊糖途径可与光合作用联系起来。

（三）磷酸戊糖途径的调控

磷酸戊糖途径被由 6- 磷酸葡糖脱氢酶催化的起始反应控制，此酶的活性显著地被 NADPH/NADP+ 比值调控。当 NADPH/NADP+ 比值高时，6- 磷酸葡糖脱氢酶的活性受抑制，6- 磷酸葡糖变成 6- 磷酸葡糖酸的过程降低。因而，当 NADPH 多余时，它就会对磷酸戊糖途径产生反馈调节。

虽然不同呼吸代谢途径在底物、发生部位或最终产物等方面存在差异，但从糖酵解、磷

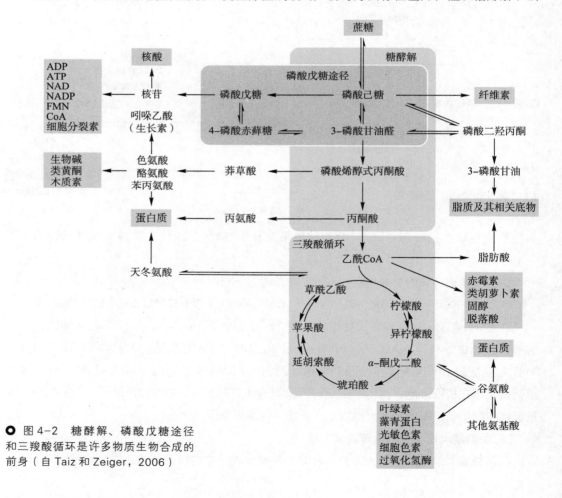

● 图 4-2　糖酵解、磷酸戊糖途径和三羧酸循环是许多物质生物合成的前身（自 Taiz 和 Zeiger，2006）

酸戊糖途径和三羧酸循环等过程来看，呼吸作用为植物体内各种物质生物合成提供前体（图4-2）。除此以外，呼吸过程产生 ATP 和 NAD(P)H 还为各种生理活动提供能量（如细胞分裂、离子吸收等），所以呼吸代谢非常重要。

● 知识拓展 4-1
植物呼吸代谢底物
降解途径的比较

第三节　电子传递与氧化磷酸化······························

有机物质在生物体细胞内进行氧化分解，生成二氧化碳、水和释放能量的过程，称为生物氧化（biological oxidation）。它是在活细胞内、正常体温和有水的环境下，在一系列酶、辅酶和中间传递体的共同作用下逐步完成。

一、电子传递链

糖酵解和三羧酸循环中所产生的 $NADH + H^+$ 不能直接与游离的氧分子结合，需要经过电子传递链传递后，才能与氧结合。电子传递链（electron transport chain）亦称呼吸链（respiratory chain），就是呼吸代谢中间产物的电子和质子，沿着一系列有顺序的电子传递体组成的电子传递途径，传递到分子氧的总过程。组成电子传递链的传递体可分为氢传递体和电子传递体。

氢传递体传递氢（包括质子和电子，以 $2H^+ + 2e^-$ 表示），即既传递质子又传递电子。它们作为脱氢酶的辅助因子，有下列几种：NAD（即辅酶Ⅰ）、NADP（即辅酶Ⅱ）、黄素单核苷酸（FMN）和黄素腺嘌呤二核苷酸（FAD），它们都能进行氧化还原反应。

电子传递体是指细胞色素体系和铁硫蛋白（Fe-S），它们只传递电子。细胞色素是一类以铁卟啉为辅基的结合蛋白质，根据吸收光谱的不同分为 a、b 和 c 三类，每类又再分为若干种。细胞色素传递电子的机理，主要是通过铁卟啉辅基中的铁离子完成的，Fe^{3+} 在接受电子后还原为 Fe^{2+}，Fe^{2+} 传出电子后又氧化为 Fe^{3+}。

高等植物中呼吸链电子传递具有多种途径，这是植物在长期进化过程中形成的对多变环境的一种适应性。

（一）细胞色素系统途径

细胞色素系统途径是电子传递主路，植物线粒体的电子传递链位于线粒体的内膜上，由4 种复合体和 ATP 合酶组成（图 4-3）。

1. 复合体Ⅰ

复合体Ⅰ（complex Ⅰ）也称 NADH 脱氢酶（NADH dehydrogenase），由结合紧密的辅因子 FMN 和几个 Fe-S 中心组成，其作用是氧化三羧酸循环产生的 NADH，并将 4 个质子泵到膜间隙（intermembrane space），同时也将电子转移给泛醌（ubiquinone，UQ 或 Q）。泛醌的结构和功能似叶绿体类囊体膜的质体醌（PQ）。泛醌高度脂溶性，在膜脂层内自由扩散，在复合体Ⅰ和复合体Ⅲ之间传递电子。

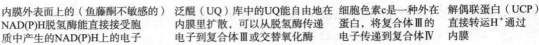

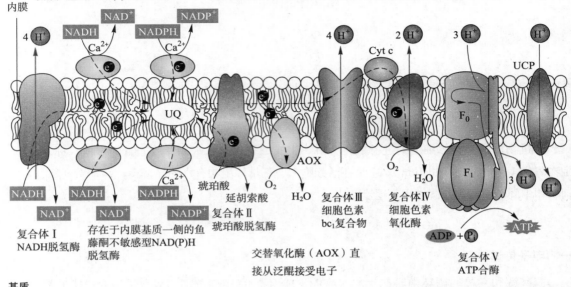

膜间隙

内膜外表面上的（鱼藤酮不敏感的）NAD(P)H脱氢酶能直接接受胞质中产生的NAD(P)H上的电子

泛醌（UQ）库中的UQ能自由地在内膜里扩散，可以从脱氢酶传递电子到复合体Ⅲ或交替氧化酶

细胞色素c是一种外在蛋白，将复合体Ⅲ的电子传递到复合体Ⅳ

解偶联蛋白（UCP）直接转运H^+通过内膜

内膜

复合体Ⅰ
NADH脱氢酶

存在于内膜基质一侧的鱼藤酮不敏感型NAD(P)H脱氢酶

复合体Ⅱ
琥珀酸脱氢酶

交替氧化酶（AOX）直接从泛醌接受电子

复合体Ⅲ
细胞色素bc_1复合物

复合体Ⅳ
细胞色素氧化酶

复合体Ⅴ
ATP合酶

基质

● 图4-3　植物线粒体内膜上电子传递链和ATP合酶（Taiz和Zeiger，2010）

2. 复合体Ⅱ

复合体Ⅱ（complex Ⅱ）又叫琥珀酸脱氢酶（succinate dehydrogenase），由FAD和3个Fe-S中心组成。它的功能是催化琥珀酸氧化为延胡索酸，并把H^+转移到FAD生成$FADH_2$，然后再把H^+转移到UQ生成还原态泛醌（UQH_2）。此复合体不泵出质子。

3. 复合体Ⅲ

复合体Ⅲ（complex Ⅲ）又称细胞色素bc_1复合体（cytochrome bc_1 complex），由细胞色素b和细胞色素c_1组成，还有1个Fe-S中心和2个b型细胞色素（b_{565}和b_{560}）。它的功能是氧化还原态的泛醌，并将1对电子传递到细胞色素c，并泵出4个质子到膜间隙。

4. 复合体Ⅳ

复合体Ⅳ又称细胞色素c氧化酶（cytochrome c oxidase），含铜、Cyt a和Cyt a_3。复合体Ⅳ是末端氧化酶（terminal oxidase），把Cyt c的4个电子传给O_2，激发O_2并与基质中的H^+结合，形成2分子H_2O。每传递1对电子可将两个质子泵出基质。

5. ATP合酶（ATP synthase）

与光合磷酸化中的叶绿体ATP合酶相似，线粒体ATP合酶由偶联因子0（coupling factor 0，CF_0）和偶联因子1（coupling factor 1，CF_1）两部分组成，所以亦称为F_0F_1-ATP合酶，它能催化ADP和Pi转变为ATP。"头部"CF_1的功能是催化ATP的合成，"基部"CF_0的功能是作为内膜的质子通道。

除了以上含5种复合体的细胞色素呼吸链主路之外，线粒体内膜上电子传递体还有UQ和Cyt c。UQ是电子传递链中非蛋白质成员，能在膜脂质内自由移动，通过其氧化还原反应，实现在复合体Ⅰ、复合体Ⅱ与复合体Ⅲ之间的电子传递。Cyt c是线粒体内膜外侧的外周蛋白，是电子传递链中唯一的可移动的色素蛋白，通过辅基中铁离子价态的可逆变化，在复合体Ⅲ与复合体Ⅳ之间传递电子。

此外，在线粒体膜外有外在的 NAD(P)H 脱氢酶，氧化细胞质的 NAD(P)H，并将其电子传递到 UQ。在线粒体内膜内侧还存在 NADPH 脱氢酶，不受鱼藤酮抑制。

在研究电子传递顺序时，常使用专一性电子传递抑制剂以阻断其某一部分电子传递（表 4-1）。

○ 表 4-1　电子传递抑制剂及其抑制部位

电子传递抑制剂	抑制部位
鱼藤酮、安密妥	NADH → UQ
丙二酸	琥珀酸 → 复合体 Ⅱ
抗霉素 A	在复合体 Ⅲ 上传递
氰化物、叠氮化物、CO	复合体 Ⅳ → O_2

（二）交替途径

除了细胞色素系统途径外，大多数植物还有另一条电子传递途径——交替途径。前面讲过，氰化物能抑制植物的呼吸作用。但是，在氰化物存在下，某些植物呼吸不受抑制，所以把这种呼吸称为抗氰呼吸（cyanide-resistant respiration）。在大多数组织中，抗氰呼吸占全部呼吸的 10%～25%，而某些组织竟达 100%。抗氰呼吸电子传递途径与正常的 NADH 电子传递途径交替进行，因此抗氰呼吸途径又称为交替呼吸途径，简称为交替途径（alternative pathway）。

一般认为，交替途径与 NADH 和 $FADH_2$ 的电子传递途径的分支点在泛醌。与细胞色素系统途径相比，该途径的电子可能从泛醌传递给一种黄素蛋白，然后通过交替氧化酶（alternative oxidase，AOX）再传递到氧。交替氧化酶催化氧的还原产生过氧化氢（H_2O_2），后者在线粒体内被过氧化氢酶转变为 H_2O 和 O_2。该途径只有电子传递但不伴随质子穿膜运动，不能形成驱动 ATP 合成的膜质子势差，因而没有 ATP 合成，是一种耗能呼吸。

近年来越来越多的工作表明，抗氰呼吸广泛存在于高等植物和微生物中，例如，天南星科、睡莲科和白星海芋科的花粉，玉米、豌豆和绿豆的种子，马铃薯的块茎，木薯和胡萝卜的块根，黑粉菌（*Ustilago maydis*）的孢子团、红酵母（*Rhodoforula glutinis*）和桦树的菌根等。抗氰呼吸的强弱除了与植物种类有关外，也与发育条件（成熟的不抗氰）及外界条件（损伤组织不抗氰，O_2 浓度低的环境下不抗氰）有关。

抗氰呼吸有什么生理意义呢？

（1）利于授粉　天南星科海芋属（*Arum*）等植物早春开花时，花序呼吸速率迅速升高，比一般植物呼吸速率快 100 倍以上，组织温度随之亦提高，高出环境温度 25℃左右，此种情况可维持 7 h 左右。该时气温低，温度升高有利于花序发育。当产热爆发时，会挥发出一些胺、吲哚和萜类，呈腐败气味，引诱昆虫帮助授粉。水杨酸是海芋（*Arum maculatum*）起始发热的化学信号。

（2）能量溢流　有人提出能量溢流假说（energy overflow hypothesis）来解释交替途径的作用。认为当主呼吸链（细胞色素途径）受到抑制或细胞内还原力水平偏高时，电子经过交替途径可使三羧酸循环和糖酵解继续进行。这个假说还基于两种现象：①大多数组织在正常细胞色素途径未饱满之前，不会有交替途径；②交替途径随供给糖类增多而增加。实验证明，菠菜的交替途径要在光合作用进行几小时，形成糖类后才实现。因此，交替途径发热耗去过多碳的累积，以免干扰源－库关系，抑制物质运输。

（3）增强抗逆性　交替途径是植物对各种逆境（缺磷、冷害、渗透调节等）的反应，这些逆境大部分会抑制线粒体呼吸。交替途径从电子传递链送出电子，会阻止 UQ 库电位过度产生，如果不加限制，会产生活性氧，如超氧阴离子等。因此交替途径能调节能量平衡和降低活性氧的产生量，减少胁迫对植物的不利影响，以保证植物在环境胁迫下维持呼吸和正常生长。

除了上述提及的电子载体以外，植物线粒体还含有下列动物线粒体未被发现的电子传递途径，这些途径不泵出质子，产生能量较低。

（三）外 NAD(P)H 支路

植物线粒体膜间隙还附属 2 个外脱氢酶，分别是外在的 NADH 和 NADPH 脱氢酶，都对鱼藤酮不敏感。它们的功能是催化细胞质中的 NADH 或 NADPH 的氧化，把氧化脱下的电子直接传递给 UQ 库。

（四）内 NAD(P)H 支路

正常呼吸途径 NADH 脱下的电子在复合体 I 中是被鱼藤酮抑制的。可是植物有另一种 NAD(P)H 脱氢酶对这种抑制剂是不敏感的，此酶位于线粒体内膜基质一侧。从 NAD(P)H 脱下的电子经过此酶进入传递链。目前一般认为，这条支路的功能是在复合体 I 负荷过重时，才将基质中的 NADH 的电子传递至泛醌。

二、氧化磷酸化

在生物氧化中，电子经过线粒体电子传递链传递到氧，伴随 ATP 合酶催化，使 ADP 和磷酸合成 ATP 的过程，称为氧化磷酸化作用（oxidative phosphorylation）。

（一）氧化磷酸化的机理

关于氧化和磷酸化偶联的机理，和光合磷酸化类似，人们普遍接受的是 P. Mitchell 提出的化学渗透假说（chemiosmotic hypothesis）。线粒体基质的 NADH 传递电子给 O_2 的同时，也 3 次把基质的 H^+ 释放到膜间隙。由于内膜不让泵出的 H^+ 自由地返回基质，因此膜外侧 $[H^+]$ 高于膜内侧而形成跨膜 pH 梯度（ΔpH），同时也产生跨膜电位梯度（ΔE），这两种梯度便建立起跨膜质子的电化学势梯度（$\Delta \mu_{H^+}$），于是使膜间隙的 H^+ 通过并激活 F_0F_1—ATP合酶（即复合体 V），驱动 ADP 和 Pi 结合形成 ATP。基质中形成的 ATP 以 ATP^{4-} 的形式经过腺苷酸转运蛋白运到膜间隙，同时 ADP^{3-} 运进基质作为氧化磷酸化的底物。

现将线粒体进行有氧呼吸时电子、质子传递和三羧酸循环的关系以图 4-4 示意说明。

ADP/O 比（即每传递两个电子到氧合成 ATP 的数量）是表示线粒体氧化磷酸化活力的一个重要指标。根据离体测定，从三羧酸循环产生的 NADH 经电子传递链传递到氧时，其ADP/O 比为 2.4～2.7，由琥珀酸产生的 $FADH_2$ 和糖酵解途径产生的 NADH 经电子传递链传递到氧时，其 ADP/O 比为 1.6～1.8，从抗坏血酸开始，其 ADP/O 比则为 0.8～0.9。由

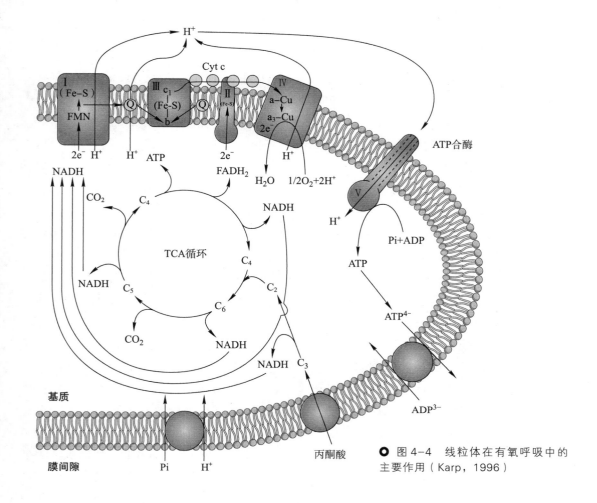

图中标注文字：
H⁺
Cyt c
I (Fe–S) FMN
III c₁ (Fe–S) b
II [Fe-S]
IV a–Cu a₃–Cu 2e⁻
ATP合酶
$2e^-$ H^+
H^+
ATP
$2e^-$
H^+
NADH
FADH₂
H_2O $1/2O_2+2H^+$
CO_2
C_4
NADH
NADH
V
H^+
C_4
TCA循环
Pi+ADP
C_5
C_6
C_2
ATP
CO_2
NADH
ATP^{4-}
NADH
C_3
基质
丙酮酸
ADP^{3-}
膜间隙
Pi
H^+

○ 图4-4 线粒体在有氧呼吸中的主要作用（Karp，1996）

于影响 ADP/O 比实验的因素复杂，因此理论上一般认为上述三种的 ADP/O 比分别为 2.5、1.5 和 1。

（二）氧化磷酸化的抑制

抑制氧化磷酸化的方式有两种：

（1）解偶联　解偶联（uncoupling）指呼吸链与氧化磷酸化的偶联遭到破坏的现象。氧化磷酸化是氧化（电子传递）和磷酸化（形成 ATP）的偶联反应。磷酸化作用所需的能量由氧化作用供给，氧化作用所产生的能量通过磷酸化作用贮存，二者相互依赖，是植物维持生命活动的最关键的反应。如果偶联脱节，电子传递仍然进行，但不合成 ATP，氧化释放的自由能都变成热能，难被细胞利用。

用 2,4- 二硝基苯酚（2,4-dinitrophenol，DNP）等药剂可阻碍磷酸化而不影响氧化，就使偶联反应遭到破坏。一般称这类物质为解偶联剂（uncoupling agent）。干旱、寒害或缺钾等都不能磷酸化，不能形成高能磷酸键，可是氧化过程照样进行，呼吸旺盛，白白浪费能量，成为"徒劳"的呼吸。

（2）抑制氧化磷酸化　有些化合物能阻断呼吸链中某一部位的电子传递，就破坏氧化磷酸化。例如，鱼藤酮（rotenone）、安米妥（amytal）、丙二酸（malonate）、抗霉素 A（antimycin A）、氰化物、叠氮化物和 CO 等，详见表 4-1。

三、末端氧化酶

末端氧化酶（terminal oxidase）是把底物的电子传递到电子传递系统的最后一步，将电子传递给分子氧并形成水或过氧化氢的酶。此酶是一个具有多样性的系统。研究得比较清楚的有在线粒体膜上的细胞色素 c 氧化酶和交替氧化酶。此外，在细胞质基质和其他细胞器中还有酚氧化酶、抗坏血酸氧化酶和黄素氧化酶等。多种多样的氧化酶系统，适应不同底物和不同环境条件，保证植物正常的生命活动。

（一）线粒体内末端氧化酶

1. 细胞色素 c 氧化酶

细胞色素 c 氧化酶（cytochrome c oxidase）（即复合体 IV）是植物体内最主要的末端氧化酶，承担细胞内约 80% 的耗 O_2 量。该酶包括 Cyt a 和 Cyt a_3，含有两个铜原子。其作用是接受 Cyt c 传来的电子，经过 Cyt a 和 a_3 再将电子传给 O_2，使其激活，与质子（H^+）结合形成 H_2O。该酶在幼嫩组织中比较活跃，与氧的亲和力极高，易受氰化物、CO 和叠氮化物的抑制。

2. 交替氧化酶

交替氧化酶（AOX）是抗氰呼吸的末端氧化酶，定位于线粒体内膜，其活性部位朝向基质，是一种以二聚体形式存在的双铁羧基蛋白（酶），相对分子质量在 $3.2 \times 10^4 \sim 3.9 \times 10^4$ 之间，可把电子传给氧。该酶的二聚体之间如以二硫共价键（—S—S—）结合，为氧化态；如以非共价键（—SH HS—）结合，则为还原态，后者活性更大。由图 4-5 可见，交替途径 NADH 脱下的电子只通过复合体 I，而不经过复合体 III 和 IV，因而被鱼藤酮抑制，而不被抗霉素 A 和氰化物抑制。应该指出，交替氧化酶本身是被水杨酸氧肟酸（salicylhydroxamic acid，SHAM）和 $n-$ 丙基没食子酸抑制。交替途径放出的电子也不与磷酸化偶联，所以不产生 ATP，只能放热，或者只能产生 1 个 ATP，ADP/O=1。

目前从天南星科植物、大豆、烟草等植物中已克隆出交替氧化酶蛋白的基因，该基因由核基因编码，并可分为 AOX1 和 AOX2 两个亚基因家族。如拟南芥的交替氧化酶基因可分为 AOX1 基因家族的 *AOX1a*、*AOX1b*、*AOX1c*、*AOX1d* 和 AOX2 基因家族的 *AOX2* 基因，其中 *AOX1a* 通常和植物的胁迫反应相关，各种生物和非生物胁迫都可诱导其表达；而 *AOX2*

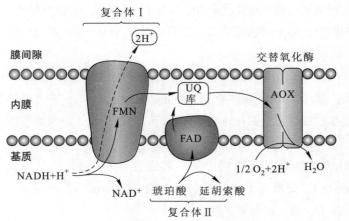

○ 图 4-5　交替途径（自 Hopkins 等，2004）

从 UQ 库传来的电子被交替氧化酶（AOX）截住，交给分子氧

通常是组成型表达或随植物生长发育而差异性表达。

一般认为，AOX 的活性调控包括二聚体双硫键还原激活和有机酸（如丙酮酸）直接激活两种机制。最新的研究认为，当植物细胞色素途径受阻时，交替氧化酶能维持泛醌库的氧化态，以避免活性氧物质形成或清除活性氧；还能主动参与植物的代谢调控和有效调控呼吸率，使植物可以适应不同的生长环境并维持正常生长。此外，交替氧化酶还与果实成熟、抗氧化胁迫和抗水分胁迫、抗真菌和抗病毒病理有关。

（二）线粒体外末端氧化酶

在呼吸链一系列反应的最末端，有能活化分子氧并生成 ATP 的末端氧化酶。例如细胞色素 c 氧化酶和交替氧化酶，这两种酶都是在线粒体膜上。除了这两种酶外，在细胞质基质和微粒体中，还存在不产生 ATP 的末端氧化酶体系，如酚氧化酶、抗坏血酸氧化酶等。

1. 酚氧化酶

比较重要的酚氧化酶（phenol oxidase）有单酚氧化酶（monophenol oxidase）（亦称酪氨酸酶，tyrosinase）和多酚氧化酶（polyphenol oxidase）（亦称儿茶酚氧化酶，catechol oxidase）。酚氧化酶是含铜的酶。在正常情况下，酚氧化酶和底物在细胞质中是分隔开的。当细胞受轻微破坏时或组织衰老，细胞结构有些解体时，酚氧化酶和底物（酚）接触，发生反应，将酚氧化成棕褐色的醌。醌对微生物有毒，可防止植物感染。

酚氧化酶在植物体内普遍存在。马铃薯块茎、苹果果实以及茶叶、烟叶的氧化酶主要是多酚氧化酶。马铃薯块茎、苹果、梨削皮或受伤后出现褐色，鸭梨黑心病以及荔枝摘下时间过久，果皮变为暗褐色，就是酚氧化酶作用的结果。

2. 抗坏血酸氧化酶

抗坏血酸氧化酶（ascorbic acid oxidase）也是一种含铜的氧化酶。它可以催化抗坏血酸的氧化。抗坏血酸氧化酶在植物中普遍存在，其中以蔬菜和果实（特别是葫芦科果实）中较多。这种酶与植物的受精过程有密切关系，并且有利于胚珠的发育。

3. 过氧化物酶和过氧化氢酶

过氧化物酶（peroxidase）和过氧化氢酶（catalase）都属于含铁卟啉蛋白，都可促进 H_2O_2 的分解，消除 H_2O_2 破坏线粒体的作用。

4. 乙醇酸氧化酶

乙醇酸氧化酶（glycolate oxidase）是植物光呼吸的末端氧化途径，是一种黄素蛋白，不含金属，存在于过氧化物酶体中，催化乙醇酸氧化为乙醛酸，并产生 H_2O_2，与甘氨酸生成有关，该酶与氧的亲和力极低，不受氰化物和 CO 抑制。

乙醇酸氧化途径也是水稻根系特有的糖降解途径。当水稻生活在供氧不足的淹水条件下，水稻根部因具有这个氧化体系而产生氧供水稻根部呼吸，或排出体外氧化土壤中的各种还原性物质（如 H_2S，Fe^{2+} 等），从而抑制土壤中还原性物质对根的毒害，使水稻维持正常生长发育。

呼吸代谢电子传递过程（包括线粒体内的和非线粒体外的）部位总结如图 4-6。

植物体内含有多种呼吸氧化酶，这些酶各有其生物学特性，所以就能使植物体在一定范围内适应各种外界条件。就以对氧浓度的要求来说，细胞色素 c 氧化酶对氧的亲和力最强，所以在低氧浓度的情况下，仍能发挥良好的作用；而酚氧化酶对氧的亲和力弱，只有在较高

○ 知识拓展 4-2
光呼吸和暗呼吸的区别

○ 知识拓展 4-3
水稻的乙醇酸氧化途径

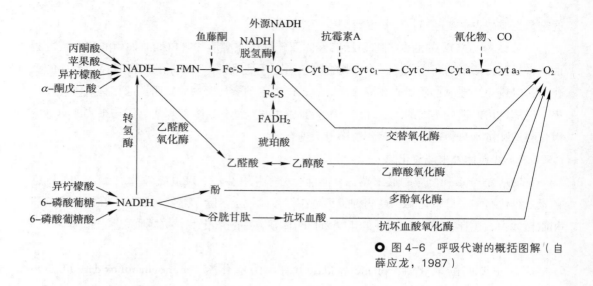

图 4-6　呼吸代谢的概括图解（自薛应龙，1987）

氧浓度下才能顺利地发挥作用。苹果果肉中酶的分布也正好反映了酶对氧供应的适应，内层以细胞色素 c 氧化酶为主，表层以酚氧化酶为主。

由上可知，植物呼吸代谢具有多样性，它表现在呼吸途径的多样性（EMP、TCA 和 PPP 等）、呼吸链电子传递系统的多样性（电子传递主路、几条支路和抗氰途径）、末端氧化系统的多样性（细胞色素 c 氧化酶、酚氧化酶、抗坏血酸氧化酶、乙醇酸氧化酶和交替氧化酶）。这些多样性，是植物在长期进化过程中对不断变化的环境的适应性表现。汤佩松 1965 年曾提出"呼吸代谢（对生理功能）的控制和被控制（酶活性）"的观点，他认为，植物代谢的多条途径和类型不是一成不变的，它是被基因通过酶活性来控制的，代谢的改变又调节着生理功能；反过来，功能的改变又在一定程度上调节着代谢；并且在一定范围内，这个代谢的控制与被控制过程，受到生长发育和不同环境条件的影响。

第四节　呼吸过程中能量的贮存和利用·······················

呼吸作用是一个放能的过程。植物体如何贮存能量和利用能量，是一个非常重要的问题。

一、贮存能量

呼吸作用放出的能量，一部分以热的形式散失于环境中，其余部分则以高能键的形式贮存起来。植物体内的高能键主要是高能磷酸键，其次是硫酯键。

高能磷酸键中以腺苷三磷酸（adenosine triphosphate，ATP）中的高能磷酸键最重要。生成 ATP 的方式有两种：一是氧化磷酸化，占大部分；二是底物水平磷酸化作用，仅占一小部分。氧化磷酸化是在线粒体内膜上的呼吸链中进行，需要 O_2 参加；而底物水平磷酸化是在细胞质基质和线粒体基质中进行的，没有 O_2 参加。

一个葡萄糖分子通过糖酵解、三羧酸循环和电子传递链被氧化为 CO_2 和 H_2O 过程中，在不同阶段产生不同数量的能量，真核生物一共生成 30 分子 ATP，各个反应具体生成 ATP 分子数，详见表 4-2。

○ 表4-2　葡萄糖完全氧化时生成的 ATP 分子数（自 Hinkle 等，1991）

反应名称	生成 ATP 分子数
糖酵解　葡萄糖到丙酮酸（在细胞质基质中）	
葡萄糖的磷酸化	−1
6- 磷酸果糖的磷酸化	−1
2 分子 1,3- 二磷酸甘油酸去磷酸化	+2
2 分子磷酸烯醇式丙酮酸去磷酸化	+2
2 分子 3- 磷酸甘油醛脱氢，生成 2 NADH	
丙酮酸转化为乙酰 CoA（在线粒体中产生 2 NADH）	
三羧酸循环（在线粒体中）	
2 分子琥珀酰 CoA 形成 2 ATP	+2
2 分子异柠檬酸、α- 酮戊二酸和苹果酸氧化，生成 6 NADH	
2 分子琥珀酸氧化生成 2 FADH$_2$	
氧化磷酸化（在线粒体中）	
糖酵解中生成 2 NADH，各生成 1.5 ATP	+3
丙酮酸氧化脱羧产生 2 NADH，各生成 2.5 ATP	+5
三羧酸的循环中形成 2 FADH$_2$，各生成 1.5 ATP	+3
三羧酸的循环中异柠檬酸、α- 酮戊二酸和苹果酸氧化	+15
共产生 6 NADH，各生成 2.5ATP	
总计	+30

在标准状态下，1 mol 葡萄糖彻底氧化成 CO_2 和 H_2O 所释放的自由能是 2 870 kJ，而 1 molATP 水解时释放的自由能是 31.8 kJ。1 mol 葡萄糖产生 30 mol ATP，则植物体中的葡萄糖完全氧化时，能量利用效率约为 31.8×30/2 870×100%=33.2%，余下能量以热的形式散发掉。

二、利用能量

ATP 释放的能量，如上所述，有约 33.2% 的能量用于各种生理过程，例如矿质营养的吸收和运输、有机物吸收和运输、细胞分裂和分化，生长、运动、开花、受精和结实等。

综上所述，植物的叶绿体通过光合作用把太阳光能转变为化学能，贮存于光合产物中，这是一个贮能过程。而线粒体通过呼吸作用把有机物氧化而释放能量，与此同时把能量贮存于 ATP 中，供植物的生命活动用，这是一个放能过程，也是一个贮能过程。其能量的转变和利用总结如图 4-7 所示。

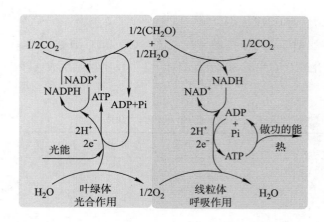

○ 图 4-7　光合作用和呼吸作用之间的能量转变

三、光合作用和呼吸作用的关系

植物的光合作用和呼吸作用是植物体内相互对立而又相互依存的两个过程。光合作用是制造有机物、贮藏能量的过程，而呼吸作用则是分解有机物，释放能量的过程。

但是，光合作用和呼吸作用又是相互依存，共处于一个统一体中。没有光合作用形成有机物，就不可能有呼吸作用；如果没有呼吸作用，光合过程也无法完成。随着对光合和呼吸机理的日益了解，两者之间的辩证关系也知道得越来越具体。主要表现在下列三方面：

（1）光合作用所需的 ADP（供光合磷酸化产生 ATP 之用）和辅酶 $NADP^+$（供产生 $NADPH+H^+$ 之用），与呼吸作用所需的 ADP 和 $NADP^+$ 是相同的，这两种物质在光合和呼吸中可共用。

○ 知识拓展 4-4
CO_2 影响植物的生理过程

（2）光合作用的碳循环与呼吸作用的磷酸戊糖途径基本上是互为可逆反应。它们的中间产物同样是三碳糖（磷酸甘油醛）、四碳糖（磷酸赤藓糖）、五碳糖（磷酸核糖、磷酸核酮糖、磷酸木酮糖）、六碳糖（磷酸果糖、磷酸葡糖）及七碳糖（磷酸景天庚酮糖）等。光合作用和呼吸作用之间有许多糖类（中间产物）是可以交替使用的。

（3）光合释放的 O_2 可供呼吸利用，而呼吸释放的 CO_2 亦能为光合作用所同化。

第五节　呼吸作用的调控·······································

一、巴斯德效应和糖酵解的调节

巴斯德（B. L. Pasteur）早就观察到氧有抑制酒精发酵的现象，即氧可以降低糖类的分解代谢和减少糖酵解产物的积累，这种现象被称为巴斯德效应（Pasteur effect）。对这种效应的解释，正好说明糖酵解的调节机理（图 4-8）。糖酵解的调节酶是磷酸果糖激酶和丙酮酸激酶。

当植物组织从氮气转移到空气中时，三羧酸循环和生物氧化顺利进行，产生较多的 ATP 和柠檬酸，降低 ADP 和 Pi 的水平。ATP 和柠檬酸是负效应物，抑制磷酸果糖激酶和丙酮酸激酶的活性，糖类分解就慢，糖酵解速度也缓慢。由于丙酮酸激酶活性下降，所以积累

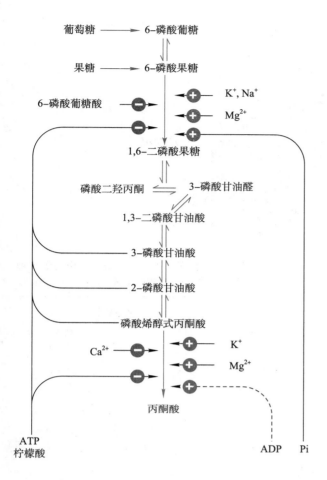

⊕ 正效应物（positive effector）; ⊖ 负效应物（negative effector）; ADP 作为底物参与，以虚线表示

较多磷酸烯醇式丙酮酸；加之烯醇酶和磷酸甘油酸变位酶催化的反应是可逆的，故增加 2- 磷酸甘油酸和 3- 磷酸甘油酸的水平，于是抑制磷酸果糖激酶的活性。

当组织从有氧条件下转放到无氧条件下，代谢调控作用刚好相反，氧化代谢受抑制，柠檬酸和 ATP 合成减少，积累较多 ADP 和 Pi，Pi 作为磷酸果糖激酶的正效应物，而 ADP 则作为底物参与丙酮酸激酶的反应，所以促进磷酸果糖激酶和丙酮酸激酶的活性，糖酵解速度加快。

由此可见，通过氧调节细胞内柠檬酸、ATP、ADP 和 Pi 的水平，从而调节控制糖酵解的速度，使之保持在恰当的水平上。氧分子的体积分数在 3%～4% 时为基点，过高过低都会使呼吸速率提高。人们利用这个效应，在贮藏苹果等果实时，调节外界氧浓度到有氧呼吸减至最低限度，但不刺激糖酵解，果实中的糖类等分解得最慢，有利于贮藏。

二、三羧酸循环的调节

从图 4-9 可知，NADH 是主要负效应物，NADH 水平过高，会抑制丙酮酸脱氢酶（多酶复合体）、异柠檬酸脱氢酶、苹果酸脱氢酶和苹果酸酶等的活性。ATP 对柠檬酸合成酶和苹果酸脱氢酶起抑制作用。根据质量作用原理，产物（如乙酰 CoA、琥珀酰 CoA 和草酰乙

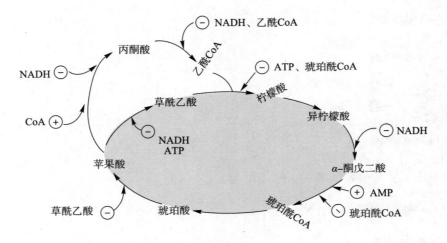

○ 图4-9 三羧酸循环中的调节部位和效应物的图解

⊕ 促进作用；⊖ 抑制作用

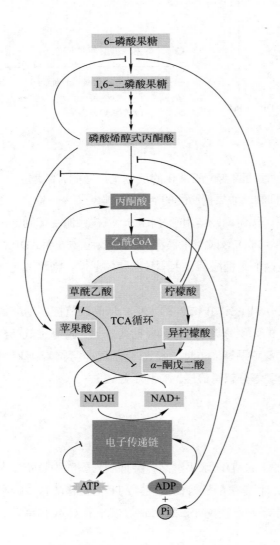

○ 图4-10 植物呼吸从底向上调节的示意图（自 Moller 和 Rasmusson，2002）

—⊣ 抑制；—→ 促进

酸）的浓度过高时也会抑制各自有关酶的活性。

呼吸的顺序是由糖酵解到三羧酸循环，最后由氧化磷酸化生成 ATP，而这个过程都是由最终产物 ATP 的底物（ADP 和 Pi），通过关键性代谢物由底向上调节电子传递链到三羧酸循环，最后调节糖酵解。如图 4-10 所示，氧化磷酸化形成的 ATP 抑制电子传递链，导致累积 NADH。NADH 抑制三羧酸循环中的酶，例如异柠檬酸脱氢酶、α- 酮戊二酸脱氢酶和苹果酸脱氢酶。于是三羧酸循环的中间产物如柠檬酸抑制细胞质基质中的丙酮酸激酶，影响磷酸烯醇式丙酮酸的生成，后者又抑制磷酸果糖激酶的活性，6- 磷酸果糖就不能转变为1,6- 二磷酸果糖，糖酵解就不能进行下去。总之，植物呼吸速率是从 ADP 细胞水平由底向上控制，ADP 起始调节电子传递和 ATP 形成，继而调节三羧酸循环活性，最后调节糖酵解反应速率。由此可见，植物细胞能自动调节和控制，使代谢维持平衡。

三、腺苷酸能荷的调节

腺苷酸（adenylic acid）对呼吸的影响是多方面的，它能调节细胞的代谢。1968 年D.E. Atkinson 提出 "能荷"（energy charge），说明细胞中腺苷酸系统的能量状态。能荷就是ATP—ADP—AMP 系统中可利用的高能磷酸键的度量。可用下式表示：

$$能荷 = \frac{[\text{ATP}] + 1/2\,[\text{ADP}]}{[\text{ATP}] + [\text{ADP}] + [\text{AMP}]}$$

如果细胞的腺苷酸全部为 ATP，则能荷为 1.0，该细胞充满能量；如果全部为 ADP，则为 0.5；如果全部都是 AMP，则能荷为 0，该细胞的能量完全被放出。通过反馈抑制，活细胞的能荷一般稳定在 0.75～0.95。反馈抑制之所以能维持细胞能荷平衡，因为 ATP 合成反应受 AMP 促进，受 ATP 本身抑制；而 ATP 利用反应则受 AMP 抑制，受 ATP 本身促进。所以呼吸控制不只决定于 ATP 或 AMP 的绝对数量，也决定于它们的相对浓度。当能荷变小时，ATP 合成反应加快，植物呼吸代谢受到促进；而当能荷变大时，ATP 相对增多，ATP 的合成反应减慢，ATP 的利用反应就会加强，植物呼吸代谢就会受到抑制。因此，能荷是细胞中ATP 合成反应和利用反应的调节因素。而植物 EMP、TCA 和 PPP 中有许多酶受到 ADP 或ATP 的促进或抑制。

第六节　呼吸作用的影响因素

一、内部因素对呼吸速率的影响

不同植物具有不同的呼吸速率。一般来说，凡是生长快的植物呼吸速率就快，生长慢的植物呼吸速率也慢。例如，在高等植物中，小麦的呼吸速率比仙人掌快得多。

同一植株的不同器官的呼吸速率也有很大的差异。生长旺盛、幼嫩的器官（根尖、茎尖、嫩根、嫩叶）的呼吸速率较生长缓慢、年老的器官（老根、老茎、老叶）快。生殖器官的呼吸比营养器官强，花的呼吸速率比叶片要快3~4倍。在花中，雌、雄蕊的呼吸比花瓣及萼片都强得多，雌蕊比雄蕊强，而雄蕊中以花粉的呼吸最强烈。

同一器官的不同组织的呼吸速率也有较大差别。若按组织的单位鲜重计算，形成层的呼吸速率最快，因为它的细胞质最丰富，生理活性最旺盛，韧皮部次之，木质部则较慢。

同一器官在不同的生长过程中，呼吸速率亦有极大的变化。以叶片来说，幼嫩时呼吸较快，成长后就下降；到衰老的时候，呼吸又上升，因为成熟叶片进入衰老时期，氧化磷酸化开始解偶联，能量传递体系破坏，ADP/O比明显下降，呼吸则上升；到衰老后期，蛋白质分解，呼吸则极其微弱。果实（如苹果、香蕉、芒果）的呼吸速率在不同的年龄中也有同样的变化。嫩果呼吸最强，后随年龄增加而降低，但在后期会突然增高，呈现呼吸跃变（climacteric），因为果实此时产生乙烯，促使呼吸加强（见第十二章）。果实出现呼吸高峰时的电子传递途径是抗氰呼吸支路。乙烯通过刺激抗氰呼吸，诱发呼吸跃变产生，促进果实成熟。

二、外界条件对呼吸速率的影响

外界条件对呼吸速率的影响也和对所有生理进程的影响一样，可以分为最低、最适和最高三基点。三基点可因其他内外因素的变化而移动。

1. 温度

温度影响呼吸酶的活性，所以能影响呼吸速率。在最低温度与最适温度之间，呼吸速率总是随温度的增高而加快。超过最适温度，呼吸速率则会随着温度的增高而下降。

一般来说，植物呼吸作用的最适温度是25~35℃，最高温度是35~45℃。最低温度和最高温度的范围，也与植物种类和生理状态有关。例如，在冬天，木本植物的越冬器官（如芽和针叶）在-25℃仍未停止呼吸，但是，如在夏季，温度降低到-4~-5℃，针叶呼吸便会停止。应当指出，一个温度要能较长期维持最快呼吸速率的温度，才算是最适温度（图4-11）。

2. 氧

氧是植物正常呼吸的重要因子，是生物氧化不可缺少的。氧不足，直接影响呼吸速率和

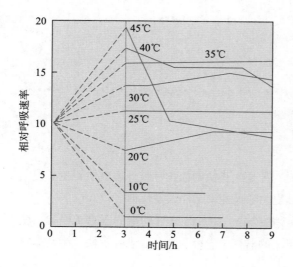

● 图4-11　温度对豌豆幼苗呼吸速率的影响

预先在25℃下培养4 d的豌豆幼苗相对呼吸速率为10，再放到不同温度下，3 h后测定呼吸速率的变化

呼吸性质。短时期的无氧呼吸对植物的伤害还不大，但无氧呼吸时间一久，植物就会受伤死亡。

3. 二氧化碳

○ 知识拓展 4-5 O_2 和 CO_2 影响植物的生理过程

二氧化碳是呼吸作用的最终产物，当外界环境中的二氧化碳浓度增加时，呼吸速率便会减慢。实验证明，在二氧化碳的体积分数升高到 1%～10% 时，呼吸作用明显被抑制。

4. 机械损伤

机械损伤会显著加快组织的呼吸速率，理由有 2 个：①氧化酶与其底物在结构上是隔开的，机械损伤使原来的间隔破坏，酚类化合物就会迅速地被氧化；②机械损伤使某些细胞转变为分生组织状态，形成愈伤组织去修补伤处，这些生长旺盛的生长细胞的呼吸速率，当然比原来休眠或成熟组织的呼吸速率快得多。因此，在采收、包装、运输和贮藏多汁果实和蔬菜时，应尽可能防止机械损伤。

第七节　呼吸作用与农业生产·····························

呼吸过程是代谢中心，应该设法促进，以增强生长发育。但呼吸消耗有机物，对贮藏来说，又要设法降低呼吸速率。

一、呼吸作用与作物栽培

在作物的生长发育过程中，呼吸代谢释放能量供给作物各种生理过程的需要，它的中间产物又在作物体内各主要有机物之间的转变起着枢纽作用，所以呼吸不仅影响作物的无机营养和有机营养，亦影响物质的运输和转变，最后导致新细胞和器官的形成，植物长大。所以，在作物栽培中需采取一些措施来促进呼吸作用的正常进行，以加速植物的生长和发育。例如，南方各省在早稻浸种催芽时，用温水淋种和时常翻种，目的就是控制温度和通气，使呼吸顺利进行。水稻的露田、晒田，作物的中耕松土，黏土的渗沙等，可以改善土壤通气条件。湖洋田低洼地的开沟排水，是为了降低地下水位，以增加土壤中的氧气，促进植物的有氧呼吸。

作物栽培中出现的许多生理障碍，也是与呼吸直接相关的。涝害淹死植株，是因为无氧呼吸进行过久，累积酒精而引起中毒。干旱和缺钾能使作物的氧化磷酸化解偶联，导致生长不良甚至死亡。水田中还原性有毒物质（如硫化氢等）过多，会破坏呼吸过程中的细胞色素 c 氧化酶和多酚氧化酶的活性，抑制呼吸作用。低温导致烂秧，原因是低温破坏线粒体的结构，呼吸"空转"，缺乏能量，引起代谢紊乱。

二、呼吸作用与粮食贮藏

种子是有生命的有机体，不断进行着呼吸作用。呼吸速率快，会引起有机物的大量消耗；呼吸放出的水分，又会使粮堆湿度增大，粮食"出汗"，呼吸加强；呼吸放出的热量，又使粮温增高，反过来又促使呼吸增强，最后导致发热霉变，使粮食变质变量。因此，在贮藏过程中，必须降低呼吸速率，确保贮粮安全。

要使粮食安全贮藏，首先要晒干。有关部门规定的安全水分标准是：在长江下游地区，小麦种子含水量是 12.5% 以下，稻谷是 14.5% 以下；在广东省，稻谷是 13.5% 以下，因为南方高温多湿，要求更高一些。稻谷等种子含水量超过 14.5% 时，呼吸速率即骤然上升。经分析，种子本身呼吸增高甚缓，主要是种子上附有微生物，它们在 75% 相对湿度中可迅速繁殖。

三、呼吸作用与果蔬贮藏

柑橘、白菜、菠菜等贮藏前可轻度干燥，以减少呼吸。

与粮食贮藏相同，果蔬贮藏亦可以应用降低氧浓度或降低温度的原理。番茄装箱罩以塑料帐幕，抽去空气，补充氮气，把氧的体积分数调节至 3%～6%，这样，番茄可贮藏 1 个月甚至 3 个月以上。苹果、梨、柑橘等果实在 0～1℃贮藏几个月都不坏。荔枝不耐贮藏，在 0～1℃只能贮存 10～20 d，中国科学院华南植物研究所改用低温速冻法，使荔枝几分钟之内结冻，即可保存 6～8 个月，置于货架上 5～10 h 仍不褐变。

● 重要事件 4-3
果蔬自体保藏法及其应用

此外，"自体保藏法"也是一种简便的果蔬贮藏法，现已被广泛利用。

四、呼吸作用与农产品加工

多酚氧化酶是植物线粒体外末端氧化酶。茶叶和烟叶的多酚氧化酶的活力很高，在制茶或烤烟时可根据它的特征而加以利用。在制红茶时，通过多酚氧化酶的作用，将茶叶的儿茶酚（即邻苯二酚）和单宁氧化并聚合成红褐色的色素，从而制得红茶。而在制绿茶时，需立即焙火杀青，破坏多酚氧化酶，才能保持茶叶的绿色。在烤烟时，也要注意抑制多酚氧化酶的活性，防止烟叶中存在的多酚类物质（如咖啡酸、绿原酸）被氧化成黑色，保持烟叶鲜明的黄色，提高烤烟的品质。

呼吸作用与植物抵御逆境有密切关系，详见第十三章。

○ 小结

高等植物的糖分解代谢途径是多种的，电子传递途径有多条。植物体内的氧化酶也是多种多样的，各有特点。这种多样性使得高等植物适应于复杂的环境条件。

电子传递和氧化磷酸化是植物进行新陈代谢、维持生命活动的最关键反应，缺一即影响呼吸，甚至使植物死亡。

呼吸作用逐步放出的能量，一部分以热的形式散失于环境中，其余则贮存在某些含有高能键（如特殊的磷酸键和硫酯键）的化合物（ATP 或乙酰 CoA 等）中。细胞能量利用率约为 33.2%。ATP 是细胞内能量转变的"通货"。

植物的光合作用和呼吸作用既相互对立，又相互依存，共处于一个统一体中。

无论是糖酵解、磷酸戊糖途径还是三羧酸循环，细胞都能自动调节和控制，使代谢维持平衡。凡是生长迅速的植物、器官、组织和细胞，其呼吸均较旺盛。影响呼吸速率的外界条件，以温度、氧气和二氧化碳为最主要。

在作物栽培过程中，都应使呼吸过程正常进行。对贮藏粮食和果蔬来说，又应该降低呼吸速率，以利安全贮存。

○ 名词术语

呼吸作用　有氧呼吸　无氧呼吸　糖酵解　三羧酸循环　磷酸戊糖途径　丙酮酸脱氢酶复合体
生物氧化　呼吸链　解偶联　氧化磷酸化　呼吸速率　呼吸商　ATP 合酶　交替途径　ADP/O 比
末端氧化酶　底物水平磷酸化作用　抗氰呼吸　能荷　呼吸跃变　温度系数

○ 思考题

1．糖酵解、三羧酸循环、磷酸己糖途径和氧化磷酸化过程发生在细胞的哪些部位？这些过程相互之间的联系是什么？

2．分析光合磷酸化和氧化磷酸化的异同。

3．植物如何自身调节呼吸过程？

4．为什么说呼吸作用既是一个放能的过程又是一个贮能的过程？如何理解呼吸作用是植物的代谢中心？

5．用很低浓度的氰化物和叠氮化合物或高浓度的 CO 处理植物，植物很快会发生伤害，原因是什么？

6．绿茶、红茶和乌龙茶的制成过程有何不同？道理何在？

○ 更多数字课程资源

术语解释　　　　　推荐阅读　　　　参考文献

第 五 章

植物同化物的运输

　　高等植物器官有较明确的分工，叶片是进行光合作用合成同化物的主要场所，植株各器官、组织所需要的同化物，主要是由叶片产生的。显然，从同化物生产器官（"源" source）到消耗地或贮藏器官（"库" sink）之间，必然有一个运输过程。从理论角度来看，同化物运输对植物来说，正如血液循环对动物那样重要，维管系统形成了一个网络分布、结构复杂、功能多样的通道，为物质运输和信息传递提供了方便。从农业实践来说，同化物运输是决定产量高低的一个重要因素，因为即使光合作用形成大量同化物，生物产量高，但人类所需要的是较有经济价值的部分（如小麦、水稻、花生的种子，马铃薯的块茎，甘蔗的茎，苹果的果实等），如果这些部分的产量（即经济产量）不高，仍不能达到高产的目的。从较高的生物产量变成较高的经济产量，其中就存在一个同化物的运输问题，即同化产物的分配问题。

第一节 同化物运输的途径和方向·····························

一、运输途径

光合产物糖分和其他溶质从源运走的过程称为输出（export）。同化产物在细胞间或细胞内的运输称为短距离运输，同化产物经过维管系统从源到库的运输称为长距离运输。

（一）短距离运输

细胞内运输是指细胞内细胞器之间、细胞器与细胞质基质之间以及质膜之间的物质转移或交换。例如高尔基体合成的多糖就是以囊泡运输形式输送到质膜，经与质膜融合，将囊泡内的多糖释放到质膜外，用于细胞壁物质的合成。

细胞间的运输主要是指质外体和共质体运输。在共质体运输中胞间连丝（plasmodesma）起着重要的作用。胞间连丝普遍存在于植物体，凡是物质运输越频繁的部位就越发达，而且胞间连丝的密度会随着细胞的不同发育时期而发生变化。例如两个品种的蓝莓果实，在不同发育时期不同细胞之间胞间连丝密度存在着差异（表 5-1）。C_4 植物的维管束鞘细胞和叶肉细胞之间也具有发达的胞间连丝。图 5-1 是拟南芥根尖分生组织细胞之间分布的胞间连丝。

● 知识拓展 5-1 胞间连丝的结构和功能

● 表 5-1 蓝莓果实不同细胞之间胞间连丝的密度（自李艳芳，2012）

品种	发育时期	胞间连丝密度（个 /μm）			
		SE-CC	SE-PP	CC-PP	PP-PP
日出	发育早期	0	0	0	1.2
	发育中期	0	0	0	1.0
	发育晚期	0	0	0	2.2
喜米	发育早期	0	0	0	2.3
	发育中期	0	0	0	1.5
	发育晚期	0.9	0	0	1.8

注：SE，筛分子；CC，伴胞；PP，韧皮部薄壁细胞

胞间连丝行使水分、营养物质、小的信号分子，以及大分子的胞质运输功能。每个胞间连丝中央有与两侧细胞内质网相连的连丝微管（desmotubule），它是内质网的狭窄管道，把邻近细胞的内质网和细胞质基质联系起来。在内质网膜内侧的蛋白质组成了连丝微管的中央棒。从横切面看，连丝微管和质膜之间形成胞质套筒（cytoplasmic sleeve）。连丝微管和质膜两侧分别有连丝蛋白和质膜蛋白，有时二者之间由延伸物相联系，把胞质套筒分隔成 8～10 个微通道（microchannel），每个微通道包围的空腔称为中央腔（图 5-1）。胞质套筒和中央腔都是物质扩散的通道。

（二）长距离运输

通过环割实验，证明植物体内同化物的长距离运输是由韧皮部担任。通过放射性同位素示踪法实验得知，主要运输组织是韧皮部里的筛管［由筛分子（sieve element，SE）组成］和伴胞（companion cell，CC）。由于筛分子发育成熟后缺少细胞核和大部分细胞器，因此运

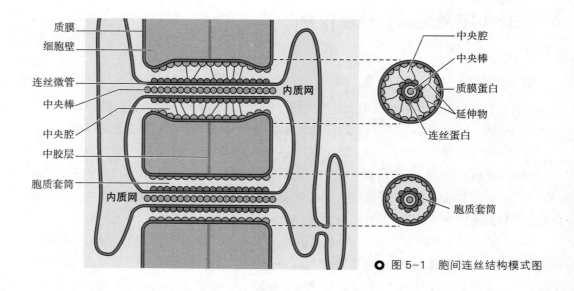

图例标注（从上到下，左侧）：
质膜
细胞壁
连丝微管
中央棒
中央腔
中胶层
胞质套筒
内质网

图例标注（右侧）：
内质网
中央腔
中央棒
质膜蛋白
延伸物
连丝蛋白
胞质套筒

○ 图 5-1　胞间连丝结构模式图

输过程中涉及的能量及代谢都依赖于伴胞。伴胞与筛分子产生自共同的母细胞并按不同的功能分化而形成，并且相伴而生，功能上与筛管关系密切，因此，常把它们称为筛分子－伴胞复合体（sieve element–companion cell complex，简称 SE–CC）（图 5–2）。

成熟的被子植物筛管细胞缺少细胞核、液泡膜、微丝、微管、高尔基体和核糖体等，但有质膜、线粒体、变形的质体和光滑内质网等，所以筛管是活细胞，能输送物质。筛管细胞长 100～150 μm，宽 20～40 μm，呈筒状。筛管细胞首尾相接处形成筛板（sieve plate），筛板上有孔称筛孔（sieve plate pore），孔径 0.5 μm 或更宽。大多数被子植物筛管的内壁还有韧皮蛋白（phloem protein），简称 P– 蛋白。P– 蛋白呈管状和纤维状等，它的功能是把受伤

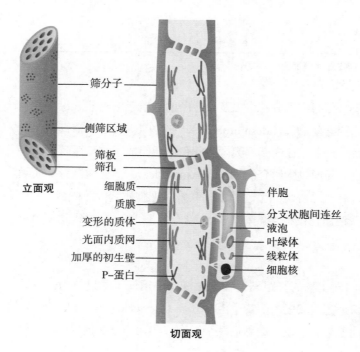

图例标注：
筛分子
侧筛区域
筛板
筛孔
立面观
细胞质
质膜
变形的质体
光面内质网
加厚的初生壁
P-蛋白
伴胞
分支状胞间连丝
液泡
叶绿体
线粒体
细胞核
切面观

○ 图 5-2　成熟筛分子和伴胞结构
（自 Taiz 等，2015）

知识拓展 5-2
韧皮部蛋白

筛管细胞的筛孔堵塞，使韧皮部汁液不能外流。筛管的质膜和胞壁之间有胼胝质（callose），是一种 β-1,3-葡聚糖。正常的生长条件下，胼胝质不影响筛分子胞间连丝内物质的运输（图 5-3A）；当筛管细胞受伤或遇外界胁迫信号时，合成更多的胼胝质（图 5-3B），并最终堵住筛孔（图 5-3C）。外界胁迫解除后，胼胝质降解，筛分子恢复运输功能。胼胝质的合成与降解是受胼胝质合成酶与胼胝质水解酶活性调节的。

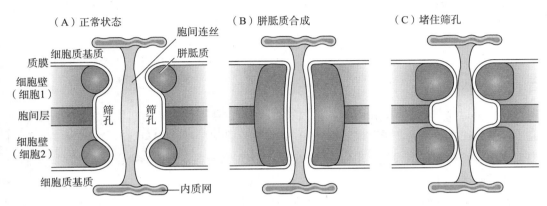

◉ 图 5-3　胼胝质作用示意图（自 Sager 和 Lee，2018）

伴胞有细胞核、细胞质、核糖体、线粒体等，能把光合产物和 ATP 供给筛管细胞，它可以进行一些重要代谢（例如蛋白质合成），但在筛管细胞分化时会减弱或消失。伴胞有 3 种类型（图 5-4）：①通常伴胞（ordinary companion）有叶绿体，胞间连丝较少；②传递细胞（transfer cell）的胞壁向内生长（突出），增加质膜表面积，胞间连丝长且分支，增强物质运送到筛管细胞，分布于中脉周围。某些植物叶脉的周围细胞缺乏胞间连丝，传递细胞在韧皮部运输同化物过程中起到重要作用；③居间细胞（intermediary cell）有许多胞间连丝，与邻近细胞（特别是维管束）联系，它能合成棉子糖和水苏糖等。

伴胞与筛管细胞之间有许多胞间连丝。一般情况下，胞间连丝仅允许相对分子质量为 $0.8 \times 10^3 \sim 1.0 \times 10^3$ 的物质通过。但分子探针实验证明，伴胞和筛管之间允许

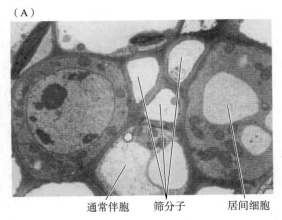

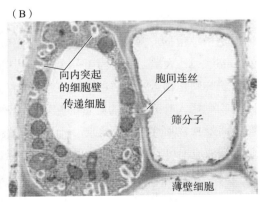

◉ 图 5-4　伴胞类型与结构（自 Taiz 等，2015）

$1.0 \times 10^3 \sim 4.0 \times 10^3$ 相对分子质量的物质通过。无论是核酸还是蛋白质，它们的体积都比微通道直径大，它们与胞间连丝相互作用，使胞间连丝通透性能增大。另一方面，它们到达微通道前，经过复杂的过程，核酸的 RNA 或蛋白质经过折叠成为线形，可顺利通过微通道，到达另外一个细胞。

裸子植物中是由筛胞代替筛管行使运输同化物的功能，筛胞呈细长的筒形，长达 1 mm，筛胞间没有通道相连，筛胞中没有 P- 蛋白，因此裸子植物的同化物运输机制与被子植物不同。

二、运输方向

韧皮部运输总体方向是由源到库。放射性示踪元素实验证明，有机物进入韧皮部后，可向上运输到正在生长的茎枝顶端、嫩叶或正在生长的果实；也同样可以沿着茎部向下运输到根部或地下贮藏器官。同化物也可以横向运输，但正常状态下其量甚微，只有当纵向运输受阻时，横向运输才加强。

● 知识拓展 5-3 植物源与库的关系

植物的特定器官在发育过程中，其源和库的地位会发生变化，如幼叶在伸展过程中，其生产的光合产物尚不能满足自身生长的需求而需要输入同化物，此时它是库；当叶片伸展到其最终大小的一半以后，需要输入的同化物逐渐减少，当叶片完全伸展后，只是输出同化物，成为源。

三、运输的速率和汁液成分

● 重要事件 5-1 植物体内同化物运输的形式和途径的发现

通常用两种方法表示同化物在韧皮部的运输速率：即运输速率（velocity）和集流运输速率（mass transfer rate）。运输速率是单位时间内物质运动的距离，用 $m \cdot h^{-1}$ 或 $m \cdot s^{-1}$ 表示。借助放射性同位素示踪的方法可以看到，植物体内同化物运输速度比扩散速度快，平均约 $100 \text{ cm} \cdot h^{-1}$，不同植物的同化物运输速度有差异，其范围在 $30 \sim 150 \text{ cm} \cdot h^{-1}$。同一作物，由于生育期不同，同化物运输的速度也有所不同，如南瓜幼龄时，同化产物运输速度较快（$72 \text{ cm} \cdot h^{-1}$），老龄则渐慢（$30 \sim 50 \text{ cm} \cdot h^{-1}$）。

由于筛管细胞的截面积差异大，用集流运输速率来表示可真正反映运输量。集流运输速率是指单位韧皮部（或筛管）截面积在单位时间内运输物质的量，常用 $g \cdot m^{-2} \cdot h^{-1}$）或 $g \cdot mm^{-2} \cdot s^{-1}$ 表示。通常为 $1 \sim 13 \text{ g} \cdot m^{-2} \cdot h^{-1}$，最高为 $200 \text{ g} \cdot m^{-2} \cdot h^{-1}$。

研究同化物运输溶质种类较理想的方法，是利用蚜虫的吻刺法收集韧皮部的汁液。蚜虫以其吻刺插入叶或茎部的筛管细胞吸取汁液。当蚜虫吸取汁液时，用 CO_2 麻醉蚜虫后，以激光将蚜虫吻刺于下唇处切断，切口不断流出筛管汁液，可收集汁液供分析用（图 5-5）。筛管汁液流出可持续几小时，说明蚜虫具阻止伤口封闭的功能，而且不会造成污染。

汁液分析结果表明，不同植物韧皮部汁液的成分不同，但运输的物质主要是水，其中溶解许多糖类（表 5-2），糖类中的还原糖（如葡萄糖，果糖）含有裸露的醛基或酮基；而非还原糖（如蔗糖）的酮基或醛基被还原为醇或与另一糖分子相同基团结合。糖类中的非还原糖主要是蔗糖、棉子糖、水苏糖和毛蕊糖等，其中以蔗糖最多（韧皮部汁液的浓度为

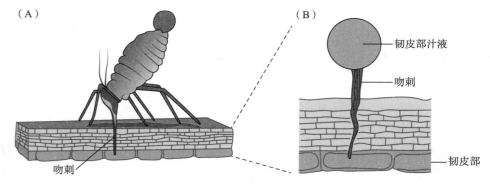

◎ 图 5–5 用蚜虫吻刺法吸取筛管汁液

（A）蚜虫吻刺插至韧皮部吸取汁液（自 Zimmermann，1961）；（B）去掉蚜虫后留下吻刺，溢出韧皮部汁液，供收集和分析用（改自 Botha 等，1975）

$0.3 \sim 0.9\ mol \cdot L^{-1}$），后三种糖的特点是在蔗糖分子的葡萄糖残基上，分别连接 1 个、2 个、3 个分子的半乳糖（图 5–6）。由于非还原糖化合物的活性比还原糖化合物稳定，因此非还原糖化合物是韧皮部主要的运输物质。在一些植物中，水苏糖（如醉鱼草科和木犀科）、甘露醇（如君子科）和山梨糖醇（如蔷薇科）等可以成为主要运输形式。

◎ 表 5–2　蓖麻韧皮部汁液的成分（自 Taiz 等，2015）

成分	质量浓度 /（$mg \cdot mL^{-1}$）
糖类	80.0 ~ 106.0
氨基酸	5.2
有机酸	2.0 ~ 3.2
蛋白质	1.45 ~ 2.20
钾	2.3 ~ 4.4
氯	0.355 ~ 0.550
磷	0.350 ~ 0.550
镁	0.109 ~ 0.122

　　韧皮部汁液含有的氮化物种类与植物种类有关。非固氮植物木质部的氮通常呈硝酸盐和富氮的有机物，特别是天冬酰胺和谷氨酰胺。固氮植物根部的氮运输到地上部，通常呈酰胺或酰脲，如尿囊素、尿囊酸或瓜氨酸。韧皮部筛管汁液中的一些可溶性蛋白各具生理功能，例如蛋白激酶（参与蛋白磷酸化）、硫氧还蛋白（参与二硫化物还原）、遍在蛋白质（ubiquitin）（参与蛋白质周转等）。

　　一些无机溶质在韧皮部较易移动，如 K、Mg、P、Cl，而 NO_3、Ca、S 和 Fe 在韧皮部中就相对不易移动。

　　韧皮部汁液中有植物激素，如生长素类、脱落酸、赤霉素、细胞分裂素、茉莉酸，水杨酸。另外，生长素运输载体蛋白 *AUX1* 基因和拟南芥细胞分裂素转运蛋白嘌呤通透酶 *AtPUP2* 基因在韧皮部组织中表达。

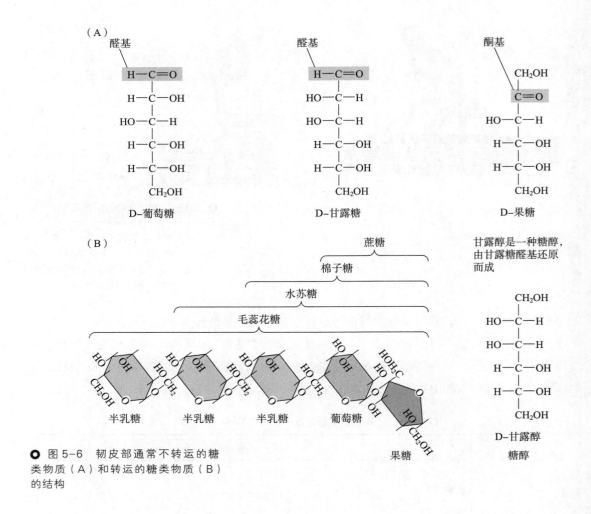

（A）

醛基　H—C=O
　　　H—C—OH
　　　HO—C—H
　　　H—C—OH
　　　H—C—OH
　　　　CH₂OH
　　　D-葡萄糖

醛基　H—C=O
　　　HO—C—H
　　　HO—C—H
　　　H—C—OH
　　　H—C—OH
　　　　CH₂OH
　　　D-甘露糖

酮基　CH₂OH
　　　C=O
　　　HO—C—H
　　　H—C—OH
　　　H—C—OH
　　　　CH₂OH
　　　D-果糖

（B）

　　　　　　　　　　　　蔗糖
　　　　　　　　棉子糖
　　　　　水苏糖
　毛蕊花糖

半乳糖　半乳糖　半乳糖　葡萄糖　　果糖

甘露醇是一种糖醇，由甘露糖醛基还原而成

　　　　CH₂OH
　　　HO—C—H
　　　HO—C—H
　　　H—C—OH
　　　H—C—OH
　　　　CH₂OH
　　　D-甘露醇
　　　糖醇

○ 图 5-6　韧皮部通常不转运的糖类物质（A）和转运的糖类物质（B）的结构

第二节　韧皮部装载··

　　研究证明，韧皮部运输的关键是同化产物怎样从"源"细胞（光合细胞）装载入筛分子 – 伴胞复合体，以及怎样从筛分子 – 伴胞把同化产物卸出到消耗或贮存的"库"细胞。本节讨论韧皮部装载问题。

　　韧皮部装载（phloem loading）是指光合产物在韧皮部周围的叶肉细胞小叶脉被装载进入筛分子 – 伴胞复合体的整个过程。详细来分，韧皮部装载需要经过如下 3 个步骤：第一步，白天，叶肉细胞通过光合作用形成的磷酸丙糖，从叶绿体运到细胞质基质，接着转变为蔗糖；晚上，叶绿体内的淀粉可能以葡萄糖状态离开叶绿体，后来转变为蔗糖。第二步，蔗糖从叶肉细胞运输到叶片小叶脉的筛分子 – 伴胞复合体附近，为短距离运输。第三步是蔗糖运入筛分子 – 伴胞复合体，即韧皮部装载。

　　韧皮部装载有质外体途径（apoplast pathway）、共质体途径（symplast pathway）以及扩

○ 专题讲座 5-1
韧皮部装载

散（diffusion）3 种方式。质外体途径是指蔗糖从叶肉细胞及其他部位进入质外体（细胞壁）然后到达筛分子 – 伴胞的过程；共质体途径是指蔗糖从共质体（细胞质基质）经胞间连丝到达韧皮部的过程。蔗糖分子也可以依赖叶肉细胞与筛分子 – 伴胞复合体之间的浓度差，通过胞间连丝扩散进入筛管。质外体装载和共质体运输为主动运输，扩散为被动运输。草本植物主要以主动运输进行韧皮部装载，而木本植物以扩散方式为主。

一、质外体装载途径

质外体是植物体中的细胞壁、细胞间隙和木质部导管的连续系统，是一个开放性的连续自由空间，它没有细胞质及其他屏障所阻隔，所以同化物在质外体的装载与移动是物理性的被动过程，速度很快（图 5-7）。下列实验支持质外体装载的观点：甜菜和蚕豆的质外体存在运输糖。所谓运输糖（translocated sugar）是由光合作用形成的磷酸丙糖进一步形成的糖类，如蔗糖和水苏糖。外施蔗糖后如改变环境（加抑制剂、温度处理）后，甘蔗细胞的蔗糖浓度和自由空间的蔗糖浓度也随之改变。通常小叶脉传递细胞的质外体途径仅运输蔗糖。

● 知识拓展 5-4 质外体装载机理

在叶绿体内膜存在磷酸转运蛋白，能够将光合产物磷酸丙糖、磷酸烯醇式丙酮酸、磷酸葡糖等转运到细胞质基质中，然后通过胞间连丝运到维管束鞘细胞。由于维管束鞘细胞与伴胞间缺少胞间连丝，同化物必须进入筛分子 – 伴胞附近的质外体空间，继而到达质外体，最后被筛管 – 伴胞复合体主动吸收（图 5-7）。

蔗糖跨过质外体到筛管和 / 或伴胞之间的细胞膜进入下一步的长距离运输。一般认为，质外体途径的装载机制是通过蔗糖 – 质子同向运输（sucrose-proton symport）。免疫技术证明，在通常伴胞和传递细胞的质膜上存在质子泵，利用水解 ATP 释放的能量将 H^+ 运输到细胞外，使质外体 H^+ 浓度比共质体高，建立起细胞膜内外的质子电化学势梯度。传递细胞的

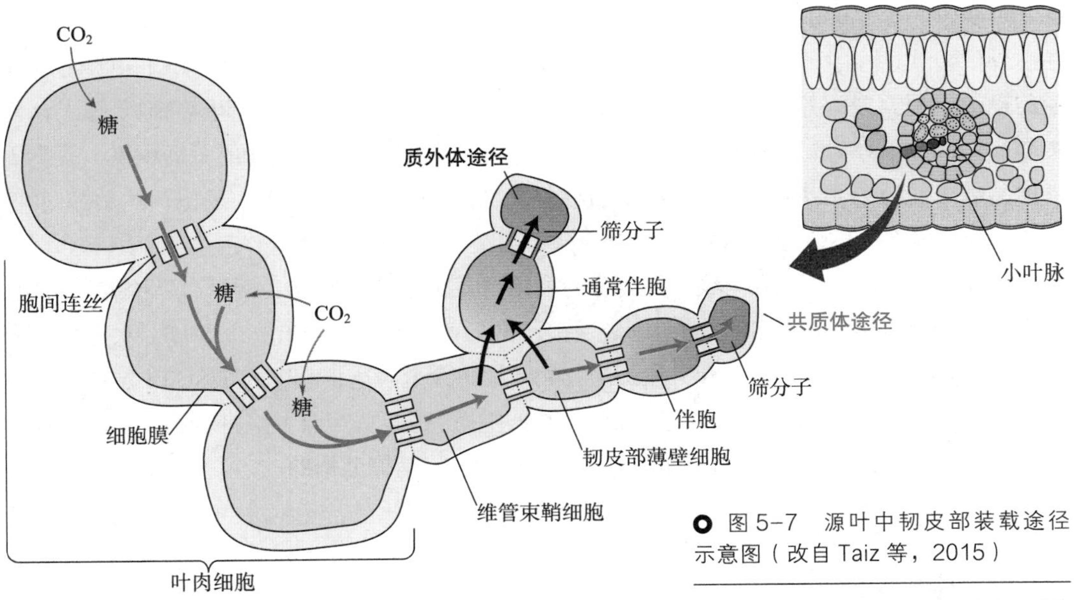

● 图 5-7　源叶中韧皮部装载途径示意图（改自 Taiz 等，2015）

绿色箭头示共质体途径，黑色箭头示质外体途径

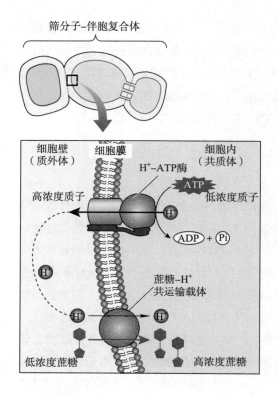

筛分子-伴胞复合体

细胞壁
（质外体）
细胞膜
细胞内
（共质体）

H⁺-ATP酶

高浓度质子
ATP
低浓度质子

H⁺

ADP + Pi

蔗糖-H⁺
共运输载体

H⁺

H⁺

低浓度蔗糖
高浓度蔗糖

○ 图 5-8　蔗糖装载入筛分子 - 伴胞复合体的同向运输（改自 Taiz 和 Zeiger，2002）

○ 知识拓展 5-5
蔗糖转运蛋白在同
化物运输中的作用

质膜上存在蔗糖 –H⁺ 共运输载体，则利用质子电化学势梯度将 H⁺ 与蔗糖运进筛管 - 伴胞中（图 5-8）。在拟南芥中发现 9 个编码蔗糖 –H⁺ 共运输载体（蔗糖转运蛋白 SUT 或 SUC）的基因，已经证明拟南芥 SUC2 是韧皮部装载所必需的。

拟南芥突变体 *suc2* 的种子在缺少蔗糖的培养基上萌发后，出现幼苗变小、子叶变黄、主根变短和无莲座叶等表型，添加外源蔗糖则能互补表型；用 ¹⁴C 标记的蔗糖进行实验发现 *suc2* 突变体的叶片中积累了大量的蔗糖，但根中蔗糖的积累则比野生型要少，表明 AtSUC2 在质外体装载过程中具有重要作用。后来相继又发现一类蔗糖转运蛋白 SWEET 也参与了蔗糖的运输过程。拟南芥中的 AtSWEET11 和 AtSWEET12 定位在韧皮部薄壁细胞质膜上，双○ 知识拓展 5-6
SWEET 基因家族
参与植物体内糖类
的转运突变体 *sweet11/sweet12* 表现出韧皮部装载缺陷的表型，其叶片中有大量的蔗糖积累，表明质外体装载可能分为两步：首先 SWEET 蛋白将蔗糖从韧皮部薄壁细胞中运出；然后 SUT 将蔗糖跨膜运输至 SE-CC 复合体。

SUT 具有 12 个跨膜结构域，是典型的膜结合蛋白，已在番茄、烟草、马铃薯、水稻、小麦等植物中克隆出多个 SUT 的基因。目前已知拟南芥基因组中有 9 个 *SUT*，水稻和玉米基因组中分别是 5 个和 6 个。*SUT* 在源器官如叶片中大量表达；小麦的 TaSUT1 定位在筛分子质膜上，而水稻 OsSUT1 则定位在筛分子和伴胞质膜上，AtSUT4 和 HvSUT2 定位在维管束筛分子质膜上。绝大多数 SUT 都是利用质子动力势来运输蔗糖的。

二、共质体装载途径

同化物的装载也可以经过共质体系统，通过胞间连丝进入 SE-CC 复合体。下列实验支持共质体装载的观点：南瓜叶鞘薄壁细胞与伴胞之间有大量胞间连丝，主要运输水苏糖。当水苏糖被 ^{14}C 标记后，自由空间不出现 $^{14}C-$ 水苏糖，说明该组织的装载主要是走共质体途径；将荧光染料（可在共质体移动但不能跨膜）注射到薄荷叶细胞，染料可从叶肉细胞移动到小叶脉，说明这些植物叶片具有共质体连续性。

　　研究证明，不同位置的筛管汁液的成分不同，这说明不同糖分的运输是有选择性的。此外，筛管－伴胞复合体的渗透势大于叶肉细胞。根据糖分运输有选择性和逆浓度梯度积累的现象，提出多聚体－陷阱模型（polymer-trapping model）进行解释（图 5-9）。其内容是：蔗糖分子依赖叶肉细胞与居间细胞型伴胞间的浓度差，通过胞间连丝扩散进入居间细胞，而居间细胞具有寡糖合成酶，可以将蔗糖分子转化成寡糖分子（如棉子糖或水苏糖），新合成的棉子糖／水苏糖的分子量比蔗糖更大，不能扩散回维管束鞘细胞，通过胞间连丝向筛管运输。而居间细胞中蔗糖的浓度始终低于维管束鞘细胞中的浓度，可维持装载所需要的浓度差。在这个过程中蔗糖的运输不需要消耗能量，水苏糖合成需要能量（表 5-3）。有生物化学和免疫学的实验证明，棉子糖和水苏糖合成所需的酶是定位在居间细胞的。

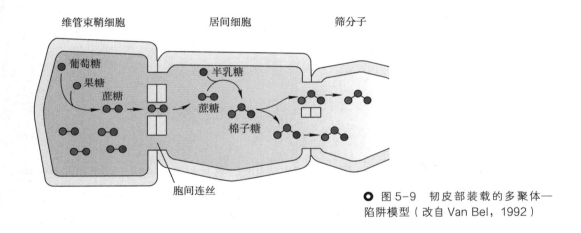

○ 图 5-9　韧皮部装载的多聚体—陷阱模型（改自 Van Bel，1992）

○ 表 5-3　质外体装载和共质体装载的区别（自 Turgeon，2009；Taiz 等，2015）

特性	质外体装载	共质体装载
1. 运输糖	蔗糖	蔗糖、棉子糖和水苏糖
2. 伴胞种类	通常伴胞和传递细胞	居间细胞
3. 联系 SE-CC 复合体与周围细胞间的胞间连丝的数目和传导性	少	多
4. 产生长距离运输驱动力的细胞类型	SE-CC 复合体	居间细胞
5. 对 SE-CC 复合体上主动运输载体的依赖性	依赖于运输载体	不依赖于运输载体
6. 植物生长习性	较快	较慢
7. 装载对低温的敏感性	中等	显著
8. 植物地理分布	温带为主	多为热带、亚热带
9. 分类分布	多为较进化的科	多为较原始的科

三、扩散途径

在叶脉最小的细脉（minor veins）即小叶脉中，韧皮部只有短狭筛管和伴胞。扩散途径指蔗糖被动地从叶肉细胞流向小叶脉的韧皮部。在这个过程中，蔗糖分子依赖叶肉细胞与筛管 – 伴胞复合体之间的浓度差，通过胞间连丝扩散进入筛管 – 伴胞复合体，这种装载机制需要叶肉细胞与伴胞之间存在浓度梯度，即叶肉细胞必须具有维持高溶质浓度的机制，才能保证光合产物从叶肉细胞向伴胞扩散（图 5-9）。将不同物种的叶片放于 ^{14}C 标记的蔗糖中进行实验，在有些植物中，蔗糖很容易地沿着众多的胞间连丝扩散到叶肉细胞和韧皮部中并建立了浓度梯度，在叶脉中没有积累放射性的蔗糖，所以在放射自显影后没有出现小叶脉的图像；而通过共质体和质外体运输蔗糖的植物物种由于在小叶脉中积累了大量的 ^{14}C 标记的蔗糖，从而在显影后出现了清晰的小叶脉。扩散运输使韧皮部保持了较高的蔗糖浓度，有利于合成的蔗糖顺着浓度梯度运输；而在叶肉细胞中蔗糖浓度较低，可以防止产物对光合作用的抑制。

同化物在韧皮部的装载有时走质外体途径，有时走共质体途径或扩散方式，交替进行，互相转换，相辅相成。

第三节　韧皮部卸出······························

蔗糖通过长距离运输到达库组织并从韧皮部卸出，最终被贮藏或用于新生组织生长的过程称为韧皮部卸出（phloem unloading）。这个过程包括蔗糖首先穿过 SE–CC 复合体边界，然后在细胞间运输（这个过程也称为筛分子后运输，post-sieve element transport）并到达库组织，最后在接受细胞贮藏或代谢。韧皮部卸出可发生在任何地方的成熟韧皮部，例如幼嫩根、茎、叶、贮藏器官、果实和种子等。韧皮部卸出的原则是阻止卸出的蔗糖被重新装载，这样卸出的蔗糖就不断地被移走，促使韧皮部同化物不断运输、不断卸出。不同库的结构和功能变化非常大，因此对于植物来说没有固定的韧皮部卸出模式。

一、韧皮部卸出途径

韧皮部卸出方式又可以分成共质体卸出（symplasmic unloading）和质外体卸出（apoplasmic unloading）。在库端，同化物从筛分子到接收细胞既可以通过质外体途径，也可以通过共质体途径。

1. 共质体卸出

在共质体卸出途径中，经过运输的蔗糖通过筛分子 – 伴胞之间的胞间连丝进入库。韧皮部汁液通过扩散或集流的方式在韧皮部中流动。一些双子叶植物如甜菜、烟草的幼叶细胞间有大量的胞间连丝，用抑制糖类质外体吸收的抑制剂对氯高汞苯磺酸（PCMBS）和缺氧处理都不能抑制蔗糖的卸出，说明这样的韧皮部卸出可能通过共质体途径。初生根的根尖生长区和伸长区有大量胞间连丝，可进行共质体卸出。

在共质体卸出过程中，不涉及跨膜运输，不依赖能量；利用这一卸出方式的库组织（如根尖、块茎、新生的叶及种子/果实）中库细胞与SE-CC复合体的筛分子和伴胞之间通过大量的胞间连丝连接，形成连续的共质体通道，由于存在蔗糖浓度梯度，蔗糖可以通过胞间连丝不断地进入库组织被贮存或用于新生组织的生长发育（图5-10的①）。光合产物大都经过这样的共质体连续体进入库组织。只有在少数情况下才会通过质外体卸出。

2. 质外体卸出

质外体卸出是指SE-CC复合体与库细胞之间在某些位置缺乏胞间连丝，同化物从SE-CC复合体被动扩散或在糖转运蛋白的帮助下主动地运至质外体，再由质外体进入库细胞。

质外体卸出有两条途径：一条是在甘蔗茎、甜菜叶等贮藏薄壁细胞，它们与库细胞之间没有胞间连丝。当蔗糖到达质外体（细胞壁）后，由酸性蔗糖转化酶（acid invertase）水解为葡萄糖和果糖，再通过单糖转运蛋白（monosaccharide transporter，MST）运送到库细胞内，并合成为蔗糖（图5-10②）。已在拟南芥中发现17个单糖转运蛋白，水稻有8个。另一条途径是在大豆、玉米等发育种子中，其母体与胚性组织之间也没有胞间连丝，由蔗糖转运蛋白（SUT或者SUC）将蔗糖转运至质外体，再通过蔗糖转运蛋白进入库细胞（图5-10③），同时，蔗糖也可能走类似图5-10②的途径。

对核桃的果施用荧光染料CFDA（carboxy fluorescein diacetate succinimidyl ester）标记的实验发现，萼片维管束间的筛分子-伴胞复合体缺乏胞间连丝连接，没有出现CFDA染料；而种皮上的心皮维管束和周围的薄壁细胞有胞间连丝连接，CFDA染料局限于肉质果皮的萼片维管束以及周围的种皮薄壁细胞。表明在发育核桃的肉质果皮中主要进行质外体卸载，而种皮中则以共质体卸载为主。

○ 知识拓展 5-7
蔗糖酶的种类与功能

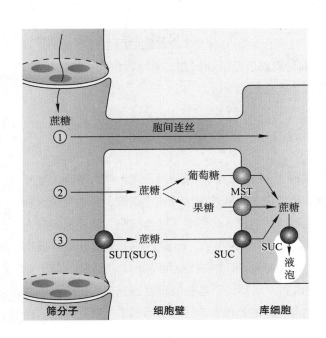

○ 图5-10 蔗糖卸出到库组织的可能途径

二、依赖代谢进入库细胞

在韧皮部卸出中，糖可沿浓度梯度通过胞间连丝在细胞间进行扩散，不直接依赖于细胞的代谢，但是，维持浓度梯度是直接依赖于细胞代谢的。也就是说，同化物进入筛管后运到库细胞的过程需要能量。低温和各种代谢抑制剂研究证明，同化物进入库细胞需要能量的位置因植物种类和器官而异。在质外体韧皮部卸出途径中，糖起码跨膜两次，分别是：筛分子－伴胞复合体的质膜和库细胞的质膜。当糖分运至库细胞的液泡时，要跨过液泡膜。糖类跨膜转移的载体运输常常是主动运输，依赖于代谢。在细胞质膜上证实存在各种转运蛋白。

研究得知，大豆韧皮部卸出对缺氧、低温和代谢产物敏感，这说明蔗糖进入种皮质外体是主动的、依靠载体的过程。然而大豆韧皮部卸出到发育着胚的途径，对缺氧和低温等是不敏感的，所以是被动的。小麦胚胎从质外体吸收糖是主动过程，而糖从输出细胞进入质外体则是通过扩散过程，质外体中糖的浓度较低，主要依靠胚胎对糖的吸收与利用。在玉米的质外体中，蔗糖迅速分解成单糖（葡萄糖和果糖），维持了质外体中蔗糖的低浓度。

许多植物（如甜菜和甘蔗）的库细胞中积累高浓度的蔗糖，从质外体跨膜吸收蔗糖，这个过程需要能量。有些植物的贮藏细胞中，蔗糖进入液泡贮存，其跨液泡膜运输是通过蔗糖－质子反向运输（sucrose-proton antiport）机制进行的（图 5-10）。液泡膜上的 H^+-ATPase 将质子运入液泡形成跨液泡膜的质子动力势，然后液泡膜上的反向转运蛋白利用此动力势将液泡外的蔗糖与液泡内的质子交换，把蔗糖运送到细胞内。

第四节　韧皮部运输的机理······························

在源细胞装载同化物到筛分子与筛分子把同化物卸出后进入库细胞的两个过程之间，筛分子如何完成这个长距离运输？这就牵扯到韧皮部运输机理问题。关于同化物运输的机理，有多种学说，如压力流学说、胞质泵动学说和收缩蛋白学说。

一、压力流学说

德国 E. Münch 于 1930 年提出压力流学说（pressure-flow theory），几十年来不断地被充实与补充，现仍是被普遍接受的一种机理。该学说主张筛管中溶液流（集流）运输是由源和库端之间渗透产生的压力梯度推动的。联系植株的情况，源细胞（叶肉细胞）将蔗糖装载入筛分子－伴胞复合体（图 5-11），降低源端筛分子内的水势，而筛分子又从邻近的木质部吸收水分，由此产生高的膨压。与此同时，库端筛分子内的蔗糖不断卸出，进入库细胞（如贮藏根），库端筛分子的水势升高，水分也流到木质部，于是降低库端筛分子的膨压。源端和库端之间就存在膨压差，它推动筛分子内同化物的集流，穿过筛孔沿着系列筛管细胞，由

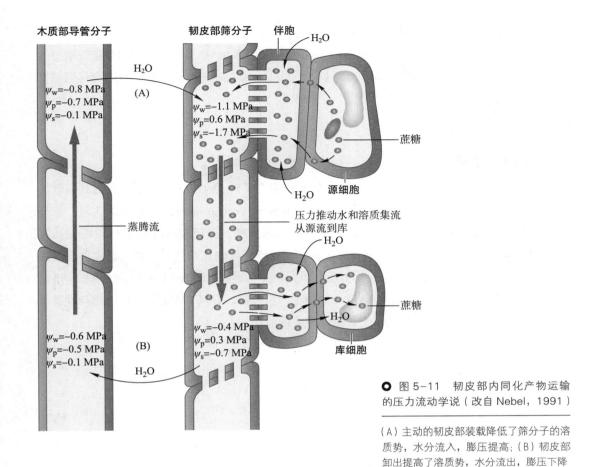

木质部导管分子　韧皮部筛分子　伴胞　H$_2$O

ψ_w=-0.8 MPa
ψ_p=-0.7 MPa
ψ_s=-0.1 MPa

H$_2$O
(A)

ψ_w=-1.1 MPa
ψ_p=0.6 MPa
ψ_s=-1.7 MPa

蔗糖

源细胞

H$_2$O

蒸腾流

压力推动水和溶质集流
从源流到库

H$_2$O

蔗糖

H$_2$O

ψ_w=-0.6 MPa
ψ_p=-0.5 MPa
ψ_s=-0.1 MPa

(B)

H$_2$O

ψ_w=-0.4 MPa
ψ_p=0.3 MPa
ψ_s=-0.7 MPa

库细胞

○ 图 5-11　韧皮部内同化产物运输
的压力流动学说（改自 Nebel, 1991）

（A）主动的韧皮部装载降低了筛分子的溶
质势，水分流入，膨压提高；（B）韧皮部
卸出提高了溶质势，水分流出，膨压下降

源端向库端运输。

　　虽然压力流学说也有令人不解的地方，但通过进一步的研究有些问题得到了解决。例如，这个学说把筛管看作是中空管道，而筛孔又是充分开放的，那么 P- 蛋白（韧皮蛋白）会堵塞筛板吗？从而使同化物不能被运输吗？以快速冷冻和固定技术研究得知，P- 蛋白沿着长轴分布在细胞壁附近。这种筛孔开放的现象在一些被子植物（如黄瓜、甜菜和菜豆等）中都可以观察到。Knoblauch 等（1998）利用共聚焦激光扫描显微镜（confocal laser scanning microscope），加入与蔗糖结合的绿色荧光染料，观察到蚕豆叶片的韧皮部是活的，有运输蔗糖的功能。又如，源端之间的压力梯度满足溶质集流的需要吗？据测定，大豆源库之间的实际压力差是 0.41 MPa，而根据计算压力流运输需要的压力差是 0.12～0.46 MPa，因此，观察到的压力差完全可以驱动韧皮部集流运输的需要。但是至今未检测到木本植物（如高大的树木）的筛管中足以推动集流运输的膨压。仍未解决单一筛管能否同时进行双向运输蔗糖这一问题，现只能证实叶柄同一维管束邻近不同筛管可以双向运输。

二、胞质泵动学说

　　20 世纪 60 年代，英国的 R.Thaine 等认为，筛分子内腔的细胞质呈几条长丝状，形成胞纵连束（transcellular strand），纵跨筛管细胞，每束直径为 1 到几个微米。在束内呈环状的蛋白质丝反复地、有节奏地收缩和张弛，就产生一种蠕动，把细胞质长距离泵走，糖分就随之流动。他们称这个学说为胞质泵动学说（cytoplasmic pumping theory）。反对者怀疑筛管里是否存在胞纵连束，胞纵连束可能是一个赝象。

三、收缩蛋白学说

有人根据筛管腔内有许多具收缩能力的韧皮蛋白（P-蛋白），认为是它在推动筛管汁液运行，因此称这个学说为收缩蛋白学说（contractile protein theory）。该学说认为，筛分子的内腔有一种由微纤丝（microfibril）相连的网状结构。微纤丝长度超过筛管细胞，直径 6～28 nm。微纤丝一端固定，另一端游离于筛管细胞质内，微纤丝上颗粒是由韧皮蛋白（P-蛋白）收缩丝所组成，其跳动比布朗运动快几倍。阎隆飞（1963）证明，烟草和南瓜的维管组织有收缩蛋白，同样能分解 ATP，释放出无机磷酸。看来，收缩蛋白的收缩与伸展可能是同化产物沿筛管运输的动力，它影响细胞质的流动。

第五节　同化物的分布·····································

对于同化物分配过程的深入理解可以更好地调控植物的经济产量；而且同化物分配是植物适应各种环境限制的一种重要策略。同化物在植物体中的分布有两个水平，即配置和分配。

一、配置

配置（allocation）是指源叶中光合作用所固定的碳转化为贮藏利用和（或）运输用。根据使用情况，源叶的同化产物有以下三个配置方向。

1. 代谢利用

新形成同化物立即通过代谢配置给叶本身的需要。大多数同化物通过呼吸，为细胞生长提供能量和碳架，维持光合系统本身需要等。

2. 合成贮存化合物

光合作用仅限于白天，但同化物则全天 24 h 供给，大多数植物特别是双子叶植物的同化物贮藏形式主要是淀粉，小部分是蔗糖；甘蔗、甜菜等贮藏器官的液泡主要积累蔗糖，淀粉很少；而许多草本植物则积累果糖聚合体（果聚糖）。在晚上或白天光合十分微弱时，贮存在叶片的同化物又会再输出进行配置。植物的蔗糖库分别位于细胞质和液泡，其中液泡库大而且运转快，是晚上输出蔗糖的第一源。只有当液泡库用尽时，才动用叶绿体内的淀粉。

3. 从叶输出到植株其他部分

嫩叶新形成的同化产物主要供给自身生长需要，而成熟叶形成的蔗糖则输出到植株其他部分，成熟叶输入同化物减少而转为合成蔗糖以供输出。该叶片酸性转化酶和蔗糖合酶活性都下降，但蔗糖磷酸合酶（SPS）却稳定地上升，SPS 活性与蔗糖合成关系密切，SPS 活性上升可能是决定叶片从库转变为源的关键因子。大多数植物的淀粉含量一般是白天多，晚上少。同化物转变的淀粉或蔗糖主要依赖于丙糖磷酸分配于叶绿体中淀粉合成或细胞质中蔗糖合成。实验证明，棉花的 SPS 活性、蔗糖含量和同化物输出的关系十分密切（图 5-12）。在白天三者都增多，而黑夜一开始，它们就骤降，所以可以说光合产物在白天配置主要决定于 SPS 活性，而在晚上似乎是决定于贮藏淀粉的分解。实验证实，缺淀粉的烟草突变体，只形成痕量淀粉，但却成倍地形成蔗糖并在白天运出，而正常植物白天合成淀粉，晚上输出较多。

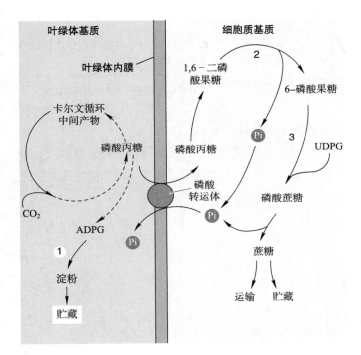

● 图 5-12　淀粉和蔗糖在白天合成的简图（改自 Preiss，1982）

① 淀粉合酶；② 1,6-二磷酸果糖酶；③ 磷酸蔗糖合酶

丙糖磷酸（如磷酸丙糖、磷酸烯醇式丙酮酸）是叶绿体光合碳同化的原初产物，也是进一步合成各种物质的碳骨架，它通过叶绿体内膜上的磷酸丙糖转运蛋白（TPT）和磷酸烯醇式丙酮酸/磷酸转运蛋白（PPT）运到细胞质中合成蔗糖，再通过韧皮部运送到库器官。磷酸丙糖转运蛋白和磷酸烯醇式丙酮酸/磷酸转运蛋白严格调控磷酸化的 C_3 化合物丙糖磷酸之间的交换，其中 TPT 通过调控磷酸丙糖和细胞内无机磷酸 Pi 的代谢交换来调控植物的光合作用，磷酸丙糖与 Pi 的比率影响淀粉和蔗糖合成方向与光合产物的分配。

二、分配

分配（partitioning）是指新形成同化物在各种库之间的分布。成熟叶形成的同化物一般会输送出去，但不是平均分配到各个器官，而是有所侧重。因此，研究同化物的分配，可应用到栽培上协调作物生长和提高经济产量。

（一）分配方向

对不同生育期来说，作物不同生育期中各有明显的分配方向，即生长中心。在营养生长期，生长中心就是光合产物的分配方向。到生殖生长期特别是灌浆期，穗子则是光合产物分配方向。例如，稻、麦分蘖期同化产物分配到新生叶子、分蘖及根；孕穗期至抽穗期，分配转向穗及茎；而在乳熟期，穗子几乎是同化产物的唯一去向了（图5-13）。

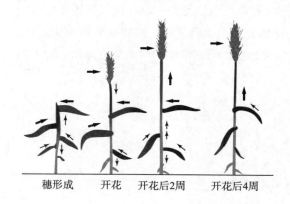

穗形成　开花　开花后2周　开花后4周

○ 图 5-13　小麦植株光合产物的形成和分配

箭头粗细代表同化物运输的相对速度

对同时进行营养生长和生殖生长的植物（如果树）而言，它们不同部位叶片的功能就不同，光合产物分配也不同，成熟叶片和衰老叶片是源，它们合成的光合产物，有供应上部的，也有供应根部生长用的；茎尖、根尖、嫩叶、花、果则是库，接受不同部位叶片的供给（图5-14）。

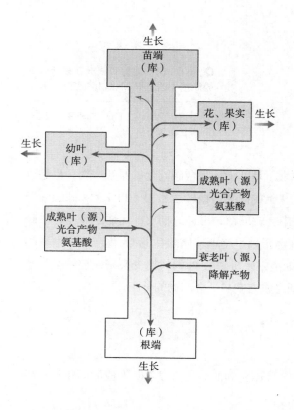

○ 图 5-14　同时进行营养生长和生殖生长的植物，不同部位叶片光合产物分配的示意图（自Opik等，2005）

对不同叶位的叶片来说，它的光合产物分配有"就近供应，同侧运输"的特点，大豆和蚕豆开花结荚时，叶片的同化产物主要供给本节的花荚，很少运到相邻的节去。豌豆，只有该节花荚被去掉或本节花荚的养料用不完时，才有较多产物运到其他节位去。禾谷类作物拔节期之前，下部叶子的同化产物主要供应根部，孕穗期以后上部叶子则把同化产物集中供给穗子。果树的果实所获得的同化产物，大多数来自果实附近的叶片。作物叶片同化产物一般只供应同一侧的相邻叶片，很少横向供应到对侧的叶片，这与维管束的分布有关。

植物生长发育的过程中同化物会发生再分配和再利用。例如，植物叶片衰老时，叶片中的同化物可以转移到其他储藏组织或生长组织中再利用。植物细胞的内含物包括无机和有机物，甚至是细胞器都可降解后运输到其他生长部位或储藏器官中去。细胞核可以解体，也可以直接通过胞间连丝进行转移。在生产上，玉米和高粱等高秆作物在收割后，不立即掰穗和掐穗，高粱二三十棵码成一捆，玉米竖立成垛。使茎叶中的同化物继续向穗粒转移，$10 \sim 15$ d 后再收获穗粒可增产 5% 到 10%。

影响同化物分配的因素有植物遗传特性、生理过程和环境因子。遗传特性决定同化物分配的总体框架，生理过程和环境因子对同化物分配产生的影响，都在此框架内起作用。环境因子是外因，生理过程是内因。

（二）库强度及其调节

1. 库强度

在同一植株中，很多部分都需要有机物的，但同化产物究竟分配到哪里，分配多少，就决定于各部分的竞争能力大小，亦即各库间强度的差异。库强度（sink strength）等于库容量（sink volume）和库活力（sink activity）的乘积。

$$库强度 = 库容量 \times 库活力$$

库是指任何输入光合产物的器官，包括非光合器官和不能产生充足的光合产物去支持它们的生长或贮藏需要的光合器官，例如根、块茎和发育着的果实及未成熟的叶片。

库容量是指库的总重量（一般是干重），库活力是指单位时间单位干重吸收同化产物的速率。改变库容量或库活力都会改变运输模式，例如去掉稻穗的一些谷粒，降低库容量，输入稻穗的同化产物就减少。库活力比较复杂，因为库组织一些活性能潜在地限制吸收速率。库活力包括筛分子的卸出、细胞壁的代谢和从质外体回收同化产物及其利用（包括生长或贮藏）。如果用低温处理库组织，抑制库代谢，同化产物输入库的速率就下降。在缺乏淀粉合成酶的玉米突变体中，谷粒里贮藏的淀粉比正常型谷粒少，导致运输被抑制。

2. 库强度的调节

库强度输入同化产物是受许多因素调节的。

在大多数植物中，蔗糖是光合产物从源运输到库的主要形式，在植物体内长距离运输过程中，发生转化与合成，它们由蔗糖转运蛋白家族和其他糖类转运蛋白调控运转，这些转运蛋白沿代谢途径定位在细胞膜或液泡膜上，形成了一个直接调控同化物跨膜运载和分配的有效调节机制。对小麦等禾本科植物研究表明，SUT 主要在韧皮部转运光合产物和调控籽粒灌浆过程中起作用。

膨压影响源和库的联系，它在筛分子中起信号作用，从库组织迅速传递到源组织。例如，当库组织中同化物卸出迅速时，同化物迅速被利用，使库内膨压下降，这种下降会传递到源，引起韧皮部装载增加；当卸出缓慢时，则引起相反的效应。有些试验认为，细胞膨压能够修饰质膜的 H^+–ATP 酶活性，因此改变运输速率。

植物激素会影响质外体装载和卸出，靶向质膜上的主动运输器（转运蛋白）。实验证明，蓖麻的蔗糖装载能被外施 IAA 促进，被外施 ABA 抑制；细胞分裂素施用于叶片，其施用点成为一个库，诱导同化物向施用点运输。

糖类水平也会调节源库间的联系。蔗糖除了运到韧皮部，还可作为信号影响源和库的活性。

○ 小结

对高度分工的高等植物来说，同化物运输是植物体成为统一整体的不可缺少的环节。韧皮部把成熟叶片的光合产物运输到生长和贮藏部位，韧皮部也把各种溶质运送到植物体各处。

植物体内同化物通过韧皮部筛分子 – 伴胞复合体运有 3 种方式：蔗糖在质外体是通过蔗糖转运蛋白的作用经过蔗糖 – 质子同向转运机制进入筛分子 – 伴胞复合体的；而共质体装载是逆浓度梯度进行和具有选择性等特点，可以用多聚体 – 陷阱模型解释；蔗糖分子也可以依赖叶肉细胞与筛分子 – 伴胞复合体之间的浓度差，通过胞间连丝扩散进入筛分子 – 伴胞复合体。

韧皮部卸出是指装载在韧皮部的同化物输出到库的接受细胞的过程。同化物在韧皮部卸出后经过细胞间短途运输到达库组织，同化物通过糖转运蛋白作用，进入库组织是依赖能量代谢的。

压力流学说主张筛管液流是靠源端和库端的膨压差建立起来的压力梯度来推动的。

同化物在植物体内的分布有两个水平，即配置和分配。分配方向主要决定于库的强度。

○ 名词术语

源　库　胞间连丝　筛分子 – 伴胞复合体　韧皮蛋白　胼胝质　传递细胞　质外体装载途径
蔗糖 – 质子同向运输　SWEET 蛋白　蔗糖转运蛋白　多聚体 – 陷阱模型　扩散途径
共质体卸出　质外体卸出　筛分子后运输　压力流学说　韧皮部装载　韧皮部卸出　库强度
配置　分配

○ 思考题

1. 植物叶片中合成的光合产物以什么形式和通过什么途径运输到根部？

2. 为什么说胞间连丝是植物细胞物质运输系统的重要部分？

3. 伴胞有哪几种类型？传递细胞在质外体 / 共质体运输的通道中如何协助韧皮部装载 / 卸载的作用？

4. 高等植物韧皮部装载的特点有哪些？

5. 高等植物糖转运蛋白有哪些种类？各自的特征是什么？

6. 如何理解植物体内有机物分配的"库"与"源"之间的关系?

7. 我国特产中药植物杜仲的树皮剥去后,植物仍正常生长,请解释原因。

8. 介绍用于研究韧皮部装载的3种现代实验技术。

⭕ **更多数字课程资源**

　　术语解释　　　　　推荐阅读　　　　　参考文献

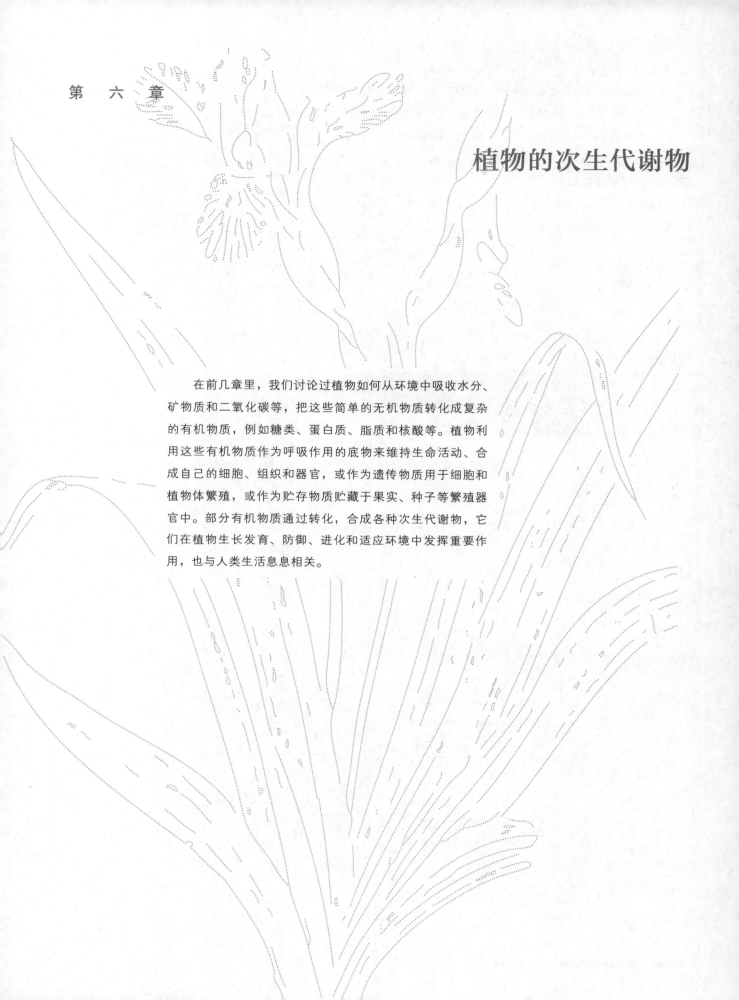

第 六 章

植物的次生代谢物

在前几章里，我们讨论过植物如何从环境中吸收水分、矿物质和二氧化碳等，把这些简单的无机物质转化成复杂的有机物质，例如糖类、蛋白质、脂质和核酸等。植物利用这些有机物质作为呼吸作用的底物来维持生命活动、合成自己的细胞、组织和器官，或作为遗传物质用于细胞和植物体繁殖，或作为贮存物质贮藏于果实、种子等繁殖器官中。部分有机物质通过转化，合成各种次生代谢物，它们在植物生长发育、防御、进化和适应环境中发挥重要作用，也与人类生活息息相关。

第一节　初生代谢物和次生代谢物···························

糖类、脂质、核酸和蛋白质等物质是维持植物生命活动所必需的基础有机物质，称为初生代谢物（primary metabolite）。植物体中还有许多其他有机物，如萜类、酚类和生物碱等，它们是由糖类等有机物通过次生代谢途径衍生出来的，称为次生代谢物（secondary metabolite），又称天然产物（natural product）。次生代谢物大部分为植物体内代谢的终端产物，贮存在液泡或细胞壁中，除少数外，不再参与体内的物质代谢循环。

植物的次生代谢物可分为萜类（terpene）、酚类（phenolic compound）和次生含氮化合物（secondary nitrogen-containing compound）三大类，它们的生物合成途径如图 6-1 所示。植物的次生代谢途径十分复杂，国际基因库中的代谢途径数据库（KEGG Pathway Database）和化合物数据库（PubChem Compound Database）收集了代谢途径和代谢产物有关的最新研究结果。

次生代谢物是植物在长期的生长发育和演化过程中产生的，某些次生代谢物是植物生命活动所必需的，如吲哚乙酸、赤霉素和脱落酸等植物激素。木质素是构成植物细胞壁的主要成分之一。叶绿素、类胡萝卜素和花色素等色素和挥发性萜类物质是植物进行光合作用和使植物体具有一定的色、香、味，吸引昆虫或动物来传粉和传播种子等的重要物质。某些次生代谢物对植物本身无毒而对动物或微生物有毒，可以防御天敌吞食，保存自己。作物被微生物感染时，会合成植保素，抵御微生物的入侵。

植物的次生代谢物在医药、食品添加剂、美容护肤品和化工等产业中有广泛的应用，具有重要的经济价值。次生代谢物也是天然化学药物、中药有效成分、药物前体或先导化合物的主要来源。迄今开发的药物中，80% 以上来源于生物的次生代谢物。食品添加剂中的抗氧

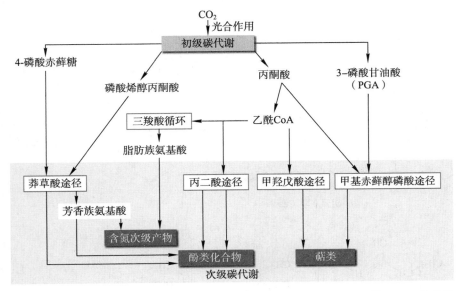

○ 图 6-1　植物次生代谢物合成的主要途径及其与初生代谢物之间的联系（自 Taiz 和 Zeiger，2012）

化剂、调味剂、香料，美容化妆品行业的香精、美白、抗炎和抗皮肤衰老等原料，橡胶等工业原料主要来源于植物的次生代谢物，深受人们重视。

第二节　萜类化合物

一、萜类化合物的种类

萜类或类萜（terpenoid）化合物是植物界中广泛存在的一类次生代谢物，一般不溶于水，部分化合物与糖形成苷后，有一定的水溶性。萜类化合物由异戊二烯（isoprene）基本单位组成，其结构有链状的，也有环状的（图6-2）。萜类化合物的种类主要根据分子中的异戊二烯数目分类，有单萜（monoterpene）、倍半萜（sesquiterpene）、二萜（diterpene）、

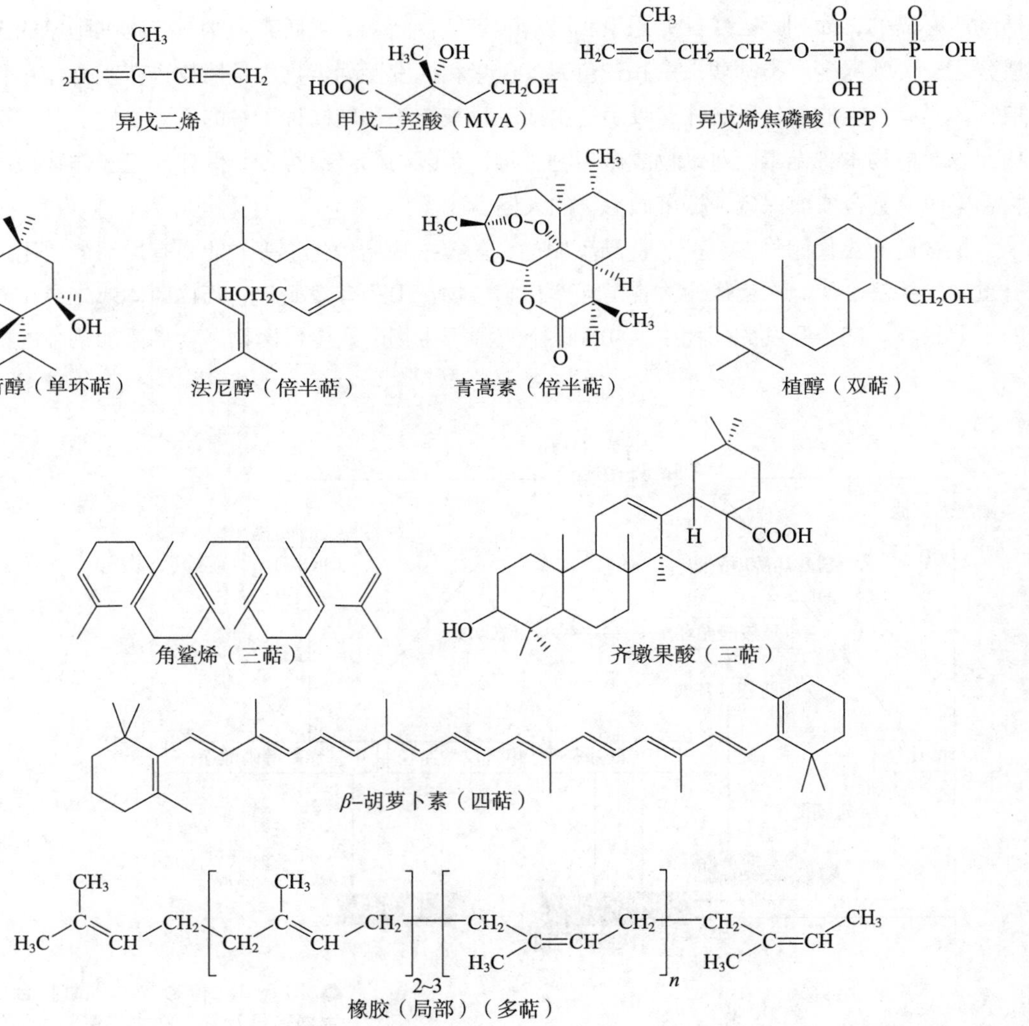

○ 图6-2　一些萜类化合物

三萜（triterpene）、四萜（tetraterpene）和多萜（polyterpene）之分（表6-1）。低分子量的萜类化合物（单萜和倍半萜）是挥发油的主要成分，倍半萜中有许多化合物具有显著的生物活性，如环状倍半萜青蒿素是重要的抗疟疾药物。分子量较高的二萜类（如紫杉醇、银杏内酯、维生素A、甜菊苷）、三萜类（齐墩果酸、甘草次酸、人参皂苷、熊果酸）和四萜类（类胡萝卜素）化合物中，很多具有重要的生物活性。更大分子量的萜类则形成橡胶等高分子化合物，是重要的工业原料。

○ 表6-1　萜类化合物的种类

类型	异戊二烯单位数	碳原子数	例子
单萜	2	10	香叶醇、香叶醛、薄荷醇、薄荷酮、龙脑、樟脑、柠檬醛
倍半萜	3	15	法尼醇、青蒿素、脱落酸、姜烯、β-丁香烯、桉叶醇、α-檀香烯
二萜	4	20	植醇、维生素A、银杏内酯、紫杉醇、甜菊苷、赤霉素
三萜	6	30	甘草次酸、人参皂苷、熊果酸、角鲨烯、齐墩果酸、三萜醇/酸
四萜	8	40	胡萝卜素、叶黄素
多萜	>8	>40	橡胶、杜仲胶

二、萜类化合物的生物合成

植物体内萜类的生物合成有2条途径：一条是位于细胞质中的甲羟戊酸（或称甲戊二羟酸）途径（mevalonic acid pathway，MVA），另一条是位于质体中的甲基赤藓醇磷酸途径（methylerythritol phosphate pathway，MEP），两者都形成异戊烯基焦磷酸（isopenteny diphosphate，IPP）及其异构体二甲丙烯焦磷酸（dimethy allyl diphosphate，DMAPP），然后进一步合成萜类。所以IPP和DMAPP亦称为"活性的异戊二烯"（active isoprene）。

甲羟戊酸途径是以3个乙酰CoA分子为原料，形成甲羟戊酸。首先2分子乙酰CoA在乙酰CoA酰基转移酶（AACT）作用下缩合形成乙酰乙酰CoA，后者再与乙酰CoA在3-羟基-3-甲基戊二酰CoA合酶（HMGS）作用下缩合生成3-羟基-3-甲基戊二酰CoA（HMG-CoA）。HMG-CoA在3-羟基-3-甲基戊二酰CoA还原酶（HMGR）的催化下还原为甲羟戊酸。HMGR为MVA途径中的限速酶和调节酶，它是降胆固醇药物洛伐他汀类药物的作用靶点。甲羟戊酸再经过焦磷酸化、脱羧和脱水等过程，形成IPP。IPP在异构酶催化下生成DMAPP。

甲基赤藓醇途径是由糖酵解或C_4途径的中间产物丙酮酸和3-磷酸甘油醛，在1-脱氧-D-木酮糖-5-磷酸合酶（1-deoxy-D-xylulose-5-phosphate synthase，DXS）的催化下，缩合成1-去氧-D-木酮糖-5-磷酸（1-deoxy-D-xylulose-5-phosphate，DXP），后者在DXP还原异构酶（1-deoxy-D-xylulose 5-phosphate reductoisomerase，DXR）的作用下被还原异构化为2-C-甲基-D-赤藓醇-4-磷酸（2-methyl-D-erythritol-4-phosphate，MEP）。这两个步骤都是该途经的限速步骤，其中DXP还原成MEP为关键的限速步骤。因此，该途径称为MEP途径，也称DXP途径。MEP继续经过几个步骤的转化形成DMAPP和IPP。DMAPP与IPP是可以相互转化的异构体。两条萜类生物合成途径都合成 IPP 和 DMAPP。

　　IPP 和 DMAPP 两者都很活跃，可以相互结合形成更大的分子。首先，是 IPP 和 DMAPP 结合为牻牛儿焦磷酸（geranyl diphosphate，GPP），成为单萜的前体。GPP 与另一个 IPP 结合，形成法尼焦磷酸（farnesyl diphosphate，FPP），成为倍半萜和三萜的前体。同样，FPP 再与另一个 IPP 结合，形成牻牛儿牻牛儿焦磷酸（geranylgeranyl diphosphate，GGPP），它是二萜和四萜的前体。最后，FPP 和 GGPP 缩合可合成各种多萜类物质（图 6-4）。

○ 重要事件 6-1
萜类的生物合成的
异戊二烯途径

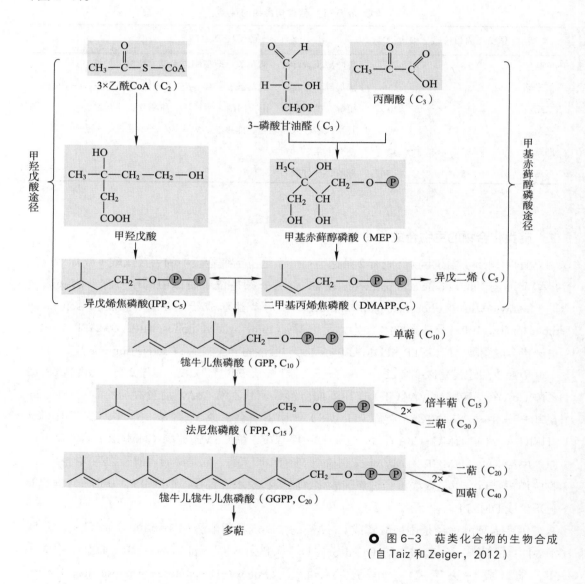

◎ 图 6-3　萜类化合物的生物合成
（自 Taiz 和 Zeiger，2012）

三、萜类化合物的功能

1. 萜类物质在植物体内的作用

　　萜类化合物对植物的作用是多方面的，包括调控植物的生长发育、促进植物传粉与繁殖和保护植物免受病虫害的侵袭等。

某些萜类化合物是重要的植物激素，如二萜类的赤霉素、由胡萝卜素转变来的倍半萜类化合物脱落酸以及侧链基团来源于萜类的细胞分裂素，它们在调控植物生长发育中具有重要作用（见第八章）。

　　三萜类衍生物固醇是细胞膜必需的组成成分，与磷脂相互作用维持膜的稳定性。叶绿素分子中含有的植物醇（二萜）和四萜化合物胡萝卜素、叶黄素、番茄红素（lycopene）等能吸收光能，参与光合作用，同时是决定叶、花和果实颜色的主要物质；胡萝卜素也是维生素A的主要来源。

　　许多植物含有的萜类化合物有毒，可防止哺乳动物和昆虫吞食。菊的叶和花含有的单萜酯除虫菊酯，有很强的杀虫活性。松和冷杉的松脂中的单萜成分，如苧烯（limonene）和桂叶烯（myrcene）对昆虫（包括严重危害松树的棘胫小蠹）有毒；松树树脂的二萜（如冷杉酸，abietic acid），当害虫取食穿刺到树脂道时，树脂流出，阻止害虫取食，最后封闭伤口。倍半萜的棉酚（gossypol）存在于某些棉花的棉籽和下表皮毛中，有显著的抗虫活性。许多二萜对食草动物有毒，使它们不愿食用，大戟科植物的乳汁中的二萜成分，例如佛波醇（phorbol），严重刺激皮肤，对哺乳动物有毒。

　　植物挥发油（volatile oil）成分多是单萜和倍半萜，广泛分布于植物界，通常存在于腺细胞和表皮中。植物可通过挥发油的香气吸引昆虫传粉；许多挥发油成分有抗菌和防虫功能，可保护植物免受病虫害的伤害，如薄荷和柠檬等植物的挥发油，有气味，可防止害虫侵袭。

　　2. 萜类物质在医药等工业的应用

　　萜类化合物是重要的天然药物、食品添加剂和日用化工等工业的重要原料。红豆杉（*Taxus brevifolia*）中的红豆杉醇（paclitaxel，亦称紫杉醇），是很强的抗癌药物；银杏内酯（ginkgolide）和雷公藤内酯（triptolide）等有较强的抗癌活性。除虫菊酯（pyrethrin）、驱蛔素（ascaridole）、川楝素（chuanliansu）有驱蛔虫和杀虫活性。甜菜素、甜菊苷、甘草次酸和罗汉果甜素等是重要的天然甜味剂，其甜度是蔗糖的数百倍，是重要的食品添加剂。类胡萝卜素类是良好的天然食用色素和抗氧化剂。挥发油中的单萜和倍半萜是重要的天然香料、香精和功能护肤品原料，不少具有祛痰、止咳、祛风、健胃、解热及镇痛等活性。多萜化合物中，橡胶是最有名的高分子化合物，一般由 1 500～15 000 个异戊二烯单位所组成。

　　青蒿素（artemisinin）是含有过氧基团的倍半萜内酯化合物，是我国科学家从黄花蒿（*Artemisia annua* Linn.）植物中发现的高效抗疟疾药物。20 世纪 60 年代，恶性疟原虫对原喹啉类抗疟疾药产生了抗药性，导致重症疟疾无药可治，全世界范围大量筛选和研发抗疟疾药。我国科学家经过多年的努力发现了青蒿素。青蒿素的发现挽救了世界上无数疟疾病人的生命。以青蒿素结构为基础，通过结构修饰，已合成出了多种青蒿素类抗疟药，如速效、低毒的双氢青蒿素、甲基化的油溶性蒿甲醚及水溶性的青蒿琥珀酸单酯。迄今，以青蒿素为基础的药物仍然是全球最有效的抗疟疾药。青蒿素除了抗疟活性外，还有抗肿瘤活性，有望开发成抗肿瘤药物。

◯ 重要事件 6-2
紫杉醇的发现

◯ 重要事件 6-3
青蒿素的发现
◯ 知识拓展 6-1
抗疟疾药物青蒿素的发现与研究进展

第三节 酚类化合物··

一、酚类化合物的种类

酚类化合物（phenol）是芳香环上的氢原子被羟基或其他基团取代后生成的化合物，种类繁多，广泛分布于植物体内，是一类重要的次生代谢物。有些酚类只溶于有机溶剂，有些以糖苷或糖酯形式储存于液泡中，糖苷化或含羧酸的酚类化合物水溶性较高，有些是不溶的大分子多聚体。根据芳香环上侧链基团的碳原子数目不同，可将酚类化合物分为几种类型（表 6-2）。

○ 表 6-2 酚类化合物的种类

种类	碳骨架	代表化合物
苯甲基类	$C_6 - C_1$	水杨酸、没食子酸、原儿茶酸
苯乙基类	$C_6 - C_2$	苯乙烯、丹皮酚（种类较少）
苯丙基类	$C_6 - C_3$	（反式链状）桂皮酸、香豆酸、咖啡酸、阿魏酸
香豆素类	$C_6 - C_3$	（顺式环化）香豆素、伞形酮、补骨脂内酯
黄酮类	$C_6 - C_3 - C_6$	查尔酮、黄酮、黄酮醇、异黄酮、黄烷醇、花青素
双苯基类	$C_6 - C_x - C_6$	白藜芦醇、二苯乙烯苷（$x=2$），姜黄素（$x=7$）
鞣质	$+C_6 - C_3 - C_6 +_n$	缩合鞣质、可水解鞣质
木质素	$+C_6 - C_3 +_n$	木质素

注：C_6—代表 6C 苯环，C_1、C_2、C_3、C_x 分别代表 1C、2C、3C 和 x 个 C（$x=2$ 或 7）的侧链。

（一）简单酚类

简单酚类（simple phenolic compounds）广泛分布于维管植物中。其结构主要有 3 类：① 苯甲基类化合物，具苯环—C_1 的基本骨架，例如水杨酸（salicylic acid）、香兰素（vanillin）、原儿茶酸。② 苯丙基或苯丙素（phenyl propanoid）类化合物，具苯环—C_3 的基本骨架，例如，反-桂皮酸（trans-cinnamic acid），对-香豆酸（p-coumaric acid）、咖啡酸（coffeic acid）、阿魏酸（ferulic acid）。③ 苯丙酸内酯（phenyl propanoic lactone）（环酯）类化合物，亦称香豆素（coumarin）类，也具苯环—C_3 的基本骨架，但其 C_3 侧链上的双键为顺式结构，可与苯环上的邻位羟基形成内酯环，例如香豆素、伞形酮（umbelliforone）和补骨脂内酯（psoralen lactone）等（图 6-4）。此外，植物体内还存在苯酚类、苯乙基类（如苯乙烯和丹皮酚）等简单酚类物质。

（二）黄酮类

植物酚类化合物的另一大类物质是黄酮（flavonoid）类，也称为类黄酮。它是两个芳香环（A 和 B）通过三碳桥连接而成的一系列化合物，具有 $C_6 - C_3 - C_6$ 的基本骨架和 2-苯基色原酮的基本母核结构（图 6-5）。黄酮类的分类主要是根据三碳链的结构变化，包括 3C 环的氧化程度，中央 3C 链是否成环和 B 环所处的位置等，可分为很多类型，主要有查尔酮（chalcone）、黄酮（flavone）、黄酮醇（flavonol）、异黄酮（isoflavone）、黄烷醇（flavanols）和花青素（anthocyanidin）等类型（图 6-5）。黄酮类的基本骨架上有许多取代基，其羟基

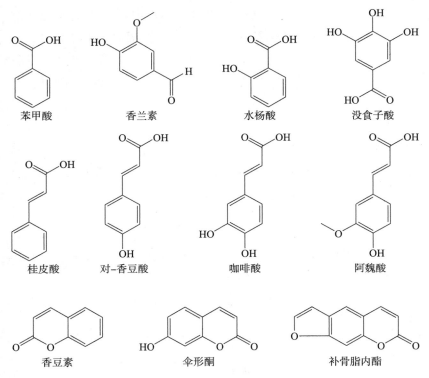

苯甲酸　　　　香兰素　　　　水杨酸　　　　没食子酸

桂皮酸　　　　对-香豆酸　　　　咖啡酸　　　　阿魏酸

香豆素　　　　伞形酮　　　　补骨脂内酯

● 图 6-4　不同类型的简单酚类化合物的结构

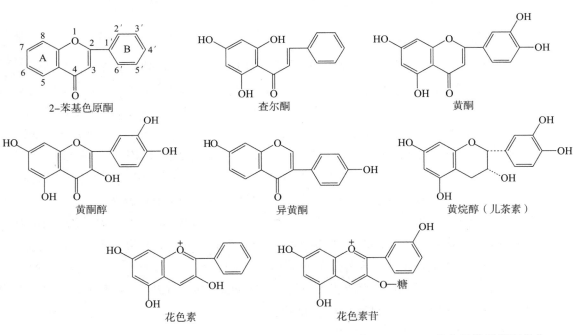

2-苯基色原酮　　　　查尔酮　　　　黄酮

黄酮醇　　　　异黄酮　　　　黄烷醇（儿茶素）

花色素　　　　花色素苷

● 图 6-5　几种主要类型黄酮类化合物的基本结构

化位点常被糖苷化。所以大多数黄酮类化合物是以糖苷形式存在于植物体内。羟基和糖基可增加黄酮类的水溶性，而其他取代基团（例如甲酯或修饰的异戊基）则使黄酮类的脂溶性增加。

此外，植物体内还存在与黄酮类相同生物合成来源的酚类化合物，如二苯基乙烯类（如白藜芦醇）、二苯基庚烷类（如姜黄素）和姜酚等，这些化合物具有重要的生物活性。

二、酚类化合物的生物合成

植物的酚类化合物主要来源于莽草酸途径（shikimic acid pathway）。莽草酸途径合成的产物再经过多条不同途径合成各种各样的酚类化合物（图 6-6）。

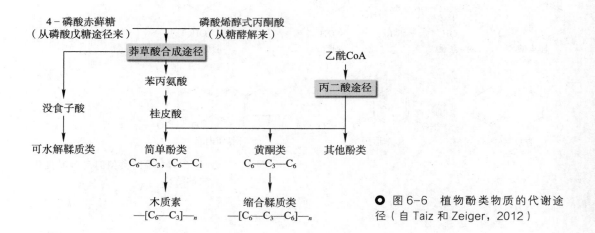

○ 图 6-6 植物酚类物质的代谢途径（自 Taiz 和 Zeiger，2012）

1. 莽草酸生物合成途径

莽草酸生物合成的最初底物是 4- 磷酸赤藓糖（E4P，来自戊糖磷酸途径）和磷酸烯醇式丙酮酸（PEP，来自糖酵解）。二者缩合环化后（图 6-7 ①），经过几个步骤形成重要的中间产物莽草酸。莽草酸再与 PEP 作用，脱去 Pi，形成分支酸（chorismic acid）。分支酸是莽草酸途径的重要枢纽物质，它有两个去向：一个是经过阿罗酸，形成苯丙氨酸（phenyalanine）和酪氨酸（tyrosine）（图 6-7 ②），另一个是走向色氨酸（tryptophan，图 6-7 ③）。该途径存在于高等植物、真菌和细菌中，而动物中则无此途径。动物（包括人类）需要的苯丙氨酸、酪氨酸和色氨酸这 3 种芳香族氨基酸，必须从食物中补充。

莽草酸转变为烯醇式丙酮酸 5- 磷酸莽草酸（EPSP）是 EPSP 合酶催化的，广谱除草剂草甘膦（glyphosate）可与 EPSP 酶的 PEP 结合位点结合，从而抑制此酶的活性，施用此除草剂后，植物即不能合成芳香族氨基酸及其衍生物，缺乏蛋白质而饿死。莽草酸具有抗炎、镇痛等药用功能，也是合成治疗流感药物达菲（Tamiflu）的原料之一。八角茴香果实中的莽草酸含量高达 10%，可用于提取制备莽草酸。

○ 重要事件 6-4
酚类生物合成的莽草酸途径

2. 苯丙素类和黄酮类的生物合成途径

生物体内的苯丙素类化合物都来源于苯丙氨酸或酪氨酸。苯丙氨酸解氨酶（phenylalanine ammonia lyase，PAL）是控制芳香族化合物进入初生代谢（如蛋白质合成）或转变为次生代谢（如酚类合成）的分支点，是形成酚类化合物的一个重要和关键的调

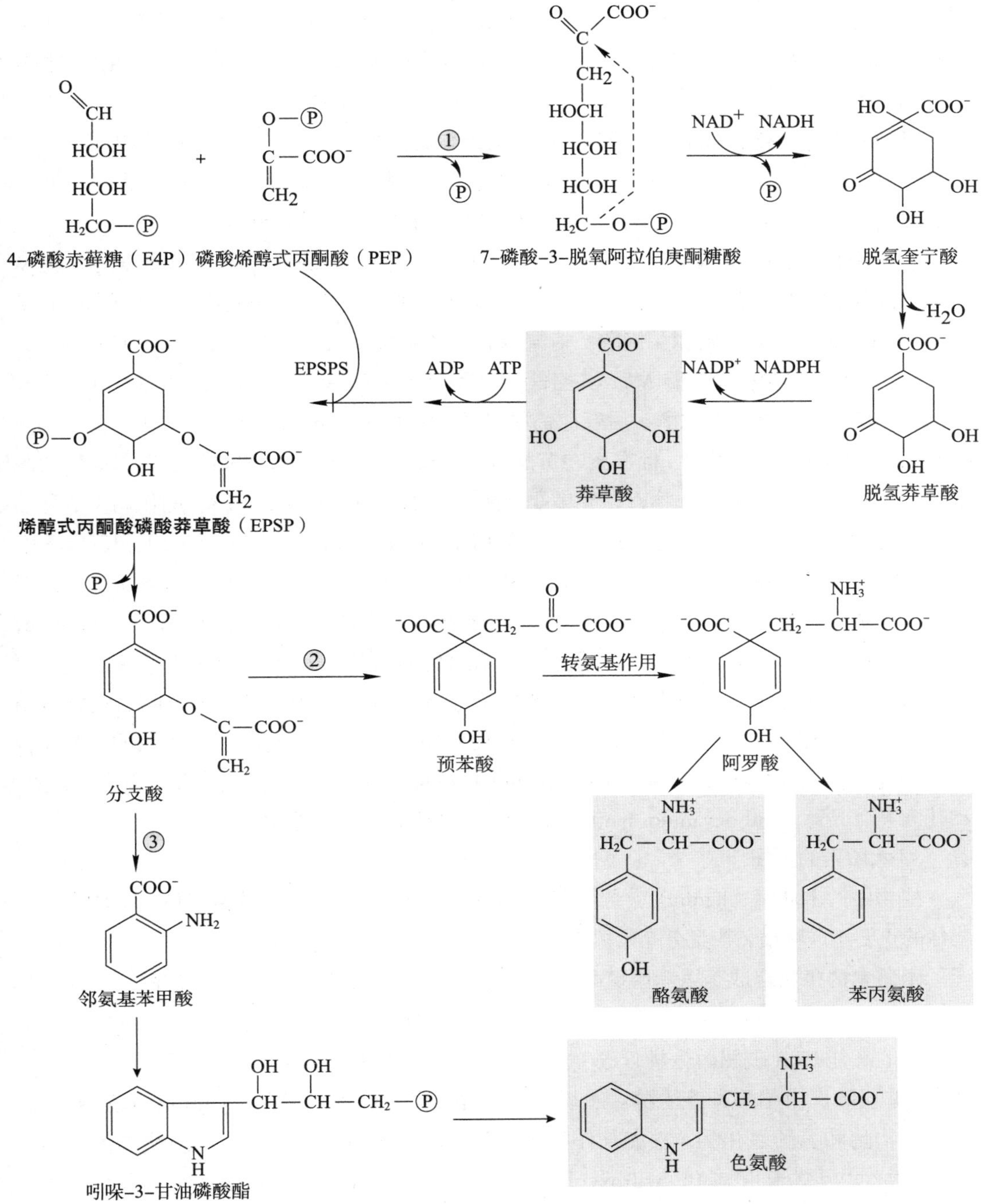

● 图 6-7 合成芳香族氨基酸的莽草酸途径（自 Hopkins 等，2004）

EPSPS 代表 EPSP 合酶：① 7- 磷酸 -3- 脱氧 -D- 阿拉伯庚糖酸合酶；② 邻氨基苯甲酸合酶；③ 分支酸变位酶

节酶。苯丙氨酸在 PAL 的作用下，脱氨形成桂皮酸（cinnamic acid），在桂皮酸 -4- 羟化酶（cinnamic acid 4-hydroxylase，C4H）作用下羟基化形成香豆酸（或称对 - 香豆酸，*p*-coumaric acid）。酪氨酸也可以在 PAL 的作用下脱氨形成香豆酸。香豆酸加羟基和甲氧基就分别形成咖啡酸和阿魏酸等苯丙素类化合物。这些苯丙素类是较复杂的香豆素、木质素、黄酮类和鞣质等的前体。

苯丙素类经环化、氧化、还原等反应可生成香豆素类、C_6—C_2 和 C_6—C_1 类化合物，通过聚合可合成木质（多聚物）和木脂素（2-4 聚物）类物质。苯丙素类与丙二酸结合，可合成黄酮类、芪氏类（如白藜芦醇）、二苯基庚烷类（如姜黄素）和姜酚等化合物。

黄酮类化合物的结构来自两条不同的生物合成途径。一是芳香环（B）和三碳桥是从苯丙氨酸转化来的，另一个芳香环（A）则来自丙二酸途径（见图 6-5）。查尔酮合酶是黄酮类生物合成途径的起始和关键酶。对羟基香豆酸经辅酶 A 化（4-coumarate-CoA ligase，4CL）生成对羟基肉桂先辅酶 A 后与三分子丙二酸单酰辅酶 A，在查尔酮合酶的作用下合成黄酮类的第一个化合物查尔酮，后者在查尔酮异构酶（chalcone isomerase，CHI）的作用下转化成柚皮素（二氢黄酮）。柚皮素在黄酮合酶（flavone synthase，FNS）的作用下氧化脱氢转化成芹菜素等黄酮化合物；在异黄酮合酶（isoflavone synthase，IFS）的作用下 B 环移位形成异黄酮类。柚皮素在黄酮 -3- 羟化酶（flavonoid-3-hydroxylase，F3H）和黄酮 -3′，5′- 羟化酶（flavonoid 3′,5′-hydroxylase，F3′,5′H）的作用下，在 3C 位和 B 环的 3′C 位羟基化，形成二氢槲皮素（二氢黄酮醇），二氢槲皮素可以被黄酮醇合酶（flavonol synthase，FLS）催化生成槲皮素（黄酮醇），而且二氢黄酮醇还可以进一步转化成原花青素、花青素和黄烷醇（儿茶素）及其糖苷等（图 6-8）。黄酮类代谢途径中，查尔酮合酶、黄酮合酶（氧化脱氢成黄酮）、异黄酮合酶、黄酮 -3- 羟化酶（合成二氢黄酮醇）、黄酮醇合酶（合成黄酮醇）、二氢黄酮还原酶（dihydroflavonol 4-reductase，DFR，合成花青素和儿茶素类）和花青素合成酶（anthocyanidin synthase，ANS）等都是重要的调节酶。

3. 木质素的生物合成

植物中的木质素（lignin）含量很高，仅次于纤维素，居有机物的第二位。木质素是植物体的重要组成物质，广泛分布于植物界。

木质素的生物合成是以苯丙氨酸为起点的。首先，苯丙氨酸转变为桂皮酸，桂皮酸又转变为 4- 香豆酸、咖啡酸、阿魏酸、5- 羟基阿魏酸和芥子酸，它们分别与 CoA 结合，形成相应的高能 CoA 硫酯衍生物，进一步被还原为相应的醛，再被脱氢酶还原为相应的醇，即 4- 香豆醇、松柏醇和芥子醇。木质素是上述 3 种不同木质醇单体（monolignols），在过氧化物酶和多酚氧化酶（漆酶）作用下，氧化聚合生成的聚合物。木质醇单体的不同分别形成对羟基苯丙烷（p-hydroxyphenyl，H）型、愈疮木基（guaiacyl，G）型与紫丁香（syringyl，S）型木质素。不同植物类群中木质素的组成不同，蕨类植物和裸子植物的木质素主要由松柏醇聚合而成，称为 G 型木质素；双子叶植物主要由松柏醇与紫丁香醇组成，称为 G-S 型木质素；而单子叶植物则包含 3 种单体，形成 H-G-S 型木质素（图 6-9）。

上述 3 种木质醇是在细胞质中形成的，运到细胞壁中形成木质素，成为细胞壁主要组成之一。

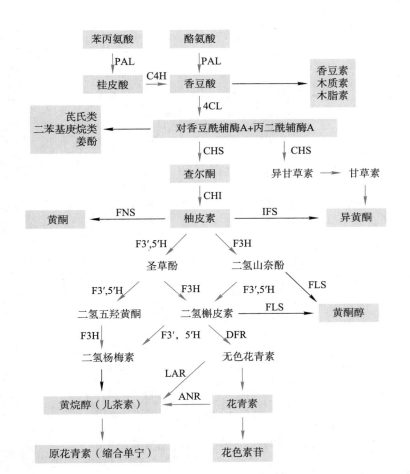

○ 图6-8 苯丙素类和黄酮类合成途径

PAL: 丙苯氨酸解氨酶（phenylalanine ammonialyase）; C4H: 桂皮酸-4-羟化酶（cinnamic acid 4-hydroxylase）; 4CL: 4-香豆酸辅酶A连接酶（4-coumarate-CoA ligase）; CHS: 查尔酮合酶（chalcone synthase）; CHI: 查尔酮异构酶（chalcone isomerase）; FNS: 黄酮合成酶（flavone synthase）; IFS: 异黄酮合酶（isoflavone synthase）; F3H: 黄酮-3-羟化酶（flavanone-3-hydroxylase）; F3′,5′H: 黄酮3′,5′-羟化酶（flavonoid-3′, 5′-hydroxylase）; FLS: 黄酮醇合酶（flavonol synthase）; DFR: 二氢黄酮还原酶（dihydroflavonol 4-reductase）; ANS: 花青素合酶（anthocyanidin synthase）; LAR: 原花青素还原酶（leucoanthocyanidin reductase）; ANR: 花青素还原酶（anthocyanidin reductase）; AGT, 花青素葡糖基转移酶（anthocyanidin glucosyltransferase）。

三、酚类化合物的功能与应用

（一）简单酚类物质的功能与应用

许多酚类和 C_6—C_1 类衍生物是植物花和果实的香气成分，可吸引昆虫传粉；有些具有抗菌和抗氧化等活性，在植物体内起着防御食草昆虫和真菌侵袭等作用。水杨酸（salicylic acid）是植物内源生长调节剂或信号分子，在诱导植物抗性和生长发育等过程中起着显著的调控作用。在应用方面，许多简单酚类物质是芳香油或精油的成分，如苯甲醇是水果和茶叶的香气成分，香草醛（或称香兰素，4-羟基-3-甲氧基苯甲醛）是重要的天然香精。有些简单酚类可作医药与化工原料或中间体。没食子酸（3,4,5-三羟基苯甲酸）具有抗炎、抗菌和抗氧化等多种生物活性，在食品、生物、医药、化工等领域有广泛的应用，其酯类（如没食子酸丙酯）是良好的食品抗氧化剂。

简单的苯丙素类化合物（C_6—C_3），包括桂皮酸（trans-cinnamic acid）、对-香豆酸（*p*-coumaric acid）、咖啡酸（caffeic acid）、阿魏酸（ferulic acid）、芥子酸（sinapic acid），以及它们对应的苯丙醇、苯丙烯类及其酯和苷等衍生物。这些化合物中，许多具有较强的生理活性。阿魏酸有抗菌、抗氧化、清除自由基和抑制酪氨酸酶活性等作用，在阿魏、当归和川芎等中药材中的含量较高，是这些中药的有效成分和质量指标成分之一。咖啡酸的衍生物绿原酸（chlorogenic acid）有抗菌和利胆等作用，是金银花、杜仲等重要的有效成分。

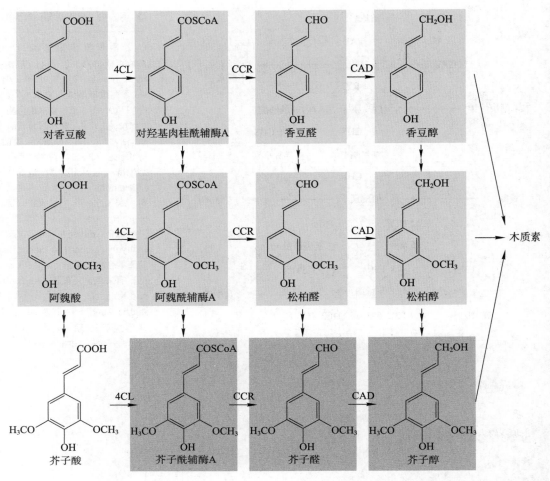

● 图 6-9　木质素的生物合成途径

4CL：4-香豆酸辅酶A连接酶（4-coumarate-CoA ligase）；CCR：肉桂酰辅酶A还原酶（cinnamoyl-CoA reductase）；CAD：肉桂醇脱氢酶（cinnamyl-alcohol dehydrogenase）

　　苯丙酸、苯丙醇和苯丙烯类化合物是木脂素和木质素的前体。木脂素是这些苯丙素类的二聚物（少数为三聚物或四聚物），广泛存在于植物木质部和树脂中（故称木脂素，如沉香或白木香的树脂）。这类化合物有抗癌、抗病毒和保肝等多种生物活性。中药牛蒡子果实中的主要活性成分牛蒡子苷元（arctigenin）具有抗肿瘤、神经保护和免疫调节等活性。小檗科鬼臼属植物中的鬼臼毒素（podophyllotoxin）为芳基四氢萘内酯类木脂素，是抑制微管（microtubule）组装的抗肿瘤药物。

　　香豆素类有抗菌、抗凝血、止血和使平滑肌松弛等作用。有些香豆素可吸收紫外光，保护皮肤免受紫外线的伤害，可用作防紫外辐射的护肤品添加剂，如七叶内酯（esculetin）和七叶内酯苷（esculin）。呋喃型香豆素补骨脂内酯（或称补骨脂素，psoralen）其本身无毒，外涂或内服后，经日光照射可引起皮肤色素沉着，可用于治疗白斑病；紫外线A激发的高能态补骨脂内酯，可插入DNA双螺旋中，与胞嘧啶和胸腺嘧啶结合，阻断DNA转录和修复，最终导致细胞死亡。伞形科中的芹菜、防风草和芫荽富含光照后产生的呋喃型香豆素，在逆境或病害条件下，芹菜中的这种化合物含量会增加 100 倍左右，所以用手接触这种植物时，有时手会肿胀。然而，有些昆虫能生活在含有这类光照后有毒的植物中，因为卷叶可以滤去激发光波。真菌产生的黄曲霉素为吡喃香豆素，有强的肝毒性和致癌活性。

植物在生长过程中通过茎、叶、根和腐烂的枝叶向环境中释放化学物质，对其周围的生物产生影响，称为化感作用。酚类化合物是化感物质中的一类。有些植物（如竹林和松树）的土壤中积累大量对羟基苯甲酸、香豆酸和阿魏酸等酚类物质，达到抑制植物生长的浓度。降解土壤中的这些酚类物质是生态化学研究的重要内容之一。

（二）黄酮类的功能与应用

1. 呈现颜色

除了叶绿素，植物还有三类主要的色素：类胡萝卜素、黄酮类和甜菜素（betalain）。类胡萝卜素是光合作用的辅助色素，呈黄、橙和红色。黄酮类包含许多有色物质，其中最普遍的有色黄酮类是花色素苷（anthocyanin）。花、果大部分呈红、淡红、紫和蓝等色，都与花色素苷有关。甜菜素主要呈现出红紫色与黄色，是水溶性的含氮类色素。鲜艳花色可吸引昆虫传粉，鲜艳果实可吸引动物食用而传播种子。

花色素（anthocyanidin）在三碳桥的 3 位或苯环上的羟基被糖基化，形成花色素的糖苷，即花色素苷。花色素苷储藏在液泡中，在植物界中分布极广。花、果实和叶片的颜色往往与花色素苷有关。花色素苷的颜色受许多因子影响，例如 B 环上的羟基和甲氧基数目、液泡中的 pH 等。分子中取代基的种类、位置和数目都对颜色有影响。表 6-3 说明 B 环上取代基不同导致花色有差异。同一花色素的颜色也会因 pH 不同而有变化，偏酸性时呈红色，偏碱性时为蓝色。低温、缺氮和缺磷等不良环境会促进花色素的形成和积累。

● 表 6-3 不同花色素的取代基和颜色

花色素	3'	4'	5'	颜色
花葵素（pelargonidin）	–H	–OH	–H	橙红
花青素（cyanidin）	–OH	–OH	–H	紫红
花翠素（delphinidin）	–OH	–OH	–OH	蓝紫
芍药素（peonidin）	–OCH$_3$	–OH	–H	玫瑰红
甲花翠素（petunidin）	–OCH$_3$	–OH	–OH	紫

2. 防御伤害

黄酮类化合物存在于花器官和绿叶中，积累在叶和茎的表皮层，能吸收紫外线 B（UV-B，280～320 nm），使细胞免受 UV-B 的伤害。黄酮类物质允许可见光通过，不影响光合作用进行。实验证明，黄酮类是植物的紫外光保护剂。缺乏查耳酮合酶活性的拟南芥突变体，不产生黄酮类物质，对 UV-B 较野生型敏感，在正常条件下生长极差。如果将 UV-B 过滤掉，植物就正常生长。

异黄酮类与其他黄酮类不同，其 B 环是连接在三碳桥的 3 位上。异黄酮有抗菌和抗虫等多种功能，例如鱼藤根中的鱼藤酮（rotenone）有很强的杀虫作用；植株受细菌或真菌侵染后形成的植物防御素（phytoalexin）能限制病原微生物进一步扩散。

3. 药用功能

黄酮类化合物有显著的抗肿瘤、抗氧化、清除自由基、抗菌、抗炎、抗心肌缺血、保肝等广泛的药理作用。黄酮类化合物（flavopiridol）是一种低毒性的抗肿瘤药物，最初从楝科樫木属的红果木植物（*Dysoxylum binectariferum*）中分离，主要通过抑制细胞周期依赖性蛋白激酶的活性、阻断细胞循环而发挥抗肿瘤作用。许多其他黄酮类化合物也发现有抗肿瘤活性，如黄芩苷、槲皮素和柚皮苷等。

花色素、儿茶素类（绿茶功能成分）和茶黄素（红茶功能成分）等都有很强的抗氧化和清除自由基的能力。木樨草素和黄芩素有显著的抗菌及抗病毒作用，芦丁和二氢槲皮素具抗炎作用。芦丁和橙皮苷等有维生素 P 样作用，能降低血管脆性和防治高血压及动脉硬化。水飞蓟素有保肝作用，用于治疗肝炎、肝硬化及中毒性肝损伤。大豆素（daidzein）等异黄酮，在结构上与雌性激素己烯雌酚相似，具有雌性激素样作用，被称为植物雌激素。葛根素等异黄酮类能抑制酒精的吸收和促进其代谢，有解酒和保肝作用。许多黄酮类化合物（如光果甘草中的光甘草定）有很强的抑制酪氨酸酶活性和抑制黑色素合成的作用，可使皮肤美白，在美容化妆品中广泛使用。

◉ 知识拓展 6-2 植物酚类化合物与肠类微生物的作用，即对人体健康的作用

（三）鞣质的功能与应用

鞣质（tannin，俗名丹宁或单宁）是多酚类聚合物，其相对分子质量大多数为 600 ~ 3 000。鞣质在植物界，特别是种子植物中广泛分布。主要存在于植物的树皮、叶片、果实和种子中，在五倍子、银合欢树皮、杨柳树皮、山毛榉科、蓼科、豆科、山茶科植物中含量较高。未成熟的水果中鞣质含量高，因而有较强的涩味。鞣质可分两类：缩合鞣质（condensed tannin）和可水解鞣质（hydrolyzable tannin）。缩合鞣质是由黄酮类单位聚合而成，相对分子质量较大，是木本植物的组成成分，可被强酸水解为花色素。可水解鞣质是不均匀的多聚体，含有酚酸（主要是没食子酸）和单糖，相对分子质量较小，易被稀酸水解。

鞣质有抗菌和抑制动物或昆虫摄食等作用，可抵御动物和微生物的伤害，对植物有保护作用。树干心材的鞣质丰富，能防止真菌和细菌引起的心材腐败。鞣质有涩味，一些牲畜不愿吃鞣质含量高的植物；有些鞣质有毒，能抑制草食动物和昆虫的生长。

鞣质有抗氧化、清除自由基、抗菌、抗病毒、抗癌、解毒和止血等作用，如柯里拉京（corilagin）有抗乙肝病毒、抗氧化和保护肝脏等作用，是老鹳草和叶下珠等多种中药的有效成分。鞣花酸（ellagic acid）有抗氧化、抗病毒和抑制酪氨酸酶活性等功能，能有效清除自由基。另外，鞣质也是红茶和果酒的色香味成分。工业上，鞣质可制备栲胶用于制革业。

（四）其他酚类化合物的功能与应用

1. 芪类

芪类（stilbene）化合物指含有二苯基乙烯类结构的化合物，如白藜芦醇（resveratrol）。白藜芦醇存在于花生、葡萄和虎杖等许多植物中，是虎杖功能成分虎杖苷（polydatin）的苷元。白藜芦醇是重要的植物抗毒素或植保素（phytoalexin），当植物受病菌感染或外界刺激时，其含量显著增加，在植物的抗病过程中起着重要的作用。白藜芦醇有显著的抗肿瘤、抗氧化、抗衰老、保护心脑血管和雌激素样作用等。花生、葡萄、葡萄皮和红葡萄酒中白藜芦

醇的含量较高，食用这些产品被认为有益于健康。

2. 二苯基庚烷类

该类化合物包括姜黄素类、益智酮类和高良姜中的二苯基庚酮类等。姜黄素（curcumin）类为橙黄色色素，被世界卫生组织和许多国家批准作为食品添加剂使用，是目前世界上消耗量最大的天然食用色素之一。姜黄素类存在于姜科的姜黄（*Curcuma longa*）、郁金（*C. aromatica*）和莪术（*C. zedoaria*）等植物的根茎或块根。姜黄素类化合物具有抗菌防腐、抗癌、抗炎、抗氧化、降血脂、利胆、抗动脉粥样硬化和预防老年痴呆等广泛的药理作用，且毒性低、不良反应小，受到医药界的广泛关注。

3. 姜酚类

姜酚类物质（gingerols）是生姜根茎中有味辣的活性物质，具有抗氧化、抗肿瘤、抗炎、降压、降血脂、降血糖和抗凝等多种生物学活性。其中 6- 姜酚最受关注。

4. 木质素

木质素是构成植物细胞壁的主要成分之一，在植物体内起着支撑细胞和植物体、抵抗病原菌入侵等作用。木质素也是自然界中仅次于纤维素的最大量可再生资源。传统的木质素开发利用是以大分子形式直接或改性后利用，如用作染料溶液的稳定剂、水泥助磨剂、农药的分散剂、木材与建筑领域的黏合剂等，但使用量很少。新的研究方向是将木质素降解成小分子的酚类化合物和其他碳氢化合物，如制备酚类化合物或生物油等。但木质素的降解利用尚处于研究探索阶段，还难以达到产业化应用的水平。

第四节　次生含氮化合物······························

植物次生代谢物中有许多是含氮的，大多数含氮次生物质是从氨基酸转化合成的。这里，着重介绍植物次生含氮化合物（secondary nitrogen-containing compounds）中的生物碱和含氰苷。

一、生物碱

生物碱（alkaloid）是除核酸和蛋白质及其生物合成前体（氨基酸和核苷酸）等初级代谢中的含氮化合物以外的含氮化合物。生物碱通常含有 N 杂环，呈碱性。少数含氮杂环的生物碱几乎不显碱性（如喜树碱），或氮原子不在环内，也不呈碱性，如紫杉醇和秋水仙碱。生物碱类一般都有很强的生物活性。

生物碱主要分布在植物界，动物界分布较少。但近年来从动物中发现的生物碱逐渐增加。生物碱在进化程度较高的植物类群中分布较多，在低等植物中分布较少。目前已发现含生物碱的植物有一百多个科。裸子植物的红豆杉科、松柏科、三尖杉科等，单子叶植物的百合科和石蒜科等，双子叶植物的豆科、夹竹桃科、罂粟科、毛茛科、防己科、马钱科、茄科、芸香科、茜草科等多含生物碱。同一科的植物中常含多种结构相似的生物碱，如麻黄中已发现 7 种有机胺类生物碱。生物碱在植物体内的分布并不一致，如古柯碱（可卡因）集中在叶内，奎尼碱集中在树皮，香木鳖碱集中在种子，石蒜碱集中在鳞茎。

植物器官中的生物碱含量很低，一般在万分之几到百分之一二，而金鸡纳树皮含奎宁碱12% 是极少的。植物在不同生长时期所含生物碱的成分及含量常有不同。有些多年生的植物，随年龄增长，某部分器官组织的含量逐渐增加，如金鸡纳树皮的奎宁碱随树龄的增长而增加，小檗根中的小檗碱（黄连素）含量也随植物年龄增长而增加。植物生物碱含量亦受外界条件的影响而改变，如氮肥多时，烟碱含量就高。

（一）生物碱的种类与生物合成

生物碱的种类很多，结构复杂，植物来源广泛，分类方法不一。有按植物来源分类、按化学结构分类和按体内存在状态分类等。较多的是根据化学结构结合生物合成来源分类。各类生物碱的主要生物合成的前体总结如表 6-4。

生物碱的结构类型很多，生物合成途径多种多样。其结构主要来源于氨基酸和萜类化合物，分子中氮原子多来源于氨基酸。与生物碱合成有关的氨基酸主要有酪氨酸、苯丙氨酸、色氨酸、邻氨基苯甲酸、鸟氨酸和赖氨酸等，其中酪氨酸、苯丙氨酸、色氨酸和邻氨基苯甲酸均来自于莽草酸途径。各种生物碱的主要生物合成途径如图 6-10。本节简要介绍各类氨基酸衍生而来的生物碱。

○ 表 6-4　主要结构类型的生物碱

生物碱组别	结构	生物合成前身	例子	医用
吡咯烷（pyrrolidine）		鸟氨酸	烟碱	兴奋剂、镇静剂
托品烷（tephenropane）		鸟氨酸	阿托品、可卡因	阻止肠痉挛，其他毒物解毒剂
				中枢神经系统兴奋剂，局部麻醉剂
哌啶（piperidine）		赖氨酸（或乙酸）	毒芹碱	毒物（麻痹运动神经）
双吡咯烷（pyrrolizidine）		鸟氨酸	倒千里光碱	无
喹嗪（quinolizidine）		赖氨酸	羽扇豆碱	恢复心律
异喹啉（isoquinoline）		酪氨酸	可卡因	止咳止痛药
			吗啡	止痛药
吲哚（indole）		色氨酸	利血平	治疗高血压、精神病
			马钱子碱	毒鼠药、治疗眼疾

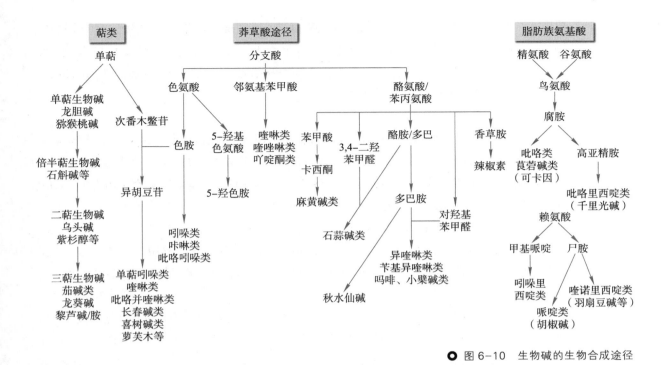

○ 图6-10　生物碱的生物合成途径

1. 来源于酪氨酸和苯丙氨酸的生物碱

该类生物碱的数量很多。根据生源关系可分为多条生物合成途径。酪氨酸经酪胺或左旋多巴转化成多巴胺，后者与酪氨酸转化而来的对羟基苯乙醛结合进一步转化成各种异喹啉类生物碱，包括简单喹啉类（如鹿尾草碱）和苄基异喹啉类（去甲基乌药碱、罂粟碱、番荔枝碱）、双苄基异喹啉类（汉防己甲素、防己诺林）、苯基异喹啉（北美黄连碱类）、萘基异喹啉类（地奥考菲林碱）等生物碱。苄基异喹啉可进一步转化合成吗啡类（吗啡碱、可待因、木防己碱）、原小檗碱类（小檗碱、原小檗碱）和原鸦片碱等化合物。酪氨酸与苯丙氨酸转化而来的3,4-二羟基苯甲醛结合可转化成石蒜碱和石蒜科生物碱类。酪胺还可以与单萜类衍生物次番木鳖苷结合转化合成吐根碱类生物碱（吐根碱、原吐根碱、吐根酚碱）。多巴胺与羟基桂皮醛结合可转化成秋水仙碱。

苯丙氨酸经苯甲酸和卡西酮可转化成麻黄碱和伪麻黄碱类，或经香草醛转化成香草胺后，与缬氨酸衍生物结合转化成辣椒素。

2. 来源于色氨酸的生物碱

吲哚类生物碱是种类最多、结构最复杂的一类生物碱。可分为简单吲哚类、吲哚衍生物类和单萜吲哚类生物碱。简单吲哚类生物碱由色氨酸或色胺直接转化而来，如5-羟色胺、二甲-4-羟色胺（致幻药）和裸头草碱（迷幻药）等。吲哚衍生物类生物碱主要由色氨酸转变成色胺，再进一步合成各种生物碱。色胺可转化合成吡咯吲哚类（如毒扁豆碱）、咔啉类（如胡颓子碱、哈曼）和真菌生物麦角胺类等。

单萜吲哚类生物碱是一类很重要的生物碱，已有许多化合物用作临床药物，主要是抗癌、抗菌和抗虫类药物。色胺与来源于单萜类化合物次番木鳖苷（或称裂环马钱子苷，secologanin）反应生成异胡豆苷（strictosidine），后者可转化合成喹啉类和吡咯并喹啉类等生物碱。其中重要的生物碱有长春碱类（长春碱、长春新碱、长春胺）、喜树碱类（喜树碱、10-羟基喜树碱）、和萝芙木碱类、育亨宾类（利血平）、蛇根碱类（蛇根碱）、钩藤碱类和吴茱萸碱类等。吲哚甘油磷酸与二萜类化合物香叶基焦磷酸反应合成雀稗灵（paspaline），后者可转化成真菌毒素 aflatrem 等生物碱。

3. 来源于萜类的生物碱

萜类生物碱中的 N 不一定来源于氨基酸。单萜类生物碱包括龙胆碱、猕猴桃碱类等。倍半萜类生物碱有石斛碱和去氧萍蓬草碱等。二萜类生物碱的种类较多，代表性的有乌头碱（aconitine）、异叶乌头碱（atisine，退热药）和紫杉醇（taxol）等。三萜类（甾类）生物碱有茄碱类、龙葵碱类和藜芦碱类等。

4. 来源于其他氨基酸的生物碱

来源于莽草酸途径的邻氨基苯甲酸（anthranilate）可转化合成喹啉类（茵芋碱、奇曼碱）、喹唑啉类（骆驼蓬碱、常山碱）和吖啶酮类（山油柑碱、蜜茱萸辛和芸香吖啶酮）生物碱等。

精氨酸和谷氨酸可转化成鸟氨酸，再合成生物碱。鸟氨酸转化经腐胺和高亚精胺后合成吡啶里西啶类生物碱（如千里光碱）。腐胺与烟酸结合合成烟碱。腐胺与乙酰辅酶 A 结合可进一步转化合成吡咯烷类（古豆碱、红古豆碱）、莨菪烷类（可卡因、托品碱、莨菪碱、东莨菪碱）等生物碱。

赖氨酸经尸胺可转化合成喹诺里西啶类（羽扇豆碱、苦参碱、金雀花碱）和哌啶类（胡椒碱、槟榔碱、景天胺、山梗酮碱、石榴碱和假石榴碱）生物碱。赖氨酸可直接转化经甲基哌啶合成吲哚里西啶类生物碱（一叶萩碱、苦马豆碱）。赖氨酸也可与烟酸结合转化成假木贼碱（或称新烟碱）。

组氨酸可转化成组胺和毛果芸香碱，或与亮氨酸结合转化成咪唑类生物碱。嘌呤核苷酸可转化成嘌呤类生物碱（如咖啡碱、茶碱）。

（二）生物碱的功能与应用

许多生物碱对动物有毒性，在植物体内都具有防御病虫害的作用。生物碱类大多具有生物活性，许多是重要的药物或中草药有效成分。生物碱的主要药用功能包括以下几个方面。

1. 抗癌作用

紫杉醇（或称红豆杉醇）是迄今发现的最优秀的天然抗癌药物之一，其作用机理是使微管蛋白聚集、稳定微管、防止其解聚，从而阻止细胞的有丝分裂。临床上广泛用于乳腺癌、卵巢癌、肺癌等多种癌症的治疗。紫杉醇是二萜生物碱类化合物，其分子中的氮原子不在环上。

夹竹桃科的长春花（*Catharanthus roseus*）植物中已分离出100余种生物碱，包括长春碱、长春新碱、长春地辛、阿玛碱等抗肿瘤活性物质。其中，长春新碱（vincristine）和长春碱（vinblastine）的抗肿瘤活性最强。长春碱类药物主要抑制微管蛋白的聚合，而妨碍纺锤体微管的形成，使核分裂停止于中期。该类药物已广泛用作临床抗肿瘤药物。

喜树碱和10-羟基喜树碱是从喜树和马比木植物中提取的抗癌药物，通过抑制拓扑异构酶 I 来阻止 DNA 复制及 RNA 合成。由于喜树碱的毒性较大，经过结构修饰后开发出了低毒和水溶性好的拓扑替康和伊立替康两种临床用药物，用于治疗多种癌症。

　　从三尖杉属植物中提取的三尖杉酯碱（harringtonine）和高三尖杉酯碱（homoharringtonine）能抑制真核细胞内蛋白质的合成，使多聚核糖体解聚，是干扰蛋白质合成的抗癌药物。我国已将这两种生物碱开发成抗癌药物，用于临床治疗急性早幼粒细胞白血病、急性单核细胞性白血病、急性粒细胞性白血病及恶性淋巴瘤等。

　　卫矛科植物卵叶美登木果实中的美登碱或美登木碱与长春碱的作用相似，能阻止有丝分裂和蛋白质的合成，对多种实验肿瘤有显著的抑制作用。

　　2. 对心血管系统的作用

　　许多生物碱有降血压、降血脂、强心和扩张血管等作用。育亨宾类和蛇根碱等许多生物碱有显著的降血压作用，从萝芙木植物中分离的利血平（reserpine）是其中的代表性化合物。乌头碱有降血压、强心、扩张血管和抗心律失常等作用。利血匹啉（reserpiline）、中药莱菔子中的芥子碱（sinapine）、莲子中的莲心碱、钩藤碱等都有降血压等作用。苦参碱有显著的降血脂和扩张血管的作用。此外，苦参碱类、奎宁丁和关附甲素有强心和抗心律不齐等作用。

　　3. 对中枢神经系统的作用

　　石杉碱甲是治疗老年痴呆的阿尔茨海默病（Alzheimer's disease，AD）的药物。加兰碱和毒扁豆碱等也有抑制乙酰胆碱酯酶的活性。此外，黄皮酰胺（clausenamide）有显著的促智作用。苦参碱有抑制中枢神经系统、催眠和镇痛作用。

　　4. 抗菌和杀虫作用

　　石蒜碱、苦参碱、黄连中的小檗碱有很强的抗菌活性。奎宁类、土根碱类、小檗碱类等许多生物碱类都有抗疟原虫活性。其中奎宁和土根碱已用作临床抗疟疾药物。地奥考菲林碱对夜蛾幼虫有显著的拒食和生长发育抑制作用，苯骈呋喃衍生物罗米仔兰酰胺（rocaglamide）有强力杀虫活性，这些化合物有可能成为新型杀虫剂。

　　5. 其他药用功能

　　吗啡、延胡索乙素、野罂粟碱、青藤碱和某些异喹啉碱有镇痛止痛作用。麻黄碱有平喘作用等。此外，生物碱也是维生素 B_1、叶酸和生物素的组成成分。

二、含氰苷

　　含氰苷（cyanogenic glycoside）广泛分布于植物界，其中以豆类、禾谷类和玫瑰一些种类最多。

　　在完整的植物体内，含氰苷存在于叶表皮的液泡中，含氰苷本身无毒；而分解含氰苷的酶——糖苷酶（glycosidase）则存在叶肉中，互不接触。当叶片被咬碎后，含氰苷就与酶相互接触，含氰苷中的氰醇（cyanohydrin）和糖基被水解分开，前者再在羟基腈裂解酶（hydroxynitrile lyase）作用下或自发分解为酮和氰化氢（HCN）（图6-9）。昆虫和其他草食动物（如蛇、蛞蝓）取食植物后，产生 HCN，呼吸就被抑制。木薯（*Manihot esculenta*）块茎含较多含氰苷，一定要经磨碎、浸泡、干燥等过程，除去或分解大部分含氰苷后，才能食用。

含氰苷 → 氰醇 → 酮 + 氰化氢

反应式：
R R'C(O—糖)(C≡N) 经 **糖苷酶** / **糖** → R R'C(OH)(C≡N) 氰醇 经 **羟基腈裂解酶或自发分解** → R R'C=O + HC≡N

含氰苷　　　　　　氰醇　　　　　　　　　　酮　　氰化氢

三、芥子油苷

十字花科植物如甘蓝、花椰菜、萝卜和油菜含有芥子油苷（glucosinolate）或称芥菜油糖苷（mastard oil glucosides）。芥子油苷可被酶水解生成有刺激性的活性物质，如异氰酸盐和腈，可作为毒素或拒食剂来抵抗食草动物。但对某些食草动物如纹白蝶，芥子油苷却有刺激其进食和产卵的作用。油菜是我国主要食用油料作物之一，我国作物育种家培育出了种子含油量高、芥子油含量低的油菜品种。

反应式：
R—C(S—葡萄糖)(=N—O—SO₃⁻) 经 **葡糖硫苷酶** / **葡萄糖** → R—C(SH)(=N—O—SO₃⁻) 糖苷配基 经 **自发地** SO₄²⁻ → R—N=C=S 和 R—C≡N 腈

芥子油苷　　　　　　　　　　　糖苷配基　　　　　　　　　腈

第五节　次生代谢物的开发利用技术·······················

○ 专题讲座 6-1
植物次生代谢物的
生物技术

一、植物细胞、组织与器官培养技术

植物细胞、组织和器官培养技术已广泛用于植物代谢途径研究、药用植物和花卉等的快速繁殖、诱变育种和次生代谢物生产等方面。

1. 植物细胞培养

我国已建立三七、人参、西洋参，三尖杉等药用植物细胞的大规模培养体系。通过细胞培养，能选出生长快、人参皂苷含量高的人参细胞株系，使人参皂苷占植株干重的 10.3%（原植株根只有 6.1%）。我国在紫草的细胞培养也获得成功，使紫草的主要成分乙酰紫草素含量提高 4.7 倍。但是，传统的植物细胞培养技术生产次生代谢物，生产成本很高，多数情况下难以用于产业化生产。

植物的分生组织中，尚未分化的分生组织细胞可称为植物干细胞（plant stem cell）。有些植物经过干细胞培养，具有细胞聚集度低、遗传稳定性高、耐低温储藏、生长快、次生代谢物含量高等方面的优势。

2. 毛状根器官培养

发根农杆菌（*Agrobacterium rhizogenes*）可感染植物受伤部位，并将菌株中 Ri 质粒上的 T-DNA 片段整合到植物细胞的基因组内，从而诱导毛状根产生。利用发根农杆菌在长春花、紫草、绞股蓝、人参、甘草等 200 多种药用植物中建立毛状根培养系统，通过毛状根培养可合成多种生物碱类、黄酮类、醌类以及药用蛋白质（如天花蛋白质）等。利用毛状根生产次生代谢物有下列优点：生长迅速、合成次生代谢物能力强和向培养液释放代谢物，可回收代谢物等。利用毛状根培养技术生产次生代谢物具有较好的应用前景。例如，高丽参毛状根培养生产人参皂苷已达到了规模化生产的水平；利用獐牙菜（*Suertia*）毛状根生产苦杏苷，增加代谢物达 15 倍；从短叶红豆杉诱导出毛状根中筛选出的优良无性系，在 20 天后增加的生物量约为愈伤组织液体培养的 3 倍，紫杉醇含量为愈伤组织液体培养的 1.3 ~ 8.0 倍。

二、基因工程技术

1. 改良农作物品质及提高抗逆性

基因工程技术可通过改良调控基因、增加生物合成酶或改变植物次生代谢的流向等方式，达到提高目标物合成和减少或阻止非目标产物合成的目的。科学家将玉米和水仙中的胡萝卜素生物合成途径关键酶基因在稻米的胚乳中表达，提高胡萝卜素含量，创制了金色稻米（golden rice）；通过 RNA 干扰技术，抑制番茄果实的 *DET1* 基因的表达，提高其胡萝卜素和黄酮类的含量；油菜的硫糖苷有毒性，导入色氨酸脱羧酶，将色氨酸的代谢流向没有毒性的色胺，而不流向有毒性的硫糖苷，提高了油菜种子的食用价值。1,2- 二苯乙烯合成酶是合成植保素白藜芦醇的关键酶，正常烟草不含这种酶。将花生的二苯乙烯合成酶转入烟草，烟草便合成此植保素，增强对灰葡萄孢菌（*Botrytis cierea*）的抗性。将抗虫活性物质（*E*）−*β*−金合欢烯合成酶基因转入高粱，也获得了抗蚜虫的转基因高粱。

○ 重要事件 6–5 转基因植物

2. 花卉育种

将正义或反义的查尔酮合酶（CHS）、DFR、类黄酮 −3′,5′− 羟化酶（F3′,5′H）等结构基因转入菊花、月季、非洲菊、蓝猪耳等都改变了花色。通过转化 F3′,5′H 基因成功培育出了蓝色康乃馨和蓝色玫瑰。

3. 提高植物药用功能成分的生物合成

通过增加次生代谢物关键的合成酶和阻断非目标产物合成的分支途径都可以提高次生代谢物的合成。通过系列基因工程途径研究提高青蒿中青蒿素的生物合成。如将法呢基焦磷酸合成酶基因、反义鲨烯合酶基因导入青蒿，获得青蒿素含量比对照高数倍的转基因植株。用发夹 RNA 介导的 RNA 干扰阻断类固醇合成，使转基因青蒿中的青蒿素含量比对照提高 3.14 倍。

○ 知识拓展 6–3 植物次生代谢物的提取与分离纯化技术

植物体内的次生代谢物通常含量较低，且与许多其他化合物和结构成分共存，需要将它们从植物体内提取出来，并进行分离纯化，才能得到有效的利用。开展植物体内次生代谢物的成分分析、代谢途径调控和分离制备等方面的研究具有重要意义，也是植物资源综合开发利用的重要基础。

○ 知识拓展 6–4 植物资源的综合开发利用

○ 小结

植物次生代谢是植物长期演化过程中产生的。植物的次生代谢物可分为萜类、酚类和含氮次生化合物三大类。

萜类的生物合成有甲羟戊酸途径和甲基赤藓醇磷酸途径。萜类的代表性化合物有青蒿素、紫杉醇、甘草酸、除虫菊、胡萝卜素、橡胶等。某些萜类影响植物的生长发育和种子成熟等，有些是挥发油和天然香料的主要成分，有些是强效的抗癌等药物。

酚类生物合成主要通过莽草酸途径和丙二酸途径。代表性的酚类化合物有桂皮酸、咖啡酸、香豆素、水杨酸、没食子酸、儿茶素、花色素苷、木质素和鞣质等。酚类物质是植物细胞壁和植物防御病虫害的重要成分，花色素苷对花果颜色起决定作用。黄酮类有抗紫外线、抗氧化、抗菌和抗癌等作用。

生物碱的生物合成主要来源于氨基酸和部分来源于萜类。在植物体内起防御病虫害的作用。生物碱是重要的天然药物来源。

植物次生代谢物与人类生活密切相关。利用现代生物技术培育新的优良品种和提高次生代谢物生产；挖掘植物资源的开发利用价值、实现资源的综合开发利用，是植物产业发展的重要方向。

⭕ 名词术语

初生代谢物　次生代谢物　萜类化合物　甲羟戊酸途径　紫杉醇　青蒿素
甲基赤藓醇磷酸途径　酚类化合物　黄酮类　苯丙氨酸解氨酶　查尔酮合酶　莽草酸途径
花色素苷　木质素　鞣质　生物碱　植物干细胞

⭕ 思考题

1. 植物的初生代谢物如何进一步转变为萜类、酚类和生物碱？

2. 植物次生代谢物有哪些方面的主要用途？举例说明。

3. 植物挥发油的主要成分是什么？

4. 黄酮类化合物的主要结构类型及其特点？

5. 生物碱的结构与生物活性有何特点？

6. 提高植物次生代谢物有哪些途径？

7. 从青蒿素的发现过程中，你能得到哪些启示？

⭕ 更多数字课程资源

术语解释　　　　　推荐阅读　　　　　参考文献

第 三 篇

植物的信号转导

　　植物在个体发育的过程中，持续不断地对外界环境刺激和内部发育信号做出响应，以调整生理反应和形态建成，适应发育进程与环境的变化。植物激素和光分别是最重要的内部信号和环境因子，对植物生长发育的调控作用至关重要。

　　植物细胞通常由细胞表面和细胞内的受体来感受胞外刺激，并通过细胞内信号转导网络（signaling network）整合并输出信号，调节生化和生理反应，最终导致组织、器官乃至整体植物的形态变化。

　　植物激素的合成、代谢决定着体内活性激素的含量。适宜浓度的各种激素通过各自的信号转导途径或与其他激素发生相互作用（cross talk），形成信号转导网络，实现对植物生长发育的精准调控。

　　植物具有多种类型的光受体，以感受不同波长（光质）、不同光强（光量）以及来自不同方向的光，通过光信号通路并整合激素等信号构建信号转导网络，完成光形态建成反应，使植物适应季节、纬度以及人为条件下光环境的改变。

第 七 章

细胞信号转导

生长发育是基因在一定时间、空间上顺序表达的过程，而基因的表达除了受遗传因素支配外，也受周围环境的调控。动物通过神经和内分泌系统调节自身，适应环境，而植物没有这两个系统，它是通过对各种外界环境信号精确、完善的信号转导系统来调节自身，适应环境。在生长发育过程中，植物细胞时刻处于外界环境信号如温度、光照、机械刺激、气体、重力、病原因子等的刺激之下（图7-1），同时还面对体内其他细胞传来的信号如激素、多肽、糖、代谢物、细胞壁压力等刺激。植物通过细胞受体感受这些信号，并将信号在细胞中传递、整合并最终输出信号，引发细胞生理生化的变化，最终导致组织、器官乃至整体植物的形态变化来适应环境。

植物细胞信号转导（signal transduction）是指细胞偶联各种刺激信号（包括各种内外源刺激信号）与其引起的特定生理效应之间的一系列分子反应机制。细胞接收胞外信号进行信号转导可以分为4个步骤：一是信号分子与细胞表面受体的结合；二是跨膜信号转换；三是在细胞内通过信号转导网络进行信号传递、放大与整合；四是导致生理生化变化。如果信号分子可以直接进入细胞，前两个步骤可省略，信号分子直接与细胞内的受体结合。

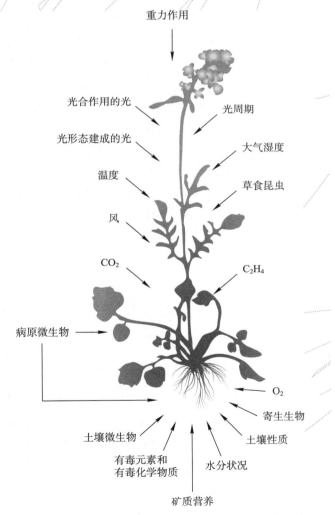

⬤ 图7-1 外部信号对拟南芥植株生长和发育的影响（自 Buchanan 等，2015）

第一节　信号与受体结合 ·

一、信号

对植物体来讲，环境变化就是刺激，就是信号（signal）。根据信号分子的性质，信号分为物理信号和化学信号。光、电等刺激属于物理信号，娄成后认为，植物受到外界刺激时可产生电波，通过维管束、共质体和质外体快速传递信息。激素、病原因子等属于化学信号。化学信号也称为配体（ligand）。例如，植物根尖合成的 ABA，通过导管向上运送到叶片保卫细胞，经过一系列信号转导过程，引起叶片上的气孔关闭。

二、受体

受体（receptor）是指能够特异地识别并结合信号、在细胞内放大和传递信号的物质。细胞受体的特征是有特异性、高亲和力和可逆性。至今发现的受体大都为蛋白质。

位于细胞表面的受体称为细胞表面受体（cell surface receptor）。在很多情况下，信号分子不能跨过细胞膜，它们必须与细胞表面受体结合，经过跨膜信号转换，将胞外信号传入胞内，并进一步通过信号转导网络来传递和放大信号。例如，大多数激素受体就是植物细胞的表面受体。细胞表面受体一般是跨膜的蛋白质，具有胞外与配体相结合的区域、跨膜区域以及胞内与下游组分相结合的区域。

位于亚细胞组分如细胞核、内质网以及液泡膜上的受体叫作细胞内受体（intracellular receptor）。例如乙烯受体 ETR1 就位于内质网，光敏色素受体位于细胞质基质中。一些信号是疏水性小分子，不经过跨膜信号转换，而直接扩散入细胞，与细胞内受体结合后，在细胞内进一步传递和放大。

第二节　跨膜信号转换 ·

信号与细胞表面的受体结合之后，通过受体将信号传递进入细胞内，这个过程称为跨膜信号转换（transmembrane transduction）。在动物细胞中，异三聚体 G 蛋白连接受体在跨膜信号转换中起着重要的作用。但在植物细胞中，双元系统（也叫作二元组分系统，two-component system）和受体激酶（receptor kinases）介导的跨膜信号转换则更为普遍。植物中的小 G 蛋白在细胞信号转导中发挥了重要作用。

○ 知识拓展 7-1
小 G 蛋白在信号
转导中的作用

一、双元系统

双元系统首先是在细菌中发现的，受体有两个基本部分（图 7-2A），一个是作为感

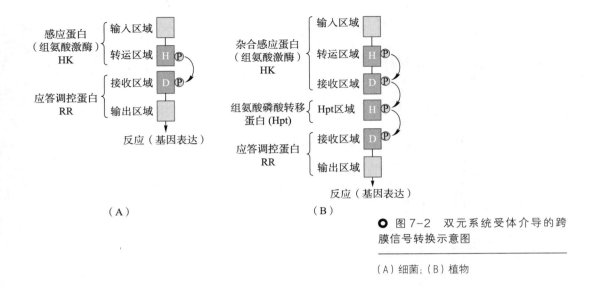

感应蛋白
（组氨酸激酶）
HK { 输入区域
转运区域

应答调控蛋白
RR { 接收区域
输出区域

反应（基因表达）

（A）

杂合感应蛋白
（组氨酸激酶）
HK { 输入区域
转运区域
接收区域

组氨酸磷酸转移
蛋白（Hpt） { Hpt区域

应答调控蛋白
RR { 接收区域
输出区域

反应（基因表达）

（B）

● 图 7-2　双元系统受体介导的跨膜信号转换示意图

（A）细菌；（B）植物

应蛋白的组氨酸激酶（histidine kinase，HK），另一个是应答调控蛋白（response-regulator protein，RR）。

HK 位于质膜，分为感受胞外刺激的信号输入区域和具有激酶性质的转运区域。当输入区域接受信号后，转运区域激酶的组氨酸残基发生磷酸化，并且将磷酸基团传递给下游的应答调控蛋白 RR。

RR 也有两个部分，一个是接受区域，由天冬氨酸残基接受磷酸基团，另一部分为信号输出区域，将信号输出给下游的组分，通常是转录因子，以此调控基因的表达。植物细胞具有细胞核，与无核的细菌相比，信号传递路径更加复杂，因此双元系统也更加复杂一些，从 HK 到 RR 之间会增加一个或多个传递磷酸基团的组分。在图 7-2B 中，首先，HK 转运区域下游增加了一个接收区域来传递磷酸基团，相对于细菌的 HK，称之为杂合的感应蛋白。第二，在 RR 上游还增加了一个组氨酸磷酸转移蛋白（Hpt），它接受 HK 传来的磷酸基团后，进一步将其传递给下游的 RR。这样，复杂的双元系统实质上是增加了传递磷酸基团的蛋白组分。现已明确，细胞分裂素受体和乙烯受体都以复杂的双元系统来传递激素信号。

二、受体激酶

位于细胞表面的另一类受体具有激酶的性质，称为受体激酶，也称之为类受体蛋白激酶（receptor-like protein kinases，RLK）。植物中的 RLK 大多属于丝氨酸/苏氨酸激酶类型，大多由三部分组成：胞外结构区（extracellular domain）、跨膜螺旋区（membrane spanning helix domain）及胞内蛋白激酶催化区（intracellular protein kinase catalytic domain）。胞外结构区主要负责与信号分子的特异性结合，胞内蛋白激酶催化区被激活后发挥激酶功能，通过使下游组分发生磷酸化而启动细胞内的信号转导途径，从而完成信号的跨膜转换。跨膜螺旋区位于上述两个区域之间，将细胞内外连接起来。

胞外结构区根据其结构可将 RLK 分为三类：①含 S 结构域（S domain）的 RLK，在胞外具有一段与调节油菜自交不亲和的 S- 糖蛋白同源的氨基酸序列；②富含亮氨酸重复

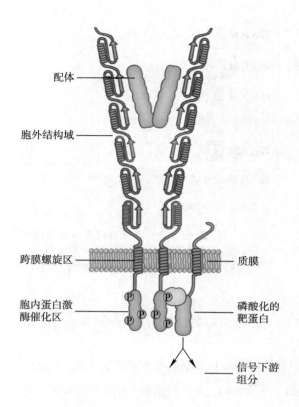

配体

胞外结构域

跨膜螺旋区 —— —— 质膜

胞内蛋白激
酶催化区

P P P —— 磷酸化的
靶蛋白

信号下游
组分

○ 图 7-3 受体激酶介导的跨膜信
号 转 换 示 意 图（自 Buchanan 等，
2000）

（leucine-rich repeat）的 RLK，胞外结构域中有重复出现的亮氨酸。油菜素内酯的受体（见
第八章）就属于这种 RLK；③类表皮生长因子（epidermal growth factor like repeat）的 RLK，
胞外结构域具有类似动物细胞表皮生长因子的结构。

第三节　细胞内信号转导形成网络·······························

胞外的刺激信号，或通过与细胞表面的受体结合，经跨膜信号转换而进入胞内，或直接
进入细胞、与胞内受体结合而进一步传递信号。在细胞内信号的放大和传递是通过不同方式
的。在植物生长发育的某一阶段，常常是多种刺激同时作用。这样，复杂而多样的信号系统
之间存在着相互作用，在细胞内形成信号转导网络（signaling network）。

一、第二信使

通常将胞外信号视为初级信号（primary signal）。它经过跨膜转换之后，进入细胞，还
要通过细胞内的信号分子或第二信使（secondary messenger）进一步传递和放大，最终引起
细胞反应。现已发现了一系列第二信使如 Ca^{2+}、脂质信号分子、pH 变化、某些氧化还原剂
如抗坏血酸、谷胱甘肽和过氧化氢等。

（一）Ca²⁺/CaM

一般来说，静息态细胞质基质 Ca²⁺ 浓度小于或等于 0.1～0.35 μmol·L⁻¹，而细胞壁、内质网和液泡中的 Ca²⁺ 浓度要比胞质中的高 2～5 个数量级。细胞受刺激后，胞质 Ca²⁺ 浓度可能发生一个短暂的、明显的升高，或发生梯度分布或区域分布的变化。例如，伸长的花粉管具有明显的 Ca²⁺ 梯度，顶端区域浓度最高，亚顶端之后随之降低。在花粉管持续伸长过程中，这一区域的浓度变化呈现周期性上升和回落。细胞质基质的 Ca²⁺ 继而与钙结合蛋白（或称为钙离子感应蛋白）发生结合而起作用。目前在植物细胞中发现的钙离子感应蛋白有钙调蛋白或钙调素（calmodulin，CaM）、钙依赖型蛋白激酶（calcium dependent protein kinase，CDPK）以及钙调磷酸酶 B 相似蛋白（calcineurin B-like proteins，CBL）等。

钙调蛋白是一种耐热的球蛋白，等电点 4.0，相对分子质量约为 1.67×10^4。它是具 148 个氨基酸的单链多肽。CaM 以两种方式起作用：第一，可以直接与靶酶结合，诱导构象变化而调节靶酶的活性；第二，与 Ca²⁺ 结合，形成活化态的 Ca²⁺·CaM 复合体，然后再与靶酶结合，将靶酶激活。目前已知的靶酶包括质膜上的 Ca²⁺-ATP 酶、Ca²⁺ 通道、NAD 激酶、多种蛋白激酶等。这些酶被激活后，参与蕨类植物的孢子发芽、细胞有丝分裂、原生质流动、植物激素的活性、向性、调节蛋白质磷酸化，最终调节细胞生长发育。植物细胞内、外都存在 CaM，孙大业等发现，细胞壁中的 CaM 促进细胞增殖、花粉管萌发和细胞长壁。

细胞内的钙稳态（calcium homeostasis）是靠 Ca²⁺ 的跨膜运转来调节的。植物细胞 Ca²⁺ 运输系统如图 7-4。细胞壁是胞外钙库。质膜上 Ca²⁺ 通道控制 Ca²⁺ 内流，而质膜上的 Ca²⁺ 泵负责将 Ca²⁺ 泵出细胞。胞内钙库（如液泡、内质网、线粒体）的膜上存在 Ca²⁺ 通道、Ca²⁺ 泵和 Ca²⁺/nH⁺ 反向运输体，最前者控制 Ca²⁺ 外流，后两者使胞质 Ca²⁺ 进入胞内钙库。

（二）脂质信号分子

脂质除了作为细胞膜的重要组分，其代谢衍生物还可作为脂质信号分子，起着由细胞膜向细胞内进行信号转导的作用。而脂质代谢通常在磷脂酶、磷酸酶等一系列酶的催化下完成。已知的脂质信号分子包括磷脂酸（phosphatidic acid，PA）、磷脂酰肌醇

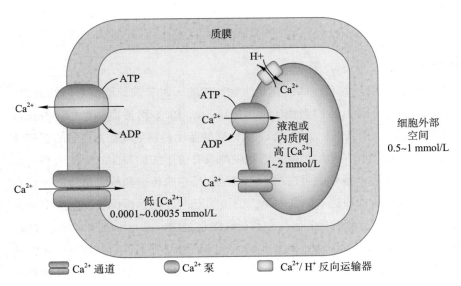

图 7-4　植物细胞钙离子运输系统

（phosphatidylinositol，PtdIns 或 PI）、鞘脂、溶血磷脂、N- 酰基乙醇胺以及自由脂肪酸等。

目前已知，磷脂酶 D（Phospholipase D，PLD）可以催化不同的磷脂水解形成 PA 以及胆碱或乙醇胺等。而 PA 作为植物细胞的第二信使分子，能与 30 多种蛋白质发生靶向性结合，由此参与各种激素、生物和非生物胁迫反应的信号转导过程。PLD 是多基因编码的大家族，在不同的植物中有所不同，由此调控了各种植物生长发育和应对环境变化的生理反应。

● 知识拓展 7-2
磷脂酸在信号转导中的功能

磷脂酰肌醇及其衍生物也是一类重要的脂质信号分子。磷脂酰肌醇 -4,5- 二磷酸（phosphatidylinositol-4,5-bisphosphate，PIP_2）是一种分布在质膜内侧的肌醇磷脂，占膜脂的极小部分。它是在 PI 激酶（PI4K）和 PIP 激酶（PIPK）先后催化下，使 PI 和 PIP 磷酸化而形成的。PIP_2 在磷脂酶 C（phospholipase C，PLC）的催化作用下，水解形成肌醇三磷酸（inositol 1,4,5-trisphosphate，IP_3）和二酯酰甘油（diacylglycerol，DAG）。光和激素等刺激可引起这样的水解反应。

IP_3 是水溶性的，它可扩散到细胞质基质，与内质网膜或液泡膜上的 IP_3- 门控 Ca^{2+} 通道结合，使通道打开。液泡 Ca^{2+} 浓度高，Ca^{2+} 就顺着浓度梯度迅速地释放出来，增加细胞质基质 Ca^{2+} 浓度，于是引起生理反应。这种 IP_3 促使胞库释放 Ca^{2+}，增加胞质 Ca^{2+} 的信号转导，称为 IP_3/Ca^{2+} 信号传递途径。

DAG 是脂质，它仍留在质膜上，与蛋白激酶 C（protein kinase C，PKC）结合并使之激活。PKC 进一步使其他激酶（如 G 蛋白、磷脂酶 C 等）磷酸化，调节细胞的繁殖和分化。这种 DAG 激活 PKC，再使其他蛋白激酶磷酸化的过程，称为 DAG/PKC 信号传递途径。在植物中 DAG 起第二信使的作用，但由于在植物基因组里尚未发现 PKC 基因，所以这条途径是否存在于植物细胞还需要验证。胞外刺激使 PIP_2 转化成 IP_3 和 DAG，引发 IP_3/Ca^{2+} 和 DAG/PKC 两条信号转导途径，在细胞内沿两个方向传递，这样的信号系统称之为 "双信使系统"（double messenger system）。目前已知，植物细胞的 PLC 信号途径与动物细胞有很大的不同。在植物中已发现多种催化磷脂酰肌醇代谢的酶的基因。它们通过调节脂质信号分子的代谢来发挥生理功能。

● 知识拓展 7-3
植物细胞中的 PLC
信号途径

二、蛋白质可逆磷酸化

在信号转导过程中，蛋白质的可逆磷酸化是生物体内的一种普遍的翻译后修饰方式。蛋白质磷酸化与脱磷酸化分别由蛋白激酶（protein kinase，PK）和蛋白磷酸酶（protein phosphatase，PP）催化完成。前者催化 ATP 或 GTP 的磷酸基团转移到底物蛋白质的氨基酸残基上；后者催化逆转的反应。在动物和植物细胞中都具有位于细胞表面的受体激酶，在接受刺激信号后，往往会通过一系列的蛋白质可逆磷酸化反应来传递和放大信号，直至将信号传到细胞核中，调节基因的表达。细胞内第二信使如 Ca^{2+} 往往通过调节细胞内多种蛋白激酶和蛋白磷酸酶，从而调节蛋白质的磷酸化和脱磷酸化过程，进一步传递信号。例如，促分裂原活化蛋白激酶（mitogen-activated protein kinase，MAPK）参与的信号转导级联反应（signaling cascades）途径，在动、植物细胞中都存在，是由 MAPK、MAPKK 和 MAPKKK 三个激酶组成的一系列蛋白质磷酸化反应。每次反应就产生一次放大作用。在植物细胞中，

MAPK 级联途径可参与生物胁迫、非生物胁迫、植物激素和细胞周期等信号的传导，被认为是一个普遍的信号转导机制。

（一）蛋白激酶

蛋白激酶是一个大家族，植物中有 3%～4% 的基因编码蛋白激酶。蛋白激酶可分为丝氨酸／苏氨酸激酶、酪氨酸激酶和组氨酸激酶等三类，它们分别将底物蛋白质的丝氨酸／苏氨酸、酪氨酸和组氨酸残基磷酸化。有的蛋白激酶具有双重底物特异性，既可使丝氨酸或苏氨酸残基磷酸化，又可使酪氨酸残基磷酸化。

钙依赖型蛋白激酶（calciumn dependent protein kinase，CDPK）属于丝氨酸／苏氨酸激酶，是植物细胞中特有的蛋白激酶家族，大豆、玉米、胡萝卜、拟南芥等植物中都存在蛋白激酶。*CDPK* 基因在拟南芥中有 34 个，水稻中 31 个，小麦中至少 20 个。机械刺激、激素、生物和非生物胁迫都可引起 *CDPK* 基因表达。一般来说，CDPK 在其氨基端有一个激酶催化区域，在其羧基端有一个类似 CaM 的结构区域，在这两者之间还有一个抑制区。类似 CaM 结构区域的钙离子结合位点与 Ca^{2+} 结合后，抑制被解除，酶就被活化。CDPK 的结构决定了它既可作为钙离子感应蛋白，又可作为效应蛋白，酶活化后迅速与下游靶蛋白结合而发挥作用。现已发现，被 CDPK 磷酸化的靶蛋白有质膜 ATP 酶、离子通道、水孔蛋白、代谢酶以及细胞骨架成分等。表 7-1 列举了拟南芥中不同 CDPK 的亚细胞分布和发挥的生理功能。

◉ 表 7-1　拟南芥 CDPK 的亚细胞定位和生理功能（自 Wurzinger 等，2011；Boudsocq 和 Sheen，2013）

CDPK 蛋白	亚细胞分布	参与的生理功能
AtCPK1	过氧化物酶体，油体	冷胁迫，水杨酸和抗病反应
AtCPK3	细胞质基质，细胞核，细胞膜	盐和干旱胁迫，病虫害反应，气孔运动
AtCPK4，AtCPK6，AtCPK11	细胞膜，细胞质基质，细胞核	盐和干旱胁迫，病害反应，ABA 反应，气孔运动
AtCPK5		
AtCPK7，AtCPK8	细胞膜，细胞质基质，细胞核	干旱胁迫，病害反应
AtCPK10	质膜	气孔运动
AtCPK12	质膜	干旱胁迫，ABA 反应，气孔运动
AtCPK13	细胞质基质，细胞核	ABA 反应
AtCPK17	细胞膜，质膜	虫害反应
AtCPK21	质膜	花粉管伸长
AtCPK23	质膜	渗透胁迫，气孔运动
AtCPK32	质膜	盐和干旱胁迫，气孔运动
	细胞核，细胞质基质	ABA 反应

CDPK 与受体激酶、MAPK 级联途径中的各种激酶都属于蛋白激酶，在跨膜信号转换和信号转导网络中发挥了重要作用。

（二）蛋白磷酸酶

蛋白磷酸酶的分类与蛋白激酶相对应。两者的协同在细胞信号转导中的的作用是不言而喻的。近年来在植物中已经获得了丝氨酸／苏氨酸蛋白酶 PP1 和 PP2，它们参与植物逆境胁迫反应。例如，PP2C 就在 ABA 信号途径中充当一个重要的组分（见第八章）。另外，在动物细胞程序性死亡中，天冬氨酸特异性的半胱氨酸蛋白酶（caspase）家族发挥了重要的作用。活化的半胱氨酸蛋白酶通常触发信号的级联反应而导致 DNA 降解与细胞解体。尽管在拟南芥基因组中未发现与动物半胱氨酸蛋白酶同源的基因，但程序性细胞死亡（见第十一章）受到半胱氨酸蛋白酶抑制剂的抑制。目前已经在燕麦和小麦细胞中发现了类似于半胱氨酸蛋白酶的丝氨酸蛋白酶（saspases），在热诱导与病原菌引起的燕麦细胞程序性死亡中，参与 Rubisco 的降解。

三、蛋白质降解

泛素 – 蛋白酶体途径（ubiquitin-proteasome pathway）是真核细胞内降解蛋白质的重要途径。泛素激活酶（E1）、泛素结合酶（E2）和泛素连接酶（E3）在泛素与靶蛋白结合中起作用，而 26S 蛋白酶体识别泛素化标记的蛋白后，将其降解成为小片段多肽（图 7-5）。该途径在植物激素信号转导中发挥了作用（见第八章）。

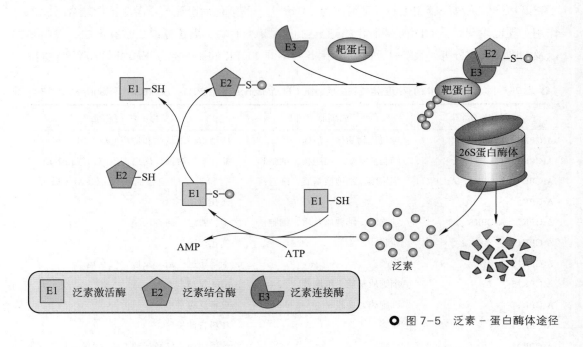

○ 图 7-5　泛素 – 蛋白酶体途径

总之，植物细胞信号转导是通过表面细胞受体和胞内信号受体来接受信号，在细胞内，通过胞内第二信使、信号转导网络来传递和放大信号，最终输出信号，引起细胞生理生化的变化如基因表达、酶活性变化、细胞骨架变化等。

植物细胞具有与动物细胞相似的受体、信号转导途径和信号组分，例如激酶受体、MAPK 级联途径、泛素化降解蛋白途径以及双元系统等。但它们的细胞信号转导具有不同之处。最明显的差异在于：植物细胞中常常通过钝化抑制因子的信号途径来起作用，而动物细胞多为刺激正向因子的信号途径。

从刺激到反应之间的信号转导途径所耗费的时间有长（以天、月甚至年计算）有短（以秒计算）。刺激在组织、器官以及细胞中的传递途径也有长（从根端到茎端）有短（几个细胞之间）。不同的刺激所引发的信号途径之间还存在着复杂的相互作用，植物具有终止信号转导的机制，以保证植物对刺激反应的时间长短以及与植物其他生理活动的协调。

● 专题讲座 7-1
植物细胞信号转导
的特点

● 小结

信号转导主要研究偶联各种刺激信号（包括各种内、外源刺激信号）与其引起的特定生理效应之间的一系列分子反应机制。

与信号特异结合并放大、传递信号的物质（蛋白质）就是受体。受体根据所处位置分为细胞内受体和细胞表面受体。

植物细胞存在着双元系统和受体激酶，负责跨膜的信号转换和传递。

细胞内第二信使有多种，Ca^{2+} 是研究最多的，也是重要的第二信使。脂质信号也发挥了重要的作用。

分别由蛋白激酶和蛋白磷酸酶催化的蛋白质可逆磷酸化以及蛋白降解等修饰，在细胞信号转导网络的形成中作用广泛。CDPK 是植物特有的蛋白激酶，作为 Ca^{2+} 感应蛋白被激活后，可使下游靶蛋白发生磷酸化而发挥作用。一些激酶组成具有级联放大信号的反应途径。泛素－蛋白酶体途径在多种激素信号转导中起重要作用。

● 名词术语

信号　配体　受体　细胞内受体　细胞表面受体　双元系统　跨膜信号转换　类受体蛋白激酶

钙调素　脂质信号分子　钙依赖型蛋白激酶　蛋白磷酸酶　第二信使　级联反应

泛素－蛋白降解途径　MAPK 级联途径　小 G 蛋白　双信使系统　CDPK

● 思考题

1. 植物细胞跨膜信号转导有什么特点？

2. 植物细胞内外钙离子浓度为何相差很大？在信号转导中起什么作用？

3. 举例说明蛋白质可逆磷酸化在植物细胞信号转导途径中有何作用？

4. 请思考植物有哪些终止信号转导的方式？

● 更多数字课程资源

术语解释　　　　　推荐阅读　　　　　参考文献

植物生长物质

　　植物生长物质（plant growth substance）是一些调节植物生长发育的物质。植物生长物质可分为两类：①植物激素（plant hormone 或 phytohormone）；②植物生长调节剂（plant growth regulator）。植物激素是植物体内产生的一类在很低浓度时即可对植物的生长发育、代谢、环境应答等生理过程产生重要调控作用的有机物；而植物生长调节剂是指一些具有植物激素类似活性的人工合成的化合物，被广泛应用于农林生产，通过调控植株生长发育，为生产做出重要贡献。

　　20 世纪 60 年代以来，生长素类、赤霉素类、细胞分裂素类、乙烯和脱落酸被称为 5 大类经典激素。随后发现的植物激素还有油菜素甾醇类、茉莉素、水杨酸、多胺与独脚金内酯等。尽管植物激素之间存在交互作用，但是每一种植物激素的特异功能都不能被其他植物激素所代替。随着对植物激素研究工作的不断深入，人们对植物激素的作用及机制有了较为整体的认识。

　　本章主要讨论植物激素的种类与结构、分布与运输、合成与降解、信号转导与生理作用等。至于它们在生长发育中的具体生理作用，则在第四篇结合有关各生育过程进一步讨论。

第一节 生长素类 ··

生长素（auxin）是最早发现的一种植物激素。1934 年，荷兰的 F. Kögl 等从玉米油、根霉、麦芽等分离和纯化出了能刺激植物生长的物质，经鉴定是吲哚 –3– 乙酸（indole acetic acid，IAA），其分子式为 $C_{10}H_9O_2N$，相对分子质量为 175.19。这个工作大大推动了植物激素研究向前发展。

○ 重要事件 8–1
几种植物激素的发现

一、生长素的种类和化学结构

IAA 在高等植物中广泛存在，且含量最丰富，作用最重要，是植物体内主要的生长素形式。

除了 IAA 以外，植物体内还有其他生长素类物质，包括从玉米叶片和种子中提取出来的吲哚丁酸（indole butyric acid，IBA），从莴苣中提取到的 IAA 氯代物 4– 氯 –3– 吲哚乙酸（4–chloro–3–indole acetic acid，4–Cl–IAA）等，它们生长素活性都很强。此外，苯乙酸（phenylacetic acid，PAA）存在于一些植物（番茄、烟草等）中，也具有生长素活性。以上化学物质被认为是植物内源生长素（图 8–1）。

根据生长素的结构特征，人们合成了一系列具有生长素活性的化合物，包括 2,4– 二氯苯氧乙酸（2,4–D）、2,4,5– 三氯苯氧乙酸、α– 萘乙酸（NAA）等，这些化合物已被广泛应用于科学研究及农业生产。

生长素在植物组织内呈不同化学状态。人们把能自由移动，能扩散到琼脂的生长素称为自由型生长素（free auxin），而把被大分子包埋，通过酶解、水解或自溶作用才能提取出来的那部分生长素，称为束缚型生长素（bound auxin）。自由型生长素具有生理活性，而束缚型生长素则没有活性。自由型生长素和束缚型生长素可相互转变。

○ 重要事件 8–2
研究植物激素的常规方法

束缚型生长素在植物体内的作用体现在下列几个方面：

（1）作为贮藏形式　IAA 与葡萄糖形成吲哚乙酰葡糖（indole acetyl glucose），在种子和贮藏器官中含量高，是生长素的贮藏形式。

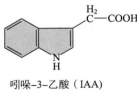

吲哚–3–乙酸（IAA）

吲哚–3–丁酸（IBA）

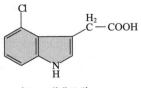

4–氯–3–吲哚乙酸
（4–Cl–IAA）

苯乙酸（PAA）

○ 图 8–1　四种内源生长素的化学结构

（2）作为运输形式　IAA 与肌醇形成吲哚乙酰肌醇，贮存于种子中，发芽时，比吲哚乙酸更易于运输到地上部。

（3）解毒作用　细胞内自由型生长素过多时，会对植物产生毒害。IAA 和天门冬氨酸结合生成的吲哚乙酰天冬氨酸，具有解毒功能。

（4）调节自由型生长素含量　根据植物体对自由型生长素的需要程度，束缚型生长素在酶的作用下可与束缚物分离或结合，使植物体内自由型生长素浓度呈稳态。

二、生长素在植物体内的分布和运输

生长素在高等植物中分布很广，根、茎、叶、花、果实、种子及胚芽鞘中都有。它的含量极低，1 g 鲜重植物材料一般含 10 ~ 100 ng 生长素。生长素大多集中在生长旺盛的部分（如胚芽鞘、芽和根端的分生组织、形成层、受精后的子房、幼嫩种子等）。

在高等植物体内，生长素有两种不同的运输方式：极性运输（耗能的主动运输）和非极性运输（依赖于自由扩散的韧皮部运输）。

1. 生长素的极性运输

● 专题讲座 8-1
生长素的极性运输

极性运输（polar transport）是生长素的一个重要特征。生长素的极性运输是一种短程、单方向的运输，其运输速度为 5 ~ 20 mm · h^{-1}，需要消耗能量，属于主动运输，并维持生长素的逆浓度梯度运输。人工合成的萘基氧乙酸（NOA）、萘基邻氨甲酰苯甲酸（NPA）、羧苯基苯丙烷二酮（CPD）以及三碘苯甲酸（TIBA）等能专一性地阻断生长素的运输，称为极性运输抑制剂。

在植物的地上部分，生长素的合成部位大都分布在茎尖、叶尖，生长素主要向基部运输。在根中，由地上部分通过维管组织向下运输的生长素越过根茎交界处，向根尖中柱细胞单向运输，到达根尖的静止中心后，与根尖分生区产生的生长素汇合，形成根尖生长素库。库中的生长素通过根的表皮和皮层组织向上运输，到达根尖的伸长区后，再通过皮层细胞向根尖分生区运输（回流）（图 8-2）。利用人工合成的串联生长素响应元件启动子 *DR5* 驱动

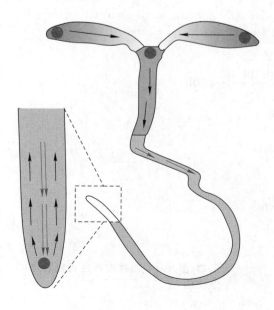

● 图 8-2　双子叶植物中的生长素极性运输模式（自薛红卫和周晓艺，2012）

————————————

绿色圆圈处指示生长素浓度最大值区域

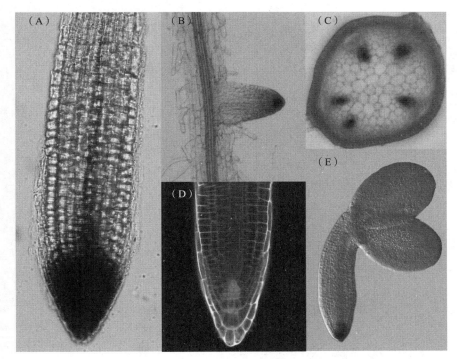

○ 图8-3　拟南芥中生长素的分布
（张盛春提供）

通过生长素响应元件驱动 β-葡糖苷酸酶基因（*DR5* rev::GUS）（A，B，C，E）或绿色荧光蛋白（*DR5* rev::GFP）（D）观察生长素在拟南芥不同组织器官中的分布。（A，D）拟南芥幼苗根尖生长素库；（B）侧根延伸时生长素的分布；（C）生长素在茎维管束中的分布；（E）生长素在胚胎中的分布

报告基因 *GFP* 或 *GUS*，可通过观察荧光或着色来直观地反映生长素在植物组织内的分布情况，发现生长素在单细胞或某个器官特定区域（如茎的基部、芽的顶端等）积累并达到浓度最大，也可以在一个组织或器官中（如根、胚胎中）形成浓度梯度（图8-3）。极性运输在生长素浓度梯度的建立和维持过程中发挥重要作用。

关于生长素极性运输的机制可用化学渗透假说（chemiosmotic hypothesis）来解释，如图8-4所示，质膜的质子泵将 ATP 水解，提供能量，同时将 H^+ 从细胞质基质释放到细胞壁，所以细胞壁空间的 pH 较低（pH=5）。而生长素的 pK_a 是 4.75，在酸性环境中羧基不易解离，主要呈非解离型（IAAH），较亲脂。IAAH 通过质膜的磷脂双分子层扩散进入细胞要比阴离子型（IAA^-）快；除此以外，质膜上有生长素输入载体 AUXl（auxin resistant 1），属于膜蛋白，其多肽顺序与氨基酸透性酶（permease）相似，该酶是 H^+/IAA 内向转运体。阴离子型（IAA^-）通过透性酶主动地与 H^+ 协同转运，进入细胞质基质。IAA 通过上述两种机制进入细胞。细胞质基质 pH 约为 7.2，IAA 主要以 IAA^- 的形式存在，其在细胞基部的输出载体作用下运出细胞。

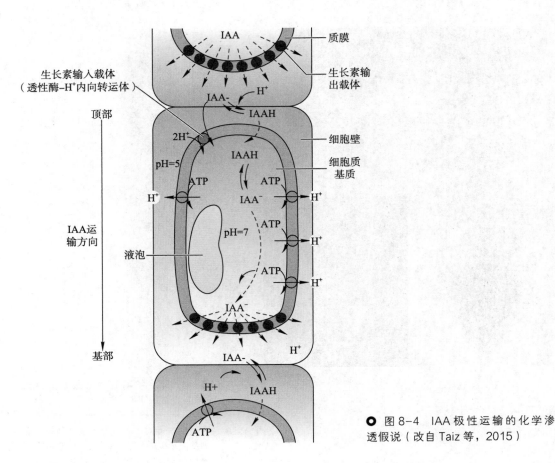

● 图 8-4　IAA 极性运输的化学渗透假说（改自 Taiz 等，2015）

● 知识拓展 8-1
生长素的运输载体

　　目前已知，生长素极性运输依赖于生长素输入载体 AUX1/LAX 家族、输出载体 PIN（PIN-formed）蛋白家族和 ABCB/PGP 蛋白家族。

　　在拟南芥中已发现 8 个 PIN 蛋白家族成员，表 8-1 列出了 PIN1、PIN2、PIN3 和 PIN4 的定位与功能，其中 PIN1 负责 IAA 从茎尖向根尖的运输，PIN3 则负责将 IAA 在根尖侧向运输到维管束薄壁细胞，PIN4 参与 IAA 向根尖静止中心的运输。表明 PIN 成员在特定的细胞类型和细胞层中表达，并决定了生长素在细胞内的时空分布与极性定位。

● 表 8-1　拟南芥 PIN 家族几个成员的定位与功能（自薛红卫和周晓艺，2012）

	PIN1	PIN2	PIN3	PIN4
定位	花序轴形成层和微管木质部薄壁细胞的基部	根尖表皮和皮层细胞背离根尖一侧	地上部分内皮层、根中柱细胞边界；中柱鞘细胞的侧向	根分生区静止中心附近
功能	介导茎尖组织中生长素的向基运输、根中的向顶运输	介导根中生长素的向基运输	介导向性反应中生长素的侧向重分配	确定根尖生长素库和调节生长素的再分配
缺失表型	针状花序，无花；子叶融合；次生器官大小及数目异常	主根向重性缺陷；侧根延伸迟缓	生长受阻；重力反应和向光性异常	根部分生区细胞模式异常

PGP 蛋白（P-glycoprotein）是一类 ATP 结合蛋白——ABC 蛋白家族中的 B 转运蛋白亚家族（ABC subfamily B transporters, ABCB）。拟南芥中已发现 22 个 *ABCB/PGP* 基因。研究证明 ABCB1/PGP1、ABCB4/PGP4、ABCB19/PGP19 参与转运生长素；ABCB19/PGP19、ABCB1/PGP1 与 PIN1 协同作用影响着拟南芥体内生长素从茎向根的长途运输。

综上所述，在细胞壁空间中的生长素通过扩散或在质子动力势驱动的生长素输入载体的协助下，从细胞的顶端进入，继而又在细胞基部质膜的输出载体 PIN 和 PGP 蛋白的协助下，输出细胞。如此反复进行，就形成了生长素的极性运输。

2. 生长素的非极性运输

生长素除了极性运输之外，还能通过植物的维管系统实现长距离运输，包括韧皮部运输和通过木质部沿着植物茎干向上或向下运输，其运输较快，为 $1 \sim 2.4 \ cm \cdot h^{-1}$。生长素的非极性运输不需要能量和载体，运输方向主要决定于两端生长素浓度差。

生长素的非极性运输和极性运输共同发挥作用，调控细胞内生长素的平衡。

三、生长素生物合成和降解

（一）吲哚 -3- 乙酸的生物合成

生长素在植物体中的合成部位主要是叶原基、嫩叶和发育中的种子。成熟叶片和根尖也产生生长素，但数量甚微。生长素的生物合成具有多样性和复杂性的特点。其合成包括依赖 L- 色氨酸的合成和非依赖色氨酸的从头合成。

在植物体内，色氨酸（tryptophan）和色氨酸的合成前体吲哚 -3- 甘油磷酸（indole-3-glycerol phosphate，IGP）都是 IAA 的结构类似物，可作为 IAA 生物合成的前体（图 8-5）。

1. 色氨酸依赖型的合成途径（Tryptophan dependent pathway）

植物主要通过 4 条途径完成色氨酸到吲哚乙酸的合成。

（1）吲哚丙酮酸途径　在色氨酸氨基转移酶作用下，色氨酸形成吲哚 -3- 丙酮酸（indole pyruvic acid，IPA），再通过黄素单加氧酶（flavin monooxygenases，YUCCA）催化产生吲哚乙酸。实验表明，这条途径是植物体主要的生长素合成途径。

（2）色胺途径　色氨酸在色氨酸脱羧酶的作用下转变为色胺（tryptamine，TAM），而后经历一系列酶促反应，色胺转变成吲哚 -3- 乙醛（indole 3 acetaldehyda，IAAld），后者经过脱氢变成吲哚乙酸。本途径只在少数植物中存在。

（3）吲哚乙醛肟途径　色氨酸首先被转变为吲哚 -3- 乙醛肟（indole-3-acetaldoxime，IAOx），拟南芥中 CYP79B 蛋白是催化该反应的主要酶。IAOx 再转变成吲哚乙腈（indole acetonitrile，IAN），在腈水解酶作用下转变成吲哚乙酸。这种途径主要出现在一些十字花科、禾本科、葫芦科、芭蕉科、豆科和蔷薇科等植物中。

（4）吲哚乙酰胺途径　在细菌中色氨酸形成吲哚 -3- 乙酰胺（indole-3-acetamide，IAM），在吲哚 -3- 乙酰胺水解酶作用下最后形成吲哚乙酸。已在小麦、豌豆、水稻等植物提取的粗蛋白中检测到具活性的吲哚 -3- 乙酰胺水解酶，在拟南芥中发现了编码催化 IAM 转化为 IAA 的关键酶基因 *AMI1*（*amidase 1*）。

在上述 4 条途径中，吲哚丙酮酸途径在高等植物中占优势。在大麦、小麦、烟草等植物中同时具有吲哚丙酮酸途径和色胺途径。

2. 非色氨酸依赖型的合成途径（Tryptophan independent pathway）

1992 年，从一种色氨酸营养完全缺陷型的玉米突变体中，发现 IAA 含量比野生型植株高 50 倍，外施色氨酸不能转变为 IAA。说明植物体中存在着非色氨酸依赖型的生长素合

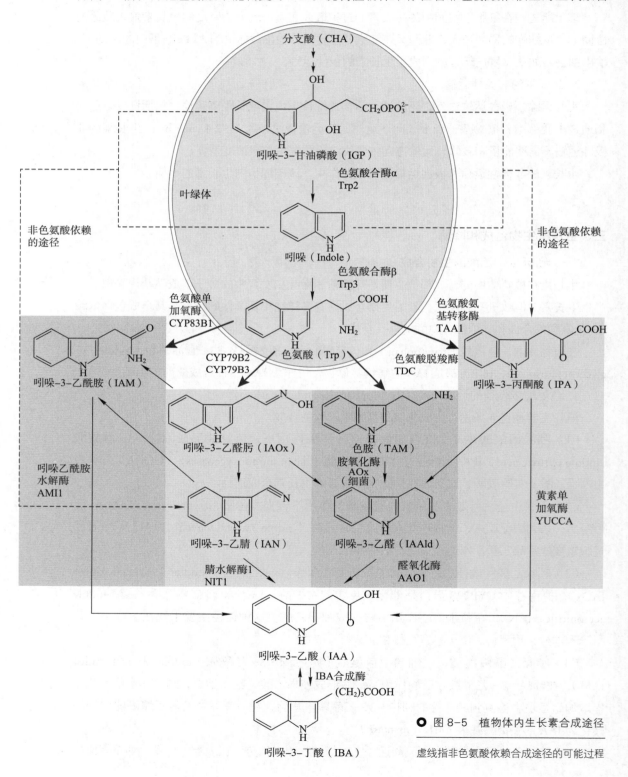

○ 图 8-5　植物体内生长素合成途径

虚线指非色氨酸依赖合成途径的可能过程

成途径。后来利用拟南芥色氨酸营养缺陷型突变体和同位素示踪标记方法的实验证明，吲哚 -3- 甘油磷酸或其下游产物吲哚都可能不经过色氨酸而独立合成吲哚乙酸。吲哚 -3- 丙酮酸和吲哚乙腈可能是中间产物（图 8-5），但该途径产生 IAA 的直接前体尚未发现。

总之，不同植物在各自生长发育过程和变化的环境条件下，生长素的合成途径会发生变化。例如，拟南芥 7 d 龄幼苗中，约有 50% 的自由型 IAA 来自色氨酸依赖型途径，而 14 d 龄幼苗有 90% 的 IAA 来自非色氨酸依赖的生长素合成途径。

（二）吲哚 -3- 乙酸的代谢

生长素的代谢包括生长素结合物的形成和水解，以及生长素本身的降解等过程，是植物维持其体内生长素平衡和调节其各种生理活动的重要途径。

1. 生长素结合物的形成

植物体内绝大多数生长素以非活性的共价化合物形式存在，分为两大类：一类是与甲基、葡萄糖、肌醇等形成的酯键类 IAA 结合物；另一类与氨基酸或多肽形成的氨基类结合物。生长素结合物的形成与水解由酶进行催化。如拟南芥中由甲基转移酶 IAMT 负责催化 IAA 的甲基化。而 GH$_3$ 家族的多个成员（如 GH3.2-GH3.6，GH3.17）能够催化 IAA- 氨基酸的形成。

2. 生长素的降解

生长素的降解主要包括酶促降解和光氧化两种方式。

（1）酶促降解　吲哚 -3- 乙酸的酶促降解可分为脱羧降解（decarboxylated degradation）和非脱羧降解（non-decarboxylated degradation）（图 8-6）。

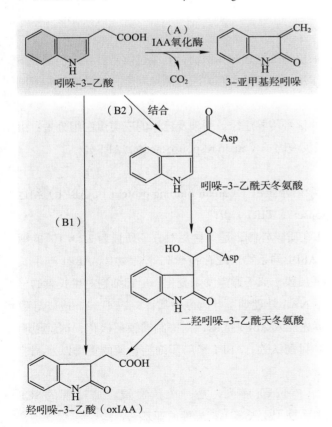

● 图 8-6　生长素的降解途径（自 Tusminen 等，1994）

（A）为脱羧降解途径；（B1）和（B2）为非脱羧降解

脱羧降解　高等植物体内吲哚乙酸氧化酶（IAA oxidase）能使 IAA 氧化脱羧，是一种起着氧化酶作用的过氧化物酶（peroxidase），其氧化产物除 CO_2 外，还有 3- 亚甲基羟吲哚（3-methylene oxindole）等。

非脱羧降解　非脱羧降解存在两条途径：一条是 IAA 直接氧化成羟吲哚 -3- 乙酸（oxindole-3-acetic acid，oxIAA），oxIAA 进一步与葡萄糖结合；另一条是形成氧化 IAA 的氨基酸结合物，再转变成 oxIAA。降解物仍然保留 IAA 侧链的两个碳原子，如二羟吲哚 -3- 乙酰天冬氨酸（dioxindole-3-acetylaspartate）等。

（2）光氧化　在强光下溶液中的吲哚乙酸在核黄素催化下，被光氧化，产物是吲哚醛（indole aldehyde）等。

植物体内的自由型 IAA 水平是通过生物合成、降解、运输、可逆的结合以及利用（信号转导）来调节的，以适应植物生长发育的需要（图 8-7），这个过程称为 IAA 稳态（auxin homeostasis）。

◯ 图 8-7　自由型生长素水平调节

四、生长素的信号转导途径

生长素作为一个信号分子，从最初被植物细胞感知和识别，到经过信号转导途径调控下游相关基因的表达，直至最终实现生理作用，一直是人们关注的热点问题，也是理解和阐明生长素作用机理的基础。

目前已初步揭示了生长素在细胞内的信号传导途径。所涉及已知的三类蛋白组分是：生长素受体、转录因子 AUX/IAA 和生长素反应因子（auxin response factor，ARF）。

（一）生长素受体

已知的两类生长素受体分别是生长素结合蛋白 1（auxin-binding protein 1，ABP1）和运输抑制剂响应 1（transport inhibitor response 1，TIR1）蛋白。

ABP1 大量位于内质网上，少量分布在质膜外侧，是一种相对分子质量为 2.2×10^4 的糖蛋白。最早从玉米胚芽鞘中分离出来，ABP1 同系物广泛存在于高等植物中。ABP1 与生长素结合后，引起质膜构象的改变，从而使质膜上离子通道发生变化，引起细胞对生长素的早期反应（early auxin response）。例如，用 NAA 处理烟草叶肉原生质体，在 1~2 min 就导致质膜超极化（hyperpolarization）。如果事先加入 ABP1 抗体，则抑制质膜超极化，这就说明 ABP1 参与了生长素诱导的质膜超极化。目前认为，ABP1 参与了细胞骨架的重排以及调控 PIN 在质膜上的极性定位。

◯ 知识拓展 8-2 ABP1 在引起生长素早期反应中的作用

TIR1 蛋白位于细胞核，具有 F 盒（F-box）序列，是一个负责蛋白质降解的 SCF（SKP1/cullin/ F-box）蛋白复合物中识别底物（生长素）特异性的亚基。

在不含生长素或生长素浓度很低的条件下，AUX/IAA 与 ARF 形成异源二聚体，使 ARF 无法与下游的生长素诱导基因的启动子区域结合，影响基因的转录。而当生长素浓度增加到一定浓度时，生长素与受体 TIR1 结合，TIR1 构象变化，增强了 SCF^{TIR1} 复合物与 AUX/IAA 紧密结合，促使 AUX/IAA 蛋白被 26S 蛋白酶体降解，从而释放 ARF，ARF 自身形成同源二聚体，以促进生长素反应基因的转录，从而使生长素反应顺利进行（图 8-8）。

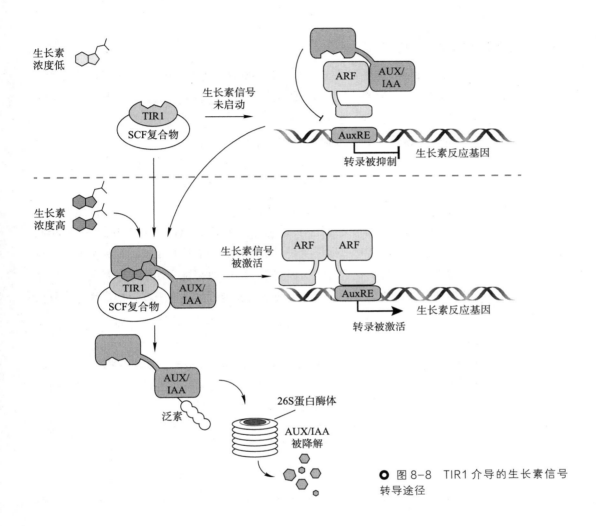

○ 图 8-8　TIR1 介导的生长素信号转导途径

（二）重要的信号转导组分

根据生长素对基因表达的诱导或抑制的时程，被生长素调节转录的基因可分为生长素早期反应基因（early auxin response gene）和晚期反应基因（late auxin response gene）。早期反应基因参与生长素调节的快速反应，例如胞内钙浓度的升高及一些蛋白的快速分泌，这些反应需要的时间从几分钟到几小时不等。而晚期反应基因又叫次级反应基因，在生长素诱导反应的后期起作用，有些晚期反应基因是早期反应基因编码产物所诱导的。

如前所述的 *AUX/IAA* 是目前研究得最清楚的早期反应基因，植物细胞加入生长素 5 ~ 60 min，大部分 *AUX/IAA* 成员就已表达。AUX/IAA 蛋白是生长素发挥作用时重要的负调控因子（转录因子），它有 4 个保守的结构域，即 I 、 II 、 III和IV。通常，结构域 III、结构域 IV 与 ARF 形成异源二聚体，抑制或促进下游的生长素反应基因的转录，从而调控生长素的反应。

AUX/IAA 与 ARF 家族成员多，至今已知拟南芥基因组中有 29 个编码 AUX/IAA 的基因，它们的蛋白产物可以与 20 个 ARF 蛋白通过不同组合的相互作用以实现对众多生长素反应基因的精细调控。

五、生长素的生理作用和应用

生长素在植物组织细胞间的不对称分布是生长素作用的重要基础。生长素影响细胞分裂、伸长和分化，也影响营养器官和生殖器官的生长、成熟和衰老，具体作用将于以后有关章节叙述。现将生长素的生理作用扼要总结如下：

（1）促进作用 促进细胞分裂、维管束分化、茎伸长、叶片扩大、顶端优势、种子发芽，侧根和不定根形成、根瘤形成、偏上性生长、形成层活性、光合产物分配、雌花增加、单性结实、子房壁生长、乙烯产生、叶片脱落、伤口愈合、种子和果实生长、坐果等。

（2）抑制作用 抑制花朵脱落、侧枝生长、块根形成等。

必须指出，生长素对细胞伸长的促进作用，与生长素浓度、植物的年龄和器官的种类有关。一般情况下，生长素在低浓度时可促进生长，浓度较高则会抑制生长，如果浓度更高则会使植物受伤。细胞年龄不同对生长素的敏感程度不同。一般来说，幼嫩细胞对生长素反应非常敏感，衰老细胞则比较迟钝。不同器官对生长素的反应程度也不一样，根最敏感，其浓度是 10^{-10} mol·L^{-1} 左右；茎最不敏感，反应浓度在 10^{-4} mol·L^{-1} 左右；芽居中，其浓度是 10^{-8} mol·L^{-1} 左右。

抗生长素（antiauxin）属于一类合成的生长素衍生物，如 α-（对氯苯氧基）异丁酸 [α-（p-chlorophenoxy）isobutyic acid，PCIB]，它本身没有或具很低生长素活性，但在植物体内与生长素竞争受体，对生长素有专一的抑制效应。

第二节 赤霉素类 ···

赤霉素（gibberellin，GA）是日本人黑泽英一（E. Kurosawa）1926 年从水稻恶苗病的研究中发现的。患恶苗病的水稻植株之所以发生徒长，是由病菌分泌出来的物质引起的，后来证明这种病菌称为赤霉菌（*Gibberella fujikuroi*），分泌的物质称为赤霉素。1959 年确定其化学结构。现已知，植物体内普遍存在赤霉素。

一、赤霉素的结构和种类

赤霉素是化学结构中含有赤霉烷（gibberellane）碳骨架基本结构的双萜类化合物，由 4

个异戊二烯单位组成。赤霉素有四个环，根据双键、羟基数目和位置的不同，形成了各种赤霉素。根据碳原子总数的不同，可分为 C_{20} 和 C_{19} 两类赤霉素。$GA_{12, 13, 25, 27}$ 等保留全部 20 个碳原子，故称为 C_{20} 赤霉素（$C_{20}-GA$），而 $GA_{1, 2, 3, 7, 9, 22}$ 等丧失第 20 碳原子，故称为 C_{19} 赤霉素（$C_{19}-GA$）（图 8-9）。各类赤霉素都含有羧酸，所以赤霉素呈酸性。

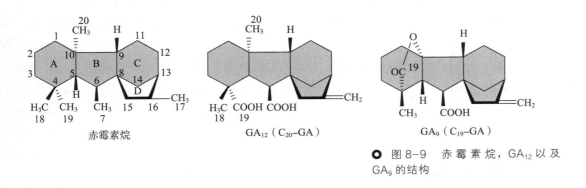

图 8-9　赤霉素烷，GA_{12} 以及 GA_9 的结构

赤霉素的种类很多，1955 年分离出 GA_1、GA_2 和 GA_3 三种，以后陆续发现新的成员，现已知有 136 种天然赤霉素，GA 右下角的数字代表该赤霉素发现早晚的顺序。只有少数几种赤霉素具有调节植物生长的生理效应，如 GA_1、GA_3、GA_4、GA_7 等（图 8-10），其中，GA_4 的生理活性最强。市售的赤霉素主要是赤霉酸（GA_3），分子式是 $C_{19}H_{22}O_6$，相对分子质量为 346。

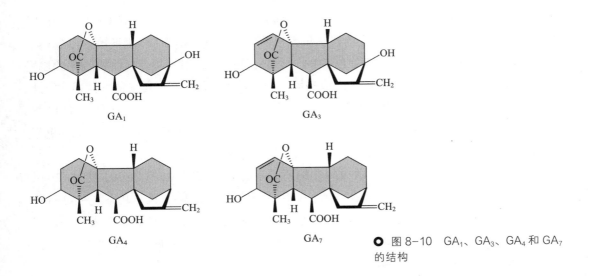

图 8-10　GA_1、GA_3、GA_4 和 GA_7 的结构

赤霉素有自由型赤霉素（free gibberellin）和结合型赤霉素（conjugated gibberellin）之分。自由型赤霉素不以共价键的形式与其他物质结合，易被有机溶剂提取出来。结合型赤霉素是赤霉素和其他物质（如葡萄糖）结合，要通过酸水解或蛋白酶分解才能释放出自由型赤霉素。结合型赤霉素无生理活性。

二、赤霉素的分布和运输

赤霉素广泛分布于被子植物、裸子植物、蕨类植物、褐藻、绿藻、真菌和细菌中。赤霉素较多存在于生长旺盛的部分，如茎端、嫩叶、根尖和果实种子。高等植物的赤霉素含量一般是 $1 \sim 1\,000\ ng \cdot g^{-1}$ 鲜重，果实和种子（尤其是未成熟种子）的赤霉素含量比营养器官的多两个数量级。每个器官或组织都含有两种以上的赤霉素，而且赤霉素的种类、数量和状态（自由型或结合型）都因植物发育时期而异。

赤霉素在植物体内的运输没有极性。根尖合成的赤霉素通过木质部向上运输，而嫩叶产生的赤霉素则沿筛管向下运输。至于运输速度，不同植物差异很大，如矮生豌豆是 $5\ cm \cdot h^{-1}$，豌豆是 $2.1\ mm \cdot h^{-1}$，马铃薯 $0.42\ mm \cdot h^{-1}$。

三、赤霉素的生物合成与代谢

赤霉素在高等植物中生物合成的位置有 3 处：发育中的果实（或种子）、伸长生长中的茎顶端以及根部。赤霉素在细胞中的合成部位是质体、内质网和细胞质基质等处。赤霉素的生物合成可分为 3 个步骤（图 8-11）。

步骤 1　在质体中进行。由异戊二烯焦磷酸（IPP）合成牻牛儿牻牛儿焦磷酸（GGPP），在古巴焦磷酸合成酶（CPS）作用下，牻牛儿牻牛儿焦磷酸形成二环化合物内根 – 古巴焦磷酸（CDP），后者在内根 – 贝壳杉烯合酶（KS）的作用下转变为赤霉素的前身内根 – 贝壳杉烯。

步骤 2　在内质网中进行。内根 – 贝壳杉烯在内根 – 贝壳杉烯氧化酶（KO）催化下转变成内根 – 贝壳杉烯酸，后者在内根 – 贝壳杉烯酸氧化酶（KAO）作用下转变为 GA_{12}- 醛。接着由定位在内质网膜上的细胞色素 P450 单氧化酶——内根 – 贝壳杉烯氧化酶催化将 GA_{12}- 醛转变为 GA_{12}，GA_{12} 是植物体合成的第一个赤霉素，是所有赤霉素的共同前体。此后，C-13 位的羟基化或非羟基化使赤霉素合成向两个方向进行：一是在内质网内 GA13 氧化酶催化 GA_{12} 的 C-13 羟基化形成 GA_{53}，然后在细胞质基质中由 GA_{53} 为前体形成其他赤霉素；二是 C-13 非羟基化，以 GA_{12} 为前体合成形成其他赤霉素。

步骤 3　在细胞质中进行。GA20 氧化酶不断氧化 GA_{12} 或 GA_{53} 的 C-20，把 C-20 以 CO_2 形式除去，GA_{53} 形成 GA_{20}，然后 GA_{20} 在 GA3 氧化酶（GA3ox）的作用下，在 C-3 位发生羟基化，转化为有生理活性的 GA_1。而从 GA_{12} 则产生 GA_9，经 GA3 氧化酶作用形成 GA_4。在 GA20 氧化酶（GA20ox）催化下，具生理活性的 GA_4 或 GA_1 的 C-2 位发生羟基化，则分别形成无活性的 GA_{34} 或 GA_8。

C_{20}-GA 一般没有生物活性，可代谢为有活性的 C_{19}-GA。在 C_{19}-GA 中在 GA20 氧化酶作用下，在 C-4、C-10 位有一个内酯。GA3 氧化酶具 3β- 羟化酶的作用，促进 C_{19}-GA（如 GA_1、GA_4、GA_7 等）的 C-3 位发生 3β- 羟基，这是形成活性 GA 所必需的反应过程。

调节赤霉素代谢的酶有 GA2 氧化酶（GA2ox），该酶使 GA 的 C-2 上发生 2β 羟基化而丧失生理活性。另外，*EUI* 基因编码的一个细胞色素 P450 单氧化酶（称为 CYP714D1）使

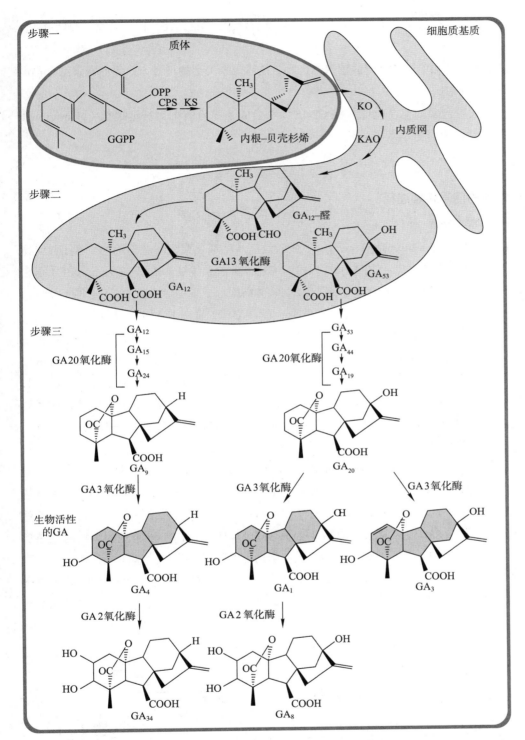

● 图 8-11 赤霉素生物合成示意图
（改自 Taiz 等，2015）

CPS：古巴焦磷酸合成酶；KS：内根－贝
壳杉烯合酶；KO：内根－贝壳杉烯氧化
酶；KAO：内根－贝壳杉烯酸氧化酶

C-13 位没有发生羟基化的 GA（如 GA$_4$、GA$_{12}$ 和 GA$_9$），在 C-16，17- 双键环发生氧化，从而失去活性。

赤霉素的羧基和单糖结合形成糖基结合物，是赤霉素失活的一种方式。赤霉素结合物可能也是一种储存形式。

有一些人工合成的化合物能抑制 GA 的生物合成，称为植物生长延缓剂（plant growth retardator），具体内容见本章第八节。

四、赤霉素的信号转导途径

（一）赤霉素受体

● 专题讲座 8-2
赤霉素的信号转导

GID1（Gibberellin insensitive dwarf 1）蛋白是从水稻矮化突变体获得的第一个 GA 受体蛋白。它定位于细胞核中。利用 X 射线技术对 GID1 蛋白晶体结构的研究表明，GID1 蛋白 C 端的核心结构形成结合 GA 的"口袋"，N 端延伸结构形成了盖住口袋的盖子。在活性 GA（如 GA$_4$）存在时，它与 GID1 蛋白 C 端结合，促使 GID1 蛋白 N 端盖住 GA 结合的口袋，进而诱导 GID1 蛋白构象变化，GA-GID1 复合体与 DELLA 蛋白（见后）N 端保守结构域（DELLA 和 VHYNP 基序）结合，形成 GID1-GA-DELLA 蛋白复合体，导致 DELLA 蛋白的构象改变，并增强了 DELLA 与 SCF 复合体中的 F-box 蛋白（如 SLY1/GID2）相互作用，导致 DELLA 蛋白泛素化并经由 26S 蛋白酶体降解，解除 DELLA 蛋白的阻遏作用，释放转录因子的活性，启动下游 GA 调节基因的表达，调节植株的生长发育（图 8-12）。

（二）重要的信号转导组分

从拟南芥中克隆了 *GAI*、*RGA*、*RGL1*、*RGL2* 和 *RGL3* 基因，均可分别编码 GA 信号传递的关键组分 GAI、RGA、RGL1、RGL2 和 RGL3 蛋白，这些蛋白的 N 端都含有 17 个氨基酸基序，其中前 5 个的缩写为 DELLA，因此称为 DELLA 蛋白。后来发现，著名的绿色革命基因包括小麦的 *Rht1*，以及水稻的 *SLR1*、大麦的 *SLN1*、玉米的 *d8* 等基因编码的蛋白都是 DELLA 蛋白。DELLA 蛋白是转录因子，具有阻遏 GA 反应从而抑制植物生长发育的作用。不同 DELLA 蛋白的功能有所不同。在拟南芥中，GAI 和 RGA 主要在营养生长阶段起作用；RGL2 主要在种子萌发阶段起作用；而 RGA、RGL1 和 RGL2 则在花发育阶段发挥调控作用。

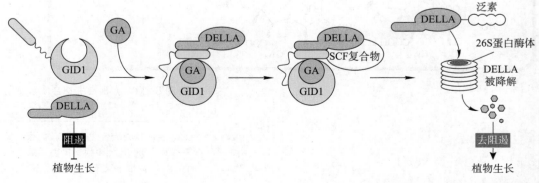

● 图 8-12　GA 信号转导简图

DELLA 蛋白通常需要与其他因子共同作用，才能完成对下游基因的调控。而在不同生长发育和环境应答反应中究竟有哪些因子参与反应，如何与 DELLA 动态结合以及调控哪些下游基因的表达还需要进一步的研究阐明。

○ 知识拓展 8-3
赤霉素的信号转导

五、赤霉素的生理作用和应用

GA 种类繁多，对植物的生长发育有重要调控作用。最显著的特征 GA 能促进植物细胞伸长也能促进细胞分裂，进而调控植物株高和器官大小。赤霉素的生理作用可归纳如下：

（1）促进作用　促进种子萌发和茎伸长、两性花的雄花形成、单性结实、某些植物开花、花粉发育、细胞分裂、叶片扩大、抽薹、侧枝生长、胚轴弯钩张开、果实生长、某些植物坐果等。

（2）抑制作用　抑制成熟、侧芽休眠、衰老、块茎形成等。

第三节　细胞分裂素类······························

细胞分裂素（cytokinin，CTK）是一类调节植物细胞分裂的植物激素。20 世纪 50 年代，F. Skoog 等发现在烟草髓组织培养时，核酸的碱基腺嘌呤促进细胞分裂。1955 年，CO. Miller 等在鲱鱼精子 DNA 水解产物中发现了一种具有促进细胞分裂活性的小分子化合物，将其命名为激动素（kinetin，KT）。1963 年，CO. Miller 和 D. S. Letham 都从未成熟玉米种子的胚乳中分离到一种 KT 类似物，被命名为玉米素（zeatin，ZT），是最早发现并纯化的天然细胞分裂素。随后在植物体内发现了多种天然的具有激动素生理活性的化合物，如异戊烯基腺嘌呤（iP）和异戊烯基腺苷（iPR）等。

一、细胞分裂素的种类和化学结构

天然存在的细胞分裂素可分为游离型细胞分裂素和存在于 tRNA 中的细胞分裂素。

（一）游离型细胞分裂素

主要是 N^6 位置的氢原子被基团 R 取代的腺嘌呤（adenine，即 6-aminopurine，6- 氨基嘌呤）衍生物。根据侧链 R 基团的结构，游离型的细胞分裂素分为异戊二烯和芳香族两种形式。异戊二烯类细胞分裂素包括 iP、反式玉米素（trans-zeatin，tZT）、顺式玉米素（cis-zeatin，cZT）和二氢玉米素（dihydrozeatin，dZT）等（图 8-13）。

在水稻和玉米中，细胞分裂素的主要形式为 cZT；而在拟南芥中 iP 和 tZT 是主要形式。一般认为，游离型细胞分裂素具有活性，细胞分裂素 iP 和 tZT 活性较高，反式玉米素 tZT 的生物活性比 cZT 高。

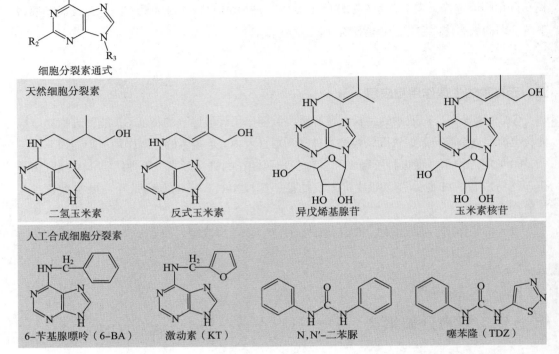

○ 图 8-13 细胞分裂素通式及几种天然和人工合成的细胞分裂素的结构

（二）tRNA 中的细胞分裂素

植物 tRNA 中存在着细胞分裂素，主要有异戊烯基腺苷、玉米素核苷、甲硫基异戊烯基腺苷、甲硫基玉米素核苷等。

在植物体内，细胞分裂素也以自由型和束缚型两种形式存在。自由型细胞分裂素主要有 tZT、dZT 和异戊烯基腺苷（iPR）等，具有生理活性；后者以自由型与核苷（riboside）、核苷酸（ribotide）或糖苷（glycoside）等结合的形式存在。以玉米素为例，玉米素与葡萄糖结合形成玉米素葡糖苷 [7G]Z，与木糖结合形成木糖玉米素 (OX)Z，与核糖结合形成玉米素核苷 ZR，与丙氨酸结合形成丙氨酸玉米素 [9Ala]Z。其中细胞分裂素葡糖苷在植物中最普遍，有贮存作用。

细胞分裂素的主要形式在不同的植物、同一植物不同组织以及不同发育阶段会有差异。

二、细胞分裂素的分布和运输

细胞分裂素分布于细菌、真菌、藻类和高等植物中。高等植物的细胞分裂素主要存在于进行细胞分裂的部位，如茎尖、根尖、未成熟的种子、萌发的种子和生长着的果实等。一般来说，细胞分裂素的含量为 $1 \sim 1\,000\,\mathrm{ng \cdot g^{-1}DW}$。

细胞分裂素在特定的组织或细胞中合成后，通过扩散或主动运输的方式运往靶细胞发挥作用。目前已知嘌呤透性酶（purine permease，PUP）和核苷转运蛋白（equilibrative nucleoside transporter，ENT）具备主动运输细胞分裂素的能力。在拟南芥中 AtPUP1 和

AtPUP2 蛋白均定位于细胞质膜上，介导细胞分裂素向胞内的主动运输。AtPUP1 主要在排水器的表皮毛和柱头表面表达，而 AtPUP2 主要在韧皮部表达，表明这两个细胞分裂素转运蛋白可能分别在阻止排水器的细胞分裂素流失和长距离运输过程中起作用。

细胞分裂素主要以核苷的形式在植物体内进行运输，是通过核苷转运蛋白 ENT 实现的。拟南芥和水稻基因组中分别有 8 个和 4 个 ENT 基因。实验发现，拟南芥的 AtENT8 和 AtENT3 以及水稻的 OsENT2 可能是参与核苷结合态细胞分裂素 iPR 的转运蛋白。

三、细胞分裂素的生物合成和代谢

（一）细胞分裂素的生物合成

细胞分裂素主要在根尖合成，经木质部运到地上部分。在茎端、叶片、萌发着的种子和发育着的果实与种子也能合成细胞分裂素。

植物细胞合成细胞分裂素主要发生在质体，有两个途径：即 tRNA 分解途径和从头合成途径。绝大部分内源细胞分裂素是由从头合成途径合成的。

在 tRNA- 异戊烯基转移酶（tRNA-IPT）催化下，某些 t-RNA 反密码子的 3′ 端可被异戊二烯基化，而异戊二烯基化的 tRNA 分解后，最终产生 cZT。因此，tRNA 分解可能是细胞分裂素合成的一条途径。拟南芥有两个编码 tRNA-IPT 的基因，分别是 *AtIPT2* 和 *AtIPT9*，当两个基因发生突变，导致 cZT 含量降至检测水平之下。表明 tRNA 分解途径可能是 cZT 合成的主要途径。

拟南芥中另外 7 个 *IPT* 基因编码的 IPT 蛋白参与细胞分裂素的从头合成。拟南芥与农杆菌该基因编码的蛋白结构相似性只有 10% ~ 20%，但过量表达 *AtIPT4* 和 *AtIPT8* 与过量表达农杆菌 *ipt* 基因的表型相似，导致细胞分裂素含量大幅增加并能够发生典型的细胞分裂素反应，说明 IPT 催化的细胞分裂素从头合成是一种进化上保守的机制。

图 8-14 表明高等植物从头合成途径合成细胞分裂素的过程，由 IPT 催化腺苷酸（AMP，ADP 和 ATP）和二甲基烯丙基二磷酸（DMAPP）转化成细胞分裂素的主要前体——异戊烯基腺苷 -5- 磷酸盐，如异戊烯基腺苷 -5- 磷酸（isopentenyl adenosine-5′-monophosphate，iPMP）、异戊烯基腺苷 -5- 二磷酸（isopentenyladenosine-5′-diphosphate，iPDP）和异戊烯基腺苷 -5- 三磷酸（isopentenyladenosine-5′-triphosphate，iPTP），该步骤是细胞分裂素生物合成的一个限速步骤。异戊烯基腺苷 -5- 磷酸盐互相转变成 iPMP，经磷酸核糖水解酶 LOG 作用去磷酸化、去核糖，形成 iP。拟南芥中细胞色素 P450 单加氧酶（CYP735A）使核苷酸形式的 iP 转化成核苷酸的 *t*ZT 形式（在侧链发生羟基化）。*t*ZRMP 在 LOG 作用下，分别去磷酸化、去核糖转变成 *t*ZT。

（二）细胞分裂素的代谢

细胞分裂素在细胞内的降解主要由细胞分裂素氧化酶（cytokinin oxidase/dehydrogenase，CKX）催化作用，它催化玉米素、玉米素核苷、iP 及它们的 $N-$ 葡糖苷的 N^6 上不饱和侧链不可逆裂解，从而释放出腺嘌呤等，不可逆地失去活性（图 8-15）。

对束缚型细胞分裂素侧链上的有机物而言，既可被细胞分裂素氧化酶分解，也可以被葡糖苷酶（glucosidase）分解，产生游离型（自由型）细胞分裂素。

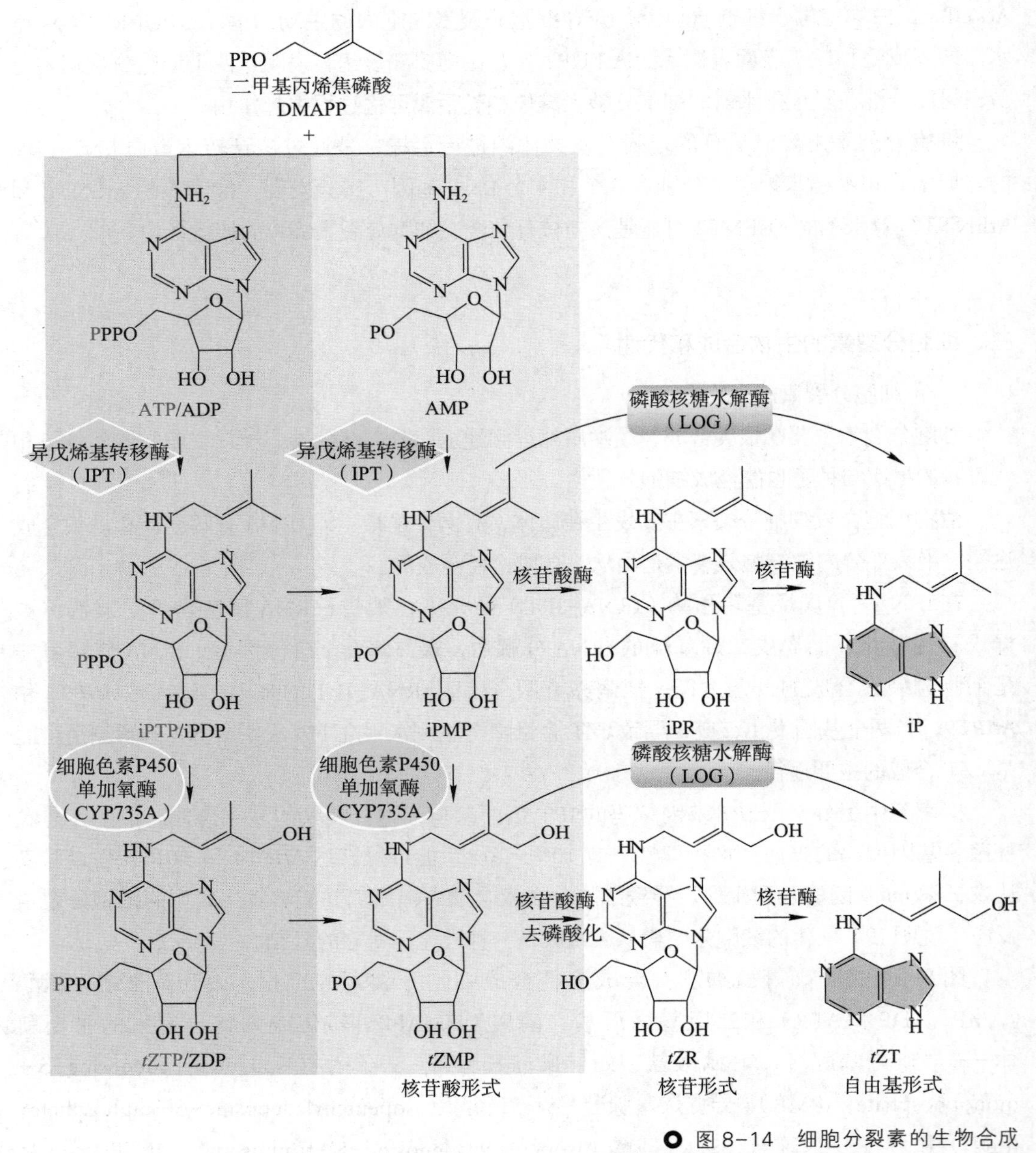

○ 图 8-14 细胞分裂素的生物合成
途径

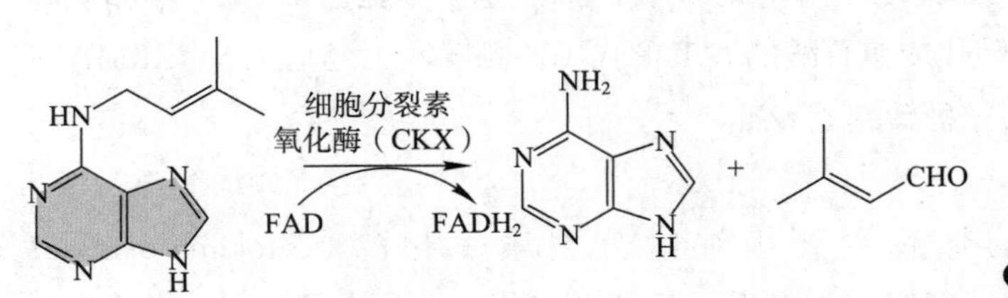

○ 图 8-15 细胞分裂素氧化酶催化
异戊烯基腺嘌呤（iP）氧化降解

植物体通过细胞分裂素的生物合成、降解、束缚型与自由型等的转化，维持体内的细胞分裂素水平，满足生长发育的需要。

四、细胞分裂素的信号转导途径

对细胞分裂素受体的了解来自 *CKI1* 基因的发现。离体植物组织或器官（也称为外植体）进行培养时，经过生长素诱导脱分化形成愈伤组织，愈伤组织在需添加适宜的细胞分裂素培养基中培养才能使细胞分裂，形成不定芽。经过对大量的愈伤组织进行筛选，鉴定了一个拟南芥显性突变体，其外植体在没有外源细胞分裂素条件下可分化再生，并表现出具有细胞分裂素反应的其他表型，因此其野生型基因被命名为 *CKI1*（cytokinin independent 1）。随后，用类似的方法又分离鉴定了细胞分裂素受体基因 *CRE1*（cytokinin receptor 1）。*CRE1* 与 *CKI1* 基因都可编码组氨酸激酶（histidine kinase，HK），与细菌二元组分的组氨酸蛋白激酶（HPK）序列相似。HK 是细胞分裂素信号通路的正调控因子。后发现 CKI1 不是细胞分裂素受体。

目前发现，拟南芥中有 3 个细胞分裂素受体，分别为 AHK2、AHK3 和 AHK4（也称为 CRE1、WOL），在结构上，它们都有 2～4 个跨膜区域、细胞分裂素结合位点、激酶区和信号接受区。它们主要定位于内质网膜上。不同的受体对不同种类的细胞分裂素的结合能力具有特异性。如拟南芥 AHK4 主要与 *t*ZT 结合，而 AhAHK3 可以与 *t*ZT、*t*ZR 和 *t*ZRMP 结合。细胞分裂素受体的激酶区和信号接受区分别包含保守的组氨酸残基和天冬氨酸残基，以双元组分信号途径进行信号转导。

通过对模式植物拟南芥的研究，初步勾画出细胞分裂素信号通路（图 8-16）：细胞分裂素与受体二聚体的胞外区域结合，使受体的激酶区组氨酸残基发生磷酸化，随后磷酸基团转移至受体信号接收区保守的天冬氨酸残基上，再传到细胞质基质中的组氨酸磷酸转移蛋白（*Arabidopsis* histidine phosphotransfer，AHP）的保守的组氨酸残基上；磷酸化的 AHP 将磷酸基团转移至细胞核中的拟南芥反应调节蛋白（*Arabidopsis* response reguator，ARR）信号接收区中的天冬氨酸残基上，ARR 有 A 型和 B 型两种，其中 B 型 ARR 是一类转录因子，磷酸化的 B 型 ARR 进而直接结合在下游靶基因（如 A 型 ARR）的启动子，激活其表达，引起 CTK 诱导的生理反应，例如细胞分裂。

● 知识拓展 8-4
细胞分裂素的信号转导

五、细胞分裂素的生理作用和应用

细胞分裂素的生理作用如下：

（1）促进作用　促进细胞分裂、细胞膨大、地上部分化、侧芽生长、叶片扩大、叶绿体发育、养分移动、偏上性生长、伤口愈合、种子发芽、形成层活动、根瘤形成、果实生长、某些植物坐果等。

（2）抑制作用　抑制顶端优势、不定根和侧根的形成、延缓叶片衰老等。

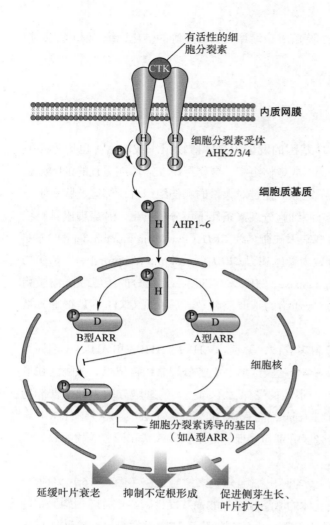

有活性的细胞分裂素

CTK

内质网膜

细胞分裂素受体
AHK2/3/4

细胞质基质

AHP1~6

B型ARR   A型ARR

细胞核

细胞分裂素诱导的基因
（如A型ARR）

延缓叶片衰老   抑制不定根形成   促进侧芽生长、叶片扩大

○ 图8-16   细胞分裂素信号转导模式图

第四节   乙烯 ··

早在 1901 年，俄国植物生理学家 D. N. Neljubov 报道，照明气中的乙烯（ethylene）会引起黑暗中生长的豌豆幼苗产生"三重反应"（triple response），即抑制伸长生长（矮化），促进横向生长（加粗），地上部失去负向重力性生长（偏上生长）。以后大量的实验证实，乙烯是一种气体植物激素。

一、乙烯的分布、生物合成和代谢

（一）乙烯的分布

乙烯是简单的不饱和碳氢化合物，分子式为 C_2H_4，结构式为 $H_2C{=}CH_2$，相对分子质量为 28.05。在生理环境的温度和压力下，是一种气体，比空气轻。乙烯已被证实广泛存在于各种植物中，被子植物、裸子植物、蕨类植物、苔藓中都有乙烯。在高等植物不同组织、器官和不同发育时期，乙烯的产生量是不同的，以种子萌发、花叶脱落、花衰老和果实成熟时产生乙烯最多，植物遭受机械损害和逆境胁迫时形成较多的乙烯。

（二）乙烯的生物合成

D. O. Adams 和杨祥发在 1979 年证实甲硫氨酸（methionine）在甲硫氨酸腺苷转移酶（methionine adenosyl transferase）[即腺苷甲硫氨酸合成酶（AdoMet synthetase，SAMS）] 催化下，转变为 S- 腺苷甲硫氨酸（S-adenosyl methionine，SAM），SAM 在 ACC 合酶（ACC synthase）催化下，形成 1- 氨基环丙烷 -1- 羧酸（1-aminocyclopropane-1- carboxylic acid，ACC），ACC 在有氧条件下被 ACC 氧化酶（ACC oxidase）催化，形成乙烯。乙烯直接来源于甲硫氨酸的 C-3,4 位的碳。

植物中的甲硫氨酸含量有限，在整个反应过程中，甲硫氨酸结合腺苷生成 SAM，进而生成 5'- 甲硫腺苷（5'-methylthioadenosine，MTA），随后 MTA 经过脱嘌呤、水解形成 5'- 甲硫基核糖（5'-methylthioribose，MTR），MTR 经过一系列反应重新生成甲硫氨酸，形成了甲硫氨酸循环反应，保证了植物体内在微量甲硫氨酸的环境下仍能维持乙烯生成反应的不断进行。为了纪念杨祥发教授的这一重大发现，该循环又被命名为杨氏循环（Yang cycle）。

乙烯在细胞内液泡膜的内表面合成。SAM 能溶于水，可能是乙烯在植物体内从合成部位扩散运输到其他部位的一种形式。

植物组织要维持正常的乙烯产率，硫一定要再循环。实验证明，甲硫氨酸的 CH_3—S—甲基保留在植物组织内，在产生 ACC 的同时，也形成 5'- 甲硫基腺苷（MTA）（图 8-17）。

（三）乙烯生物合成途径中的酶调节

在乙烯的生物合成途径中，有三种酶起到关键的调控作用：腺苷甲硫氨酸合成酶、ACC 合酶（ACC synthase，ACS）和 ACC 氧化酶（ACC oxidase，ACO）。

1. 腺苷甲硫氨酸合成酶

SAMS 由多基因家族编码，催化甲硫氨酸和 ATP 生成 SAM。SAM 是植物体内重要的甲基供体，参与乙烯、多胺等生物合成途径，在植物不同组织和不同环境刺激下，SAMS 的表达量变化很大。

2. ACC 合酶

ACC 合酶为多基因家族蛋白，其催化 SAM 转变为 ACC。种子萌发、果实成熟和器官衰老时，ACC 合酶活性加强，产生更多乙烯。伤害、干旱、淹水、冷害、毒物、病害和虫害等会诱导或活化 ACC 合酶，因此乙烯释放量多。ACC 合酶存在于细胞质中，以二聚体发挥作用，需要磷酸吡哆醛为辅基，所以对磷酸吡哆醛的抑制剂很敏感，如氨基氧乙酸（aminooxyacetic acid，AOA）和氨基乙氧基乙烯基甘氨酸（aminoethoxy vinyl glycine acid，AVG）可以抑制 ACS 的酶活，有效阻断乙烯的生物合成。

实验证明，生长素能在转录水平上诱导 ACC 合酶合成，产生较多乙烯。苹果是跃变型果实，乙烯处理使苹果果实合成 ACC，大量释放乙烯。这种乙烯自我催化是跃变型果实的一个特征。同时，乙烯本身抑制营养组织和非跃变型果实的乙烯生物合成。用乙烯处理呼吸跃变前的番茄、甜瓜和非跃变型的葡萄等果实，有效抑制了 ACC 合成，称为乙烯自我抑制。乙烯自我抑制的原因是抑制 ACC 合酶的合成或促进 ACC 合酶的降解。在跃变型果实生长成熟过程

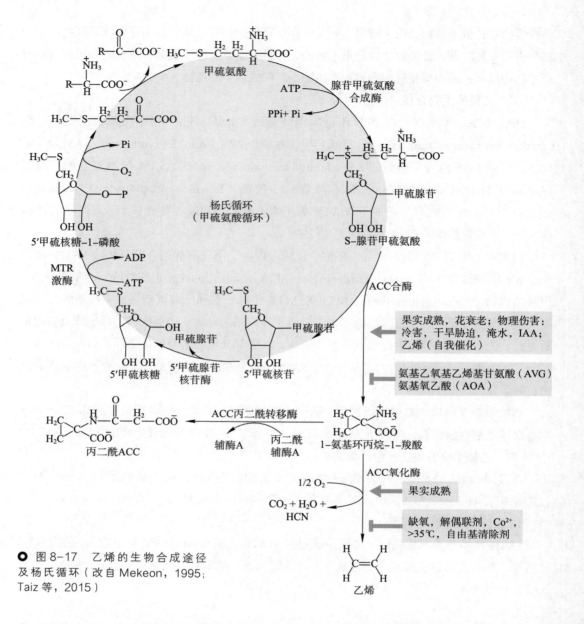

● 图 8-17 乙烯的生物合成途径及杨氏循环（改自 Mekeon，1995；Taiz 等，2015）

中，乙烯对 ACC 合成作用从抑制转为促进，而非跃变型果实和营养组织则缺乏这种转变能力。

植物的根、茎、叶、花、果及黄化苗中都有 ACS 的表达，在植物的不同组织中和不同发育阶段中的表达有差异。拟南芥有 12 个 ACS 家族基因，有 8 个基因编码 ACS 蛋白，分别受诱导因素，如生长素、果实成熟、伤害的调节。番茄的 ACS 基因家族成员有 8 个，*ACS2* 和 *ACS4* 在呼吸跃变后的果实中表达，ACS6 仅在跃变前的果实中表达。

通过根癌农杆菌将反义 *ACC* 合酶基因导入番茄植株。转基因植株正常开花结实，但乙烯合成严重受阻，其果实中乙烯的产量被抑制 99.5%，果实不出现呼吸高峰，不变红，放在空气中不能正常成熟。只有外施乙烯方能成熟变软，表现出正常番茄的颜色和风味。

3. ACC 氧化酶

ACC 氧化酶在 O_2 存在下，催化 ACC 氧化为乙烯。此酶活性极不稳定，依赖于膜的完整性。植物组织一经解剖匀浆，膜结构受破坏，乙烯生成便停止。ACO 以单体形式发挥作用，其发挥功能依赖于抗坏血酸、Fe^{2+}和O_2的作用。氧化磷酸化解偶联剂（如2,4-DNP和CCCP）、自由基清除剂（没食子酸丙酯）、Co^{2+}及改变膜性质的理化处理（如去垢剂）都能抑制乙烯的合成。外施少量乙烯于甜瓜和番茄等果实，经过一段时间，ACC氧化酶活性大增，产生大量乙烯（自我催化）。

4. 乙烯代谢途径的旁路

乙烯的代谢途径还存在一个旁路途径（图8-17），即ACC在ACC丙二酰基转移酶（ACC *N*-malonyl transferase）的作用下代谢为 *N*- 丙二酰ACC（*N*-malonyl ACC，MACC）。MACC在细胞质基质合成，贮存于液泡中。由于ACC丙二酰基转移酶的作用，使植物体内的乙烯能维持在一定水平。乙烯除了抑制特定ACC合酶外，也会促进ACC丙二酰基转移酶的活性，从而抑制乙烯的生成（自我抑制）。

（四）乙烯的代谢

乙烯在植物体内形成以后会转变为CO_2和乙烯氧化物等气体代谢物，也会形成可溶性代谢物，如乙烯乙二醇（ethylene glycol）和乙烯葡糖结合物等。乙烯代谢的功能是除去乙烯或使乙烯钝化，使植物体内的乙烯含量达到适合植物体生长发育需要的水平。

二、乙烯的信号转导途径

（一）乙烯受体

科学家将拟南芥黄化苗对乙烯特有的"三重反应"（图8-18），用于乙烯信号激活的判断标准。生长在乙烯环境中3d的拟南芥黄化苗，表现出下胚轴变短、变粗、根变短和顶端弯钩加剧（图8-18）。通过对乙烯不敏感型突变体的鉴定，克隆了 *ETR1*（ethylene resistant 1）基因，发现它编码的ETR1蛋白是乙烯的受体之一，分布在内质网膜上，ETR1能自由穿过内质网膜进入胞质内。同样的方法，也证实拟南芥内质网膜上存在另外4个乙烯受体ETR2、ERS1、ERS和EIN4。

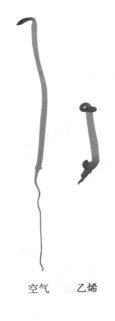

空气　乙烯

O 图8-18 拟南芥3d黄化苗在乙烯中的三重反应的表型（改自Alonso等，1999）

（二）重要的信号转导组分

在拟南芥中，从乙烯受体到细胞核的信号转导途径已初步确定（图 8-19）。在乙烯信号转导途径中 CTR1 蛋白（constitutive triple response，也称为 CEND）位于受体 ETR1 的下游，是乙烯转导途径的一个负调节因子，属于丝氨酸 / 苏氨酸蛋白激酶。

正调节因子 EIN2 是位于 ETR1/CTR1 复合物下游的内质网膜整合蛋白，具有双向功能，是一个关键组分。当乙烯不存在或含量很低时，受体与 CTR1 结合形成 ETR1/CTR1 复合物并使 CTR1 激活，将下游的 EIN2 磷酸化，使 EIN2 的 C 端无法剪切从而阻断了信号传递，抑制乙烯的生理效应。当胁迫等条件使植物体内乙烯升高，达到一定含量时，与受体 ETR1 结合，抑制了 CTR1 的激酶活性使其失活，EIN2 磷酸化水平降低，其 C 端被剪切，进入细胞核，抑制了下游转录因子 EIN3 的泛素化而不能被降解。EIN3/EIL1 与乙烯反应基因如 *ERF1*（ethylene response factor）和 *EBF2*（EIN3-binding F-box protein 2）的启动子结

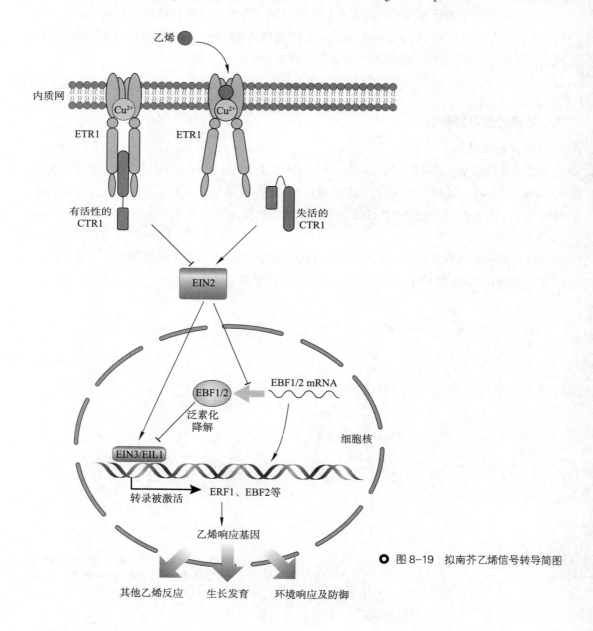

● 图 8-19　拟南芥乙烯信号转导简图

合，诱导基因的转录表达，引起乙烯诱导的反应。

◎ 专题讲座 8-3
乙烯的信号转导

EIN3 和 EIL1 蛋白的稳定性还受到 F-box 蛋白 EBF1（EIN3-binding F-box protein 1）和 EBF2 的泛素化调节，而 EIN2 能抑制 EBF1/2 蛋白的形成，从而使 EIN3 蛋白发生积累，有利乙烯信号转导途径进行。

目前推测乙烯受体的疏水片段以螺旋的形式镶嵌于内质网膜上，形成乙烯结合位点，这个过程需要亚铜离子作为辅助因子（它们和乙烯有高亲和力）。银离子也能替代铜离子产生高亲和力结合，但是不能使乙烯与受体结合后的复合物发生构象变化，因而不能解除 CTR1 对下游反应的抑制作用。因此银离子是乙烯反应的抑制剂。

三、乙烯的生理作用和应用

乙烯在植物的整个生命周期中的生理作用非常广泛，它既促进营养器官的生长，又能影响开花结实，并在植物抗逆中发挥作用。现归纳如下：

（1）促进作用　促进种子萌发、根毛的形成、茎增粗、叶片和花的衰老脱落、两性花中雌花形成、开花、呼吸跃变型果实成熟、果实脱落、介导防御反应等。

（2）抑制作用　抑制某些植物开花、生长素的转运、茎和根的伸长生长。

第五节　脱落酸 ·······································

20 世纪 60 年代初，人们从悬铃木叶片中分离出可诱导休眠的"休眠素"类物质。1961 年，Addicot 实验室从棉铃中分离出可促进脱落的一种成分，被称为"脱落素 II"。1965 年发现"脱落素 II"和"休眠素"的结构相同，是同一种物质，两者此后被统一命名为脱落酸（abscisic acid，ABA）。

一、脱落酸的化学结构和分布

脱落酸是一种以异戊二烯为基本单位组成的含 15 个碳的倍半萜羧酸，化学名称是 3-甲基 -5-（1'-羟基 -4'-氧 -2'，6'，6'-三甲基 -2'-环己烯 -1'-基）-2,4-戊二烯酸，分子式是 $C_{15}H_{20}O_4$，相对分子质量为 264.3。它的结构如图 8-20 所示。

顺式ABA　　　　　反式ABA　　　◎ 图8-20　顺式 ABA 和反式 ABA 结构

$1'-C$ 为一个不对称碳原子，所以有两个旋光异构体。天然的脱落酸是右旋的，以 S-ABA 或（+）-ABA 表示；它的对映体为左旋，以 R-ABA 或（-）-ABA 表示。S-ABA 和 R-ABA 都有生物活性，但后者不能促进气孔关闭。人工合成的脱落酸是 S-ABA 和 R-ABA 各半的外消旋混合物，以 RS-ABA 或（±）-ABA 表示。

　　脱落酸存在于维管植物中，包括被子植物、裸子植物和蕨类植物。高等植物各器官和组织中都有脱落酸，其中以将要脱落或进入休眠的器官和组织中较多。在逆境条件下植物体内含量会迅速增多。脱落酸的含量通常为 $10 \sim 50\,\text{ng} \cdot \text{g}^{-1}\text{FW}$。

二、脱落酸的生物合成、代谢和运输

　　植物体中根、茎、叶、果实、种子都可以合成脱落酸。研究表明，ABA 生物合成的场所在质体（叶绿体）和细胞质基质。

（一）脱落酸的生物合成

　　目前对 ABA 的合成途径有了较清晰的认识。从图 8-21 可见，在叶绿体内，由三个异戊烯焦磷酸（IPP）聚合成法尼焦磷酸（FPP，C_{15}），在酶的催化下，经过八氢番茄红素和 β-胡萝卜素形成 C_{40} 前体——玉米黄质（zeaxanthin，C_{40}），然后在玉米黄质环氧酶（zeaxanthin epoxidase，ZEP）的催化下，转变为全反式紫黄质（all $trans$-violanthin，C_{40}），随后在 9-顺-新黄质合酶的作用下进一步转变为 9-顺-新黄质（9-cis-neoxanthin，C_{40}）。此化合物在有 O_2 条件下，被 9-顺-环氧类胡萝卜素双加氧酶（9-cis-epeoxy-carotenoid dioxygenase，NCED）催化裂解为黄质醛（xanthoxal，C_{15}），再从叶绿体释放进入细胞质基质，被一种短链脱氢/还原酶（SOR）催化转变为 ABA 醛（ABA-aldehyde，C_{15}），最后 ABA 醛在 ABA 醛氧化酶（AAO）的作用下形成有生物活性的 ABA，ABA 醛氧化酶的活性需要钼辅因子 MoCo 的参与。

　　概括来说，高等植物 ABA 的合成的前半部分在叶绿体中进行，主要是类胡萝卜素（玉米黄质、紫黄质、新黄素）的合成与降解，最后形成 C_{15} 的化合物黄质醛。随后黄质醛在细胞质基质中经过两步氧化，最终形成 ABA。NCED 家族部分成员是植物 ABA 合成的关键酶，尤其对逆境条件下的 ABA 合成过程起重要作用。

（二）脱落酸的代谢

　　脱落酸代谢主要有氧化分解代谢和共价结合失活两条途径（图 8-22）：

　　1. 氧化降解途径

　　在 ABA 8-羟化酶（细胞色素 P450）催化下生成 8-羟基-ABA，后者不稳定，在细胞色素单加氧酶作用下形成红花菜豆酸（phaseic acid，PA），然后还原为二氢红花菜豆酸（dihydrophaseic acid，DPA），失去活性。研究发现，拟南芥中的 $CYP707A$ 基因家族的四个成员 $CYP707A1$、$CYP707A2$、$CYP707A3$ 和 $CYP707A4$ 皆编码 8-羟化酶，它们在不同的组织分别参与植物的不同生理反应过程，共同调控植物体内源 ABA 的分解代谢。ABA 的 9-位或 7-位也可发生羟基化修饰，导致 ABA 失活（图 8-22）。

　　2. 结合失活途径

　　在 ABA 糖基转移酶（glucosyltransferase，GT）催化作用下，ABA 和糖或氨基酸结合

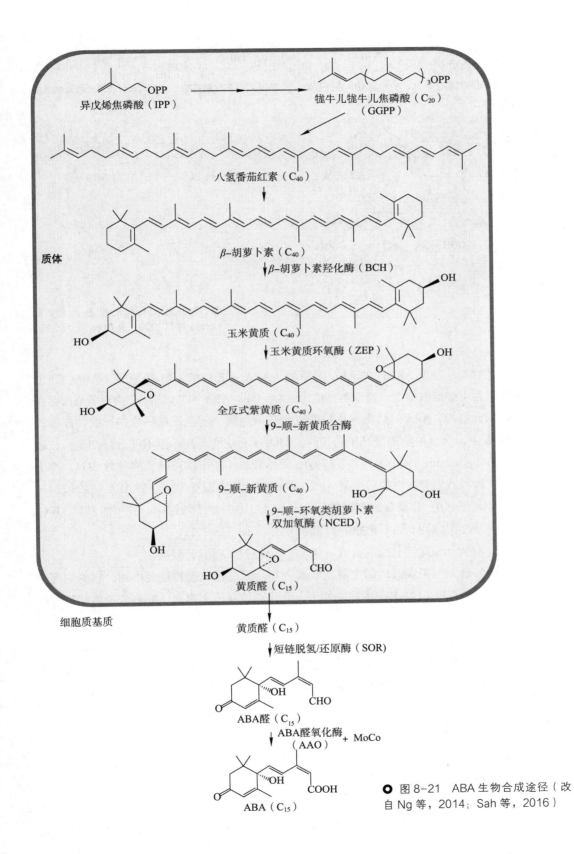

质体

异戊烯焦磷酸（IPP）

牻牛儿牻牛儿焦磷酸（C_{20}）
（GGPP）

八氢番茄红素（C_{40}）

β-胡萝卜素（C_{40}）
↓β-胡萝卜素羟化酶（BCH）

玉米黄质（C_{40}）
↓玉米黄质环氧酶（ZEP）

全反式紫黄质（C_{40}）
↓9-顺-新黄质合酶

9-顺-新黄质（C_{40}）
↓9-顺-环氧类胡萝卜素
双加氧酶（NCED）

黄质醛（C_{15}）

细胞质基质

黄质醛（C_{15}）
↓短链脱氢/还原酶（SOR)

ABA醛（C_{15}）
↓ABA醛氧化酶 + MoCo
（AAO）

ABA（C_{15}）

○ 图 8-21 ABA 生物合成途径（改自 Ng 等，2014；Sah 等，2016）

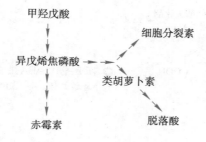

图 8-22 ABA 代谢途径（改自 Konda 等，2009；Jeffrey 等，2012）

结合途径

ABA–β–D–葡糖基酯　　8-羟基ABA葡糖基酯　　红花菜豆酸葡糖基酯　　二氢红花菜豆酸葡糖基酯

脱落酸（C_{15}）　　8-羟基脱落酸　　红花菜豆酸　　二氢红花菜豆酸

7-羟基脱落酸

9-羟基脱落酸

氧化途径

● 专题讲座 8-4
脱落酸的生物合成
与代谢

● 知识拓展 8-5
脱落酸含量动态平
衡

形成没有活性的结合型 ABA，如 ABA 葡糖酯（ABA-GE）和 ABA 葡糖苷（ABA-GS）。ABA-GS 在酸性甲醇溶液中逐步自发重排成为 ABA-GE。ABA 和 PA 的结合物几乎全部存在于液胞中，据此认为，ABA 的结合作用可能发生在液胞膜上。在正常环境中，植物体内的自由型 ABA 极少，而当植物遭受环境胁迫时，ABA-GE 浓度升高，但不能透过细胞膜，通过糖苷水解酶（glycoside hydrolase）家族的 β- 葡糖苷酶（在拟南芥内质网中为 BG1，液泡中为 BG2）水解释放出有活性的自由型 ABA，胁迫解除后则恢复为结合型 ABA（图 8-24）。研究发现，拟南芥中 β- 葡糖苷酶家族成员之一 BGLU10 定位于液胞中，并可能参与 ABA-GE 的水解，释放自由型 ABA 并增强植物的耐旱性。

植物体内 ABA 含量的变化受其合成、代谢、运输过程等协同调控。

值得关注的是，甲羟戊酸代谢在植物激素生物合成过程中起着重要作用，它的中间产物——异戊烯基焦磷酸（IPP）在不同条件下，会分别转变为赤霉素、细胞分裂素和脱落酸（图 8-23）。

（三）脱落酸的运输

脱落酸运输不存在极性。在菜豆叶柄切段中，^{14}C- 脱落酸向基部运输的速度是向顶运输的速度的 2~3 倍。脱落酸主要以游离型形式运输，也有部分以葡糖酯（ABA-GE）形式

甲羟戊酸

细胞分裂素

异戊烯焦磷酸

类胡萝卜素

赤霉素

脱落酸

图 8-23 赤霉素、细胞分裂素和脱落酸三者之间的合成关系

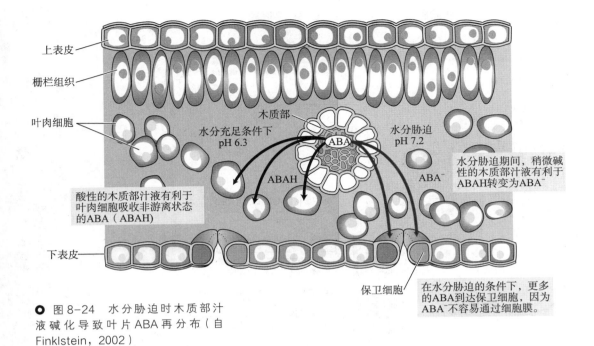

图 8-24 上表皮、栅栏组织、叶肉细胞、下表皮、木质部、保卫细胞标注

- 上表皮
- 栅栏组织
- 叶肉细胞
- 木质部
- 水分充足条件下 pH 6.3
- 水分胁迫 pH 7.2
- ABA
- ABAH
- ABA⁻
- 水分胁迫期间，稍微碱性的木质部汁液有利于 ABAH 转变为 ABA⁻
- 酸性的木质部汁液有利于叶肉细胞吸收非游离状态的 ABA（ABAH）
- 下表皮
- 保卫细胞
- 在水分胁迫的条件下，更多的 ABA 到达保卫细胞，因为 ABA⁻不容易通过细胞膜。

○ 图 8-24　水分胁迫时木质部汁液碱化导致叶片 ABA 再分布（自 Finklstein，2002）

运输。脱落酸在茎或叶柄中的运输速度大约是 $20\ mm\cdot h^{-1}$。ABA-GE 可能作为 ABA 的运输形式。

脱落酸可在木质部、也可在韧皮部运输。用放射性标记的 ABA 饲喂叶片，它可以向上运输到茎和向下运输到根。在根部合成的 ABA 则通过木质部运到枝条。在干旱早期 ABA 作为胁迫信号从根运到叶片或者从叶片运到根部。在干旱胁迫条件下木质部汁液 pH 从 6.3 升到 7.2，有利于形成解离状态的 ABA（ABA⁻）。后者不容易跨膜进入叶肉细胞，而较多随蒸腾流到达保卫细胞。因此，木质部汁液 pH 升高也作为促进气孔早期关闭的根信号（图 8-24）。

三、脱落酸的信号转导途径

目前在模式植物拟南芥中已鉴定出 3 种 ABA 受体，包括质膜上的 GTG1/GTG2、胞质内的 PYR/PYL/RCAR 和叶绿体内镁螯合酶 H 亚基 ABAR/CHLH。2009 年 PYR/PYL/RCAR 蛋白被鉴定为主要的 ABA 受体，是 ABA 信号途径研究的重要进展。

ABA 信号转导通路重要组分包括：ABAR、PP2C（protein phosphatase，蛋白磷酸酶），SnRK2（SNF1-related protein kinase 2，蔗糖非发酵 1 型相关蛋白激酶 2）等（图 8-25）。这里介绍 ABA 信号途径中 PYR/PYL/RCAR-PP2C-SnRK2 通路：当 ABA 不存在时，PP2C 通过去磷酸化抑制 SnRK2，使其保持非活性状态（图 8-25）。当环境胁迫或生长发育需要导致植物体内 ABA 水平升高时，PYR/PYL/RCAR 二聚体结合 ABA 分子并导致受体与 PP2C 结合形成复合物，并抑制 PP2C 磷酸酶活性，不能结合 SnRK2。同时 SnRK2 发生自磷酸化而被激活，一方面进入细胞核，通过磷酸化修饰转录因子如 ABI5、AREB1、AREB2 等，由此导致 ABA 诱导的生理反应；另一方面激活质膜上的钾离子通道 KAT1 和阴离子通道 SLAC1，最终诱导气孔关闭。

○ 知识拓展 8-6 脱落酸受体

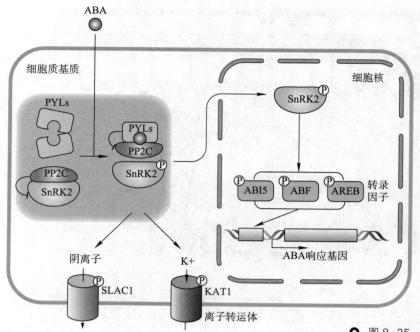

○ 图8-25　ABA信号转导（改自
Hubbard 等，2010 ）

四、脱落酸的生理作用

ABA 可显著影响植物的多种生理过程，通常被认为是生长抑制型激素。由于在环境胁迫时含量显著增加并增强抗逆性，也被称为"胁迫激素"（stress hormone）。它的生理作用总结如下：

（1）促进作用　促进叶、花、果脱落，促进气孔关闭、侧芽生长、块茎休眠、叶片衰老、光合产物运向发育的种子、种子成熟、果实产生乙烯、果实成熟。

（2）抑制作用　抑制种子发芽、IAA 运输、根的生长发育、植株生长。

第六节　油菜素甾醇类 ·····································

一、油菜素甾醇的结构和种类

美国的 Mitchell 研究小组在 20 世纪 70 年代初期，从油菜的花粉提取物中，发现了对菜豆幼苗生长具极强促进作用的一种物质。Mandava 等（1978）用 227 kg 油菜花粉，得到 4 mg 的高活性结晶，证实它是一种甾醇内酯化合物，命名为油菜素内酯（brassinolide，BL）。1982 年，日本科学家从板栗的虫瘿（chestnut insect gall）中分离出另一种类似于 BL 的生物活性物质栗甾酮（castasterone，CS）。迄今为止，在植物中发现 70 多种 BL 和 CS 的类似物，并将此类物质统称为油菜素甾醇类化合物（brassinosteroid，BR）。BR 由包含 A、

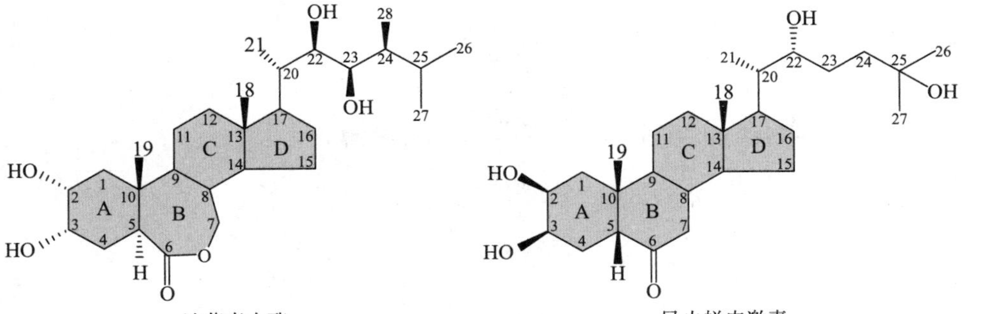

油菜素内酯
（brassinolide）

昆虫蜕皮激素
（ecdysone）

○ 图 8-26 油菜素内酯和昆虫蜕皮激素的结构

B、C、D 四个碳环的类固醇骨架和烷烃侧链组成，与昆虫的蜕皮激素以及哺乳动物中的甾类激素结构相似（图 8-26），它们的结构变化主要在于 A、B 碳环及烷烃侧链上取代基的不同。

BR 呈现游离态和结合态两种类型。根据 BRs 结构中碳原子的数目，游离态 BR 可分为 C_{27}-BR、C_{28}-BR 和 C_{29}-BR。

二、油菜素甾醇的分布和运输

裸子植物和被子植物中存在油菜素甾醇体类化合物，藻类也有。在高等植物的茎枝、叶、花各器官都有 BRs，尤其是花粉和未成熟种子中 BRs 含量最丰富。据报道，油菜花粉含 $10^2 \sim 10^3 \ \mu g \cdot kg^{-1}$ 的油菜素内酯（brassinolide，BL）。

在天然油菜素甾醇类化合物中，BL 的生物活性最强。已筛选出不少具高活性的类似物，表油菜素内酯（24-epi-brassinolide，24-epiBL）就是其中的一种。通过饲喂 ^{14}C 标记 24-epiBL 的实验发现，BRs 可通过木质部由根向茎运输，到达叶片，也可由叶片向茎运输。对叶面施用 24-epiBL 则运输很慢并在叶片中很快代谢。

三、油菜素甾醇的生物合成和代谢

利用同位素标记和突变体进行的实验，已初步解析了 BR 的主要生物合成过程，并克隆到了一系列的 BR 合成和代谢基因，确定了其中部分 BR 合成和代谢酶的催化反应步骤。

目前认为，BR 生物合成的途径呈复杂的网络状结构（图 8-27）。早期的合成前体与赤霉素和脱落酸相似，由甲羟戊酸形成异戊烯基焦磷酸。此后以异戊烯基焦磷酸为结构单位，再经过多个反应转化为 BR 合成的直接前体油菜甾醇（campesterol，CR）。CR 经过多步催化形成油菜甾烷醇（campestanol，CN），CN 依次通过 C-22 氧化途径和下游的 C-6 氧化途径，经历了氧化、还原、脱氢、羟基化等步骤，最终被转化为生物活性最强的油菜素内酯（BL）。研究表明，CR 也可以不形成 CN，通过催化反应直接形成 22- 羟基 - 油菜甾醇等，称为不依赖 CN 的合成途径。

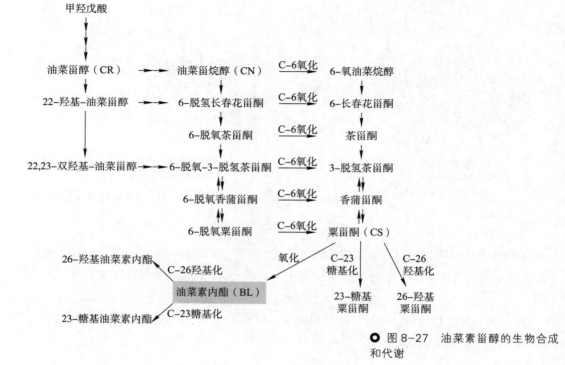

甲羟戊酸

油菜甾醇（CR） → 油菜甾烷醇（CN） —C-6氧化— 6-氧油菜甾烷醇

22-羟基-油菜甾醇 → 6-脱氢长春花甾酮 —C-6氧化— 6-长春花甾酮

6-脱氧茶甾酮 —C-6氧化— 茶甾酮

22,23-双羟基-油菜甾醇 → 6-脱氧-3-脱氢茶甾酮 —C-6氧化— 3-脱氢茶甾酮

6-脱氧香蒲甾酮 —C-6氧化— 香蒲甾酮

6-脱氧粟甾酮 —C-6氧化— 粟甾酮（CS）

26-羟基油菜素内酯 ← C-26羟基化 / 氧化 / C-23糖基化 / C-26羟基化

油菜素内酯（BL）

23-糖基油菜素内酯 ← C-23糖基化

23-糖基粟甾酮

26-羟基粟甾酮

● 图 8-27　油菜素甾醇的生物合成和代谢

羟基化和糖基化是植物体内 BR 代谢的两条主要途径（图 8-27）。拟南芥 AtCYP734A1/BAS1 蛋白能将放射性氚标记的粟甾酮、油菜素内酯分别催化为无生理活性的 26- 羟基 - 粟甾酮和 26- 羟基 - 油菜素内酯。AtUGT73C5 蛋白能催化粟甾酮、BL 的第 23 位碳原子的糖基化反应，使粟甾酮和 BL 通过糖基化代谢反应而失去生理活性。

植物在不同的发育阶段和环境变化过程中，当细胞中的 BR 过剩时，一方面可以通过负反馈机制来降低 BR 合成的速率，另一方面通过代谢途径来降解过量的 BR，从而精细调控细胞内的 BR 含量，并以此调控植物的生长发育和适应环境的变化。

四、油菜素甾醇的信号转导途径

近年来，BR 信号转导研究取得了突破性进展。研究表明，BRI1（brassinosteroid insensive 1）具有 BL 受体的功能。当组织中的高浓度 BR 与 BRI1 结合后，就激活了 BRI1 并通过磷酸化激活质膜上的 BSK1（BR-signaling kinases 1）和 CDG1（constitutive differential growth 1）激酶；BSK1 和 CDG1 进一步激活细胞质基质中的磷酸酶 BSU1（BRI1 suppressor 1）；后者使激酶 BIN2 去磷酸化而失活，不能对下游 BZR1 和 BES1 进行磷酸化。于是，BZR1 和 BES1 就被 PP2A 磷酸酶去磷酸化，与 14-3-3 蛋白脱离并进入细胞核中，进而调控 BR 诱导的基因表达，最终发挥 BR 诱导的生理反应（图 8-28）。在缺少 BR 时，BIN2 磷酸化 BZR1 和 BES1，后者就与 14-3-3 蛋白结合而被降解，无法入细胞核去调控基因表达。

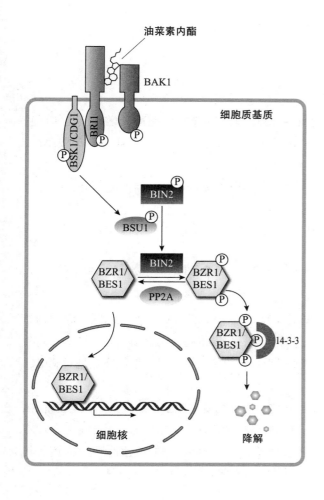

○ 图 8-28　油菜素内酯信号转导途径示意图（自孙超和黎家，2017）

五、油菜素甾醇的生理作用

BRs 的生理作用主要是促进细胞的伸长和分裂，归纳如下：

（1）促进作用　促进细胞分裂和伸长、木质部分化、种子萌发、根的生长、茎和花粉管的伸长、叶的伸展、不定根和侧根形成、同化物的运输、抗逆性。

（2）抑制作用　抑制主根伸长，加速有些植物的叶片和子叶的衰老，抑制光形态建成。

虽然 BR 在植物中的含量比较低，但其生产成本要比其他植物生长物质高得多，因此目前在农业生产中并未得到大规模的应用。可以通过基因工程的方法，在农作物中过表达 BR 合成路径中的关键基因，来提高农作物中的内源 BR 含量，从而提高农作物的产量。

第七节　其他天然的植物生长物质·····························

除了上述谈到的 6 种植物激素种类以外，随着研究的深入，发现植物体内还存在其他天然生长物质，例如水杨酸、茉莉素、独脚金内酯、多胺和多肽等，对植物的生长发育有调节作用。

一、水杨酸

水杨酸（salicylic acid，SA）是从柳树皮中分离出的有效成分，它的化学成分是邻羟基苯甲酸（图8-29），是桂皮酸的衍生物。一般认为，SA的生物合成主要通过莽草酸途径，经反式桂皮酸，转变为香豆素或苯甲酸，最终形成SA。

在"植物的呼吸作用"一章中提到天南星科海芋属（*Arum*）开花时温度上升，比环境

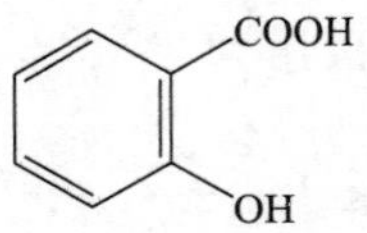

● 图8-29　水杨酸结构

温度高很多，其原因是佛焰花序开花前，雄花基部产生SA，诱导抗氰途径活跃，导致剧烈放热。这种现象的生物学意义是：严寒时，花序产热，局部维持高温，适于开花结实；高温有利花序产生具臭味的胺类和吲哚类物质蒸发，吸引昆虫传粉。可见，植物产热是对低温环境的一种适应。

SA在植物抗病过程中起着重要的作用。一些抗病植物受病原微生物侵染后，会诱发SA的形成，进一步诱导致病相关蛋白合成，抵抗病原微生物，提高抗病能力。试验证明，外施SA于烟草，浓度越高，致病相关蛋白质产生就越多，对花叶病毒病的抗性越强。SA还有其他生理作用，例如抑制ACC转变为乙烯，诱导浮萍开花等。

二、茉莉素

● 专题讲座 8-5
茉莉素

茉莉素（Jasmonate）包括茉莉酸（jasmonate，JA）、茉莉酸甲酯（methyl jasmonate，MJ）、茉莉酸异亮氨酸、12-氧-植物二烯酸等环戊酮的衍生物。

茉莉酸首先是从真菌培养液分离出来的，而茉莉酸甲酯是茉莉花属（*Jasminum*）香精油中的组分。JA和MJ普遍存在于高等植物中。茉莉酸的化学名称是3-氧-2-（2′-戊烯基）-环戊烯乙酸。无论是JA或MJ，它们的异构体都具有生物活性，其中以（+）-JA的活性最高。人工合成（±）-MJ可通过水解产生（±）-JA。

JA的生物合成途径是以膜脂的不饱和脂肪酸α-亚麻酸为起点，在叶绿体中经脂氧合酶作用发生加氧化，再经氧化物合酶和环化酶作用，转变为12-氧代-植二烯酸，再转运到过氧化物酶体中，经过还原以及3次β-氧化，最后形成JA（图8-30），运到细胞质基质中。进一步可形成MJ和其他氨基酸衍生物。

JA在抵御昆虫侵害的反应中充当系统信号分子，诱导特殊蛋白质的合成。据报道，JA诱导产生的蛋白质有十多种，其中大多数蛋白质是植物抵御病虫害、物理或化学伤害而诱发形成的，具有防卫功能。例如，JA可诱导番茄和马铃薯叶片分别形成蛋白酶抑制物 I（proteinase inhibitors Ⅰ）和蛋白酶抑制物Ⅱ。番茄和马铃薯叶片受机械伤害或病虫害，会产

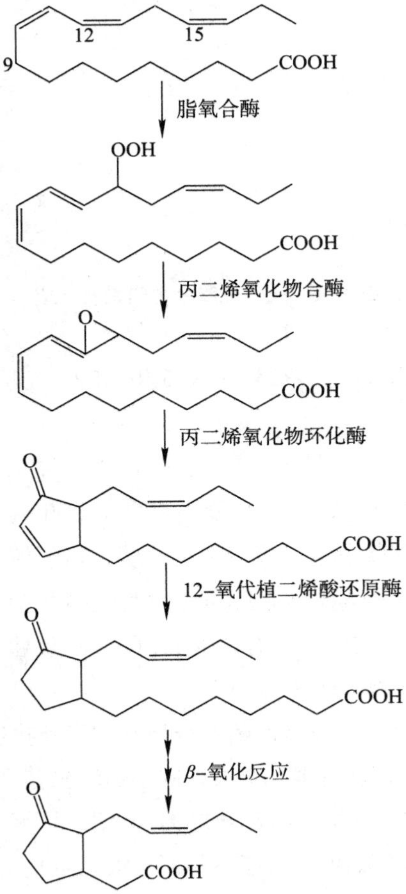

亚麻酸（a-LeA）

↓ 脂氧合酶

13-过氧化氢基亚麻酸
（13-HPOT）

↓ 丙二烯氧化物合酶

12,13-环氧亚麻酸
（12,13-EOT）

↓ 丙二烯氧化物环化酶

12-氧代植二烯酸
（OPDA）

↓ 12-氧代植二烯酸还原酶

OPC-8:0

↓ β-氧化反应

茉莉酸（JA）

○ 图8-30 亚麻酸转变为茉莉酸的途径

生上述特殊蛋白质，分布于伤口附近或较远的部分，保护尚未受伤的组织，以免继续受害。

JA 的生理作用有促进的、也有抑制的。

（1）促进作用　促进乙烯合成、叶片衰老脱落、气孔关闭、呼吸作用、蛋白质合成、块茎形成、抗逆性、对病虫和机械伤害的防卫能力。

（2）抑制作用　抑制种子萌发、营养生长、花芽形成、叶绿素形成、光合作用。

三、独脚金内酯

独脚金内酯（strigolactone，SL）是一类由一个三环的内酯通过一个烯醇醚骨架与一个甲基丁烯羟酸内酯环连接的倍半萜类化合物（图8-31）。在 2008 年被鉴定为一种可移动的

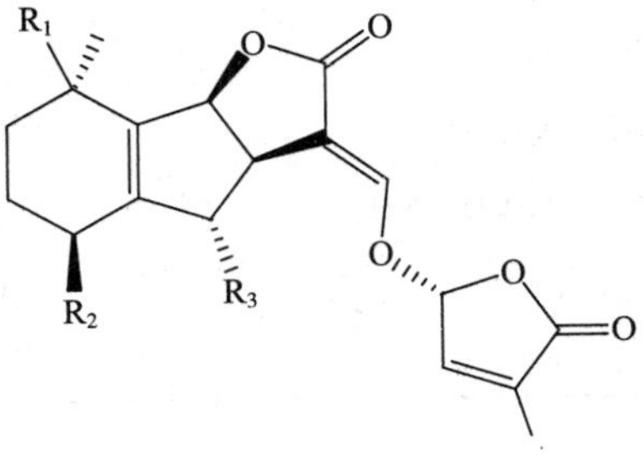

○ 图8-31　独脚金内酯的结构

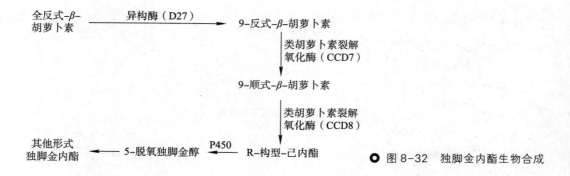

图 8-32 独脚金内酯生物合成

且抑制高等植物分枝发生的新型植物激素。人工合成的类似物有 GR24，GR26 和 GR27，其中 GR24 的活性最高。

　　天然的 SL 是类胡萝卜素的裂解产物，已知有多种酶参与这一过程。在质体中，异构酶 D27 使全反式 -β- 胡萝卜素转化成 9- 反式 -β- 胡萝卜素，经类胡萝卜素裂解氧化酶（CCD7）催化 9- 反式 -β- 胡萝卜素变成 9- 顺式 -β- 胡萝卜素，接着由类胡萝卜素裂解氧化酶（如 CCD8）催化生成 9- 顺式 -10′- 脱辅基 -β- 类胡萝卜醛（R- 构型己内酯），继而转运到细胞质基质中，经过细胞色素 P450 的催化，形成第一个有活性 SL（5- 脱氧独脚金醇，其他的独脚金内酯都是 5- 脱氧独脚金内醇的衍生物（图 8-32）。

　　独脚金内酯诱导和促进寄生植物种子萌发，对真菌中的丛枝菌根菌丝分枝有明显促进作用，从而促进了寄生植物与丛枝菌根的共生。此外，SL 在植物根部合成，向上运输到茎，抑制植物的分枝和侧芽生长。在营养条件受到限制的情况下，植物根部合成的 SL 促进了侧根及根毛的生长，从而增加了根部对有限的无机营养物质的吸收。SL 还参与调控根系生长、根毛伸长、不定根固定、次生生长和光形态建成等。

○ 知识拓展 8-7
独脚金内酯在调节
植物株型中的作用

四、多胺

　　多胺（polyamine）是一类脂肪族含氮碱。高等植物含有的多胺主要有 5 种，其名称、结构和来源见表 8-2。多胺广泛地分布在高等植物中，例如，单子叶植物中的小麦、大麦、水稻等，双子叶植物中的豌豆、苋菜、烟草等。不同器官的多胺含量不同，一般来说，细胞分裂旺盛的地方，多胺含量较多。

○ 表 8-2　高等植物中主要的多胺

胺类	结构	来源
腐胺（putrescine）	$NH_2(CH_2)_4NH_2$	普遍存在
尸胺（cadaverine）	$NH_2(CH_2)_5NH_2$	豆科
亚精胺（spermidine）	$NH_2(CH_2)_3NH(CH_2)_4NH_2$	普遍存在
精胺（spermine）	$NH_2(CH_2)_3NH(CH_2)_4NH(CH_2)_3NH_2$	普遍存在
胍精胺（agmatine）	$NH_2(CH_2)_4NHCNH_2$ $\overset{\parallel}{\underset{NH}{}}$	普遍存在

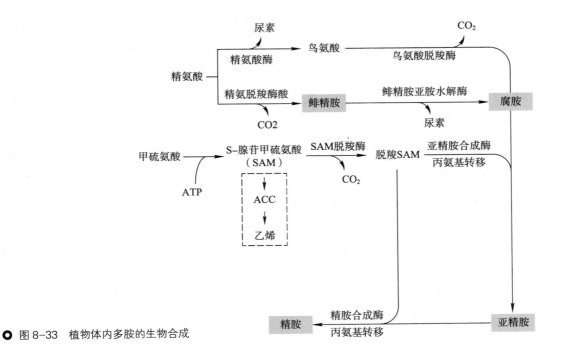

○ 图8-33　植物体内多胺的生物合成

　　植物体内多胺的生物合成途径见图8-33。值得注意的是：亚精胺和精胺的合成与SAM有关，因此多胺和乙烯的生物合成相互竞争SAM。

　　多胺的生理功能是方多方面的：促进生长形成层分化和维管束组织形成，延迟衰老，使细胞适应逆境条件，促进苹果花芽分化，提高座果率等。

五、多肽激素

　　在植物体内发现一些具有调节生理过程和传递细胞信号功能的活性多肽，称为植物多肽激素（plant polypeptide hormone），这里介绍4种。

　　（1）系统素　系统素（systemin，SYS）是从受伤的番茄叶片中分离出的一种由18个氨基酸组成的多肽，是植物感受创伤的信号分子，在植物防卫反应中起十分重要的作用。研究得知，当创伤和病原菌侵染时，就诱导蛋白酶基因表达，分解细胞蛋白，使植物细胞死亡。而系统素在植物受伤时会被释放出来，与受体结合，活化蛋白酶抑制剂基因，抑制害虫和病原微生物的蛋白酶活性，限制植物蛋白的降解，从而阻止害虫取食和病原菌繁殖。

○ 知识拓展 8-8
系统素

　　（2）植硫肽　从石刁柏叶肉细胞培养液中分离出的具有5个氨基酸组成的活性多肽，称为植硫肽（phytosulfokine），它在石刁柏叶、水稻、胡萝卜单细胞培养中，诱导细胞分裂和增殖。它也促进蓝猪耳茎段培养中的不定芽和不定根等器官的分化。

　　（3）SCR/SPll　油菜有自交不亲和（self-imcompatibility，SI）现象，因为它的绒毡层产生富含半胱氨酸的胞外多肽——SCR/SPll，分泌到花粉粒周围。这个多肽含74～77个氨基酸。当花粉粒落到柱头上时，SCR/SPll就与柱头上的受体相互作用，就引发出自交不亲和反应。

（4）CLE CLAVATA3（CLV3）是在拟南芥突变体中发现的 CLE 家族成员之一，是含 12～14 个氨基酸的多肽。CLV3 蛋白被分泌到胞外，经过一系列中间过程，增加植物茎端生长点中的干细胞数目，增加心皮数目，导致其果荚呈棒球棍，故命名为 clavate（棒状）。玉米的分泌型多肽 ESR 也含有一段与 CLV3 同源的保守序列，都属于 CLE 家族成员，它们普遍存在于高等植物，在干细胞维持与调控形态发生方面发挥作用。

六、植物激素之间的相互作用

● 知识拓展 8-9
植物激素之间的关系

植物激素在植物生长发育和环境应答中发挥了重要的作用。通常，可以将已发现的植物激素大致分为促进生长发育和抑制生长发育两大类。事实上，对同一个生理反应或细胞反应，经常是多种激素都有调节作用，例如种子萌发、细胞生长、细胞周期调节等，几乎所有的激素都参与了调控，这就存在着激素的相互作用。目前，对激素作用机制的研究揭示，各类激素是在其信号转导途径中形成调控网络来而最终实现对生理作用和形态建成的调节。

第八节　植物生长调节剂······································

利用化学合成的方法成功地合成许多植物生长调节剂（plant growth regulator）被广泛应用于农林生产，其中不少化合物具有类似植物激素的活性。植物生长调节剂合成较为容易，价格低，效果好，在农业生产中得到广泛应用。

根据生理功能的不同，植物生长调节剂可分为植物生长促进剂、植物生长抑制剂和植物生长延缓剂等三类。

一、植物生长促进剂

植物生长促进剂（plant growth promotor）促进分生组织细胞分裂和伸长，促进营养器官的生长和生殖器官的发育，外源施用生长抑制剂可抑制其促进效能。现常用的植物生长促进剂有：

1. 生长素类

吲哚乙酸（IAA）就是生长素，现已大量合成，见光容易氧化，而且价格较贵。常用于植物组织培养，如诱导愈伤组织和根的形成，农业生产上应用它的类似物，如吲哚丁酸和萘乙酸等。

吲哚丁酸（indolebutyric acid，IBA），它和吲哚乙酸一样都具有吲哚环，只是侧链的长度不同。IBA 使用安全，常用于插条生根。

α-萘乙酸（α-naphthalene acetic acid，NAA）是没有吲哚环而具有萘环的化合物，浓度低时刺激植物生长，浓度高时抑制植物生长。NAA 主要作用于刺激生长、插条生根、疏花疏果或防止落花落果，诱导开花，促进早熟和增产等。NAA 价格便宜且安全，因此生产上使用较广泛。

2,4-D 是 2,4- 二氯苯氧乙酸（2,4-dichlorophenoxy acetic acid）的简称。2,4-D 浓度不同，用途就不同。较低浓度（0.5~1.0 mg/L）用作组织培养的培养基成分之一；中等浓度（1~25 mg/L）可防止落花落果、诱导产生无籽果实和果实保鲜等；高浓度（1 000 mg/L）可作为除草剂，杀死多种阔叶杂草。

2. 赤霉素类

赤霉素（GA）的种类很多，市面上出售的 GA 是从赤霉菌培养液中提取的，其中以 GA_3（赤霉酸）活性最高，应用最多，市售的 GA 主要是 GA_3。赤霉素的生理作用主要有促进种子萌发和茎伸长。

3. 细胞分裂素类

6-BA 是 6- 苄基腺嘌呤（6-benzyladenine）的简称。常用于组织培养，提高坐果率，促进果实生长，蔬菜保鲜。

激动素（kinetin，KT）的化学名称是 6- 糠基腺嘌呤（6-furfurylaminopurine），主要用于组织培养，促进细胞分裂和调节细胞分化，也可延缓衰老，用于果蔬保鲜。

4. 乙烯类

2- 氯乙基膦酸（2-chloroethyl phosphonic acid）在水中能释放乙烯。这个化合物的商品名称叫乙烯利（ethrel），在 pH 高于 4.1 时进行分解。植物体内的 pH 一般都高于 4.1，乙烯利溶液在进入细胞后，就被分解，释放乙烯气体。乙烯利促进橡胶树乳胶的排泌，也促进菠萝开花，调节性别分化，促进果实成熟。

$$Cl—CH_2—CH_2—\overset{\overset{\displaystyle O}{\|}}{\underset{\underset{\displaystyle O^-}{|}}{P}}—O^- + OH^- \longrightarrow Cl^- + CH_2=CH_2 + H_2PO_4^-$$

二、植物生长抑制剂

植物生长抑制剂（plant growth inhibitor）能抑制顶端分生组织生长，使植物丧失顶端优势，侧枝多，叶小，生殖器官也受影响。外源施用生长素类可逆转其抑制效应。天然的植物生长抑制剂有脱落酸、肉桂酸、香豆素、水杨酸、绿原酸、咖啡酸和茉莉酸等。

人工合成的植物生长抑制剂有三碘苯甲酸、马来酰肼等。

三、植物生长延缓剂

植物生长延缓剂（plant growth retardator）能抑制赤霉素的生物合成。不同种类的生长延缓剂抑制赤霉素生物合成过程中的不同环节，主要抑制的步骤在下面三个部位（图8-34）：①矮壮素、Pix 等，主要阻断（或延缓）古巴焦磷酸合成酶的活性。②多效唑、烯效唑等三唑类，以及嘧啶醇等其它杂环化合物，主要延缓内根 – 贝壳杉烯酸氧化酶和一些

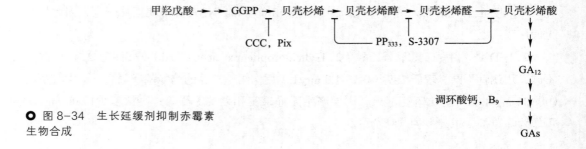

○ 图 8-34 生长延缓剂抑制赤霉素
生物合成

单加氧酶类的活性。③ GA_{12} 在依赖 2- 酮戊二酸氧化酶（如 GA20 氧化酶，GA2 氧化酶和 GA3 氧化酶）的作用下转变成其他 GAs，生长延缓剂调环酸钙等酰基环已二酯类以及比久（B9）主要抑制这类氧化酶的活性

外施赤霉素可以逆转其抑制效应。一般来说，施用生长延缓剂后植株的反应是：植株矮小，茎粗，节间短，叶面积小，叶厚，叶色深绿。而不影响花的发育。农业生产上常用于培育壮苗，矮化防倒伏等。

常用植物生长延缓剂有：

（1）CCC 氯化氯代胆碱（chlorocholine chloride）的简称，我国俗称矮壮素，是常用的一种生长延缓剂。它的化学名称是 2- 氯乙基三甲基铵氯化物，常用于小麦。

（2）Pix 化学名称是 1,1- 二甲基哌啶鎓氯化物（1,1-dimethy-piperidinium chloride），国内俗称缩节安、助壮素等，常用于棉花。

（3）PP$_{333}$ 又名 paclobutrazol，氯丁唑，我国俗称多效唑，其化学成分是 (2RS，3RS)-1-(4- 氯苯基)-4,4- 二甲基 -2-(1,2,4- 三唑 -1- 基)-3- 戊醇。PP$_{333}$ 广泛应用于果树、花卉、蔬菜和大田作物（如水稻、油菜）。

（4）S-3307 在我国名为烯效唑、优康唑，它的化学名称为 (E)-(对 - 氯苯基)-2-(1,2,4- 三唑 -1- 基)-4,4- 二甲基 -1- 戊烯 -3- 醇，应用于大田作物。

有关植物生长调节剂的原理及应用可参考有关文献。

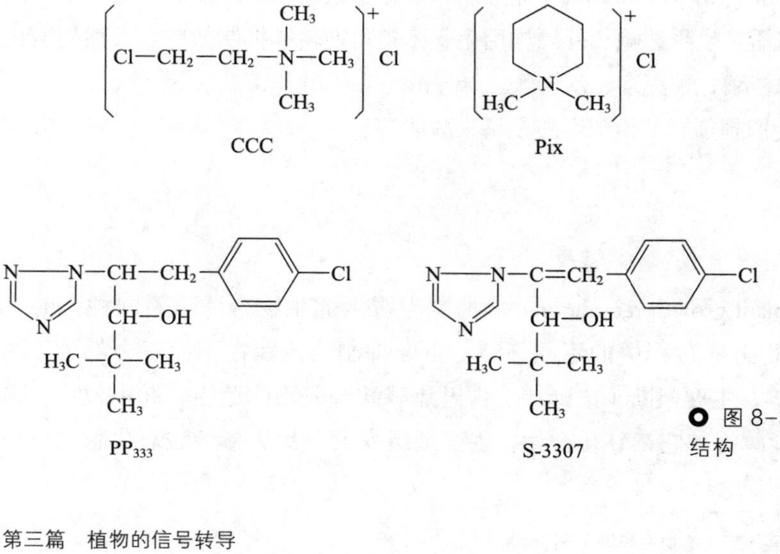

○ 图 8-35 几种植物生长延缓剂的
结构

小结

植物生长物质分为植物激素和植物生长调节剂，前者是植物体内天然产生的，后者是人工合成的。经典的植物激素共有 5 类：生长素类、赤霉素类、细胞分裂素类、乙烯和脱落酸。油菜素甾醇类是第六类植物激素。

生长素类中的吲哚乙酸在高等植物中分布很广。它能促进细胞伸长和分裂。生长素的浓度是由生长素的合成和极性运输共同建立的。生长素合成分为色氨酸依赖型途径和非色氨酸依赖型途径。ABP1 蛋白和 TIR1 蛋白是生长素的受体，分别介导生长素早期反应和晚期反应。

赤霉素的主要作用是加速细胞的伸长生长，也促进细胞分裂。赤霉素的生物合成不同步骤是在质体、内质网和细胞质基质中进行。赤霉素的受体 GID1 蛋白与赤霉素结合后，会降解 DELLA 蛋白，促进茎伸长。

细胞分裂素有促进细胞分裂和扩大、诱导芽分化的功能。细胞分裂素生物合成的关键反应是 iPP 和 AMP 缩合为 [9R-5']iP，成为细胞分裂素的前身。细胞分裂素是以双元组分信号途径进行信号转导。

乙烯是促进衰老的植物激素，也是一种催熟激素和应激激素。乙烯的前身是蛋氨酸。有多种乙烯受体，ETR1 是其中一种，当与乙烯结合后就激活 CTR1，以磷酸化和去磷酸化向下游组分传递信号，最终引起基因的表达和生理效应。

脱落酸是一种胁迫激素，能增强植物的抗逆性和促进衰老脱落。脱落酸的生物合成是由甲羟戊酸经类胡萝卜素进一步转变而成的，已发现的脱落酸受体有三种，介导不同脱落酸反应。

油菜素甾醇类对植物生长发育起着重要的调控作用。油菜素内酯的生物活性最强，BR 促进细胞的伸长和分裂，影响植物的光形态建成。

除了上述 6 大类激素以外，植物体内还有其他的天然植物生长物质，如茉莉素、独脚金内酯、水杨酸、多胺和多肽激素等。

植物激素通过合成、运输、储存及降解等实现其含量的调节，以及在组织细胞间的时空分布模式，进而实现广泛的生理作用。各类不同的激素通过互作网络调节植物生长发育以及对环境的应答。

植物生长促进剂促进细胞分裂和伸长，如萘乙酸、6-BA 等；植物生长抑制剂抑制顶端细胞生长，使株型发生变化，如三碘苯甲酸、马来酰肼等；植物生长延缓剂抑制茎部近端分生组织细胞延长，使节间缩短，株型紧凑，外源施用赤霉素可逆转其抑制效应，如 CCC，PP_{333} 等。

名词术语

自由型生长素　束缚型生长素　生长素的极性运输　PIN 蛋白　黄素单加氧酶
生长素早期反应基因　生长素晚期反应基因　吲哚乙酸氧化酶　生长素结合蛋白 1　TIR1
自由型赤霉素　C_{19} 赤霉素　内根 - 贝壳杉烯氧化酶　GID1　DELLA 蛋白　束缚型细胞分裂素
细胞分裂素氧化酶　组氨酸磷酸转移蛋白　B 型 -ARR　植物多肽激素　甲硫氨酸循环　ACC
三重反应　乙烯自我催化　NCED 蛋白　PYR/PYL/RCAR 受体　胁迫激素　植物生长调节剂
植物生长促进剂　植物生长延缓剂　乙烯利

思考题

1. 植物体内的赤霉素、细胞分裂素、脱落酸和独脚金内酯的生物合成有何联系？

2. 赤霉素在改善禾本作物的株型有何作用？

3. 植物激素的稳态通过哪些方面进行调节？

4. 泛素－蛋白酶体途径在植物激素信号转导中有何作用？

5. 为何许多乙烯反应突变体都是生长素响应或是生长素合成发生突变造成的？

6. 在拟南芥中脱落酸有多个受体蛋白家族，这些不同的受体蛋白如何协调作用？

7. 查阅资料了解多肽植物激素的生理作用与信号转导。

更多数字课程资源

术语解释 推荐阅读 参考文献

第 九 章

植物的光形态建成

光是重要的环境因子，对植物生长和发育影响很大。光不仅提供光合作用的能量，还作为环境信号影响植物的生长发育和形态建成。通过本章的学习，将回答以下问题：光形态建成与光合作用有什么异同？光如何作为信号实现对植物生长发育的调节？植物又是如何适应不断变化的光环境而正常生长和发育？

对植物来说，光是最重要的环境因子之一。光对植物生长发育的影响主要有两个方面：①光是绿色植物光合作用必需的；②光调节植物整个生长发育，以便更好地适应外界环境。例如，高等植物种子萌发后，经历光形态建成（photomorphogenesis），即光控发育的过程，成为正常的绿色幼苗，光形态建成指的是光控制细胞的生长分化、结构和功能的改变，最终汇集成组织和器官的形态建成。而黑暗中生长的双子叶植物幼苗却表现出不同的形态特征：茎细而长、顶端呈钩状弯曲、子叶合拢呈黄白色，被称作黄化苗（etiolated seedling），这种在黑暗下的生长发育称为暗形态建成（skotomorphogenesis）（图9-1）。黄化幼苗虽具全部遗传信息，但因缺乏光，大部分基因不能表达出来。

光　　　黑暗

● 图9-1　白芥幼苗在光下和黑暗中生长（改自 Schepter，1995）

从第三章内容我们了解到，光合作用是将光能转变为化学能的过程；而在光形态建成过程中，光只作为一个信号去激发受体，传递光信号，推动细胞内一系列反应，最终表现为形态结构的变化。一些光形态建成反应所需红闪光的能量与一般光合作用补偿点的能量相差 10 个数量级，甚为微弱。给黄化幼苗一个微弱的闪光，在几小时之内就可以观察到一系列光形态建成的去黄化（de-etiolation）反应，如茎伸长减慢、弯钩伸展，子叶打开、合成叶绿素等。不仅是去黄化，光形态反应涉及植物的整个生长发育过程（图9-2）。

在高等植物的个体发育中，光形态建成反应贯穿始终，包括需光种子萌发、去黄化、色素形成、避阴反应、器官运动、光周期调控（见第十一章）、诱导开花（见第十一章）、生物钟反应（见第十章）、叶片衰老脱落（见第十二章）等。这些光形态建成反应有的由一种光受体介导，有的则由多种光受体共同介导，信号转导途径十分复杂。

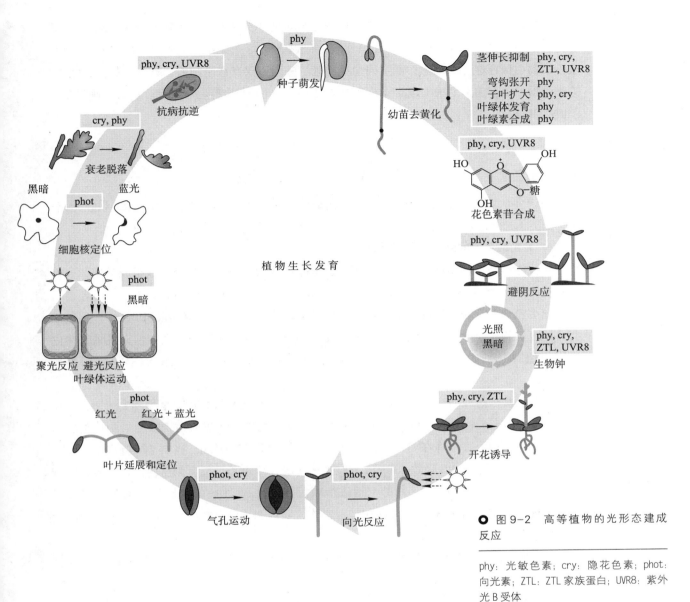

phy: 光敏色素；cry: 隐花色素；phot: 向光素；ZTL: ZTL 家族蛋白；UVR8: 紫外光 B 受体

○ 图 9-2 高等植物的光形态建成反应

第一节 光受体

植物在长期的进化中，形成了完善的光受体（photoreceptor）系统，感受来自环境中的光量（quantity 或 intensity）、光质（quality 或 wavelength）以及光照的方向，调整合适的生理状态，更好地适应环境和生长发育。目前已知至少存在三类光受体：①光敏色素（phytochrome），感受红光（red light，600～680 nm）及远红光（far-red light，710～740 nm）区域的光；②隐花色素（cryptochrome）、向光素（phototropin）以及 ZTL（ZEITLUPE）家族蛋白等，它们感受蓝光（blue light）/近紫外光（UV-A）区域

（390～500 nm）的光；③ UVR8（UV RESISTANCE LOCUS 8），属于紫外光 B（UV-B）受体，感受 UV-B 区域（280～315 nm）的光。细菌、藻类、真菌、苔藓、蕨类、裸子植物和被子植物中都存在光敏色素；而编码隐花色素的基因不仅存在于细菌、真菌、苔藓、蕨类、被子植物，还存在于动物（包括哺乳动物与人）中；向光素则存在于细菌、苔藓、蕨类和被子植物中。

一、光敏色素

● 重要事件 9-1
光敏色素的发现

1959 年美国农业部的 Butler 等采用双波长分光光度计，测定黄化玉米幼苗的吸收光谱，由此证实了光敏色素的存在。光敏色素的发现是植物光形态建成研究的里程碑。

（一）光敏色素的结构和化学性质

光敏色素是一种易溶于水的色素蛋白，呈蓝色或蓝绿色，由 2 个亚基组成二聚体。每个亚基有两个组成部分：脱辅基蛋白（apoprotein）和生色团（chromophore），后者也可称为光敏色素质（phytochromobilin，PΦB），两者结合为全蛋白（holoprotein）。生色团由一长链状的 4 个吡咯环组成，相对分子质量为 612，具有独特的吸光特性；脱辅基蛋白单体的相对分子质量大约 1.25×10^5，多肽链上的半胱氨酸通过硫醚键与生色团相连（图 9-3）。

光敏色素有两种类型：红光吸收型（red light-absorbing form，Pr）是生理失活型，远红光吸收型（far-red light-absorbing form，Pfr）是生理激活型。图 9-4 是光敏色素两种类型的吸收光谱，Pr 的吸收高峰在 660 nm，而 Pfr 的吸收高峰在 730 nm。当 Pr 吸收 660 nm 红光后，就转变为 Pfr，而 Pfr 吸收 730 nm 远红光后，会逆转为 Pr。二者相互转化时，首先生色团吡咯环 D 的 C15 和 C16 之间的双键进行顺反异构化，C14—C15 旋转，带动脱辅基蛋白发生构象变化（图 9-3），这种转化是可逆的，导致 Pr 和 Pfr 的转换，由此可将光敏色素视为感受 R/FR 的分子开关。

黑暗条件下生色团在质体中合成，由血红素（heme）通过胆绿素（biliverdin）逐步合

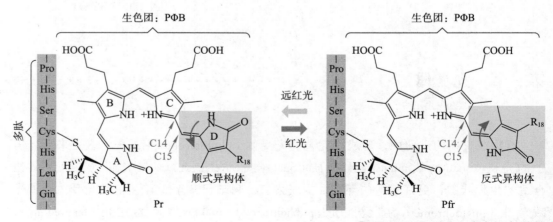

● 图 9-3　Pr 和 Pfr 生色团与肽链的连接以及生色团的顺反异构化（自 Taiz 等，2015）

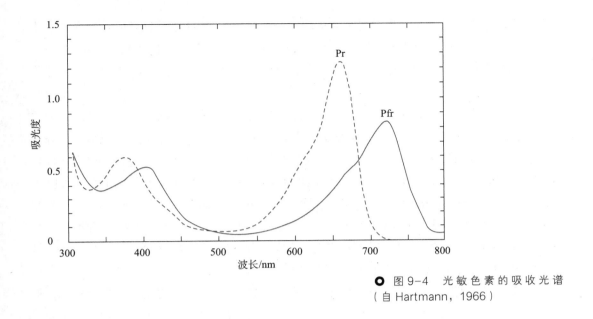

○ 图9-4 光敏色素的吸收光谱
（自 Hartmann，1966）

成生色团（PΦB），然后被运送到细胞质基质中；光敏色素（脱辅基蛋白）的 mRNA 从核中运出，在细胞质基质中合成脱辅基蛋白，再与 PΦB 装配形成光敏色素全蛋白 Pr。从图9-5可知，光敏色素的脱辅基蛋白分为 N 端、C 端以及连接两端的活动铰链区（hinge region，HR）。N 端除了负责与生色团的结合以及光的感受，同时也肩负着传递光信号的作用。而 C

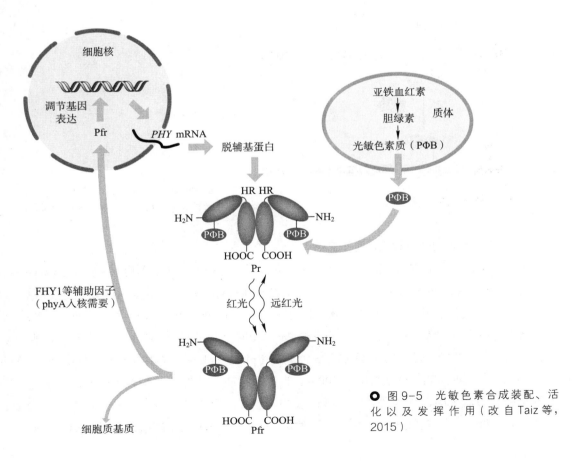

○ 图9-5 光敏色素合成装配、活化以及发挥作用（改自 Taiz 等，2015）

端负责光敏色素进入细胞核以及光信号的输出。在红光下 Pr 生色团 D 环的顺反异构化使蛋白的铰链上拉，N 端上举导致构象改变，形成 Pfr，C 端暴露出入核区域，由此 Pfr 可以进入细胞核发挥调节基因表达的作用。而 phyA 形成活化的 Pfr 之后，还需要辅助因子才能进入细胞核。

对光敏色素信号转导的认识是一个逐步深入和完善的过程。早先认为，生理激活型的 Pfr 一旦形成，即和下游的某些物质（X）生成 Pfr·X 复合物，最终引起生理反应。研究表明，光敏色素脱辅基蛋白基因是多基因家族，拟南芥中至少存在 5 个成员，分别为 *PHYA*，*PHYB*，*PHYC*，*PHYD*，*PHYE*。它们所编码的产物分别与生色团结合形成 5 种光敏色素（phyA，phyB，phyC，phyD 以及 phyE）。目前所知，phyA～phyD 在可见光范围内的不同波长下各自发挥功能。例如 PhyA 主要感受远红光（far-red light，FR），而 PhyB 主要感受红光（red light，R），它们单独或共同介导去黄化、避阴以及光周期诱导开花等反应。它们的信号途径各不相同，又有互相交叉的途径，所负责的反应具有时空性。

通常，照红光后，从 Pr 转变为 Pfr 的过程中，光敏色素蛋白的 C 端发生自磷酸化，再使 N 端的丝氨酸残基磷酸化，继而将信号传递给下游的 X 组分（图 9-6），X 组分有多种类型，所引起的信号途径也各不相同。从图 9-5 可知，形成生理激活型的 Pfr 后，大部分 Pfr 入核，参与核内基因表达的调节，另一部分 Pfr 留在细胞质基质中，参与细胞质和细胞膜上的反应。

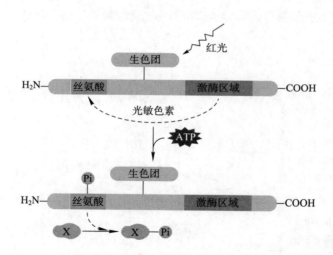

○ 图 9-6　光敏色素的激活与早期信号传递（改自 Taiz 和 Zeiger，2002）

（二）光敏色素的分布与光稳定平衡值

通常光敏色素在植株幼嫩部分分布更多。phyA 早先也被称为光下不稳定的类型 I（type I）光敏色素，而 phyB～phyD 则为光下稳定的类型 II（type II）光敏色素。黄化苗的 phyA 含量高，见光后含量可下降 100 倍之多。除了远红光可使 Pfr 转变为 Pr，黑暗条件下，Pfr 也会逐步逆转为 Pr，降低 Pfr 浓度。拟南芥的 Pfr 半衰期为 1～2 h，而 Pr 的半衰期大约 1 周。由泛素连接酶（E3）催化的蛋白降解在 5 种类型（phyA～phyE）光敏色素中都会发生。

从图 9-7 可见，Pr 和 Pfr 在小于 700 nm 的各种光波下都有不同程度的吸收，有相当多的重叠。在活体中，这两种类型光敏色素的含量取决于光源的光波成分。总光敏色素（P_{tot}）=Pr + Pfr。在一定波长下，具生理活性的 Pfr 浓度和 P_{tot} 浓度的比值就是光稳定平衡

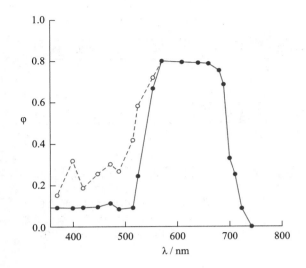

○ 图 9-7 54h 龄黄化白芥幼苗被 1 W·m⁻²(实线)和 10 W·m⁻²(虚线)照射 30 min 后不同波长的 φ 值

值（photostationary equilibrium，φ 值，即 $\varphi = Pfr/P_{tot}$）。不同波长的混合光下能得到各种 φ 值。例如，白芥幼苗在饱和红光（660 nm）下的 φ 值是 0.8，就是说，总光敏色素的 80% 是 Pfr，20% 是 Pr；饱和远红光（718 nm）下的 φ 值是 0.025，就是说，总光敏色素量的 2.5% 是 Pfr，97.5% 是 Pr。在自然条件下，φ 值为 0.01 ~ 0.05 时就可以引起很显著的光形态建成反应。

二、蓝光受体

藻类、真菌、蕨类和种子植物都有蓝光反应（blue-light response）。目前报道的蓝光受体主要有以下三类，均为色素蛋白。

（一）隐花色素（cryptochrome，cry）

细菌、动物和植物中都有隐花色素，编码色素蛋白的基因（CRY）都很保守，在动物中是生物钟的重要组分。蕨类和苔藓植物有至少 5 个隐花色素基因，拟南芥有两个功能清楚的成员 cry1 和 cry2，前者分布在细胞核与细胞质基质中，后者分布在核中。cry1 主要负责下胚轴伸长抑制和花色素苷形成等光形态建成反应，而 cry2 主要调控光周期诱导的开花反应。

隐花色素基因 CRY1 是 1993 年美国 Cashmore AR 实验室通过克隆拟南芥下胚轴在蓝光下伸长不受抑制的 hy4 突变体基因而发现的，后来林辰涛实验室在 1998 年又发现了 CRY2。cry1 和 cry2 都是色素蛋白（图 9-8），以二聚体发挥作用，每个单体分别有 681 和 612 个氨基酸，相对分子质量为 7.5×10^4 和 6.7×10^4。蛋白质的 N 端很保守，含有 PHR（photolyase-homologous region）结构域，与原核生物的光裂解酶同源，但不具备酶的活性；C 端称之为 CCE（cryptochrome C-terminal extension）或 CCT（cryptochrome C-terminal domain）结构域，具有核定位信号。隐花色素生色团为黄素腺嘌呤二核苷酸（FAD），与 PHR 进行非共价结合，负责感受光信号。杨洪全等的研究表明，负责隐花色素信号转导的部位是蛋白的 C 端，而 N 端介导二聚化。

吸收蓝光后的光激活是隐花色素传递光信号的第一步，生色团的构象变化，导致受体蛋白 N 端发生构象改变，影响 C 端二聚体的结构发生改变，光激活的 CRY 还会发生磷酸化，

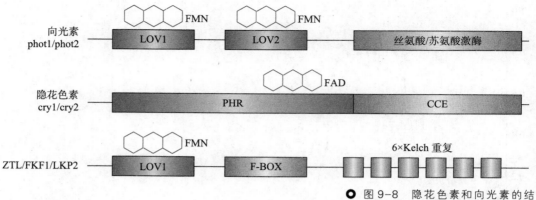

○ 图9-8 隐花色素和向光素的结构以及 ZTL/FKF1/LKP2 受体结构示意图（改自 Liu 等，2011；Ito 等，2012）

这些结构的改变引发蓝光信号向下传递。

（二）向光素（phototropin，phot）

Briggs W 实验室（1997）通过对拟南芥 *nph* 突变体在蓝光抑制茎伸长反应的研究中获得了 *NPH1*，后被命名为 *PHOT1*，为向光素脱辅基蛋白基因。拟南芥中有两个家族成员，生色团与脱辅基蛋白结合形成 phot1（向光素1）和 phot2（向光素2），水稻中也至少有2个向光素基因。PHOT 的 C 端具有丝氨酸-苏氨酸激酶特性，而 N 端有两个 LOV（light，oxygen，voltage）结构域（图9-8），这两个区域在蓝光刺激后，负责与两个生色团 FMN（黄素单核苷酸）发生结合，导致构象变化，PHOT 作为蛋白激酶，依赖蓝光发生自磷酸化反应，引发蓝光信号转导。

（三）ZTL/FKF1/LKP2 受体

ZTL（ZEITLUPE）/FKF1（FLAVIN-BINDING，KELCH REPEAT，F-BOX 1）/LKP2（LOV KELCH PROTEIN 2）或简称 ZTL 是同一家族基因编码的蛋白，N 端都含有单个 LOV 结构域和 F-box 结构域，LOV 结构域与生色团 FMN 结合。因为具有 F-box 区域，使 ZTL 具有泛素连接酶（E3）的活性，被认为是通过蛋白降解反应介导生物钟反应和光周期调控的开花的蓝光受体。

三、紫外光受体

植物和真菌的许多反应都受紫外光（UV）调控。UV 又可分为 UV-C（200～280 nm），UV-B（280～320 nm）和 UV-A（320～400 nm）。近紫外光通常指长于 300 nm 的紫外光。UV-C 波长短，能量高，被臭氧层吸收，到达地面的太阳辐射中不存在；UV-B 的一部分和 UV-A 可穿过大气层到达地面。由于氯氟烃（chlorofluorocarbon，CFC，氟利昂）等化学物质的大量使用和温室气体的大量释放，大气平流层臭氧浓度日益下降，导致到达地面的太阳紫外辐射（主要是 UV-B）增强，这一全球变化已成为国际社会广泛关注的重大环境问题。

近年来，以拟南芥为材料，已经鉴定了 UV-B 介导光形态建成的光受体 UVR8，它

○ 知识拓展 9-1
蓝光/紫外光受体
早期的信号转导

是一个由 440 个氨基酸组成的蛋白质，具有 7 个 β 折叠结构域，与人类的鸟苷酸交换因子 RCC1 同源，属于 WD40 蛋白家族。与光敏色素和蓝光受体不同的是，UVR8 并非色素蛋白。14 个高度保守的色氨酸充当了生色团的作用。环境中无 UV-B 时，该受体是以二聚体方式存在的，UV-B 照射后色氨酸发生电子传递，导致蛋白构象变化，二聚体分解成单体，单体的 C 端与 COP1-SPA1 复合体结合，激活信号转导通路，调控下游基因的表达，引起光形态建成反应。研究表明，COP1 对于 UVR8 入核及其信号传递是必需的。从单体恢复到 UVR8 非活化的二聚体状态需要 RUP（REPRESSOR OF UV-B PHOTOMORPHOGENESIS）蛋白的作用（图 9-9）。

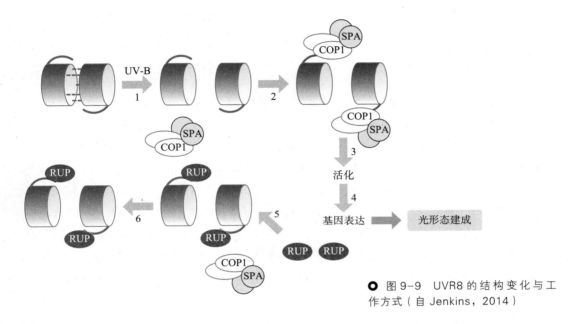

● 图 9-9　UVR8 的结构变化与工作方式（自 Jenkins，2014）

第二节　光形态建成反应 ······················

一、反应类型

光形态建成反应的分类有多种，但所有的反应都要经过光受体的激发、受体下游信号转导网络的形成，最终输出光信号、引起植物生理生化反应的改变和形态结构的变化。

依据光形态建成反应发生的快慢可分为快反应和慢反应。快反应以分秒计，例如棚田效应（Tanada effect）（图 9-10）。棚田效应是由光敏色素介导的，指离体绿豆根尖在红光下诱导膜产生少量正电荷，所以能黏附在带负电荷的玻璃表面，而远红光则逆转这种黏附现象。慢反应则以小时和天数计，例如光周期诱导开花。

依据引起光形态建成反应的光质（波长）类型，又可分为光敏色素反应（红光 - 远红光反应）、蓝光反应和紫外光反应。但有些反应受不同光质的调节，是由多个光受体共同介导的，如去黄化和光周期诱导开花（见图 9-2）。

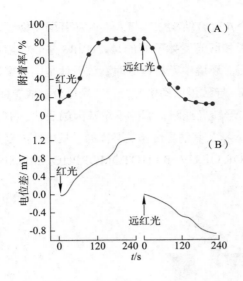

○ 图 9-10　红光或远红光处理后，绿豆根尖黏在带负电荷的玻璃表面的动力学（A）和根尖电位差（B）的变化

依据反应所需要的光量，可分为极低辐照度反应（VLFR，very low-fluence response）、低辐照度反应（LFR，low-fluence response）以及高辐照度反应（HIR，high-irradiance response）或高光照反应。光量的单位以光通量（fluence）计，是指单位表面积接受光子的数量，单位是每平方米微摩尔（µmol · m⁻²）。光通量率（fluence rate）也可以用辐照度（irradiance）表示，单位是 µmol · m⁻² · s⁻¹。

VLFR 可被 0.000 1（一只萤火虫闪光的 1/10 光量）~0.05 µmol · m⁻² 的光所诱导，例如 0.001~0.1 µmol · m⁻² 的红光诱导拟南芥种子的需光萌发、促进燕麦胚芽鞘的生长和抑制中胚轴伸长。在 VLFR 所需的微弱光量下，φ 值可达 0.002。远红光能使 98% 的 Pfr 转化为 Pr，仍保留有 2% 的 Pfr，高于诱导 VLFR 所需 Pfr 的 100 倍，因此不能逆转 VLFR 反应。VLFR 反应主要由 phyA 介导。

LFR 可被 1~1 000 µmol · m⁻² 的光诱导，图 9-11 中红光、远红光可逆调节的莴苣种子萌发就是典型的 LFR。反应可被一个短暂的红闪光诱导，并可被随后的远红光所逆转。LFR 主要由 phyB 介导。

VLFR 和 LFR 都是光敏色素反应，遵从反比定律（law of reciprocity），即反应的强度与光通量率和光照时间的乘积（总的光通量）成正比。如增加光辐照度可减少照光时间，反之亦然。

HIR 需要持续强光照，饱和光强比 LFR 强 100 倍以上。持续弱光或瞬时强光不能诱导HIR 发生，不遵从反比定律，也不能被远红光逆转。反应饱和前光照越强反应越大。一些植物的去黄化反应、花色素苷形成、开花诱导等属于 HIR。该反应主要由红光、远红光、蓝光以及紫外光引发，受光敏色素、隐花色素以及紫外光受体的共同介导。

二、主要的反应

（一）需光种子萌发（light-induced germination）

种子成熟后进入停止生长的休眠状态，直至具有合适的外界环境才开始萌发。种子萌发需要一系列环境条件，其中，光是一个重要的环境因子。

种子在土壤中萌发时，消耗自身的营养并克服土壤的压力，使幼苗伸出地面，接受阳光，继而幼叶伸展进行光合作用。通常，颗粒大、营养物质多的种子如豆类植物种子，足够维持在黑暗中的生长，它们的萌发不需要光。而许多颗粒小、营养物质少的草本植物如莴苣、番茄、拟南芥等种子，则多为需光种子萌发，需要高的红光∶远红光（R∶FR）比值。有些在林下萌发的种子，有冠层遮阴而 φ 值低，即使很微弱的红光也足以启动光形态建成反应，促进种子的萌发，使种子在耗尽贮藏的营养物之前到达地表，实现光自养。

需光种子萌发是典型的光敏色素 LFR 反应。例如莴苣种子萌发时，红光促进种子发芽，而远红光逆转这个过程。从图 9-11 和表 9-1 可见，莴苣种子萌发百分率的高低决定于最后一次曝光波长，在红光下萌发率高，在远红光下萌发率低。

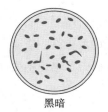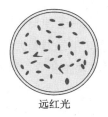

黑暗　　　　　　　红光　　　　　　远红光

◉ 图 9-11　莴苣种子在黑暗、红光和远红光下的萌发（自 Kronenberg，1994）

◉ 表 9-1　交替地暴露在红光（R）和远红光（FR）下的莴苣种子萌发百分率

（在 26℃下，连续地以 1 min 的 R 和 4 min 的 FR 曝光）

光处理	萌发 %	光处理	萌发 %
R	70	R-FR-R-FR	6
R-FR	6	R-FR-R-FR-R	76
R-FR-R	74	R-FR-R-FR-R-FR	7

已知 phyB 是介导需光种子萌发的主要光敏色素，红光刺激通过抑制 ABA 水平和代谢以及提高 GA 水平和信号转导而调节种子的萌发。

（二）幼苗的去黄化（de-etiolation）

种子萌发后，在黑暗中，幼苗进行暗形态建成，生长为黄化苗。一旦见光，进行光形态建成（去黄化）反应（见图 9-1）。黄化苗的形态有利于植株向上生长以获取阳光。去黄化是指黄化苗见光后茎（或下胚轴）伸长抑制、弯钩打开，子叶伸展、幼叶生长、叶绿体发育和叶绿素合成积累等一系列反应组成的光形态建成过程。光敏色素以及隐花色素都参与其中。红光照射或持续远红光照射通过 phyB 或 phyA 参与茎伸长的调节作用，蓝光通过 cry 参与茎伸长抑制。

种子的萌发不仅受光的调节，乙烯也起到重要作用，光与乙烯相互作用调节种子萌发以及萌发后幼苗早期生长的机理也有了深入的研究。

光抑制茎伸长、促进子叶和幼叶的伸展，是通过调控细胞生长来实现的。与细胞生长相关的植物激素如生长素、赤霉素、细胞分裂素、脱落酸以及乙烯等都参与调节。当光受体感知一定光质和光强后，在细胞中将光信号进一步传递放大，整合激素信号途径等，引起基因转录和蛋白质表达以及蛋白质修饰等改变，最终引起细胞生长的变化（见第十章第一节）。

◉ 知识拓展 9-2
光和乙烯调节种子萌发和幼苗生长

叶绿体的正常分化发育是幼苗叶片生长和进行光自养的基础，而光信号则启动并协调了从分子水平到生理生化过程乃至形态的建成。利用拟南芥干细胞诱导的悬浮培养体系，研究了叶绿体发育的时间进程。叶绿体的发育可分为两个阶段：第一个阶段受光信号的启动，光敏色素和隐花色素介导这个过程，引起一系列基因表达和代谢产物的改变、叶绿素的积累、类囊体等结构的出现；第二个阶段核基因和叶绿体基因协调表达致使叶绿体充分发育。而早期的研究已知，叶绿素生物合成相关基因表达受到光调控，光敏色素和隐花色素参与其中。

● 专题讲座 9-1
植物的避阴反应

（三）避阴反应（shade avoidance response）

在大田中，绿色幼苗生长发育都要受到相邻植株的影响。叶片吸收红光，透过或反射远红光。当植物受到周围其他植物的遮阴时，R∶FR 值变小，B∶G（蓝光∶绿光）值下降，UV-B 下降。阳生植物在这样的条件下，茎向上伸长和叶柄伸长速度加快，以获取更多的阳光进行有效的光合作用；并且可能早开花，增强顶端优势，这样的竞争阳光的反应就叫作避阴反应。光敏色素、隐花色素以及 UV-B 受体介导了避阴反应。避阴反应事实上也是茎生长的调节问题，不仅涉及光，还涉及各种激素所参与的生长调控反应。

在农业生产上，合理密植是重要的栽培措施。例如，在高密度下种植具有直立叶片的玉米新品种可以在单株产量不变的情况下增加总产量。此外，利用基因工程手段获得的 phyA 超表达烟草，在高密度种植条件下，即使遮阴强、φ 值小，也不会发生避阴反应，这样的新技术具有广阔的应用前景。

（四）光调节的器官运动

相对于动物，植物具有不可移动性的特点，但植物的不同器官具有一定的可移动性。植物对不同的环境刺激做出反应时可以发生器官和细胞器的运动，从而协调整体的生命活动，更好地适应环境。例如，蓝光和近紫外光（390～500 nm）通过向光素 phot1 和 phot2 调节了如幼苗的向光反应（phototropism）、叶片伸展和定位（leaf expansion and positioning）、气孔开放（stomatal opening）、叶绿体运动（chloroplast movement）以及细胞核定位（nuclei positioning）等一系列运动反应。隐花色素和光敏色素也可能参与了调控运动反应。

气孔运动对于调节植物的光合作用和正常生长发育关系重大。前面已经提到，蓝光可增加气孔开度，这种影响是快速的、可逆的。

在通常的气候条件下，云层变化很快，植物细胞中的叶绿体会随着光照方向和光照强度的变化而改变其在细胞内的位置，以提高光合效率。在黑暗中，叶绿体沿着细胞垂周壁方向排列或分布于细胞的底部；白天，在弱光下叶绿体会沿着光入射方向发生积聚运动（accumulation movement），而在强光下发生回避运动（avoidance movement）。研究已证明，phot1 和 phot2 是蓝光诱导叶绿体运动最主要的光受体，phot1 和 phot2 介导了低光强下叶绿体的积聚反应，而 phot2 介导高光强（> 32 $\mu molm^{-2} \cdot s^{-1}$）下叶绿体的回避反应。

（五）光调节的生物钟和开花

研究表明，在光周期诱导开花（见第十一章）中，红光和蓝光都具有调节作用，其中 phyB 和 cry2 都发挥了重要作用。例如 cry2 可直接与转录因子如 CIB1 结合，而后者结合到成花素基因 *FT*（见第十一章）的启动子上，实现对开花诱导的调控（见知识拓展 9-1）。光还是生物钟运转（见第十章图 10-15）的信号输入源之一，参与的光受体包括光敏色素和隐花色素等。

（六）紫外光反应

UV-B 对植物的整个生长发育和代谢都有影响（见图 9-2）。低强度时介导光形态建成反应，例如抑制茎伸长、类黄酮与花色素苷的合成、气孔张开等；高强度时介导胁迫反应，如 DNA 损伤、活性氧（ROS）积累、细胞受损等。UV-B 辐射的增加，会给植物的生长和作物产量带来不良的影响，例如，一些作物如小麦、大豆、玉米等在 UV-B 照射下，植株矮化，叶面积减小，导致干物质积累下降。UV-B 使大豆的某些品种光合作用下降，主要引起气孔关闭，叶绿体结构破坏，叶绿素及类胡萝卜素含量下降，Hill 反应下降，光系统 II 电子传递受影响等。

目前已知，在调节植物光形态建成反应中，有时几个光受体介导了相同的反应，例如光敏色素、隐花色素、UVR8 共同调节幼苗去黄化反应和光周期反应、光敏色素和隐花色素共同调控开花反应等。此外，光受体和植物激素之间也存在这样的相互关系。通常，不同刺激（光或激素）在各自的信号转导通路中，通过在转录、翻译、翻译后以及表观遗传调控水平，实现对不同信号组分的共享、激活、抑制、正反馈和负反馈等，从而组成复杂的信号网络来完成植物的光形态建成反应。

第三节　光形态建成的反应机理······························

理解光形态建成作用的机理是建立在对光信号转导途径或转导网络阐明的基础之上。植物通过光受体来感受光信号是信号转导的第一步。一些反应由单个光受体介导，另一些反应则由多个受体共同介导。由于不同的反应有各自的信号转导途径，因此讨论作用机理必须与具体的光形态建成反应联系起来。目前，对光受体的早期激活、启动以及下游早期的信号转导途径研究比较深入。

一、细胞膜上的调控

研究表明，细胞膜上的反应可在几秒钟之内发生，称为快速反应。Pfr 可能调节细胞膜上离子通道和质子流动等。例如被子植物大苦草（*Vallisneria gigantea*）在照射红光后 2.5 s 就发生了细胞环流的变化，首先 Pfr 改变了细胞质基质中 Ca^{2+} 水平，由此导致依赖于 Ca^{2+} 的肌动蛋白微纤丝改变而引起胞质环流变化。对于燕麦芽鞘细胞来说，从 Pfr 产生到细胞膜电势的改变（膜超极化）之间只有 4.5 s。

蓝光诱导气孔张开是通过调节保卫细胞质膜上 H^+-ATPase 活性实现的。向光素通常被认为是主要的光受体，隐花色素和光敏色素也参与了调控。向光素介导的信号转导途径（图9-12）如下：①向光素吸收蓝光，发生自磷酸化；②活化的向光素将保卫细胞特有的膜蛋白激酶 BLUS1（BLUE LIGHT SIGNALING 1）磷酸化；③ BLUS1 聚集在丝氨酸／苏氨酸蛋

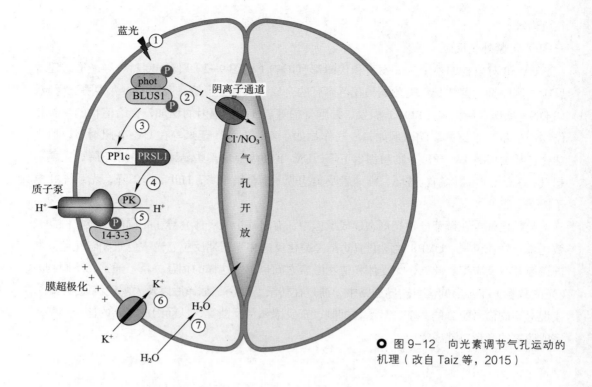

○ 图 9-12　向光素调节气孔运动的机理（改自 Taiz 等，2015）

白磷酸酶 PP1（PROTEIN PHOSPHATASE1）的 PP1c 亚基上，活化了磷酸酶的另一个亚基 PRSL1，该亚基主要负责调节下游蛋白的催化活性、亚细胞定位和底物特异性；④ PP1 的 PRSL1 继而调节一个未知的蛋白激酶 PK；⑤ PK 促进 14-3-3 蛋白与质膜 H$^+$-ATP 酶的结合，使酶稳定在激活状态；⑥ H$^+$-ATP 酶活化后将质子向胞外运送，质膜外 pH 下降，膜电位和 pH 梯度加大，K$^+$ 进入细胞；⑦导致水势降低，吸收水分，气孔张开。此外，活化的向光素还可抑制阴离子通道的活性，使 Cl$^-$/NO$_3^-$ 向胞外的运送受阻，帮助保卫细胞水势的下降。而植物激素 ABA 通过促进阴离子通道活性和抑制 PP1 酶活性起相反的调节作用，使气孔关闭。

二、叶绿体运动的调控

蓝光调节叶绿体的积聚运动和回避运动，而叶绿体运动依赖于细胞骨架系统，需要微管（microtubule，MT）和肌动蛋白微丝（actin microfilament，MF）的共同参与，已知在拟南芥中主要负责的光受体是 phot1 和 phot2。

CHUP1（chloroplast unusual positioning 1）蛋白是首次鉴定出的一个与叶绿体移动有关的肌动蛋白结合蛋白，它的 N 端有一个疏水基团，使其定位在叶绿体外膜，可能锚定在质膜上，而它的肌动蛋白结构域可以结合 F- 肌动蛋白，推动 MF 聚合，MF 一端解聚，一端聚合就推动了叶绿体的移动。其他与叶绿体运动相关的蛋白组分还在不断地被发现报道。目前已知在拟南芥中，phot1 和 phot2 都定位于质膜，介导叶绿体的积聚运动。phot2 也可定位于叶绿体膜，介导回避运动。而蓝光信号如何一步步从向光素的激活而传递信号，直至细胞骨架运动的分子机理还需要进一步的探究。

三、细胞核基因表达的调控

光敏色素、蓝光受体、UVB-8 都可以调节细胞核中的基因表达。光刺激通过光受体调节生长发育的很多生理生化过程都涉及对细胞核中基因表达的调控。其中对光敏色素反应的研究较多。

（一）需光种子萌发的调控

在需光种子萌发反应中，光敏色素 5 个成员中的 phyB 是主要的光受体。phyB 的生理激活型 Pfr 入核后，X 组分通过调控基因表达和蛋白泛素化降解进行光信号的传递。在转录水平，有多个光形态建成的负调控因子和正调控因子。其中 PIF（phytochrome interaction factor）是重要的负调控因子，属于碱性螺旋-环-螺旋类转录因子，抑制黑暗条件下拟南芥植株的种子萌发，而 HFR1 是正调控因子，光下促进种子萌发。还有一类调节蛋白降解的光形态建成负调控因子，是由邓兴旺等鉴定的一组等位基因 *COP/DET/FUS*（*CONSTITUTIVE PHOTOMORPHOGENIC/DEETIOLATED/FUSCA*）编码的，包括了 COP1 以及 COP9 信号体等。黑暗中，Pr 位于细胞质基质，细胞核内的 PIF1 积累，抑制了光形态建成基因的表达，使种子无法萌发。见光后，Pfr 入核，与 PIF1 相互作用，使 PIF1 发生磷酸化，再结合到 COP1-SPA1（constitutive photomorphogenic1-suppressor of PhyA-105）蛋白复合体（泛素连接酶 E3）上，进而再与 CUL4 组成 E3 泛素化酶复合物，PIF1 随之发生泛素化降解，由此解除 PIF1 的作用，促进光形态建成基因的表达，促进需光种子萌发（图 9-13）。除此之外，光照还提高了 HFR1 的量，也阻碍 PIF1 发挥作用，促进种子的萌发。

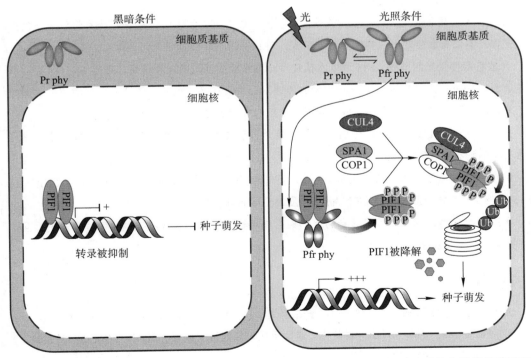

● 图 9-13 光敏色素调控种子需光萌发的分子机制（改自 Zhu 等，2015）

（二）茎伸长抑制的调控

去黄化反应中对茎伸长抑制研究较多。光敏色素早期的光信号转导途径与需光种子萌发有相似之处。在黑暗中，COP1-SPA1 蛋白复合体可降解 HY5（ELONGATED HYPOCOTYL 5）等光形态建成正调控因子，导致幼苗伸长，形成黄化苗。一旦照光，Pfr 入核，一是通过解除 PIFs 的活性，二是抑制 COP1-SPA1 的形成，阻止 HY5 等因子的降解，让它们发挥作用，抑制茎的伸长，形成绿色幼苗。

蓝光也抑制茎的伸长，蓝光激活 cry1 后，蛋白的 C 端与 SPA1-COP1 在核中相结合，阻止对 HY5 等的降解。实验表明，缺乏 N 端而只有 C 端的 *CRY1* 突变体片段在幼苗中超表达后，不管是在光下还是黑暗，都能使光形态建成正调控因子 HY5 等水平升高，抑制茎伸长。刘宏涛实验室的研究发现，cry 还可以直接结合 PIF4 和 PIF5 而调控拟南芥茎的伸长。

总之，自然条件下植物对光照强度、光谱变化以及照光方向的响应是通过不同的光受体进行的。光受体被激活后引发下游的信号转导，并与激素以及细胞中其他刺激信号的信号通路相互作用，通过影响细胞膜上的离子流动，影响细胞骨架的运动，影响细胞核中的染色体结构变化、影响转录和转录后、翻译和翻译后各个过程，最终引起生化和生理的变化，导致植物形态改变以适应光环境。

○ 小结

光控制细胞的分化、结构和功能的改变，最终汇集成组织和器官的建成，就称为光形态建成，也称为光控制发育。至少有三类光受体，通过感受不同波长（光质）、光强和不同方向的光来激发光信号转导网络，最终导致光形态建成反应。

光敏色素有两种类型，Pr（生理失活型）和 Pfr（生理激活型），二者在红光和远红光下发生可逆变化。编码光敏色素蛋白的是多基因家族，对 phyA 和 phyB 的研究比较深入。

光敏色素接受光刺激后，Pfr 可以入核或滞留在细胞质基质中发挥作用。在核中，Pfr 通过调控基因表达和蛋白泛素化降解进行光信号的传递。已发现多个 X 组分，包括光形态建成的负调控因子 PIFs 和 COP1 等，对于阐明光敏色素不同反应的作用机理有很大帮助。

蓝光/近紫外光受体是黄素蛋白，隐花色素介导了去黄化反应和开花调节，而向光素负责介导器官和细胞器的运动反应。

UV-B 对植物的生长发育都有影响，受体 UVR8 具有高度保守的色氨酸，充当了生色团的作用。UV-B 低强度时介导光形态建成反应，而高强度时介导胁迫反应。

不同的光受体之间具有信号转导通路的相互作用和交叉，光信号还与激素信号等发生相互作用与交叉，形成复杂的调控网络。

○ 名词术语

光形态建成　暗形态建成　光受体　光敏色素　Pr　Pfr　φ 值　隐花色素　向光素
ZTL/FKF1/LKP2 受体　UVR8　去黄化　避阴反应　需光种子萌发　COP1-SPA1 蛋白复合体
PIFs　HY5　CHUP1 蛋白

思考题

1. 介导光形态建成的光受体为什么大多都是色素蛋白?
2. 光合作用的光反应和光形态建成的光反应为什么不同?
3. UVR8 中的色氨酸为何可以充当生色团的作用?
4. 比较不同光受体被光激活后的早期信号转导途径。

更多数字课程资源

术语解释　　　　推荐阅读　　　　参考文献

第 四 篇   植物的生长和发育

在第一、二篇里，我们讨论了各种新陈代谢过程，植物就在此基础上发芽、长根、长叶、开花、结果。因此，新陈代谢是植物生长和发育的基础。第三篇中，我们讨论了最重要的植物内源信号（激素）和外部环境信号（光）对植物的影响以及细胞如何进行信号的传递和整合（细胞信号转导）。信号转导过程将始终贯穿于第四篇的内容之中，即植物的各种生长发育过程和对逆境的应答反应。

植物生长和发育，在农业生产实践中是十分重要的。例如，栽培粮食作物大都以收获种子为目的，因此就要使作物生长健壮、适时开花、获得高产；又如，果蔬生产中，要调节和控制营养生长、生殖生长以及衰老过程，以提高产品的数量和质量。这些都是一些和生长发育有关的问题。

遭遇不良环境（逆境）是生存中的常态，植物由此进化发展出一系列对逆境的应答策略，以帮助植物适应和抵抗不良环境，更好地生长和完成发育过程。

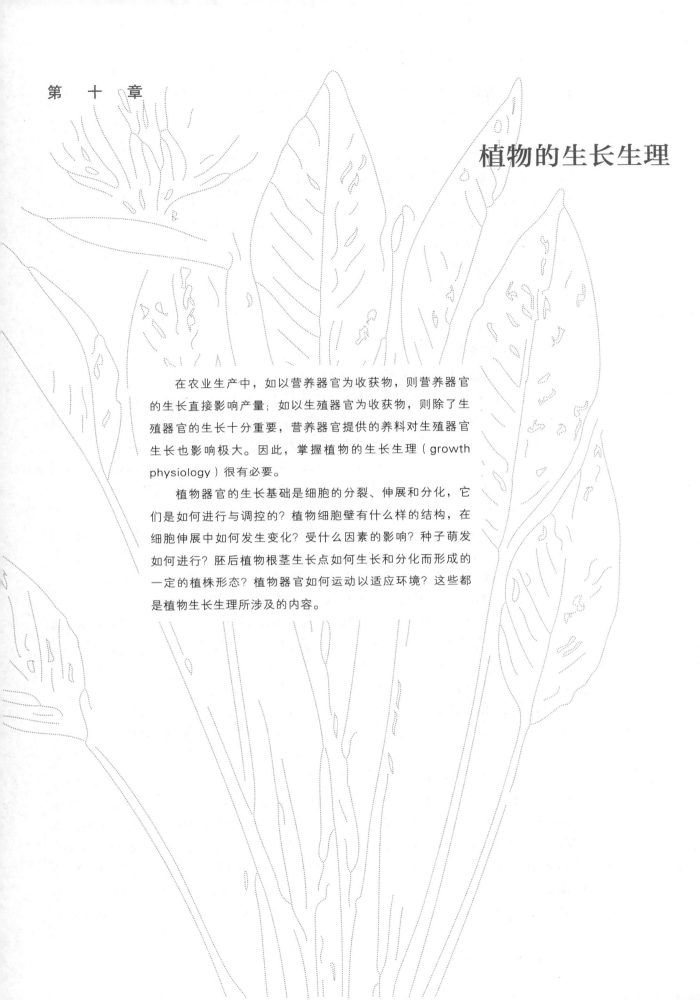

第　十　章

植物的生长生理

　　在农业生产中，如以营养器官为收获物，则营养器官的生长直接影响产量；如以生殖器官为收获物，则除了生殖器官的生长十分重要，营养器官提供的养料对生殖器官生长也影响极大。因此，掌握植物的生长生理（growth physiology）很有必要。

　　植物器官的生长基础是细胞的分裂、伸展和分化，它们是如何进行与调控的？植物细胞壁有什么样的结构，在细胞伸展中如何发生变化？受什么因素的影响？种子萌发如何进行？胚后植物根茎生长点如何生长和分化而形成的一定的植株形态？植物器官如何运动以适应环境？这些都是植物生长生理所涉及的内容。

第一节 细胞生长生理·······························

通常认为，生长（growth）是植物体积的增大。通过细胞分裂（cell division）增加细胞数目、通过细胞伸展（expansion）或伸长（elongation）增大细胞体积。而发育（development）则是指植物体的构造和机能从简单到复杂的变化过程，它的表现就是细胞、组织和器官的分化（differentiation），即由生长点的分生细胞不断分裂、生长，形成具有各种特殊构造和机能的细胞、组织和器官。通常，生长和分化是同时进行的，这个过程也称为形态建成（morphogenesis）。

植物细胞分裂、伸展、分化的机理与其他真核细胞既有相同之处，又有其特殊性。

一、细胞分裂的生理

（一）细胞周期与周期调控

具有分裂能力的细胞的细胞质浓厚，合成代谢旺盛，把无机盐和有机物同化成细胞质。当细胞质增加到一定量时，细胞就分裂成为两个新细胞。新生的细胞长大后，再分裂成为两个子细胞。细胞分裂成两个新细胞所需的时间，称为细胞周期（cell cycle）。细胞周期包括分裂期（mitotic stage，简称 M 期）和分裂间期（interphase）。分裂期是指细胞的有丝分裂过程，根据形态指标分裂期可分为前期、中期、后期和末期等时期；随后还有细胞质分裂的胞质分裂（cytokinesis）。分裂间期是分裂期后合成 DNA 的静止时期，它可分为 DNA 合成前期（G_1 期）、DNA 合成期（synthesis，S 期）和 DNA 合成后期（G_2 期）等 3 个时期。植物细胞与动物细胞的不同点在于存在内复制（endoreduplication）的现象，即 DNA 复制后不进行有丝分裂，这样就容易形成多倍体细胞。动物细胞没有这种现象。

植物细胞与其他真核细胞如酵母和动物细胞一样，都具有保守的细胞周期，并由依赖于细胞周期蛋白（cyclin，CYC）的蛋白激酶（cyclin-dependent kinase，CDK）来调控细胞周期。二者结合形成 CDK/CYC（CDK-cyclin）复合物才能活化，在细胞周期中起关键作用。该复合物上有被磷酸化活化的部位和抑制的部位。当两个部位都被磷酸化后，复合物仍不活化，只有把抑制部位的磷酸除去，而活化部位有磷酸，复合物才活化。

CYC 和 CDK 都是大家族，在模式植物拟南芥中有 50 多个 CYC（A、B、D、H 组）和近 30 个 CDK（A~F 组）。CYC 的合成与降解、CDK 的磷酸化和去磷酸化都能够调节 CDK 的活性。

图 10-1 表明，CYCD/CDKA 复合物促进 G_1 向 S 期的转变，CAK（CDK-activating kinase，CDK 活化激酶）通过磷酸化正向调节 CYCD/CDKA 的活性，而 CDK 抑制剂 ICK 或 KRP 则发挥抑制活性的作用。目前已知，活化的 CYCD/CDKA 复合物通过使 RBR（retinoblastoma related protein，视网膜母细胞瘤相关蛋白）磷酸化而释放出转录因子 E2F-DP，后者调节相关基因的表达来完成 G_1 向 S 期的转变。在此之后 CYCD 降解，CDK 钝化。当 S 向 G_2 转变时，CYC A/B 与 CDK A/B 结合为复合物，CAK 和 WEE1 两个激酶通过磷酸化使之钝化。而在 G_2/M 交接处，CDC25 将抑制部位去磷酸化后复合物被

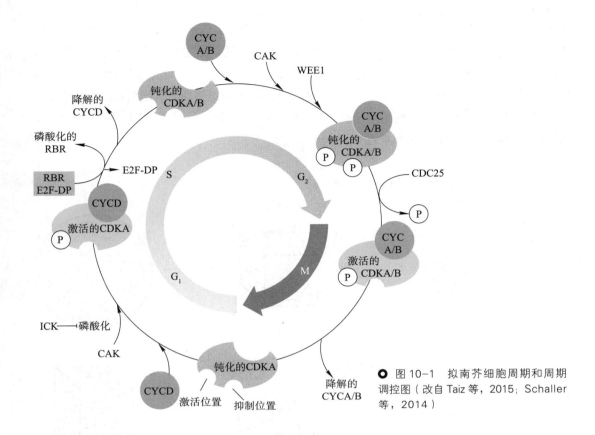

○ 图 10-1 拟南芥细胞周期和周期调控图（改自 Taiz 等，2015；Schaller 等，2014）

激活而推动 G_2 向 M 期的转变。

（二）植物激素对细胞分裂的调节作用

环境信号对植物的响应常常通过激素的作用来实现。生长素、细胞分裂素、赤霉素、乙烯、脱落酸以及油菜素内酯等都会通过不同的途径影响细胞周期。通常 G_1/S 和 G_2/M 是调控的位点。

（三）细胞分裂的生化变化

细胞分裂过程最显著的生化变化是核酸含量，尤其是 DNA 含量变化，因为 DNA 是染色体的主要成分。例如洋葱根尖分生组织在分裂间期的初期，每个细胞核的 DNA 含量还较少，当达到分裂间期的中期，也就是当细胞核体积增大到最大体积一半的时候，DNA 的含量才急剧增加，并维持在最高水平，然后才开始进行有丝分裂。到分裂期（有丝分裂）的中期以后，因为细胞核分裂为两个子细胞，所以，每个细胞核的 DNA 含量大大下降，一直到末期。

呼吸速率在细胞周期中，亦会发生变化。分裂期对氧的需求很低，而 G_1 期和 G_2 期后期氧吸收量都很高。G_2 期后期吸氧多是相当重要的，它贮存相当多能量供给有丝分裂期用。

二、细胞伸展的生理

（一）细胞伸展

在根和茎顶端的分生区中，只有顶部的一些分生组织细胞，永远保持强烈的细胞分裂的机能，而它的形态学下端的一些细胞，逐渐过渡到细胞伸展（cell expansion）阶段。伸展包括了细胞纵轴方向的伸长（elongation）和横轴方向的扩展。在这个阶段开始时细胞体积迅速增加。细胞伸展一般有几个过程，一是细胞内渗透势的下降，导致细胞吸水膨大，二是细胞壁松弛，填充新的壁物质而发生重构，只有细胞质和细胞壁物质同时增加，才能维持细胞扩展正常进行。研究表明，细胞壁纤维素的沉积方向决定了细胞伸展的方向（图 10-2），皮层微管的排列方向决定了纤维素的沉积方向。

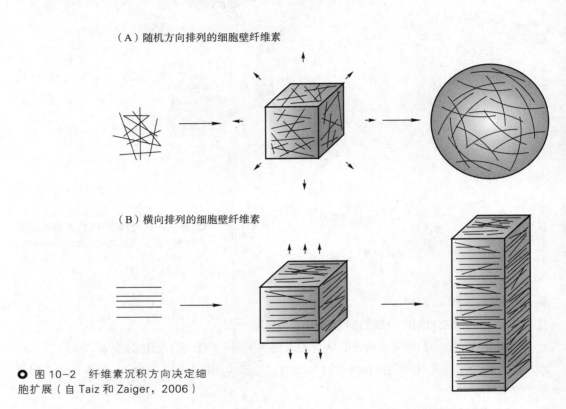

（A）随机方向排列的细胞壁纤维素

（B）横向排列的细胞壁纤维素

○ 图 10-2　纤维素沉积方向决定细胞扩展（自 Taiz 和 Zaiger，2006）

当细胞伸展时，细胞的代谢活动增强，呼吸速率增快 2～6 倍，细胞生长需要的能量便得到保证；与此同时，蛋白质量也随着增加，这说明呼吸作用的加强和蛋白质的积累是细胞伸展的基础。

（二）细胞壁

细胞壁是植物细胞区别于动物细胞的特征之一，具有保护植物细胞、维持细胞形态和传递细胞信息的作用。相邻细胞间具有胞间层连接，初生壁、次生壁和胞间连丝作为细胞壁的组成部分，而幼嫩的细胞仅有初生壁。初生壁结构是由许多纤维素分子构成的微纤丝（microfibrill）作为骨架，其中填充了多糖、蛋白质以及其他多聚物。每个纤维素分子是 1 400～10 000 个 D- 葡萄糖残基通过 β-1,4 键连结成的长链。植物细胞壁中的纤维素分子是平行整齐排列的，约 2 000 个纤维素分子聚合成束状，称之为微团（micell）。微团和微团之间有间隙，彼此相互交织。每 20 个微团的长轴平行排列，聚合成束又构成微纤丝。有时许多微纤丝又聚合成大纤丝，微纤丝借助大量链间和链内氢键而结合成聚合物（图 10-3）。

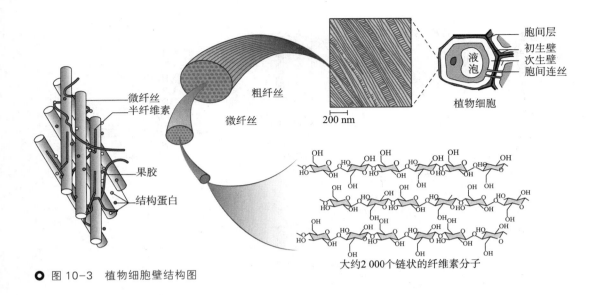

微纤丝
半纤维素

粗纤丝
微纤丝

果胶

结构蛋白

200 nm

胞间层
初生壁
次生壁
胞间连丝

液泡

植物细胞

大约2 000个链状的纤维素分子

○ 图 10-3　植物细胞壁结构图

利用蛋白质组学的方法，已发现细胞壁中存在着丰富的蛋白和多肽，而蛋白质修饰过程如羟基化和糖基化与蛋白发挥的功能有关。细胞壁中还存在大量的蛋白酶、酯酶和水解酶参与蛋白的加工和修饰。

伸展蛋白（也称伸展素，extensin）是很早就发现的细胞壁结构蛋白，在细胞壁中通过肽间交联形成一个独立的网状系统，与纤维素网系互为补充，因此增加细胞壁的强度和刚性。膨胀素（或称扩展素，expansin）在细胞伸展中的作用研究较为深入，膨胀素家族蛋白作用于细胞壁中的纤维和半纤维素之间的界面，打断细胞壁多糖之间的 H 键。多糖分子之间结构组织点破裂，联系松弛，膨压就推动细胞伸展。在细胞伸展过程中，首先需要松散细胞壁，并不断将合成的细胞壁成分如纤维素、半纤维素、果胶等填充和沉淀到正在扩展的细胞壁中，保持细胞壁的厚度。细胞壁主要的多糖物质果胶和半纤维在高尔基体中合成，而纤维素和胼胝质在质膜中合成。

植物细胞壁也是工业生产中造纸、纺织（棉花和亚麻织品）以及木材加工的原材料，用纤维素生物质（cellulosic biomass）转变为生物燃料用以替代石油产品，也是科学家们正在致力于解决的问题。

○ 知识拓展 10-1
纤维素酶研究进展

（三）生长素的酸 – 生长假说

采用仪器测试的证据（图 10-4）表明，正在伸长的黄化黄瓜下胚轴切段经冻融后置于中性缓冲液中，细胞伸长不能发生，而加入酸性的缓冲液后发生了显著的细胞伸长。如果将下胚轴切段热激后蛋白失活，即使在酸性条件下也不能发生细胞伸长，而将提取的膨胀素加入后发生了细胞伸长。这一实验表明，细胞壁酸化可以活化膨胀素而促进细胞伸长。

生长素促进细胞延长，其机制可用细胞壁酸化理论去解释。首先，生长素与受体结合，进一步通过信号转导，促进 H^+-ATP 酶基因活化并产生 H^+-ATP 酶，运输到质膜。其次，质膜上的 H^+-ATP 酶把 H^+ 排出到细胞壁，使细胞壁酸化。由于生长素和酸性溶液都可同样促进细胞伸长，生长素促使 H^+ 分泌速度和细胞伸长速率一致，据此，把生长素诱导细胞壁酸化并使其可塑性增大而导致细胞伸长的理论，称为酸 – 生长假说（acid-growth hypothesis）。

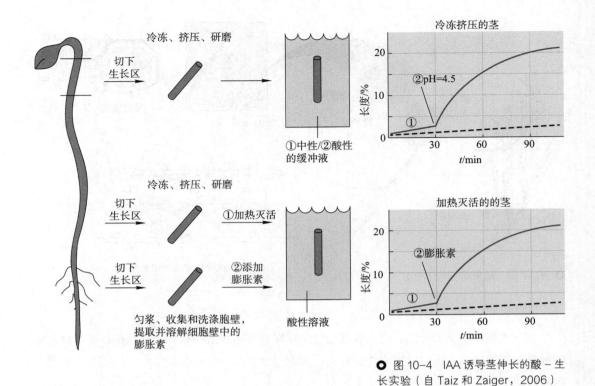

● 图 10-4　IAA 诱导茎伸长的酸－生长实验（自 Taiz 和 Zaiger，2006）

（四）细胞伸长与其他激素

已知多种植物激素参与了细胞伸长。生长素、赤霉素、油菜素内酯促进节间伸长，而脱落酸、乙烯以及茉莉素抑制伸长。各种激素发挥作用的分子途经有所不同，有时又相互交叉，形成复杂的信号网络。

赤霉素（GA）促进细胞伸长是众所周知的，但它没有刺激质子排出的现象，不通过细胞壁酸化发挥作用。此外，GA 刺激伸长的滞后期比 IAA 长。以豌豆为例，GA 刺激其伸长需要 2～3 h，而 IAA 只需 10～15 min，这也说明 GA 和 IAA 两者刺激细胞生长的机制是不同的。两者还有相加作用。有研究认为，GA 增加细胞壁伸展性是与它提高木葡聚糖内转糖基酶（xyloglucan endotransglycosylase，XET）活性有关。木葡聚糖是初生壁的主要组成。XET 可使木葡聚糖产生内转基作用，把木葡聚糖切开，然后重新形成另一个木葡聚糖分子，再排列为木葡聚糖—纤维素网。XET 有利于膨胀素穿入细胞壁，因此膨胀素和 XET 是 GA 促进细胞延长必需的。

赤霉素显著促进茎叶生长。在水稻"三系"的制种过程中，不育系往往包穗，影响结实率，可在主穗"破口"到见穗时喷施 GA₃，使节间细胞延长，减少包穗程度，提高制种产量。该措施已在全国推广应用。栽种以切花为生产目的花卉（如菊花、唐菖蒲）时，如茎（花轴）过短，可喷施赤霉素，以达到规格要求的长度。

三、细胞分化的生理

细胞分化（cell differentiation）是指分生组织的幼嫩细胞发育成为具有各种形态结构和

生理代谢功能的成形细胞的过程。高等植物大都是从受精卵开始，不断分化，形成各种细胞、组织、器官，最后形成植物体。所以分化是一个很普遍但又非常复杂的现象。现代植物生物学的研究表明，细胞分化是基因特异表达的结果，而基因表达会受到表观遗传水平、转录水平、转录后水平等不同层次的调节。

植物大约有 40 种不同的细胞类型。植物细胞通过生长和分化最终形成一定形态的过程称为细胞形态建成。

（一）细胞全能性和组织培养

德国植物学家 Haberlandt 于 1902 年就提出细胞全能性（totipotency）的概念，即植株中的每个细胞都携带一套完整的基因组，并具有发育成完整植株的潜在能力。细胞分化完成后，就受到所在环境的束缚，保持稳定，但这种稳定是相对的，一旦脱离原来所在的环境，成为离体状态时，在适宜的营养和外界的条件下，就会表现出全能性，生长发育成完整的植株。20 世纪 50—60 年代越来越多的工作证实这一观点，特别是 1958 年美国科学家 Steward 等将高度分化的胡萝卜根组织最终分化成具有根、茎、叶的完整的植株，第一次用实验证明了植物细胞的全能性。因此，细胞全能性是细胞分化的理论基础，而细胞分化是细胞全能性的具体表现，此后，在此基础上建立的植物组织培养（tissue culture）技术也得到了迅速发展。

● 重要事件 10-1 植物组织培养

组织培养不但是研究植物生长发育规律的好方法，而且也是植物育种、品种改良和繁殖上行之有效的方法。近几十年，我国植物组织培养研究工作取得了很大的成就，在花药培养和单倍体育种方面一直处于国际先进水平。

（二）极性

极性（polarity）是植物分化和形态建成中的一个基本现象，它通常是指在器官、组织甚至细胞中在不同的轴向上存在某种形态结构和生理生化上的梯度差异。事实上，在胚胎形成过程中，合子在第一次分裂形成基细胞及顶端细胞就产生了极性现象。极性一旦建立，即难于逆转，最终将形成根和茎。

极性造成了细胞内物质（如代谢物、蛋白质、激素等）分布不均匀，建立起轴向，两极分化，因此细胞不均等分裂（不是指染色体，而是指细胞质的构造和物质）。在整个生长发育期间，细胞不均等分裂现象屡见不鲜。例如气孔发育、根毛形成和花粉管发育等。

第二节　种子萌发 ·························

种子是种子植物所特有的繁殖器官，是植物个体发育的起始。优质种子是提高产量的必要条件，而优质种子的基本特点就是具有较高的活力（vigor），在田间状态下，萌发迅速，形成整齐度高而健壮的幼苗。种子萌发必须有适当的外界条件，即足够的水分、充足的氧和适宜的温度。三者同等重要，缺一不可。此外，有些种子的萌发还受到光的影响。

一、种子萌发的生理生化变化

种子萌发过程基本上包括种子吸水，贮存组织内物质水解和运输到生长部位合成细胞组分，细胞分裂，胚根、胚芽出现等过程，种皮的机械阻力对萌发有重要影响。

（一）种子的吸水

种子的吸水可分为 3 个阶段，即急剧吸水、停止吸水和重新迅速吸水。据测定，种子吸水第一阶段是由于细胞内容物中亲水物质所引起的吸涨作用（imbibition）（物理过程）。在第二阶段中，细胞利用已吸收的水分进行代谢作用。到了第三阶段，由于胚的迅速长大和细胞体积的加大，重新大量吸水，这时的吸水是与代谢作用相连的渗透性吸水。

（二）呼吸作用的变化

种子萌芽时的呼吸过程可分为 4 个阶段，即急剧上升 – 滞缓 – 再急剧上升 – 显著下降。第 1 阶段是种子吸涨后，呼吸迅速上升，可能与三羧酸循环及电子传递有关的线粒体酶的活化有关。呼吸商（RQ 值）略高于 1。第 2 阶段呼吸停滞不变，因为种皮限制外界 O_2 进入种子，于是进行无氧呼吸。到了第 3 阶段，胚根穿破种皮，增加 O_2 的供应，加上胚轴合成新的线粒体和呼吸酶系统，导致有氧呼吸骤升，形成第 2 个呼吸高峰；第 4 阶段随着幼苗贮存物质耗用，呼吸作用逐渐降低。

（三）酶系统的形成

种子萌芽时酶系统的形成是经过不同的途径的，包括已存在的酶因水合作用而活化，通过新的 RNA 诱导下合成的蛋白质，形成新的酶。当种子吸水不久，种子内就出现多种酶，例如脂酶、蛋白酶、磷酸酶、水解酶等。

赤霉素诱发大麦种子释放酶和糖类移动的研究比较明确。当禾谷类种子吸水萌发时，胚能合成 GA 并将之释放到胚乳和糊粉层，糊粉层细胞接受 GA 刺激后，就产生水解酶和释放到胚乳。外施抑制剂放线菌素和环己酰亚胺，则抑制 RNA 和蛋白质的合成，这就证明，GA 刺激 α – 淀粉酶的产生是重新合成的。有人把去胚的半粒大麦种子，培育于含有 GA_3 的缓冲液中，8 h 后，就显著产生 α – 淀粉酶并分泌至培养液中，这说明 GA_3 能代替胚去刺激淀粉降解。这个工作为 GA_3 在啤酒工业生产打下基础。大麦发芽时，除了 α – 淀粉酶外，还产生蛋白酶、β – 淀粉酶和其他淀粉降解酶等，分解淀粉胚乳的淀粉及其他大分子化合物为糖、氨基酸及其他物质，供幼苗生长用（图 10–5）。

（四）有机物的转变

种子中贮藏着大量淀粉、脂质和蛋白质，而且，不同植物种子中，这三种有机物的含量有很大差异。我们常以含量最多的有机物为根据，将种子区分为淀粉种子（淀粉较多）、油料种子（脂质较多）和豆类种子（蛋白质较多）。这些有机物在种子萌发时，在酶的作用下被水解为简单的有机物，并运送到正在生长的幼胚中去，作为幼胚生长的营养物质。

1. 糖类

种子萌发时，其主要贮藏物质——淀粉会被淀粉酶、脱支酶和麦芽糖酶等水解为葡萄糖。

淀粉有直链淀粉和支链淀粉两种，直链淀粉只需水解 α–1,4 糖苷键就可成为葡萄糖，而支链淀粉则需水解 α–1,4 糖苷键和 α–1,6 糖苷键才能彻底水解为葡萄糖。淀粉酶

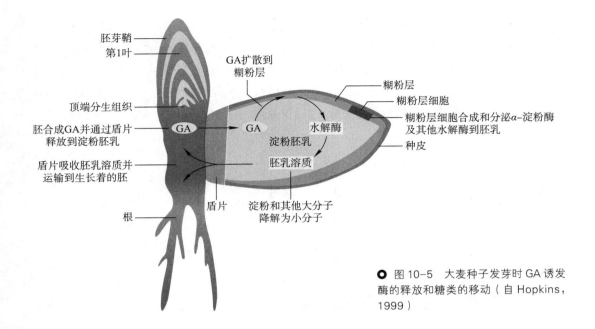

胚芽鞘
第1叶
GA扩散到糊粉层
糊粉层
糊粉层细胞
顶端分生组织
胚合成GA并通过盾片释放到淀粉胚乳
糊粉层细胞合成和分泌α-淀粉酶及其他水解酶到胚乳
水解酶
盾片吸收胚乳溶质并运输到生长着的胚
淀粉胚乳
种皮
胚乳溶质
GA
GA
根
盾片
淀粉和其他大分子降解为小分子

⬤ 图 10-5　大麦种子发芽时 GA 诱发酶的释放和糖类的移动（自 Hopkins，1999）

（amylase）有两种：$\alpha-$淀粉酶和$\beta-$淀粉酶。$\alpha-$淀粉酶为淀粉内切酶，任意水解淀粉内的$\alpha-1,4$糖苷键为小分子糊精。$\beta-$淀粉酶为淀粉外切酶，它从直链淀粉或糊精的非还原性端开始，按顺序分解$\alpha-1,4$糖苷键，每次切下一个麦芽糖分子，这两种酶都不能水解$\alpha-1,6$糖苷键。支链淀粉除了有$\alpha-1,4$糖苷键外，分支处还有带$\alpha-1,6$糖苷键的极限糊精，它在具有分裂$\alpha-1,6$糖苷键作用的脱支酶（debranching enzyme，亦称 R 酶）作用下，降解为麦芽糖。

麦芽糖在麦芽糖酶（maltase）作用下最终分解成葡萄糖。

除上述酶促水解外，淀粉也可以磷酸解（phosphorolysis）。在磷酸参与下，淀粉磷酸化酶（P 酶）把淀粉降解成 1-磷酸葡糖。淀粉磷酸化酶普遍存在于高等植物中。

$$（葡萄糖）_n + 磷酸 \xrightarrow{淀粉磷酸化酶} （葡萄糖）_{n-1} + 1-磷酸葡糖$$

淀粉酶和淀粉磷酸化酶都可以降解淀粉，而这两种酶所要求的最适温度是不同的，前者要求高温，后者要求低温，所以在不同条件下，植物靠不同的酶来起作用。例如，在低温（$0 \sim 9\,℃$）时，马铃薯块茎内的淀粉含量降低，而可溶性糖含量反而增加。1-磷酸葡糖含量也增加，这就说明了低温时，淀粉是经过淀粉磷酸化酶的作用而分解的。甘薯块根、果实、蔬菜在冬天变甜就是这个道理。又如，在夏天，香蕉迅速变甜，这是由于高温利用淀粉酶的水解，如果处于 $10\,℃$，淀粉酶就没有活性，香蕉不会变甜。

2. 脂肪

脂肪在脂肪酶的作用下，水解生成甘油和脂肪酸。

脂肪酶（lipase）在酸性条件下作用进行得很快，又因脂肪酶活动时累积脂肪酸，增加环境的酸度，更促进脂肪酶的活性，所以脂肪酶具有自动催化的性质。在实践中贮藏面粉、米粮和油料种子时，应注意这个问题。贮藏环境高温多湿时，脂肪酶活性加大，脂肪分解为游离脂肪酸，使产品酸度增长率高，严重时还会产生一种令人不愉快的气味，影响产品质量。

油料种子萌发时，贮存在圆球体中的三酰甘油水解为脂肪酸，进入乙醛酸循环体（glyoxysome），经过 β- 氧化形成乙酰 CoA，然后经过乙醛酸循环（glyoxylic acid cycle）途径形成琥珀酸，再运到线粒体，进行 TCA 循环，产生苹果酸。苹果酸运到细胞质基质，被氧化为草酰乙酸，进一步羧化为磷酸烯酮式丙酮酸。再经过糖异生途径（gluconeogenic pathway），形成葡萄糖，最后转变为蔗糖（图 10-6）。

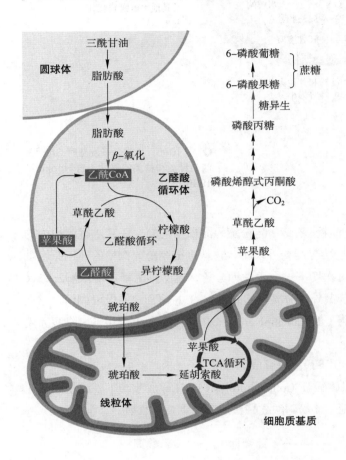

○ 图 10-6　油料种子发芽时脂肪转变为蔗糖时的过程（改自 Staehelin 等，2000）

3. 蛋白质

水解蛋白质的酶有两大类：蛋白酶（protease）和肽酶（peptase）。蛋白质在蛋白酶的作用下分解为许多小肽，而后在肽酶作用下完全水解为氨基酸。

植物蛋白酶的典型代表为木瓜蛋白酶，它存在于木瓜的果实和叶子的乳汁中，禾谷类作物（大麦、小麦等）种子中的蛋白酶亦属于木瓜蛋白酶类型。菠萝果实中含有菠萝蛋白酶。植物中还含肽酶，例如谷类作物含有二肽酶，能使二肽水解成氨基酸。种子在萌发时，这些蛋白质水解酶活性加强，贮藏蛋白质减少，形成游离氨基酸。

由蛋白质分解生成的氨基酸，有一部分通过氨基交换作用形成新的氨基酸，重新构成蛋白质或供其他用途；有一部分多余的氨基酸通过氧化脱氨作用，进一步分解为游离氨和酮酸。高等植物中氨基酸脱氨最旺盛的发芽种子和幼嫩组织中，很容易发现氨的存在。

前面讲过，游离氨的量稍多时，植物就会受到毒害。植物体利用酰胺形式将氨保存着，一方面解除氨的毒害，另一方面又可随时释放出氨，供植物形成新氨基酸的需要。

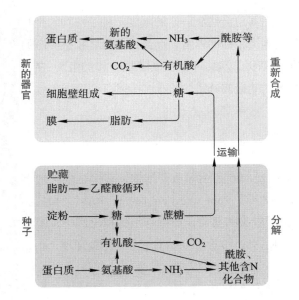

○ 图 10-7 萌发种子中物质的转化情况

综上所述，种子萌发时，淀粉、脂肪、蛋白质转变的过程，可以用简单的图解表示（图 10-7）。种子萌发经历从异养到自养的过程。种子萌发时只能动用种子内贮藏的物质，还不能制造足够的养分，这就是异养。当幼苗叶片进行较旺盛的光合作用，制造充分有机养料后，才进入自养过程。因此，种子内贮藏的养分越多，就有利于幼胚的生长。在农业生产上，选取大而重的种子，就是这个道理。

二、种子萌发的调节

研究表明，外界因素光、糖以及植物激素都参与了萌发的调控。需要光照才能萌发的叫作需光种子萌发。以模式植物拟南芥为例，种子的萌发需要低温和光照，只有满足光与低温，种子萌发率高，幼苗整齐。

○ 知识拓展 10-2 拟南芥种子萌发的调控

第三节　植物营养器官生长 ·······························

单子叶和双子叶植物在种子成熟后都具有胚（embryos）的结构，通常由二倍体合子细胞经过一系列生长、分化和发育而成，是植物个体初生生长的雏形，十分重要。合子细胞的第一次细胞分裂就产生了极性，上部的顶细胞和下部的基细胞将分别发育为胚和胚柄。生长素的极性分布在极性形成中发挥重要作用，一系列重要基因的顺序表达是极性形成和后续胚分化发育成为茎尖和根尖的保证。

植物生长的性质和动物的有本质上的区别，这一点在种子植物和脊椎动物尤为明显。高等脊椎动物在出生后已具备了成年动物的一切主要器官，它的生长不过是各部分（头、躯干和四肢）体积的同时增大而已，并且动物的生长迟早总会达到一定的限度。种子植物的生长则不同。植物在整个生活过程中，都在继续不断地产生新的器官，而且，由于茎和根尖端的组织始终保持胚胎状态，茎和根中又有形成层，所以，可以不断生长（加长和加粗），在百年甚至千年的老树上，还有新长出仅数月或数天的幼嫩部分。

一、根尖和茎尖

对于单子叶和双子叶植物来说，根尖和茎尖是成熟胚胎的重要结构，它们是植株地上部分和地下部分生长发育的源头。根尖顶端分生组织（root apical meristem，RAM）和茎尖分生组织（stem apical meristem，SAM）分别位于根尖和茎尖，虽然所占体积比例小，但至关重要。图 10-8 显示了模式植物拟南芥根尖（RAM）和茎尖（SAM）干细胞微环境（stem cell niche）的结构。

RAM 的静止中心（quiescent center，QC）细胞含较少线粒体、内质网、质体等，与根冠分生组织相比，细胞分裂较缓慢（不是不分裂），细胞周期长，故称为静止中心。拟南芥的 QC 由 4~7 个细胞组成。周围排列着形成各种根结构的起始干细胞，分别为：根冠柱起始细胞（位于 QC 正下方）、表皮 – 侧根冠起始细胞（位于 QC 侧面）、内皮层和皮层起始细胞（紧邻表皮 – 侧根起始细胞）以及中柱起始细胞（位于 QC 正上方）。这些干细胞通过不断分裂，最终形成在根横切面由外到内所呈现的表皮、皮层、内皮层以及中柱等结构。

SAM 具有与 RAM 的 QC 相似的组织中心（organizing center，OC），在它的正上方存在着干细胞中心区（central zone，CZ），分为 L1、L2 以及 L3 三层，继后进行细胞的不同方向分裂分化为茎的表皮、亚表皮以及内部组织。与 OC 相邻的周缘区（peripheral zone，PZ）干细胞将分化为叶原基。而 OC 正下方的肋状区（rib zone，RZ）将产生茎的中心组织。

研究表明，在拟南芥中，一系列基因正确的时空表达保证了 RAM 和 SAM 的干细胞微环境的持续活性。简单来说，在 SAM 中，转录因子 WUS（WUSCHEL）在 OC 细胞表达，对于维持干细胞的增殖和活性是必需的，它的蛋白能够移动到 CZ，在那里促进 CLE（CLAVATA3/ESR RELATED）家族的 CLAVATA3（CLV3）的产生和分泌，CLV3 是含有 96 个氨基酸的多肽小分子，在 OC 上方的干细胞中心的 L1 和 L2 表达，能够通过胞间连丝在细胞间移动，CLV3 与类受体蛋白激酶复合物 CLV1/CLV2/CRN 结合，由此介导短距离的信号转导，抑制 WUS 的表达。这样形成的 CLV-WUS 负反馈环维系了 SAM 干细胞微环境的大小和活性（图 10-8A）。

在 RAM 中，类似于 WUS 的 WOX5（WUS-RELATED HOMEOBOX 5）在 QC 表达，具有维持干细胞活性的功能，而位于 QC 正下方的根冠柱起始细胞中产生的多肽信号分子 CLE40 同样是通过与受体激酶复合体 ACR4/CLV1 结合而进行信号转导，从而抑制 WOX5 的表达。以实现 RAM 干细胞微环境的功能维持（图 10-8B）。

因此，SAM 和 RAM 干细胞微环境是根茎器官生长发育的源头，它们通过分泌型多肽小分子 CLE 家族成员（在 SAM 是 CLV3，在 RAM 是 CLE40）所形成的信号转导网络，调控转录因子 WUS 家族成员（在 SAM 是 WUS，在 RAM 是 WOX5）的表达，维持干细胞微环境的功能。正是由于茎尖和根尖的干细胞不断形成各类细胞，它们的数目增多和体积增

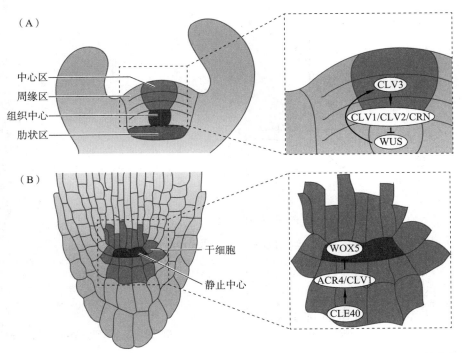

（A）

中心区
周缘区
组织中心
肋状区

CLV3
CLV1/CLV2/CRN
WUS

（B）

干细胞
静止中心

WOX5
ACR4/CLV1
CLE40

● 图 10-8　根尖和茎尖的结构（改自 Taiz 等，2015；Gaillochet 等，2015；Kong 等，2015）

大，导致了植物体积或重量的不可逆增加。

植物激素特别是生长素和细胞分裂素对于 SAM 和 RAM 具有重要的调控作用。例如，在根尖，生长素通过生长素反应因子 ARF10 和 ARF16 的作用抑制 WOX5 的表达，从而促进相邻干细胞子细胞的分化。而在茎尖，细胞分裂素通过其信号转导组分 AHK2/4 而保持 WUS 的表达。

● 专题讲座 10-1
根尖与茎尖的生长
发育

二、营养器官的生长特性

植物茎的节通常不伸长，节间伸长部位则依植物种类而定，有均匀分布于节间的，有在节间中部的，也有在节间基部的。居间分生组织在整个生活史中保持分生能力。例如，水稻倒伏时，茎向上弯曲生长；水稻顶端分生组织形成花序后茎的快速生长，都是居间分生组织活动的结果。在茎（包括根和整株植物）的整个生长过程中，生长速率都表现出"慢 – 快 – 慢"的基本规律，即开始时生长缓慢，以后逐渐加快，达到最高点，然后生长速率又减慢以至停止。我们把生长的这三个阶段总合起来叫作生长大周期（grand period of growth）。从图 10-9 可见，玉米株高的生长曲线如同字母 S，生长速度曲线则为抛物线。这条 S 形曲线可细分为四个时期：①停滞期（lag phase），如该图的 0 ~ 18 d，细胞处于分裂时期和原生质体积累时期，生长比较缓慢；②对数生长期（logarithmic growth phase），如该图的 18 ~ 45 d，细胞体积随时间而对数增大，因为细胞合成的物质可以再合成更多的物质，细胞越多，生长越快，有点像在银行中以复利计息的存款，数目越来越大，成对数增加；

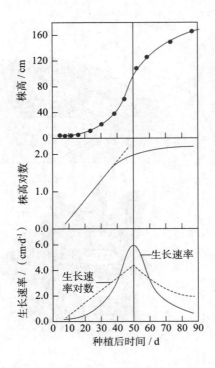

● 图 10-9　玉米株高生长曲线

③直线生长期（linear growth phase），如图中 45～55 d，生长继续以恒定速率（通常是最高速率）增加；④衰老期（senescence phase），如图中 55～90 d，生长速率下降，因为细胞成熟并开始衰老。茎的生长有顶端优势，顶芽抑制侧芽生长（见本章第四节）。

根的生长也具生长大周期，也有顶端优势，主根控制侧根的生长。根部能长出不定根（adventitious root），不定根是指生长在不是正常发生部位的根，为次生根。园艺上枝插、叶插、压条等方法繁殖，就是利用它们产生不定根的性能。不定根的产生需要两个过程：不定根根原基的形成和不定根生长，前者主要需要生长素，后者需要营养和环境条件。生产上常利用 IBA 和 NAA 等促进插条生根。

一般而言，叶在芽中形成，它由茎尖生长锥的叶原基发育而成。幼叶发育完成后由小变大的生长过程，因植物种类而异。双子叶植物的叶子是全叶均匀生长，到一定时间即停止，所以叶上不保留原分生组织，叶片细胞全部成熟。单子叶植物的叶子生长是基生生长，所以叶片基部保持生长能力。例如韭、葱等叶被切断后，叶片很快就能生长起来。

三、影响营养器官生长的条件

外界环境因素如温度、光、水分、矿质营养对植物的营养器官生长有明显的影响，植物激素也有重要的作用。

（一）温度

植物（包括茎）只有在一定的温度下才能生长。不同种类植物生长所要求的温度范围，是很不同的。北极的或高山的植物，可在零度或零度以下生长，最适温度一般很少越过 10℃。大部分原产温带的植物，在 5℃ 或 10℃ 下不会有明显的生长，其最适生长温度通常在 25～35℃，最高生长温度是 35～40℃。大多数热带和亚热带植物的生长温度范围，要更高一些。以原产亚热带的玉米来说，最低生长温度约为 10℃，最适约为 33~35℃，而最高约达 45℃。

这里还应着重指出，所谓生长的最适温度，是指生长最快的温度，这个温度对于植物健壮生长来说，往往不是最适宜的。因为生长最快时，物质较多用于生长，消耗太快，没有在较低温度下生长那么结实。在生产实践上培育健壮的植株，常常要求在比生长的最适温度（生理最适温度）略低的温度，即所谓"协调的最适温度"下进行。

在自然条件下，具有日温较高和夜温较低的周期性变化。植物这种对昼夜温度周期性变化的反应，称为生长的温周期现象（thermoperiodicity of growth）。了解植物生长对温度的要求，在农业生产上对保证植物的良好生长有重要的意义。在温室栽培中，我国劳动人民早已注意到夜间降温的有利作用，这就是温周期现象在实践中的应用。

根生长的土壤最适温度一般是在 20~30℃，温度过高或过低吸水都少，生长缓慢甚至停止。有人培养玉米幼苗，地上部保持 25℃温度，给予根系不同温度，结果得知。26℃是根系生长最适温度，温度过高（33~35℃）过低（12~17℃）都不适宜。即使地上部保持适宜温度，但根系温度不适宜，也影响地上部的生长。由此可见，土壤温度对根系和地上部的生长都是十分重要的。

小麦叶片面积在一定范围内随温度的增加而增大。水稻叶片生长以气温 32℃、土温 30~32℃最适宜。高温加快作物出叶速度、生育期短，因此，人们常常用积温来预测作物成熟期。

（二）光

幼苗发育也是受光控制的（见第九章植物光形态建成）。在农业生产中，常因植株群体过密，株间郁闭缺光，茎秆细胞生长素含量多，生长迅速，茎秆纤细，节间过长，机械组织不发达，造成倒伏而导致减产。因此，要合理密植，加强水肥管理，使株间通风透光，茎秆粗壮不倒伏。

通常禾谷类作物在弱光下，叶片面积大而薄，叶面积增大似乎可补偿单位叶面积光合速率下降；在强光条件下生长的叶片则较小而厚。所以在相同水肥条件下，田边树荫下的稻株叶长而软，田中阳光充足处的稻株叶短而挺。

（三）水分

细胞分裂和伸长都必须在水分充足的情况下才能进行，其中细胞的伸长生长较细胞分裂更受水分亏缺的影响。生产上，在控制小麦、水稻茎部过度伸长的根本措施就是控制第二、三节间伸长期间的水分供应。小麦、水稻的抽穗，主要是穗下节间的伸长，此时严重缺水，穗子就可能抽不出来或不能全部抽出，包藏在叶鞘内的谷粒结实不良，产量受到影响。

土壤水分过少时，根生长慢，同时使根木栓化，降低吸水能力。土壤水分过多时，通气不良，根短且侧根数增多。土壤淹水情况下，形成缺氧条件，根尖的细胞分裂合成明显被抑制。此外，无氧条件下也可使土壤进行还原反应，积累还原物质如 NO_2^-、Mn^{2+}、Fe^{2+}、H_2S 等，对根生长有害。根在通气不良状况下，还会形成通气组织以适应环境，玉米和小麦就是这样。少量的氧可以促进乙烯产生，诱发通气组织的形成；但在通氮气状况下，不产生乙烯，通气组织也就无法形成。

充足的水分促进叶片的生长速度，叶片大而薄。相反，水分不足时，叶生长受阻，生长速度慢，叶小而厚。

（四）矿质营养

氮肥能使出叶期提早、叶片增大和叶片寿命相对延长，所以氮肥亦称为叶肥。对稻田采取中期晒田，就是减少对氮肥的吸收，积累糖类，叶厚且硬直，改善田间小气候。氮肥虽可延长叶片寿命，但施用过量，叶大而薄，容易干枯，寿命反而缩短。氮肥同样显著促进茎的生长，氮肥过多，会引起徒长倒伏。

第四节　植物生长的相关性·······························

植物体是各个部分的统一整体，因此，植物各部分间的生长互相有着极密切的关系。植物各部分间的相互制约与协调的现象，称为相关性（correlation）。

一、根和地上部的相关性

生产实践中总结出"根深叶茂"和"育秧先育根"的宝贵经验。为什么必须根生长得好，地上部分才能很好地生长呢？首先，地上部分生长所需要的水分和矿物质，主要是由根系供应的；其次，根部是全株的细胞分裂素合成中心，形成后运输到地上部分去；此外，根系还能合成植物碱等含氮化合物，烟草叶中的烟碱是在根部合成的。

植物地上部分对根的生长也有促进作用。根不能合成糖分，它所需要的糖就是由地上部分供应的。某些植物根生长所必需的维生素，如维生素 B_1 就是在叶子中合成的。所以，地上部分生长不好，根系的生长也将受阻。

以上所讲的是根和地上部分的相互促进的情况。在某些条件下，根和地上部分的生长也会相互抑制。这可从根冠比（根重／茎、叶重）的变化中看到。当土壤水分含量降低时，会增加根的相对重量，而减少地上部分的相对重量，根冠比值增高；反之，土壤水分稍多，减少土壤通气而限制根系活动，而地上部分得到良好的水分供应，生长过旺，根冠比值降低。水稻栽培实践中的"旱长根，水长苗"和玉米等的蹲苗经验，都是与根冠比有关的问题。

根与冠之间不仅有各种物质的交流，而且有信号转导，近年的研究表明，当根系受干旱胁迫时，根尖可通过合成脱落酸（ABA）来感知土壤中缺乏可利用的水分，并把 ABA 运到地上部，使气孔关闭，减少蒸腾，降低生长速率，适应干旱胁迫。由此可见，ABA 是根冠之间通讯的化学信号。甘薯幼苗气孔的开放与不定根的存在有关，切除不定根后，气孔会关闭。实验证明，在正常条件下，根尖产生的乙酰胆碱起着信号作用，影响叶片的蒸腾作用，由此可知，乙酰胆碱在根冠之间也起着信号的作用。

二、主茎和侧枝的相关性

当胚形成后，顶端部位就开始影响旁侧部位。顶芽优先生长，而侧芽生长受抑制的现

知识拓展 10-3
控制水稻分蘖的激
素信号途径

象，称为顶端优势（apical dominance）。在树木中特别是针叶树，如桧柏、杉树等，顶芽生长得很快，下边的分枝受到顶端优势的抑制，使侧枝从上到下的生长速度不同，距茎尖愈近，被抑制愈强，整个植株呈宝塔形。草本植物中如向日葵、烟草、黄麻等，顶端优势亦强。只有主茎顶端被剪掉，邻近的侧枝才加速它们的生长。当然也有些植物的顶端优势是不显著的，如小麦、水稻、芹菜等。它们在营养生长期，可以产生大量分枝（即分蘖）。调控水稻分蘖的激素信号已有深入研究。

为什么会发生顶端优势现象呢？早先的研究发现，去顶后侧芽就生长，也叫作茎的分支（stem branching），茎分支对于植株的形态决定非常重要，引起科学家们的关注。早期实验发现，如果去顶后立即涂上含生长素的羊毛脂，侧芽就不生长，这就证明茎尖产生生长素，对侧芽生长有抑制作用。由于生长素要从顶芽运到侧芽，用抑制生长素运输的植物生长调节剂（TIBA）或萘基邻氨甲酰苯甲酸（NPA）处理，就可以阻止生长素运送，有效地促进侧芽生长。后来发现，细胞分裂素对生长素有拮抗作用，解除侧芽抑制而使之萌发。

分子遗传学的研究表明，3 种植物激素：生长素、细胞分裂素以及独脚金内酯参与调控顶端优势的形成（图 10-10）。在茎尖，生长素在通过 PIN 蛋白向下极性运输时，一方面抑制细胞分裂素合成酶 IPT 和促进细胞分裂素氧化酶而降低侧芽位置的细胞分裂素含量，另一方面通过活化独脚金内酯合成酶基因 MAX3 和 MAX4 来促进该类激素的合成，独脚金内酯进一步促进转录因子 BRC1 的表达，而 BRC1 具有抑制侧芽生长的功能。一旦去除顶端，生长素的作用消失，侧芽的细胞分裂素含量升高，侧芽生长，成为新的顶端优势中心。此外，研究表明，茎的分支是需要蔗糖作为营养物质和能量的。

顶端优势在生产上应用很广，如果树修剪整形、棉花整枝等。TIBA 能消除大豆顶端优势，增加分枝，提高结荚率。

根系也有顶端优势现象。侧根在离根尖一定距离的部位才能发生，且受主根生长的抑制，这就是根系顶端优势。以棉花幼苗研究得知，在侧根原基大量发生的主根中上部，IAA

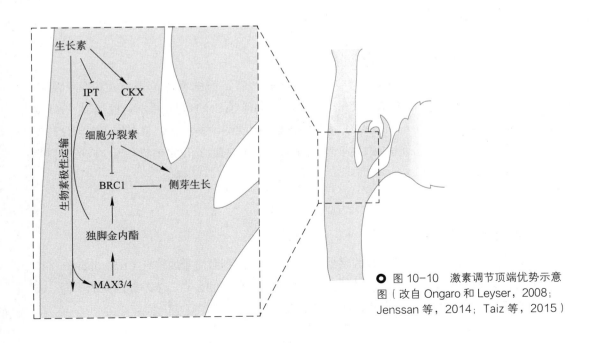

图 10-10 激素调节顶端优势示意图（改自 Ongaro 和 Leyser，2008；Jenssan 等，2014；Taiz 等，2015）

含量高，CTKs 含量较低，IAA/CTK 多在 2～3 之间。在根尖附近不发生侧根的区域，有较高的 IAA 和 CTK 水平，IAA/CTK 低于 2 或高于 3。根顶端优势在生产上也常应用，如蔬菜育苗移栽时切除主根，棉花育苗移栽时常要"搬钵"，就是切断主根以促进侧根的发生和分化。

三、营养生长和生殖生长的相关性

营养器官和生殖器官的生长之间，基本上是统一的。生殖器官生长所需的养料，大部分是由营养器官供应的。营养器官生长不好，生殖器官的生长自然也不会好。但是，营养器官和生殖器官生长之间也是有矛盾的，它表现在营养器官生长对生殖器官生长的抑制，和生殖器官生长对营养器官生长的抑制两个方面。

营养器官生长过旺，消耗较多养分，便会影响到生殖器官的生长。例如，小麦、水稻前期肥水过多，造成茎叶徒长，就会延缓幼穗分化过程，显著增加空瘪粒；后期肥水过多，造成贪青晚熟，影响粒重。又如果树、棉花等枝叶徒长，往往不能正常开花结实，甚至花、果严重脱落。

反过来，生殖器官生长同样也影响营养器官生长。实验证明，在番茄开花结实时，如让花果自然成熟，营养器官生长就日渐减弱，最后衰老、死亡。但是如果把花、果不断摘除，则营养器官就继续繁茂生长。

我国农民在调节营养器官和生殖器官生长方面，积累了丰富的经验。例如，在棉花生产中，通过以水、肥营养为中心，配合整枝、打顶等措施，控制营养生长不使过旺；在果树生产中，通过疏花、疏果等措施，使营养上收支平衡，并有积余，便能年年丰产。

第五节　植物的运动 ···

高等植物不能像动物一样自由地移动整体的位置，但植物体的器官在空间可以产生位置移动，这就是植物的运动（movement）。高等植物的运动可分向性运动（tropic movement）和感性运动（nastic movement）两类。向性运动是由光、重力等有方向性的外界刺激而产生的，它的运动方向取决于外界的刺激方向。感性运动是植物受无定向的外界刺激而引起的运动。

一、向性运动

向性运动包括三个步骤：刺激的感受（perception）、刺激信号的转导（transduction）和发生向性反应（response）。向性运动是生长引起的、不可逆的运动。依外界因素的不同，向性运动又可分为向光性、向重力性、向化性和向水性等。

（一）向光性

植物随光照入射的方向而弯曲的反应，称为向光性（phototropism），蓝光是诱导向光弯曲最有效的光谱。植物各器官的向光性有正向光性（器官生长方向朝向射来的光）、负向光性（器官生长方向与射来的光相反）及横向光性（器官生长方向与射来的光垂直）之分。向光性在植物生活中具有重要的意义。由于叶子具有向光性的特点，所以，叶子能尽量处于最适宜利用光能的位置。某些植物生长旺盛的叶子，对阳光方向改变的反应很快，它们竟能随着太阳的运动而转动，如向日葵和棉花等。植物感受光的部位是茎尖、芽鞘尖端、根尖、某些叶片或生长中的茎。一般来说，地上部器官具有正向光性，根部为负向光性。

植物为什么会发生向光性运动呢？

在 20 世纪 20 年代提出的 Cholody-Went 模型认为，生长素在向光和背光两侧分布不均匀，所以有向光性生长。以玉米胚芽鞘为实验材料得知，其胚芽鞘尖端 1～2 mm 处是产生 IAA 的地方，而尖端 5 mm 处是对光敏感和侧向运输的地方。在单侧光照下，IAA 较多分布于背光一侧，芽鞘便向光弯曲（图 10-11）。为什么 IAA 横向背光一侧运输？近年研究得知，高等植物对蓝光信号转导的光受体是向光素 1（phot 1）和向光素 2（phot 2），位于植物的表皮细胞、叶肉细胞和保卫细胞的质膜上。通过向光素介导的蓝光信号转导诱发胚芽鞘尖端的 IAA 向背光一侧移动。当 IAA 一旦到达顶端背光一侧时，就运到伸长区，刺激细胞伸长，背光一侧生长快过向光一侧，芽鞘就向光弯曲。

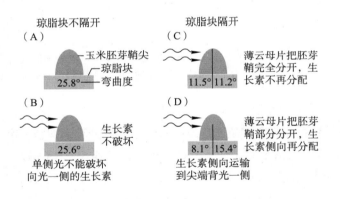

○ 图 10-11　单侧光引起玉米胚芽鞘生长素侧向分配（自 Musphy，2002）

（A）黑暗条件下；（B）（C）（D）单侧光条件下；弯曲度大小代表 IAA 含量

叶片和芽鞘、茎一样，也有向光性。例如，用锡箔把在光下生长的苍耳叶片一半遮住后，叶柄相应的另一侧延长，向光源方向弯曲，这样叶片就会从荫处移到光亮处，叶片之间不易重叠。这种同一植株的许多叶作镶嵌排列的现象，就是叶的镶嵌（leaf mosaic）。有人推测叶片遮蔽部分运输较多生长素到该侧的叶柄，因此该侧叶柄生长快，叶柄向光侧弯曲。

棉花、向日葵、花生等植物顶端在一天中随阳光而转动，呈所谓"太阳追踪"（solar tracking），叶片与光垂直，即横向光性（diaphototropism），这种现象是溶质（包括 K⁺）控制叶枕的运动细胞而引起的。

（二）向重力性

如果我们取任何一种幼苗，把它横放，数小时后就可以看到它的茎向上弯曲，而根向下弯曲，这种现象过去称为向地性（geotropism），意即为"向地球的向性反应"。通过将植物放在不断旋转的回转器（clinostat）上进行的生长实验，人们了解到，根向下生长、茎朝上生长的原因是重力加速度。实验证明，在无重力作用的太空中，将植物横放，茎和根径直地生长，不会弯曲生长，进一步证实重力决定茎、根的生长方向。因此，用向重力性（gravitropism）一词代替向地性比较确切、严谨。向重力性就是植物在重力影响下，保持一定方向生长的特性。根顺着重力方向向下生长，称为正向重力性（positive gravitropism）；茎背离重力方向向上生长，称为负向重力性（negative gravitropism）；地下茎侧水平方向生长，称为横向重力性（diagravitropism）。

研究表明，感受重力的细胞器是平衡石（statolith）。平衡石原指甲壳类动物器官中一种管理平衡的砂粒，起着平衡的作用。植物的平衡石是指淀粉体（amyloplast），一个细胞内有4～12个淀粉体，每个淀粉体外有一层膜，内有1～8个淀粉粒。植物体内平衡石的分布因器官而异。根部的平衡石在根冠中，茎部的平衡石分布在维管束周围的1～2层细胞。平衡石受重力影响下，下沉在细胞底部（图10-12）。

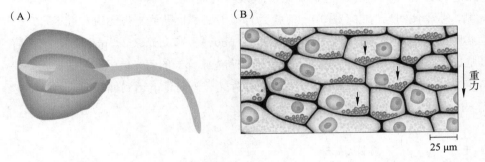

（A）　　　　　　　　　　（B）

25 μm

○ 图10-12　玉米根正向重力性生长（A）和淀粉体分布在根尖细胞底部（B）（自Mader，1998）

当根垂直生长时，根冠的IAA均衡地分布在根的两侧，导致根垂直伸长。但当根水平生长时，根冠淀粉体（平衡石）沉降到细胞底部，内质网释放的Ca^{2+}也主要分布于细胞底部。研究得知Ca^{2+}可能作为IAA库，吸引IAA到根的下侧；Ca^{2+}也可能使组织对IAA敏感，增加细胞对IAA的反应强度。因此根冠底部的IAA就较多或生理反应加强，导致IAA分布于根下侧的量多于根上侧的。过多的IAA就抑制根下侧细胞的延长，最终使根向下弯曲生长（图10-13）。

有人综合提出向重力性的机制：根横放时，平衡石沉降到细胞下侧的内质网上，产生压力，诱发内质网释放Ca^{2+}到细胞质内，Ca^{2+}和钙调素结合，激活细胞下侧的钙泵和生长素泵，于是细胞下侧积累过多钙和生长素，影响该侧细胞的生长。

禾谷类作物的茎有负向重力性反应。玉米和高粱节间的基部膨大，小麦、水稻、燕麦的叶鞘基部有特殊感受重力器官（也称假叶枕）。当把这些植物的茎横放或植株倒伏时，感受器官中的平衡石在2～10 min内便沉降到细胞下侧，15～30 min内开始呈重力反应，下侧积累较多的生长素、赤霉素和乙烯，生长快，节间向上弯曲生长。

植物具有向重力性是有它的生物学意义的。种子播到土中，不管胚的方位如何，总是根向下长，茎向上长，方位合理，有利植物生长发育。禾谷类作物倒伏后，茎节向上弯曲生长，保证植株继续正常生长发育。

○ 专题讲座 10-2
植物的向重力性

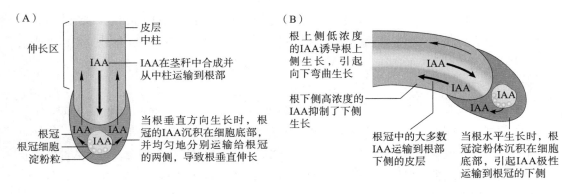

（A）
伸长区
皮层
中柱
IAA ——— IAA在茎秆中合成并从中柱运输到根部
根冠
根冠细胞
淀粉粒
IAA   IAA
IAA
当根垂直方向生长时，根冠的IAA沉积在细胞底部，并均匀地分别运输给根冠的两侧，导致根垂直伸长

（B）
根上侧低浓度的IAA诱导根上侧生长，引起向下弯曲生长
根下侧高浓度的IAA抑制了下侧生长
IAA   IAA
IAA
IAA
根冠中的大多数IAA运输到根部下侧的皮层
当根水平生长时，根冠淀粉体沉积在细胞底部，引起IAA极性运输到根冠的下侧

● 图10-13　玉米根向重力性生长时的IAA再分配（自Hassenstein和Evans，1988）

（三）向化性

向化性（chemotropism）是由某些化学物质在植物周围分布不平均引起的定向生长。植物根部生长的方向就有向化现象，它们是朝向肥料较多的土壤生长的。水稻深层施肥的目的之一，就是深施肥料，使稻根向深处生长，分布广，吸收更多养分。在种植香蕉时，可以采用以肥引芽的方法，把肥料施在人们希望它长苗的空旷地方，以达到调整香蕉植株分布均匀的目的。

此外还有向水性（hydrotropism）。向水性是当土壤中水分分布不均匀时，根趋向较湿的地方生长的特性。

二、感性运动

感性运动（nastic movement）是由生长着的器官两侧或上下面生长不等引起的。感性运动有两类：①生长性运动（growth movement），不可逆的细胞伸长，如偏上性运动等；②紧张性运动（turgor movement），由叶枕膨压变化产生，是可逆性变化，如叶片感夜运动等。

（一）偏上性和偏下性

叶片、花瓣或其他器官向下弯曲生长的特性，称为偏上性（epinasty）；叶片和花瓣向上弯曲生长的现象，称为偏下性（hyponasty）。叶片运动是因为从叶片运到叶柄上下两侧的生长素数量不同，因此引起生长不均匀。生长素和乙烯可引起番茄叶片偏上性生长（叶柄下垂）。赤霉素处理可引起偏下性生长。

（二）感夜性

许多植物（如大豆、花生、木瓜、含羞草、合欢等）的叶子（或小叶）白天高挺张开、晚上合拢或下垂。这种植物体局部，特别是叶和花，能接受光的刺激而做出一定反应，就称为感夜性（nyctinasty）。蒲公英的花序在晚上闭合，白天开放；相反，烟草、紫茉莉的花晚上开放，白天闭合。这种由于光暗变化而引起的运动，也属于感夜运动。感夜运动的器官有些有叶枕，有些没有叶枕。感夜运动的产生可能原因是：叶片在白天合成许多生长素，主要运到叶柄下半侧，K$^+$ 和 Cl$^-$ 也运输到生长素浓度高的地方，水分就进入叶枕，细胞膨胀，导致叶片高挺。到晚上，生长素运输量减少，进行相反反应，叶片就下垂。植物之所以对光暗有反应，是因为光周期的作用，这种昼夜有内在节奏的变化是由生物钟控制的。

（三）感热性

植物由温度变化引起反应的生长或感性运动，称为感热性（thermonasty）。例如，温度变化可使郁金香和番红花的花开放或关闭。当我们把这些植物从较冷处移至温暖处，很快就开花。它们对温度变化很敏感，温度上升不到 1℃ 就开花。这种感热性运动是永久性的生长运动，是因花瓣上下组织生长速率不同所致。花的感热性运动对植物来说是重要的，因为这将使植物在适宜的温度下进行授粉，并且保护花的内部免受不良条件的影响。

（四）感震性

由于震动引起细胞膨压变化而引起的植物器官运动，称为感震性（seismonasty）。含羞草对震动的反应很快，刺激后 0.1 s 就开始，几秒钟就完成。作用上下传递极快，可达 $40 \sim 50 \ cm \cdot s^{-1}$。

含羞草叶子下垂的机制，在于复叶叶柄基部的叶枕中细胞膨压的变化。从解剖上来看，叶枕的上半部及下半部组织中细胞的构造不同，上部细胞的细胞壁较厚而下部的较薄，下部组织的细胞间隙也比上部的大。在外界因素影响下，叶枕下部细胞的透性增大，水分和溶质由液泡中透出，排入细胞间隙，因此，下部组织细胞的膨压下降，组织疲软；而上半部组织此时仍保持紧张状态，复叶叶柄即下垂。小叶运动的机制与此相同，只是小叶叶枕的上半部和下半部组织中细胞的构造，正好与复叶叶柄基部叶枕的相反，所以当膨压改变，部分组织疲软时，小叶即成对地合拢起来。

震动刺激怎样在含羞草中传递？21 世纪 80 年代许多学者研究认为是电传递。震动植株后就产生动作电位（action potential），有一个特征高峰。含羞草的动作电位类似动物神经细胞的，但比较慢。它们经过木质部和韧皮部的薄壁细胞，速度为 $2 \ cm \cdot s^{-1}$ 左右，而神经细胞的传递速度为 $10 \ m \cdot s^{-1}$。昆虫落在捕蝇草叶上时，感觉毛受到刺激，也产生动作电位，传到两裂片的叶，裂片在 0.5 s 内合拢。实验表明，裂叶迅速合拢也与酸生长有关。在感觉毛产生动作电位时，还迅速将 H$^+$ 释放到裂叶外缘细胞的细胞壁中，胞壁疏松，吸水扩大，叶子就合拢。所以感震刺激的传递机制也包括化学传递。

三、生物钟

植物很多生理活动具有周期性或节奏性，也就是说，存在着昼夜的或季节的周期性变化，这些周期性变化很大程度决定于环境条件的变化。可是有一些植物体在不变化的环境条件下依然发生昼夜周期性的变化（如菜豆叶的感夜性反应）。生物对昼夜的适应而产生生理上有周期性波动的内在节奏，称生物钟（biological clock），亦称生理钟（physiological clock）。从图 10-14 中可以看出，在没有昼夜变化和温度变化的稳恒条件下，叶子的升起和下降运动的每一周期接近 27 h。由于这个周期并非正好是 24 h，而只接近这个数值。生物生命活动随昼夜 24 h 或近似 24 h 的周期变化称为昼夜节律（circadian rhythm）。昼夜节律的例子很多，除了上述叶片感夜运动外，还有气孔开闭、蒸腾速率、细胞分裂、代谢和酶活性变

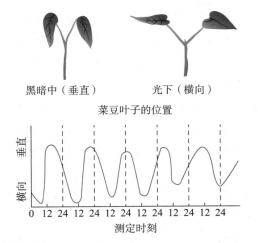

黑暗中（垂直）　　　光下（横向）

菜豆叶子的位置

◉ 图 10-14　菜豆叶在不变化条件（在微弱光及 20℃）下的运动

高点代表垂直的叶（左上）；低点代表横的叶（右上）

化等。模式植物拟南芥有 1/3 的转录事件随生物钟发生震荡，生物钟在植物生命活动中发挥重要调控作用。

　　植物借助于生物钟整合外界环境的变化，准确地进行测时过程，从而调节植物生长发育以适应复杂多变的环境。生物钟包括 3 个组分：输入途径（imput pathway）、中央振荡器（central circadian oscillator）和输出途径（output pathway）（图 10-15）。输入途径起源于外界信号，光和温度的变化为媒介，将信号导入到中央振荡器。中央振荡器是由一系列生物钟基因（clock gene）组成了不同的转录/翻译反馈环（transcription/translation feedback loop，TTFL），通过节奏性控制某些关键因子构建不同的输出途径，从而实现对生理反应和形态变化的调控作用。

　　目前已发现，拟南芥中有几十个生物钟基因，它们的表达受转录、翻译以及翻译后的调节，也受到表观遗传学调控，十分复杂。在图 10-15 中，显示了中央振荡器的生物钟基因在转录水平进行的反馈调节。其中，早晨基因（morning-phased gene）产物由两个 MYB 转录因子形成的异源二聚体 LHY/CCA1 组成，它们结合在夜晚基因（evening-phased gene）

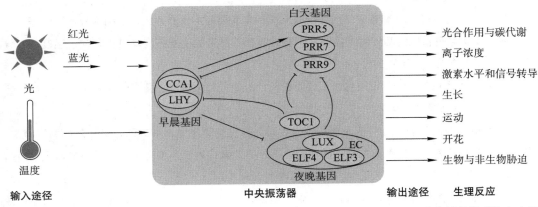

◉ 图 10-15　生物钟的组成和中央振荡器的转录反馈调控（改自 Yamashino，2014；Hsu 和 Harmer，2015）

TOC1（也叫作 *PRR1*）启动子上，抑制 *TOC1* 的转录，同时也抑制 EC（evening complex）的三个成员 *LUX*，*ELF3* 和 *ELF4* 的转录；相反，TOC1 也会直接或间接结合到 *LHY/CCA1* 的启动子上反馈调节这两个基因的表达，由此形成反馈环。由 LUX，ELF3，ELF4 组成的蛋白复合物 EC 抑制白天基因（day-phased gene）*PRR5*，*PRR7* 和 *PRR9* 的表达，而后三个基因的表达也受到 TOC1 的抑制，此外，白天基因产物也抑制 *LHY/CCA1* 的表达。中央振荡器主要由这样三个反馈环互相制约，相互调节而实现对输出途径的震荡调控。最近的研究表明，除了三类生物钟基因，还存在着午后基因（afternoon-phased gene），使中央振荡器的基因调控网络更加复杂。

除了在转录水平的调节，生物钟基因还受到磷酸化和去磷酸化、泛素化等翻译后修饰的调节以及染色质松弛与否的表观调控。

最新的研究表明，生理钟调节的不同生理和形态反应，其输出途径的关键基因各不相同，例如在光调节下胚轴伸长反应中，输出途径的主要组分为 PIF4/5，而在光周期调节开花中，CO 作为输出途径的主要因子。

○ 小结

植物整体的生长是以细胞的生长为基础，即通过细胞分裂增加细胞数目，通过细胞伸展增大细胞体积，通过细胞分化形成各类细胞、组织和器官。植物的生长和分化是同时进行的，最终表现出形态建成。植物细胞分裂与酵母和动物细胞具有相似的保守的细胞周期，细胞周期蛋白和依赖于周期蛋白的蛋白激酶结合形成 CDK/CYC（CDK-cyclin）复合物，在调控细胞周期中起关键作用。植物细胞与动物细胞的不同点在于存在内复制现象，容易形成多倍体细胞。

细胞伸长时除了吸收大量水分外，呼吸速率加快，蛋白质含量亦增加，细胞质就增多，与此同时，生长素引起细胞壁酸化，微纤丝交织点破裂，胞壁松弛，增添新物质，所以细胞显著扩大。细胞分化为不同器官或组织，与糖浓度、激素种类和浓度及环境条件有关。细胞全能性是细胞分化的理论基础，而极性是植物分化中的基本现象。组织培养是生长发育研究的一项重要技术。

植物种子萌发时贮藏的有机物发生强烈的转变，淀粉、脂质和蛋白质在酶的作用下，被水解为简单的有机物，并运送到幼胚中作营养物质。

植物生长周期是一个普遍性的规律。RAM 和 SAM 是根茎生长的源头，干细胞微环境的保持十分重要，二者具有相似的基因调控网络。根和叶等营养器官的生长各有其特性，光、温度、水分和植物激素等影响这些器官的生长。

植物各部分间的生长有相关性，可分为根和地上部分相关性、主茎和侧枝相关性及营养生长和生殖生长相关性等。

高等植物的运动可分为向性运动和感性运动。向性运动是生长性运动，是受外界刺激产生，它的运动方向取决于外界刺激方向。感性运动与外界刺激或内部节奏有关，刺激方向与运动方向无关，感性运动有些是生长性运动，有些是紧张性运动。

生物钟通过光受体接受光信号，经过输入途径转送到中央振荡器，在振荡器内不断振荡，最后通过输出途径表达不同生理活动。

名词术语

形态建成　CDK/CYC 复合物　伸展蛋白　膨胀素　酸 - 生长假说　极性　干细胞微环境
生长大周期　不定根　生长的最适温度　温周期现象　顶端优势　生物钟　感性运动
向性运动

思考题

1. 生长素和细胞分裂素如何进行细胞分裂周期的调控？
2. 赤霉素通过什么样的信号转导途径调节细胞的伸长？
3. 下列哪些种子在萌发时需要较多的水分？哪些种子需水较少？为什么？
   ①水稻　②小麦　③玉米　④大豆　⑤绿豆　⑥花生　⑦油菜　⑧芝麻
4. 根尖 RAM 和茎尖 SAM 受到破坏之后植株会出现什么样的变化？
5. 顶端优势的原理在树木、果树和园林植物生产上有何应用？
6. 植物生物钟有哪些组成部分，是怎样测量时间的？
7. 将发芽后的谷种随意播于秧田，几天后根总是向下生长，茎总是向上生长，为什么？有什么生物学意义？

更多数字课程资源

术语解释　　　　推荐阅读　　　　参考文献

第 十 一 章

植物的生殖生理

当植物生长到一定年龄后，在适宜的外界条件下，营养枝的顶端分生组织就分化出生殖器官（花），最后结出果实。通常，花的早期发育可分为 3 个阶段（图 11-1）：①成花诱导（floral induction）或成花决定，进行着营养生长的植物感受到外界环境信号（如光周期、春化等）及自身产生的开花信号，向生殖生长转变；②形成花原基，茎端分生组织转变为花分生组织，形成花器官原基；③花器官的形成及其发育，花器官原基进一步发育成不同的花器官。

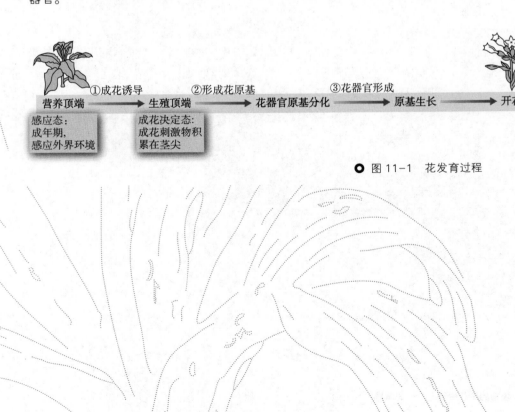

① 成花诱导　　　② 形成花原基　　　　　　③ 花器官形成

营养顶端　→　生殖顶端　→　花器官原基分化　→　原基生长　→　开花

感应态：
成年期，
感应外界环境

成花决定态：
成花刺激物积
累在茎尖

○ 图 11-1　花发育过程

第一节 幼年期 ·······························

幼年期（juvenility phase）是植物早期生长的阶段。在此期间，任何处理都不能诱导开花。换言之，植物必须达到一定年龄或叶数，进入成年生殖期（adult reproductive phase）才具备成花诱导的能力。幼年期的时间长短因植物种类而异，大部分木本植物的幼年期为几年甚至三四十年；草本植物比较短，只需要几天或几星期；有的植物根本没有幼年期，因为种子已具备花原基。例如，花生种子的休眠芽中，已出现花序原基，随着植株生长，花芽也分化完成。

一、幼年期的特征

幼年期和成年生殖期除了能开花与否，二者的形态和生理特征也不相同，其特征比较见表 11-1。至于生理特征，则是幼年期生长快，呼吸强，核酸代谢和蛋白质合成都快。当转入成年生殖期后，组织成熟，代谢和生理活动较弱，光合速率和呼吸速率都下降。幼年期茎的切段易发根，而成年生殖期的切段不易发根，这可能与幼年期切条内含较多生长素有关。

● 表 11-1 常春藤的幼年期和成年生殖期的特征比较

特征	幼年期	成年生殖期
叶形	三或五裂掌状叶	完整的卵圆形叶
叶序	互生叶序	旋生（spiral）叶序
花色素苷	嫩叶及茎有花色素苷	没有花色素苷
毛	茎被短柔毛	茎无毛
生长习性	攀缘及斜向生长	直生
顶芽	枝条无限生长，无顶芽	枝条有限生长，具鳞叶的顶芽
气生根	有	无
发根能力	强	差
开花	不开花	开花

由于植株从幼年期转变为成年生殖期是由茎基向顶端发展，所以植株不同部位的成熟度不一样。树木的基部通常是幼年期，顶端是成年生殖期，中部则是中间型（图 11-2）。从常春藤茎基取材扦插，繁殖出的植株呈幼年期特征；如从顶端取材，则长出的植株呈成年期特征；如从中部取材，长出的植株是成年期和幼年期混合特征。冬季，落叶植物顶端叶片脱落而基部叶片不脱落，这就是幼年期的特征。以基部或顶端为接穗嫁接，则前者一两年后仍不开花，而后者一两年则开花。由此可见，植株一旦成熟就非常稳定，除非经过有性生殖，重新进入幼年期，否则不易转变回到幼年期。

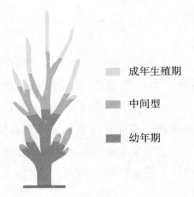

■ 成年生殖期

■ 中间型

■ 幼年期

○ 图 11-2　树木幼年期和成年生殖期的部位

二、幼年期向成年生殖期转变

植株从幼年期向成年生殖期转变是科研工作者研究的重点。目前研究表明，在陆生植物中，小分子 RNA miR156 是控制植物从幼年期向成年生殖期转变的保守因子，miR156 的靶基因 *SPLs*（SQUAMOSA PROMOTER BINDING PROTEIN-LIKES）能够促进植物向成年生殖期转变。在拟南芥、玉米、番茄和杨树等许多植物中，miR156 的表达在幼年期向成年生殖期转变的过程中逐渐降低，*SPLs* 基因表达量则逐渐增加，当达到一定阈值后则导致时期的转换。因此，过量表达 miR156 或者抑制 *SPLs* 基因表达都能延缓植物进入成年生殖期；反之，抑制 miR156 或者增加 *SPLs* 基因的表达能够促进植物提早成熟（图 11-3）。

○ 知识拓展 11-1
miR156-SPL 调控植物幼年期向成年生殖期转变

miR156

幼年期
（未开花植物）

成年期
（开花植物）

SPL

○ 图 11-3　miR156-SPL 调控植物幼年期向成年生殖期转变（自 Taiz 等，2015）

三、提早成熟

由于植株处于幼年期不能开花，所以要设法加速生长，迅速通过幼年期。有人将桦树在连续长日照下生长，可使幼年期由 5～10 年缩短不到 1 年，这可能是长日照促进植物生长的缘故。树的大小决定幼年期长短。例如，以直径大小不同的果树幼年期植株为接穗，嫁接在相同砧木上时，接穗直径如达到最大时则可开花。

内源赤霉素在转变为成年生殖期过程中起作用。在许多植物中，如常春藤、甘薯、柑橘、李等，外施赤霉素可延长幼年期；但是，外施赤霉素于杉科、柏科和松科中的一些植物，反而提早开花。研究指出，靠近地面的根对维持幼年期很重要。例如，常春藤幼年期节上的气生不定根含有高浓度的赤霉素，如果将气生根除去，则茎顶端的赤霉素含量下降，幼年期就向成年生殖期转变。

282　　　第四篇　植物的生长和发育

第二节 成花诱导 ·······································

成花诱导（成花决定）需要内因和外因共同作用才能完成。除了植物内部发育因素，主要受到外界环境条件的严格调控。其中，春化（vernalization）和光周期（photoperiod）最为重要，它们作为信号触发植物体细胞内的某些成花诱导所必需的生理变化。

一、春化作用

（一）春化作用的条件

低温诱导植物开花的过程，称为春化作用（vernalization）。成花受低温影响的植物，主要是一些二年生植物（如芹菜、胡萝卜、萝卜、葱、蒜、白菜、荠菜、拟南芥、百合、鸢尾、郁金香、风信子、甜菜和天仙子等）和一些冬性一年生植物（如冬小麦、冬黑麦等）。在自然条件下，冬小麦等是在头一年秋季萌发，以营养体过冬，第二年夏初开花和结实。对这类植物来说，秋末冬初的低温就成为花诱导所必需的条件。冬小麦经低温处理后，即使在春季播种也能在夏初抽穗开花。

低温是春化作用的主要条件，它的有效温度介于0℃至10℃之间，最适温度是1~7℃，春化时间由数天到二三十天，具体有效温度和低温持续时间随植物种类而定。如果温度低于0℃以下，代谢即被抑制，不能完成春化过程。在春化过程结束之前，如遇高温，低温效果会削弱甚至消除，这种现象称为脱春化作用（devernalization）。

由于春化作用是活跃的代谢过程，在低温期间，需要能源（糖）、氧气和水分，也需要细胞分裂和DNA复制。

（二）春化作用的时间、部位和刺激传导

低温对花诱导的影响，一般可在种子萌发或在植株生长的任何时期中进行，如冬小麦、冬黑麦等既可在种子萌发时进行，也可在苗期进行，其中以三叶期为最快。少数植物如甘蓝、月见草、胡萝卜等，则不能在种子萌发状态进行春化，只有在绿色幼苗长到一定大小，才能通过春化。低温诱导春化需要一定量的营养体（最低数量的叶子）的原因，可能和积累一些对春化敏感的物质有关。

接受低温影响的部位是茎尖端的生长点和嫩叶，凡是具有分裂能力的细胞都可以接受春化刺激。曾将芹菜种植在高温的温室中，由于得不到花分化所需要的低温，不能开花结实。但是，如果以橡皮管把芹菜茎的顶端缠绕起来，管内不断通过冰冷的水流，使茎的生长点获得低温，就能通过春化，可开花结实。反过来，如把芹菜放在冰冷的室内，而使茎生长点处于高温下，则不能开花结实。在母体中正在发育的幼胚也能接受低温的影响。将正在发育的冬黑麦穗子（甚至受精后5 d的穗子）放在冰箱中直到成熟，也可以有效地进行春化。

植物在接受春化后，怎样把春化作用的刺激传导出去呢？曾经有人提出，春化过程中形成一种刺激物质，称为春化素（vernalin），这种物质至今没有从植物体中分离出来。将春化的二年生天仙子叶片嫁接到没有春化的同种植物的砧木上，可诱导没有春化的植株开花。在

烟草、甜菜、胡萝卜等作物中也观察到类似的结果，说明春化作用可在植株间传导。目前的研究表明，春化刺激是通过信号转导网络，最终启动关键基因的表达实现其调控开花的作用。而双子叶植物拟南芥和单子叶植物小麦的春化作用分子机理是不同的。

（三）春化刺激后的生理生化变化

春化作用是一个复杂的代谢过程，不同时期对代谢抑制剂的反应完全不同。谭克辉等（1983）以冬小麦为例，根据低温诱导过程中植物体内代谢反应的水平不同，认为春化过程前期是糖类氧化和能量代谢的旺盛时期，中期是核酸代谢的关键时期，中后期是蛋白质起主动作用的时期。这说明春化作用是多种代谢方式顺序作用的结果，并可能由多种基因所调控。

实验表明，在经春化处理后的冬小麦幼芽中得到的 mRNA，能翻译出相对分子质量约为 17×10^3，22×10^3，27×10^3，38×10^3 和 52×10^3 的多肽，而未经春化的冬小麦则不能翻译出上述多肽。因此低温首先是在转录水平上进行调节，产生一些特异的 mRNA，并在低温下翻译出相应的蛋白质，导致代谢方式或生理状态发生重大变化。目前已经从冬小麦中克隆得到 *VRN1*、*VRN2* 和 *VRN3* 等 3 个在春化作用中起主要作用的基因，冬小麦中春化作用主要是通过促进 *VRN1* 的表达来抑制 *VRN2* 的表达进而促进冬小麦开花；在不需要低温诱导开花的春小麦中 *VRN2* 发生突变而不能表达。春化作用过程包括植物接受低温信号，目前植物如何感知、接受低温信号进而启动春化反应还不清楚。种康等（2014）的研究表明，冬小麦中另一个春化诱导基因 *VER2* 编码凝集素蛋白，春化处理前 VER2 与 RNA 结合蛋白 GRP2 形成复合体通过抑制 *VRN1* 的 mRNA 积累来抑制小麦开花；春化诱导过程中 VER2 蛋白发生磷酸化修饰后在细胞核中与 O-GlcNac 糖基化修饰的 GRP2 结合，解除了 GRP2 对 *VRN1* 的抑制作用，从而促进小麦开花。

● 知识拓展 11-2 冬小麦感知春化信号的分子机制

低温可改变基因表达，导致 DNA 去甲基化（demethylation）而开花。例如，以 DNA 去甲基化剂 5- 氮胞苷（5-azacytidine）处理拟南芥晚花型突变体和冬小麦，总 DNA 甲基化水平降低，开花提早；而拟南芥早花型突变体和春小麦对 5- 氮胞苷不敏感。因此认为拟南芥晚花型突变体之所以迟开花，是由于它的基因被 DNA 甲基化抑制而不能表达，由此提出春化基因去甲基化假说。

近年来，以长日植物拟南芥不同生态型和突变体研究表明，开花阻遏物基因 *FLOWERING LOCUS C*（*FLC*）是春化反应的关键基因，其表达主要受表观遗传调控。在非春化植株的顶端分生组织中，*FLC* 强烈表达，但低温处理后 *FLC* 表达水平就减弱。低温处理时间越长，*FLC* 表达越弱。低温抑制 *FLC* 表达，最终使植物转向生殖生长。低温处理对 *FLC* 基因的表观遗传调控与染色质重塑所导致的染色质结构变化有关，春化作用导致 *FLC* 基因特定赖氨酸残基发生了甲基化，从而使其染色质从常染色质转变成异染色质，表达受到抑制。

● 知识拓展 11-3 春化作用抑制 *FLC* 基因表达的分子机制

小麦、油菜、燕麦等多种作物经过春化处理后，体内赤霉素含量增多。一些需要春化的植物（如二年生天仙子、白菜、甜菜、胡萝卜等）未经低温处理，如施用赤霉素也能开花。试验证明，未经低温处理的胡萝卜，如每天用 10 μg 赤霉素连续处理 4 周，也能抽薹开花，这表明赤霉素可以某种方式代替低温的作用。

二、光周期现象

在一天之中，白天和黑夜的相对长度，称为光周期（photoperiod）。光周期对花诱导有着极为显著的影响。对多数植物来说，特别是一年生和二年生植物，当同一种植物生长在特定的纬度的时候，每年都大约在相同的日子开花。植物对白天和黑夜的相对长度的反应，称为光周期现象（photoperiodism）。

（一）植物光周期反应类型

通过延长或缩短光照的办法，检查各种植物对日照长短变化时的开花反应，了解到植物的光周期反应可分为下列几个类型：

长日植物（long-day plant，LDP）是指日照长度必须长于一定时数才能开花的植物。延长光照，则加速开花；缩短光照，则延迟开花或不能开花。属于长日植物的如小麦、黑麦、胡萝卜、甘蓝、天仙子、洋葱、燕麦、甜菜、油菜、拟南芥等。

短日植物（short-day plant，SDP）是指日照长度必须短于一定时数才能开花的植物。如适当缩短光照，可提早开花；但延长光照，则延迟开花或不能开花。例如美洲烟草、大豆、菊花、日本牵牛、苍耳、水稻、甘蔗、棉花等。

日中性植物（day-neutral plant，DNP）是指在任何日照条件下都可以开花的植物，例如番茄、茄子、黄瓜、辣椒和菜豆等。

除了上述 3 类植物外，还有一些植物的花诱导和花器官形成要求不同日长，是双重日长（dual daylength）类型。例如，长日照对大叶落地生根（*Bryophyllum daigremontianum*）有花诱导作用，但在诱导过程完成后如继续在长日照下，则不能形成花器官，只有用短日照处理才能成花，这类植物称为长短日植物（long-short-day plant）。风铃草（*Campanula medium*）恰好相反，花的诱导是在短日照条件下完成，而花器官的形成要求长日照，这类植物称为短长日植物（short-long-day plant）。

我国石明松（1973）发现的湖北光周期敏感核不育水稻（HPGMR）"农垦 58s"属于晚粳类型，短日植物，是一个自然发生的突变体。它具有 2 个性质不同的光周期反应，从感光叶龄至幼穗分化开始，称为"第一光周期反应"，此期短日照加速幼穗发育，提早抽穗。从幼穗第二次枝梗及颖花原基分化期到花粉母细胞形成期，在一定温度和长日照条件下，可诱导雄性不育，短日照则诱导雄性可育，这一反应称为"第二光周期反应"，是 HPGMR 独有的特性。HPGMR 的发现表明两个光周期反应分别影响幼穗分化和雄性不育，而感光部位却相同，都是叶片和叶鞘。HPGMR 是继矮秆基因、三系水稻之后的第三个水稻研究重大发现，在理论上为研究光周期反应中顶端与叶片的关系提供了有价值材料，在实用上拓宽了杂种优势的应用范围。张启发研究组已鉴定了第一个调控光敏核不育的功能基因 *PMS1*（photoperiod-sensitive genic male sterility gene 1）。

（二）临界日长

对光周期敏感的植物开花需要一定临界日长。临界日长（critical daylength）是指昼夜周期中诱导短日植物开花所必需的最长日照或诱导长日植物开花所必需的最短日照。对长日植物来说，日长大于临界日长，即使是 24 h 日长都能开花；而对短日植物来说，日长必须小于临界日长才能开花，然而日长太短也不能开花，可能因光照不足，植物几乎成为黄化植物

○ 专题讲座 11-1
植物的光周期现象

之故。因此可以说，长日植物是指在日照长度长于临界日长才能正常开花的植物，短日植物是指在日照长度短于临界日长才能正常开花的植物。兹列举短日植物和长日植物的临界日长（表 11-2）。

○ 表 11-2　一些植物的临界日长

短日植物	24 h 周期中的临界日长 /h	长日植物	24 h 周期中的临界日长 /h
甘蔗	12.5	菠菜	13
菊花	15	大麦	10 ~ 14
牵牛	15	小麦	12 以上
苍耳	15.5	燕麦	9
晚稻	12	拟南芥	13
一品红	12.5	木槿	12
美洲烟草	14	天仙子	11.5
		甜菜（一年生）	13 ~ 14

在自然条件下，昼夜总是在 24 h 的周期内交替出现的，因此，和临界日长相对应的还有临界暗期（critical dark period）。临界暗期是指在昼夜周期中短日植物能够开花所必需的最短暗期长度，或长日植物能够开花所必需的最长暗期长度。植物开花究竟是决定于日长还是夜长？有报道认为，以短日植物某一品种的大豆为试验材料，日长为 16 h 及 4 h，暗期为 4 ~ 20 h，结果表明，暗期在 10 h 以下无花芽分化，暗期长于 10 h 形成花芽，暗期 13 ~ 14 h 花芽最多。又如长日植物天仙子，在 12 h 日长和 12 h 暗期环境下不开花，但以 6 h 日长和 6 h 暗期处理则开花。由此可见，临界暗期比临界日长对开花更为重要。短日植物实际是长夜植物（long-night plant），长日植物实际是短夜植物（short-night plant）。

前面已讲过，短日植物应该称为长夜植物，它的开花决定于暗期的长度，而不决定于光期时间的长度。实验证明，将短日植物放在人工光照室中，只要暗期超过临界夜长，不管光期有多长，它就开花。假如在足以引起短日植物开花的暗期，在接近暗期中间的时候，被一个足够强度的闪光所间断（这称为夜间断，night break），短日植物就不能开花，但长日植物却开了花（图 11-4）。短日植物菊花在秋季自然短日下开花，但在花开始诱导时，连续数周每天的午夜照光 1 h，就延迟开花（光照强度较弱时，就需要较长的照光时间）。

用不同波长的光来间断暗期的实验表明：无论是抑制短日植物开花，还是诱导长日植物开花，都是红光最有效。如果在红光照过之后立即再照以远红光，就不能发生夜间断的作用，也就是被远红光的作用所抵消。从这里可以看出，在植物花诱导上，也有着光敏色素的参与。目前已知 phyB 和 cry 是光周期调节中的光受体（见第九章）。

（三）光周期诱导和光信号的感受和传导

植物只需要一定时间适宜的光周期处理，以后即使处于不适宜的光周期下，仍然可以长期保持刺激的效果，这种现象称为光周期诱导（photoperiodic induction）。光周期诱导所需的光周期处理天数，因植物种类而异，例如，短日植物苍耳的临界日长为 15.5 h，如图 11-5 所示，利用一个光诱导周期（photoinductive cycle），即一个循环的 15 h 照光及 9 h 黑暗（15L-9D）处理植株后，即使将其再放回非光诱导周期（nonphotoinductive cycle）即 16

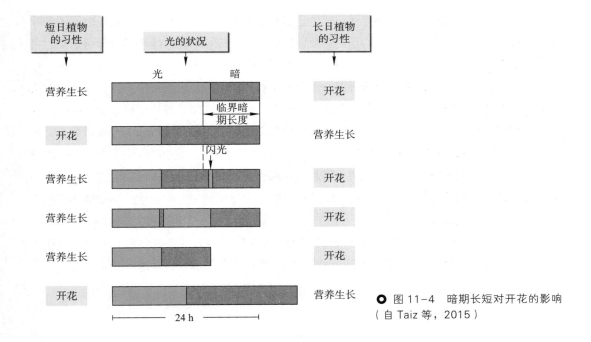

短日植物的习性	光的状况	长日植物的习性

图 11-4 暗期长短对开花的影响（自 Taiz 等，2015）

h 照光及 8 h 黑暗（16L-8D）条件下，苍耳也能够被诱导开花（图 11-5A）；如果在光周期处理前叶片全部去除（图 11-5B）则无法开花；而处理前仅留一片叶（图 11-5C），可以开花。另一个实验表明，叶片全保留和全去除（图 11-5D、E）的植株在非光周期诱导（16L-8D）下无法开花，但全保留叶片中如果有一片叶经 15L-9D 处理，则可以开花（图 11-5F）。因此，实验证明苍耳只经一个适宜的光周期诱导就可以开花，并证明一片叶就足以完成诱导作用。苍耳实验还表明，感受光周期刺激的部位不是生长点而是叶片，感受刺激后将这种影响传导到生长点去。

通常，不同植物可接受光周期诱导的年龄不同，苍耳是在具有 4～5 片完全展开的叶片时，大豆是在子叶伸展时期，水稻在七叶期前后，红麻在六叶期。每种植物光周期诱导需要的天数随植物的年龄以及环境条件，特别是温度、光强及日照的长度而定。

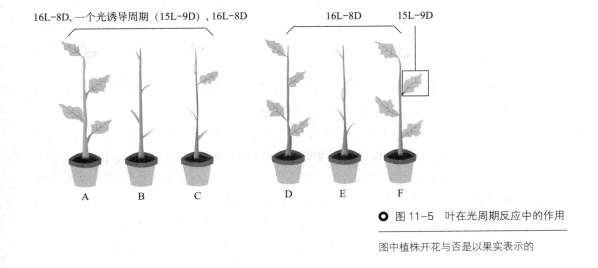

图 11-5 叶在光周期反应中的作用

图中植株开花与否是以果实表示的

接受光周期的部位是叶，诱导开花部位是茎尖端的生长点。叶和茎尖生长点之间隔着叶柄和一段茎。因此，由叶中产生的开花刺激物必定有一个传导问题，嫁接实验即可证实。将5株苍耳植株互相嫁接在一起（图11-6），如果把一株上的一张叶片放在适宜的光周期（短日照）下，即使其他植株都处于不适宜的光周期（长日照）下，也都可以开花，这就证明植株间确有开花刺激物通过嫁接的愈合而传递。另外，经过短日照处理的短日植物，还可以通过嫁接引起长日植物开花。例如，短日植物高凉菜（*Kalanchoe blossfeldiana*）可以诱导长日植物景天（*Sedum spectabile*）在短日条件下开花。反之，亦如此。这说明两种光周期反应的植物所产生的开花刺激物没有什么区别。用蒸汽或麻醉剂处理叶柄或茎，可以阻止开花刺激物的运输，证明运输途径是韧皮部。这种可以从一株植物传递到另一株植物的物质被称作成花素或开花素（florigen）。

　　目前已知，开花素是FT（FLOWERING LOCUS T）蛋白，FT蛋白是一种保守存在于裂殖酵母和脊椎动物中具有调控功能的小球蛋白，通过调节基因表达而诱导开花（见后）。

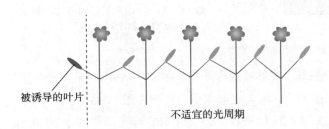

被诱导的叶片

不适宜的光周期

● 图11-6　苍耳叶中产生的开花刺激物的传导

三、成花诱导的信号转导网络

● 知识拓展 11-4
FT 蛋白的运输

　　影响成花诱导的外界因子除了低温春化和光周期之外，不同的环境温度（ambient temperature）、激素（如GA）也有作用，即使在正常的环境条件下，植株发育的年龄和糖类水平等也会影响开花的时间。上述内外因子都会影响到基因的表达。目前的研究表明，花发育的3个阶段（成花决定、花原基的形成和花器官的形成及其发育）分别由开花时间控制基因（flowering time gene）、分生组织决定基因（meristem identity gene）和器官决定基因（organ identity gene，也叫作花同源异型基因）参与调控。当然，还有一些介于这3类基因之间以及位于器官决定基因下游的基因共同组成基因调控网络来调节开花。其中，转录因子的作用十分重要。

　　应用现代遗传学理论和分子生物学手段，结合以往有关的假说，以拟南芥、金鱼草、矮牵牛为模式材料，总结出6条成花诱导的信号转导途径（图11-7）。

　　（1）光周期途径（photoperiodic pathway）　叶片感受光周期信号，光敏色素和隐花色素是光受体参与这个途径，它们调节了生物钟基因 *CO*（*CONSTANS*）的表达，*CO* 编码一个转录因子。图11-8表明，适宜的光周期条件下，韧皮部伴胞细胞中的CO诱导 *FT* 基因表达，FT蛋白通过胞间连丝或其他未知运输方式装载到筛分子中（11-8A）。FT蛋白与它的互作蛋白X相结合，通过茎韧皮部长途运输到茎尖。目前发现，FTIP1就是一个X组分蛋白（11-8B）。FT蛋白在茎尖从韧皮部卸载后运输到茎尖顶端细胞，与FD蛋白形成复合体

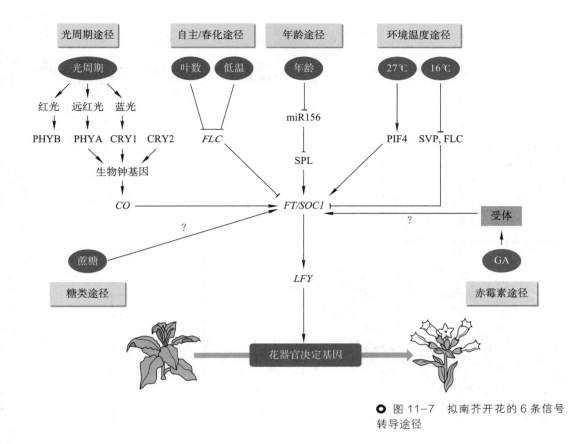

● 图 11-7　拟南芥开花的 6 条信号
转导途径

后激活花序分生组织中的 SOC1 基因及花分生组织中的 AP1 与 LFY 等基因的表达,从而促进植物开花(图 11-8C)。SOC1 也叫作 AGL20(AGAMOUS-like 20)。

(2)自主/春化途径(autonomous/vernalization pathway) 植物要达到一定的年龄才能开花,称为自主途径。与春化诱导开花一样,都通过抑制开花阻抑物基因 FLOWERING LOCUSC(FLC)的表达,FLC 又通过抑制 SOC1 而抑制下游器官决定基因的表达。研究表明,FLC 表达受到其所在染色质结构变化的影响。低温春化通过诱导转录因子 VERNALIZATION INSENSITIVE 3(VIN3)的表达来促使 FLC 基因染色质的组蛋白 H3 去乙酰化和甲基化,抑制 FLC 的表达而促进开花。这也叫作春化基因去甲基化的假说。从植物接受低温到抑制 FLC 基因的表达,中间还存在许多步骤,利用拟南芥和冬小麦为材料,已获得一系列相关基因如 Ver17、Ver203、VIN1、VIN2 等。

(3)糖类途径(sucrose pathway) 它反映植物的代谢状态,蔗糖可能通过促进 SOC1 表达而促进成花诱导。

(4)赤霉素途径(gibberellin pathway) 赤霉素被受体接受之后,通过自身的信号转导途径来促进 SOC1 表达,促进早开花和在非诱导短日下开花。蔗糖和赤霉素如何促进 SOC1 表达还不清楚。

(5)年龄途径(age pathway) 植物随着生长年龄的增长,体内小分子 RNA miR156 的表达量逐渐下降,miR156 靶基因 SPLs 的表达量逐渐升高;SPL 积累达到一定阈值后通过促进 FT、SOC1 等基因的表达来促进植物开花(见图 11-3)。

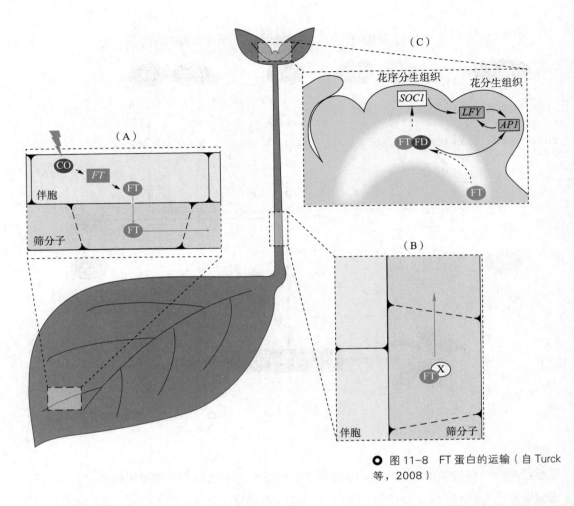

● 图 11-8　FT 蛋白的运输（自 Turck 等，2008）

（6）环境温度途径（ambient temperature pathway）　27℃的环境温度能够诱导 PIF4 基因的表达，PIF4 通过促进 *FT*、*SOC1* 等基因的表达来促进植物开花；SVP 和 FLC 能够通过抑制 *FT*、*SOC1* 等基因的表达来抑制植物开花，而 16℃的环境温度能够抑制 *SVP*、*FLC* 的表达，进而促进成花诱导。

上述途径都集中于 *FLC*、*SOC1*、*FT*，它们通过整合六条途径传来的信号而调节下游花分生组织决定基因如 *LEAFY* 和 *AP1* 等的表达，形成花原基的分生组织。因此将上述 5 个基因称为开花整合子（floral integrator）。

近年来对调控开花的信号转导途径研究取得了很大进展。随着研究不断深入，更多参与成花诱导途径的基因得到克隆、鉴定和功能分析，这对阐明植物开花的分子机理有重要推动作用，对于生产上调控植物开花也有指导意义。例如，杨树开花需要 8~20 年的幼年期，利用组织培养体系，将 *FT* 基因在杨树幼茎切段中超表达，使生长 4 周的切段长出了花的结构。

四、农业生产上对开花的调控措施

（一）生长调节剂的应用

赤霉素对某些长日植物（如天仙子、金光菊、黑眼菊）可代替光照条件，在非诱导的短日条件下开花；对某些冬性长日植物（如胡萝卜、甘蓝）又可代替低温，即不经春化即可开花。同时，也证明这些植物经过诱导之后，内源的赤霉素含量都有所增加。日照长短不只影响 GA 水平，也会影响 GA 代谢。例如，长日植物菠菜在短日条件下，叶片 GA 水平相对较低，植株呈莲座状，不开花，当把植株转移到长日条件下，13-OH 途径的 GAs 水平增高（$GA_{53} \rightarrow GA_{44} \rightarrow GA_{19} \rightarrow GA_{20} \rightarrow GA_1$），而高生物活性 GA_1 水平增高 5 倍，在开花的同时茎也显著延长。因此，推测赤霉素与诱导植物开花有关。

研究证明，凡是达到 14 个月营养生长期的菠萝植株，在 1 年内的任何月份，用 NAA 或 2,4-D 处理两个月后就可以开花。因此，用生长素处理菠萝植株，可使植株结果和成熟期一致，有利于管理和采收；也可使 1 年内各月份都有菠萝成熟，终年均衡地供应市场和罐头厂加工。

乙烯利也促进菠萝开花。细胞分裂素促进白芥茎顶细胞如在长日条件下那样进行有丝分裂。

多胺也可能是开花刺激物之一。长日植物白芥光周期诱导后，叶片韧皮部渗出液中的腐胺浓度大增；如喷施低浓度腐胺生物合成抑制剂于叶片，则韧皮部渗出液中腐胺水平低，同时也抑制开花。

（二）春化和光周期理论的应用

1. 春化处理

使萌动种子通过春化的低温处理，称为春化处理。经过春化处理的植物，花诱导加速，提早开花、成熟。我国劳动人民利用罐埋法（把萌发的冬小麦闷在罐中，放在 0℃～5℃ 低温处 40～50 d）、七九小麦（即在冬至那天起将种子浸在井水中，次晨取出阴干，每九日处理 1 次，共 7 次）等方法，顺利解决冬小麦的春播问题。在育种时利用春化处理，可加速冬性作物育种过程。

2. 控制开花

光周期的人工控制，可以促进或延迟开花。菊花为短日植物，原在秋季（10 月）开花，现经人工处理（遮光成短日照）在六七月间就可开出鲜艳的花朵；如果延长光照或晚上闪光使暗间断，则可使花期延后。广州市园艺工作者利用这个原理，加上摘心以增多花数，使一株菊花准时在春节开二三千朵花。在温室中延长或缩短日照长度，控制作物花期，可解决花期不遇问题，促进杂交育种。

3. 引种

一个地区的外界条件，不一定能满足某一植物开花的要求，因此，在从一地区引种某一植物到另一地区时，必须首先考虑植物能否及时开花结实。过去曾有过把河南省的小麦种子在广东省栽培，小麦只进行营养生长而不能抽穗结实的教训。

在北半球，夏天越向南，越是日短夜长，而越向北，则越是日长夜短。因此，同一种植物，由于地理上分布不同，形成了对日照长短需要不同的品种。以大豆而论，大豆是短日植物，我国南方品种一般需要较短的日照，而北方品种一般则需要稍长的日照。南方的大豆在北京种植时，开花期要比南方地区迟。北方的大豆品种，在南方种植时，开花要来得早些。南方大豆在北京种植时，从播种到开花时间长，花期太晚，天气冷了，果实结得不多，产量不高。因此，对日照要求严格的作物品种进行引种时，一定要分析其光周期要求与引进地区的具体日照情况，并进行鉴定试验。

一些麻类（如黄麻等）是短日植物。在我国北方较偏南地区，麻类作物生长旺盛季节的日照较长，因此，南麻北种，可以增加植株高度，提高纤维产量。

第三节　花原基和花器官原基的形成······························

一、花原基的形成

植物成年后，在一定的内在因素和环境因素影响下实现成花诱导，营养顶端转变为生殖顶端。茎顶端分生组织中心区细胞的分裂速度加快、体积增大是营养顶端转换为生殖顶端的明显标志。双子叶植物拟南芥在营养生长阶段是无限生长的分生组织，当生殖生长时，分生组织转变为初级花序分生组织，后者形成伸长的花序轴，其上着生的茎生叶腋芽又成为次生花序分生组织，进而形成花原基。花原基的形成是分生组织决定基因（meristem identity gene）表达的结果。如拟南芥的 LEAFY（LFY）、AP1 和金鱼草种的 FLORICAULA（FLO）。

二、花器官原基的形成

花器官原基是从花原基上顺序发育而来。被子植物的花从外向内分别由 5 轮结构组成：第 1 轮为萼片，第 2 轮为花瓣，第 3 轮为雄蕊，第 4 轮为心皮，第 5 轮为胚珠。通过对前 4 轮花器官减少、变形或错位的拟南芥、金鱼草突变体进行分析，发现植物发育也和动物发育一样，有同源异型（homeosis）现象。同源异型是指分生组织系列产物中一类成员转变为该系列中形态或性质不同的另一类成员。从花器官同源异型突变体中发现的一组同源异型基因（产生同源异型突变的基因），也叫作器官决定基因（organ identity gene），即决定花器官特征的基因。它们属于 MADS 盒基因，常常不是编码酶类，而是编码一些决定花器官各部分发育的转录因子，这些基因在花发育过程中起着"开关"的作用。

突变体分析在寻找花器官决定基因中起了重要作用。从 1989 年开始以及随后的几年中，美国的 EM. Meyerowitz 实验室对拟南芥萼片、花瓣、雄蕊、心皮发育不正常的突变体进行了详细的观察描述，克隆了 AP1、AP2、AP3 和 PI 基因。在此基础上于 20 世纪 90 年代初提出了花器官形成的"ABC"模型。之后，L. Colombo 和 MF. Yanofsky 等又鉴定了 D 和 E 基因，逐步发展为"ABCDE"模型。该模型的要点是：A 基因控制第 1、2 轮的发育；B 基因控制第 2、3 轮的发育；C 基因控制第 3、4、5 轮的发育；D 基因控制第 5 轮的发育；E 基因调控所有 5 轮花器官的发育。在拟南芥中，A 基因是 AP1 与 AP2，B 基因是 AP3 与 PI，

C 基因只有 *AG*，D 基因是 *SHP1*、*SHP2* 以及 *STK*，E 基因是 *SEP1*、*SEP2*、*SEP3* 与 *SEP4*。与野生型相比，A 类基因的突变体使第 1 轮萼片变成心皮，第 2 轮花瓣变成雄蕊；B 类基因突变使第 2 轮花瓣变成萼片，第 3 轮雄蕊变为心皮；C 类基因突变体第 3 轮雄蕊变成花瓣，第 4 轮心皮变成萼片；D 突变体缺乏胚珠；E 突变体全部花器官发育成为叶片结构（图 11–9）。目前已经在多种植物中发现了 ABCDE 基因的同源基因。

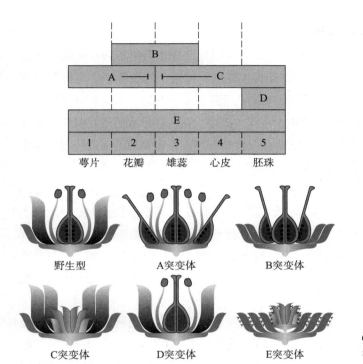

○ 图 11–9　花器官发育的 ABCDE 模型（自 Krizek 和 Fletcher，2005）

　　表 11–3 罗列了已经在不同植物中获得的与拟南芥、金鱼草同源的 ABCDE 基因。大多数 ABCDE 基因都编码转录因子，以四聚体形式与 DNA 结合，影响下游花器官发育基因的转录，称为"四因子模型"。例如在拟南芥中，AP1–AP1–SEP–SEP 决定萼片形成，AP1–AP3–PI–SEP 决定花瓣形成，AP3–PI–AG–SEP 决定雄蕊形成，AG–AG–SEP–SEP 决定心皮形成。

○ 表 11–3　不同植物中的 ABCDE 同源基因（自 Rijpkema 等，2010）

植物	A	B	C	D	E
拟南芥	*AP1/AP2*	*AP3/PI*	*AG*	*STK* *SHP1/2*	*SEP1/2/3/4*
水稻	*OsM14*（*OsM15/18*）/ *SNB*（*OsIDS1*）	*SPW1/OsM4* （*OsM2*）	*OsM3*	*OsM13*	*LHS1*（*OsM24/OsM45*）
金鱼草	*LIP1/2*	*DEF/GLO*	*PLE/FAR*	*DEFH9*	*DEFH200/72/84*
矮牵牛	*BL*?	*GP/FBP1* （*PhTM6/Pm2*）	*Pm3*（*FBP6*）	*FBP7* *FBP11*	*FBP2/FBPS*

注：? 表示尚未确定

在花器官原基形成的基础上，各器官的生长发育和形态建成对于花的正常开放也是很重要的。例如，花瓣的形态建成决定了花冠的形状、大小和色泽，贯穿于园艺观赏花卉的品质形成，而这一过程是受各种外界环境因素和内源激素的调控。外界因素和激素在转录、转录后、翻译、翻译后各个水平形成分子调控网络来发挥作用。

三、影响花器官形成的条件和生产应用

生产上，水稻在合适条件下，可使颖花分化，可是颖花发育如果得不到合适的内外条件，亦会中途停顿，这就是颖花退化。玉米在不良（缺肥、过密）的条件下，有机营养不足，影响雌穗正常的生长和分化，会产生空秆。果树在花芽生长分化时，如得不到充足的有机营养就会影响花芽的形成，造成隔年结果或大小年。蝴蝶兰在花芽形成后遇到温度不适则会逆转形成叶芽。由此可见，花器官（幼穗）的生长发育问题，不仅是理论上的问题，也是提高作物产量的一个重要问题。现将影响花器官形成的内外条件综述如下。

1. 气象条件

光对花的形成影响很大。在植物完成光周期诱导的基础上，花芽开始分化后，自然光照时间越长，光强度越大，形成的有机物越多，对花形成越有利。雄蕊发育对光强较敏感。小麦花药发育处于花粉母细胞形成的前夕，遮光处理 72 h，花粉全部败育。湖北光敏核不育水稻在短日照下可育，但在长日照下不育，这是植物界首次发现的生理遗传的典型例子。

温度对花器官形成的影响也很大。以水稻为例，在高温下稻穗分化过程明显缩短，在低温下则延缓甚至中途停止。在减数分裂时期，如遇到低温（17～20℃以下），则花粉母细胞损坏，进行异常的分裂，四分体分离不完全，花粉粒损坏等。与此同时，毡绒层细胞肿胀肥大，不能把养料输送给花粉粒，花粉粒发育不正常。华南各省晚稻遇寒露风之所以减产，主要是因为减数分裂时期受到低温的危害，影响花器官的形成。近年发现，水稻也有对温度敏感不育的品种。

2. 栽培条件

水分对花的形成过程是十分需要的，雌、雄蕊分化期和花粉母细胞及胚囊母细胞减数分裂期，对水分特别敏感。如果土壤水分不足，会使幼穗形成延迟，并引起颖花退化。

肥料对花的形成也有作用。在氮肥不足的情况下，花分化缓慢而花少，但氮肥过多而贪青徒长时，花发育不良或延迟开花（这和 C/N 有关）。在施肥适中的情况下，再配合施用磷、钾肥，可使花分化较快，并增加花数。如能适当追施微量元素（Mo、Mn 等），效果更好。

在一般范围内，栽培密度越大，退化的花就越多。因为密度越大光照越不足，形成的糖分少，分配到花器官就少，颖花发育受影响。玉米也有这个现象，空秆率增高。

3. 生理条件

在花的形成过程中，体内有机物养分充足与否，是决定花器官形成好坏的主要条件，上述气象条件或栽培条件各个因素，都与养分有直接或间接的关系。在营养生长和生殖生长之间有养分分配问题，在同一花序的小花之间也有这个问题。在稻穗中，不同部位的颖花分化

先后不同，一般上部的颖花分化早，生长势强，这部位的颖花称为强势花。下部的颖花分化迟，生长势弱，称为弱势花。颖花分化时，需要大量养分，由于养分供应和体内养分分配的限制，强势花优先得到养分，正常分化，而弱势花则因养分缺乏而退化。

农业生产上利用化学药剂或植物生长调节剂使花粉发育不正常，作为母本，进行杂交而获得杂交种子，提高产量。例如，水稻的"化学杀雄 2 号"可诱导花粉不育（即化学杀雄，chemical emasculation），然后与父本杂交生产种子，具杂种优势。这种水稻化杀育种已用于生产上。乙烯利喷施小麦，也会诱导花粉败育。

四、植物性别的分化

在花芽的分化过程中，进行着性别分化（sex differentiation）。大多数高等植物是雌雄同花植物。但是，也有不少雌雄异株植物，也有一些植物是雌雄同株植物。

早期的研究是以单性花来定义性别的分化。白书农等人经过长期研究认为，单性花是一种促进异交的机制，而不是性别分化的机制。目前的研究表明，植物发育起始初期都有两性器官原基，在诱导信号（如植物激素）等作用下，性决定基因发生去阻遏作用，特异基因选择性表达，使其中一种原基在某一阶段发育停滞，导致单性花出现。例如黄瓜等植物雌花的形成是由于雄蕊发育抑制造成的，也是由基因的表达来调控的。

在许多雌雄异株植物中，雌株和雄株在经济价值上是不同的。以果实、种子为栽培目的的作物（番木瓜、银杏、千年桐、留种用的大麻、菠菜），需要大量的雌株；以嫩笋为食的芦笋，雄株产量较高；以纤维为收获物的大麻，其雄株纤维的拉力较优。而栽培的雌雄同株植物（如黄瓜、玉米、南瓜等），就需要大量增加雌花数目，以便结更多的果实。除了遗传因子控制外，光周期、营养条件及激素等外界条件也影响植物性别形成。在相当多的植物种类中，光周期对性别的分化具有显著的影响。短日照使玉米雄花序上形成雌花，在雄花序的中央穗状花序发育成为一个小的但发育很好的雌穗（缺少包在穗外面的苞叶）。菠菜是一种雌雄异株的长日植物，但如果在诱导的长日照后紧接着是短日照，在雌株上可以形成雄花。

在一些雌雄异株植物中碳氮比值低时，将提高雌花分化的百分数。土壤条件对植物性别分化影响比较明显。一般说来，氮肥多、水分充足的土壤促进雌花的分化，但如果氮肥少，土壤干燥则促进雄花分化。

植物激素对花的性别分化也有影响。生长素可以促进黄瓜雌花的分化，赤霉素则促进其雄花的分化，内源乙烯与黄瓜雌花形成呈正相关，在生产中，烟熏植物可以增加雌花，烟中有效成分是乙烯和一氧化碳。一氧化碳的作用是抑制吲哚乙酸氧化酶的活性，减少吲哚乙酸的破坏，提高生长素含量，所以促进雌花分化。细胞分裂素有利葡萄雄株的雄花中产生雌蕊。

此外，伤害也可使雄株转变为雌株，番木瓜雄株伤根或折伤地上部分后，新产生的全是雌株。黄瓜茎折断后，长出的新枝条全开雌花，这大概是损伤引起乙烯产生的缘故。

第四节　受精生理 ·······················

　　植物开花之后，经过花粉在柱头上萌发、花粉管进入胚囊和配子融合等一系列过程才完成受精作用（fertilization），被子植物的受精作用是一个较长的过程，而且包含着激烈的代谢变化。大多数农作物的经济产量就是受精后发育成的果实，受精与否直接影响作物的产量。了解和掌握花粉、柱头和受精的生理规律，采取有效措施，才能保证受精顺利进行，获得高产稳产。

一、花粉的成分、寿命和贮存

　　成熟的花粉体积虽小，但贮存了丰富的营养物质，最主要是淀粉（风媒植物的花粉）和脂肪（虫媒植物的花粉），还有各种氨基酸和蛋白质、维生素、酶、植物激素等，供花粉萌发和花粉管生长必需，也为传粉动物提供食物。

　　花粉成熟离开花药以后，其生活力还保持一定的时间，但是，不同种类植物的花粉生活力有很大的差异。例如，禾谷类作物的花粉寿命很短，水稻花药裂开后，花粉的生活力在 5 min 以后即降低到 50% 以下；小麦花粉在 5 h 后授粉结实率便降低到 6.4%。玉米花粉的寿命较前二者为长，但亦仅 1 d 多。果树的花粉寿命较长，可维持几周到几个月。因此，如何贮存花粉，延长花粉寿命，以克服杂交中亲本开花时间不同和利用外地花粉进行授粉，是生产上一个重要的问题。

　　花粉贮存受湿度、温度、CO_2、O_2 和光等环境因素的影响。花粉贮存期生活力逐渐降低的原因，是贮藏物质消耗过多、酶活性下降和水分过度缺乏。有人发现贮存较久的玉米、松树花粉中泛酸（pantothenic acid）含量大大下降。众所周知，泛酸是 CoA 的重要组分，而 CoA 在植物的呼吸及其他代谢中起着重要的作用。泛酸减少，无疑会影响花粉的各种代谢，导致花粉生活力的降低。

二、柱头的生活能力

　　雌蕊柱头承受花粉能力持续时间的长短，主要与柱头的生活能力有关。柱头的生活能力一般都能持续一个时期，具体时间长短则因植物的种类而异。在作物杂交育种过程中，需要了解柱头的生活能力什么时候开始，什么时候最强，什么时候丧失能力，为授粉工作提供科学根据，以便提高制种的产量和质量。

　　水稻柱头的生活能力在一般情况下能持续 6~7 d，但其承受花粉的能力日渐下降，所以，杂交时还是以开花当日授粉为宜。小麦柱头在麦穗从叶鞘抽出 2/3 时就开始有承受花粉的能力，麦穗完全抽出后第 3 天结实率最高，到第 6 天则下降，但可持续到第 9 天。玉米雌穗基部的花柱，长度为当时穗长的一半时，柱头即开始有承受花粉的能力，在花柱抽齐后 1~5 d 柱头承受花粉能力最强，6~7 d 后开始下降，到第 9 天即急剧下降。一个雌穗上柱头丧失生活能力的顺序，和花柱在穗轴上发生的先后是一致的，即穗中、下部先丧失，顶端后丧失。

三、外界条件对授粉的影响

授粉是结实的先决条件，如果不能正常授粉，则谈不上结实，产量就不能保证。外界条件对授粉的影响很大。例如，水稻颖花虽发育正常，但由于外界不良条件妨碍授粉，便产生空粒；玉米授粉不良则引起秃顶现象，影响产量。因此，了解外界条件对授粉的影响是有重要的实践意义的。在人力可能的范围内，应尽力采取措施，防止或减少空粒现象。玉米人工辅助授粉，就是一种行之有效的措施。

温度对水稻授粉影响很大。水稻抽穗开花期的最适温度是 $30\sim35℃$，处于日平均温度低于 $20℃$，日最高温度低于 $23℃$ 的连续低温下，花药不能开裂，开花授粉极难进行，绝大部分颖花不能授粉结实。但温度过高，超过 $40\sim45℃$，开颖后花柱则会干枯。

玉米开花时若遇阴雨天气，雨水洗去柱头的分泌物，花粉吸水过多膨胀破裂，花柱得不到花粉，将继续伸长。由于花柱向侧下垂，以致雌穗下侧面的花柱被遮盖，不易得到花粉，造成下侧面种子整行不结实。在相对湿度低于 30% 或有旱风的情况下，如温度超过 $32\sim35℃$，花粉在 $1\sim2\,h$ 内就会失去生活力，雌穗花柱也会很快干枯不能接受花粉，情况较轻的也使雌蕊吐丝与雄蕊开花相距的时间拉长，造成授粉困难或完全不能授粉。水稻开花的最适湿度是 $70\%\sim80\%$，否则也影响授粉。

此外，风对风媒花的授粉也有较大影响，无风或大风都不利于作物授粉。土壤中肥料不足也影响授粉。玉米生育期间由于缺乏磷肥，细胞分裂受阻，影响雌蕊的花柱抽出，一般雌穗基部小穗花柱先抽，顶部小穗花柱后抽，那时雄花已全部开过，因此得不到花粉，形成秃顶。

四、花粉萌发和花粉管伸长

1. 花粉在柱头上萌发

柱头是接受花粉的平台。成熟柱头有两个类型：湿柱头和干柱头。湿柱头（wet stigma）成熟时分泌液体，其中包括糖、脂肪和酚类等，如烟草、矮牵牛和百合等属的柱头；干柱头（dry stigma）的表面无流动分泌物，通常有一层亲水蛋白质表膜，如十字花科、石竹科和禾本科等的柱头。

花粉由传粉媒介（风、动物）转移至柱头，便发生一系列的变化过程。首先是花粉黏附在柱头上。湿柱头靠渗出物黏附着花粉；在干柱头上的黏附可能是靠柱头表面与花粉外壁聚合物之间相互作用。其次是花粉水合作用。花粉含水量是在 $15\%\sim35\%$，处于脱水状况。花粉吸水（水合）是花粉萌发的先决条件。附着在湿柱头上的花粉，可直接从周围获得水分；而附着在干柱头的花粉，因外壁含脂质，与柱头细胞相互反应引起水合作用。再其次是花粉萌发。花粉吸水后胀大，花粉内壁及细胞质从萌发孔向外突出，形成花粉管。

从传粉至长出花粉管所需时间因植物而异，水稻、高粱和甘蔗等几乎是在传粉后立即萌发，玉米也只需 $5\,min$ 左右，甜菜 $2\,h$，棉花 $1\sim4\,h$。花粉管伸长的速度很快，每分钟达 $10\,\mu m$。

2. 花粉管在花柱中生长

花粉中酶的种类是很多的。花粉萌发时，酶的活性加强，其中磷酸化酶、淀粉酶、转化酶等活性剧烈增强，有时甚至比原来高 6 倍之多。这些酶除了在花粉本身起作用外，还分泌到花柱，以取得食物和使花粉管生长。花粉萌发时，呼吸速率剧增，蛋白质合成也加快。

花粉萌发有"群体效应"（population effect）。在人工培养花粉时，密集的花粉的萌发和花粉管生长比稀疏的好。实验证明，花粉壁上储存有钙。当花粉萌发时，这些钙释放到培养基中，供花粉萌发和花粉管生长用。因此生产上大量授粉比限量授粉有利于受精。

花粉管的生长方式是顶端生长，生长只局限于花粉管顶端区。花粉管生长时，细胞质集中于顶端区，而管的基部则被胼胝质堵住（图 11-10）。花粉管向子房生长的过程中，经过柱头细胞间隙进入花柱的引导组织（transmitting tissue）与它的胞外基质（extra cellular matrix，ECM）紧密接触，ECM 是由复杂的蛋白质混合物组成。从烟草引导组织 ECM 中分离出的引导组织特异糖蛋白（transmitting tissue-specific glycoprotein，TTS）属于阿拉伯半乳聚糖家族，具有刺激花粉生长和引导花粉管向子房生长的功能。

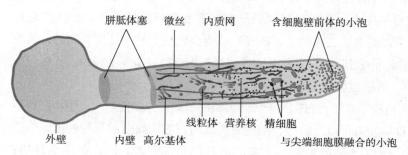

胼胝体塞　微丝　内质网　含细胞壁前体的小泡

线粒体　营养核　精细胞

外壁　内壁　高尔基体　与尖端细胞膜融合的小泡

○ 图 11-10　花粉管顶端扩展生长，胼胝体塞限制细胞质于管的顶端（自 Mascarenkas，1993）

实验表明，油菜和水稻的花粉管通道的钙含量均比相邻组织高，花柱组织中存在着钙浓度梯度。花粉管在生长过程中，不断地从通道组织中吸收钙。花粉管顶端区是钙集中的地方，促进细胞器分泌的小泡组合形成新壁。由此可见，花粉管通道中高含量的钙或许是花粉管沿花柱引导组织生长，导致受精的原因之一。

3. 花粉管到达胚珠进入胚囊

花粉管通过花柱进到子房，通常是经过珠孔到达胚囊。一般认为，胚珠分泌向化性物质，主要是钙和糖。珠孔中的钙密度程度特别高，表明钙是花粉管定向珠孔生长的重要因素。实验表明，当花粉管到达珠孔之前，珠孔的钙含量高，而花粉管通过珠孔之后，钙含量迅速减少，这进一步显示珠孔中丰富的钙与花粉管长入胚囊有直接关系。

电子显微镜观察发现，花粉管是从一个助细胞中进入胚囊的。助细胞的钙离子浓度很高，形成以助细胞为中心的钙离子浓度梯度，花粉管进入助细胞后，花粉管顶端形成一小孔，把花粉管内容物（一对精子、营养核和少量细胞质）释放到胚囊。

○ 知识拓展 11-5
花粉管引导

近年来的研究发现花粉管向胚珠定向生长的花粉管引导（pollen tube guidance）、花粉管进入胚囊被助细胞接纳（pollen tube reception）以及花粉管爆裂（pollen tube rupture）释放精细胞等过程均受多肽信号与类受体蛋白激酶相互作用的调控。胚囊中的助细胞能够产生多种吸引花粉管的引诱多肽如 LURE 等，这些多肽信号可以引导花粉管进入胚囊到达助细胞。

助细胞所产生的 LURE 多肽结构在各种植物间有所差异，每种植物特有的 LURE 能够吸引相同种类植物的花粉管。花粉管顶端的激酶受体 PRK6、MIK 和 MDIS1 等能够精确地检测到从胚囊分泌出的 LURE 信号，进而花粉管被引导进入胚囊到达助细胞，并传递它们的精细胞用于受精（图 11-11）。

专题讲座 11-2
植物花粉管引导

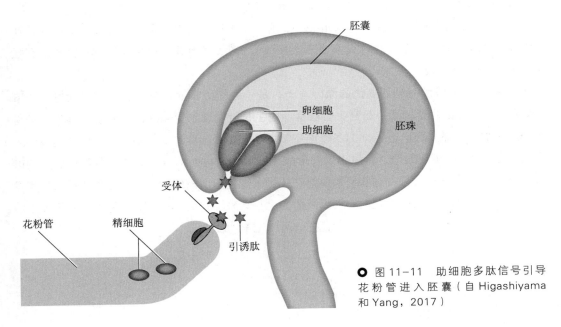

○ 图 11-11 助细胞多肽信号引导花粉管进入胚囊（自 Higashiyama 和 Yang，2017）

　　花粉粒中的一对精子分别与卵和中央细胞极核结合。受精卵发育为胚，受精极核发育成胚乳，这就是双受精。从花粉落到柱头上到雌、雄核融合所经历时间因植物种类而异，短者仅十多分钟（如橡胶草），长者达一年以上（如栎属），大多数是 10～48 h 之间（水稻、小麦、蚕豆、玉米、番茄）。

　　落在柱头上的花粉很多，形成很多花粉管，绝大多数花粉管生长中途停顿，每个胚珠只有一个花粉管到达，进行受精。

五、受精后雌蕊的代谢变化

　　授粉以后，花粉和花粉管对雌蕊的柱头和花柱产生深刻的影响，这个影响不局限于花粉或花粉管与雌蕊组织直接接触的局部地区，而是广泛地影响着整个花柱、子房甚至整个植物。

　　花粉管在伸长的过程中，在摄取柱头和花柱的物质的同时，还主动分泌一些物质到雌蕊去，这就构成了花粉与雌蕊间的相互作用。

　　由于花粉中不断向花柱分泌各种酶类，雌蕊组织中的糖类和蛋白质的代谢作用都在加强，呼吸作用也在加强。授粉后雌蕊组织吸收水分和无机盐的能力也都在增强。例如，兰科植物授粉后，合蕊柱吸水增多 1/3，氮和磷含量显著增多，但其花被的氮和磷的浓度均降低。蒸腾作用急剧增强，造成花被凋萎。

授粉后雌蕊中的生长素含量大大增加，这当然与花粉含有生长素有关。因为授粉后，花粉的生长素扩散到雌蕊组织。但花粉生长素含量毕竟是有限的。以烟草为例，如以花粉生长素含量为1，则花柱为30，子房为100。雌蕊生长素的剧增，主要不是花粉带去的生长素。研究指出，花粉中含有使色氨酸转变成吲哚乙酸的酶体系，花粉管在生长过程中，能将这些酶分泌到雌蕊组织，引起花柱和子房形成大量生长素。

卵细胞受精前处于休眠状态，受精后受到激活，呼吸速率也伴随着发生变化。百合花在受精后子房的呼吸速率出现两次升高：一次在精子和卵细胞接触（受精）时期，另一次在胚乳游离核的旺盛分裂时期。

受精引起子房代谢剧烈变化的原因之一，是子房的生长素含量迅速增加。大量生长素"吸引"营养器官的养料集中运到生殖器官。用生长素处理未受精的番茄雌蕊，得到无子果实就是这种情况的例证。我国北方冬季温室栽培番茄，因温度过高常使花粉不育，造成严重落花。用2,4-D蘸花处理，就可坐果并形成无子果实。再如草莓，成熟的草莓在膨大的肉质花托上生长着许多瘦果，这些瘦果供给花托膨大过程中所需的生长素。如果在草莓果实发育的早期将瘦果去掉，由于花托的膨大所需的生长素来源断绝，花托就不能膨大。但如果在去掉瘦果后，在花托上涂以生长素，花托就可以正常地膨大。

● 专题讲座 11-3
植物自交不亲和

六、自交不亲和性

花粉落在柱头上能否萌发，长出花粉管，最终完成受精过程，要看花粉与柱头的相互作用，即花粉壁的蛋白质和柱头细胞表面的蛋白质表膜之间是否识别，即是否亲和。如果是亲和的，花粉即可萌发，花粉管进入花柱，完成受精作用；如果不亲和，花粉不萌发或在萌发后的生长过程中途停顿。前者称为自交亲和性，后者称为自交不亲和性。

1. 自交不亲和性的生化原因

自交不亲和性（self-incompatibility）是指植物花粉落在同花雌蕊的柱头上不能受精的现象。自然界中被子植物估计一半以上存在自交不亲和性现象，是一种防止近亲繁殖的重要方式；而远缘杂交的不亲和性就更为普遍。

自交不亲和性可分为孢子体型自交不亲和性（sporophytic self-incompatibility，SSI）和配子体型自交不亲和性（gametophytic self-incompatibility，GSI）两类。遗传学上自交不亲和性是受一系列复等位（multiple alleles）基因的单一基因座（S locus）控制，S基因座在雌雄生殖组织中表达1个或多个基因，这些S基因编码不同的蛋白质，是自交不亲和或亲和的识别基础。

SSI由二倍体花粉（花药绒毡层）的基因组遗传所决定。携带着S座基因S_1S_2的花粉与雌蕊上的S_1S_3相遇时，由于S_1相同而发生不亲和（图11-12A）；而S_1S_2的花粉与雌蕊上的S_3S_4相遇时，S座基因都不相同，可以正常萌发。GSI则由单倍体花粉的基因组遗传所决定。携带单个S座基因的花粉如果与雌蕊上的S_2S_3有一个相同，则不亲和；相反，如果都不同则亲和（图11-12B）。简言之，当雌雄双方有相同的S基因时就不亲和，如双方S基因不同就亲和。

近年来，对十字花科植物的研究发现，S座有两类基因编码的蛋白十分重要。一是花粉

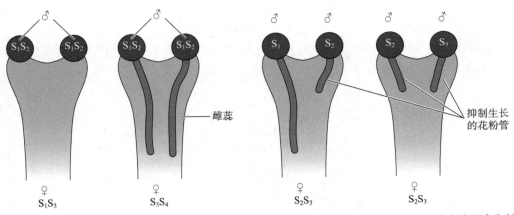

（A）孢子体型自交不亲和　　　　　　（B）配子体型自交不亲和

雌蕊

抑制生长
的花粉管

S_1S_3　　　S_3S_4　　　S_2S_3　　　S_2S_3

○ 图 11–12　植物自交不亲和性的种类（改自 Taiz 等，2015）

外被的 SCR（*S*-locus cysteine-rich protien），另一个是柱头细胞质膜上的 S 基因座受体激酶（*S*-locus receptor kinase，SRK），属于跨膜的类受体蛋白激酶。如果 SCR 能与受体 SRK 结合，导致后者发生磷酸化，启动下游的信号转导途径，导致 SSI 发生。反之，如果 SCR 不能与受体 SRK 结合，则发生正常的花粉管萌发。

而 GSI 则与雌蕊的 S- 核酸酶（S-RNase）有关。S- 核酸酶进入自花花粉管后能够把花粉管里的 RNA 降解，花粉管生长就停顿；S- 核酸酶进入异花花粉管后，在泛素连接酶（E3）的 F-box 蛋白 SLF 作用下，被蛋白酶降解，无法进行 RNA 降解，花粉管能够继续伸长（图 11–13）。S- 核酸酶是一种糖蛋白，此酶在花柱 1/3 以上部位浓度最高，该部位正是自交不亲和花粉管生长受到抑制的区域。

属于 SSI 的植物如十字花科、菊科等。SSI 表现为花粉在柱头上无水合作用，不能萌发，或是产生很短的花粉管，至多仅穿入乳突表面短距离。用细胞化学法观察到，传粉后几小时内，花粉管及邻近乳突被胼胝质堵塞，阻碍花粉管生长。属于 GSI 的植物如茄科、禾本科等，当花粉管进入花柱后，中途生长停顿、破裂而发生 GSI（图 11–13）。

2. 克服自交不亲和的途径

这些花粉与柱头的相互识别的机能，是植物在长期进化过程中形成的，保证物种稳定与繁衍。然而，人们在育种工作中，远种杂交（或自交）不亲和性影响到工作的开展。人们创造出各种克服不亲和性的方法，其中一种就是利用识别机制的混合花粉授粉法。方法是授予生活的不亲和性花粉的同时，混合一些杀死的亲和的花粉。亲和的花粉可使柱头不能识别不亲和的花粉，故被称为蒙导花粉（mentor pollen），起蒙导作用，蒙骗柱头，克服杂交不亲和性，实现受精。可用甲醇或反复冷冻或黑暗中饥饿以杀死蒙导花粉，但一定要保持蒙导花粉里的识别蛋白，否则无效。现在已利用此法培育出一些品种。例如，三角杨（*Populus deltoid*）× 银白杨（*P. alba*）进行种间杂交，本是不亲和的，但在银白杨花粉中混入用 γ 射线杀死的三角杨花粉，然后再给三角杨授粉，却能克服种间杂交不亲和性，获得 15% 的结实率。

当两种远缘植物杂交不易成功时，先将一个远缘亲本与一个比较近缘的植物进行杂交，

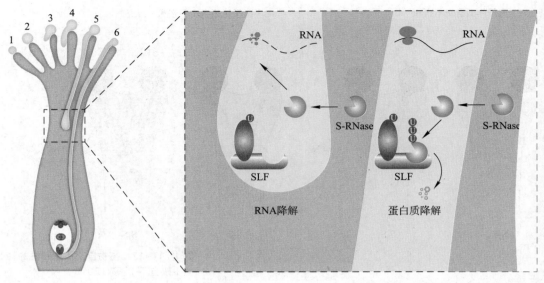

● 图 11-13　自交亲和性和自交不亲和性花粉萌发以及花粉管生长的行为（自 Takayama 和 Isogai，2005）

1~5 是自交不亲和的花粉管行为：1~3 是孢子体型自交不亲和，4~5 是配子体型自交不亲和；6 是正常受精的花粉管行为

然后用其杂种再与另一亲本杂交，就可以提高远缘杂交的结实率，这种方法叫作媒介法。中国农科院用矮粒多小麦与黑麦杂交，结实率很低，后来，将中国春小麦与矮粒多小麦杂交后，再用其杂种与黑麦杂交，结实率可高达 61.86%。

此外，还有用物理化学方法（变温、辐射、生长调节剂等）处理柱头、花柱等组织，打破不亲和性。

● 小结

枝条顶端分生组织花形态的建成要经过成花决定、花原基形成和花器官原基形成 3 个早期发育阶段。植物幼年期不能开花，到了成年生殖期，有一定的物质基础，才能诱导开花。miR156 及其靶基因 *SPLs* 在时期转换中起重要作用，低温和光周期是成花诱导的主要外界条件。

一些二年生植物和冬性一年生植物的春化作用是显著的。接受低温的部位是茎的生长点或其他具有细胞分裂的组织。春化作用是多种代谢方式顺序作用的结果。目前已知，低温通过表观遗传调控而抑制 *FLC* 表达，诱导开花。

光周期对花诱导有极显著的影响。光周期反应类型主要有 3 种：短日植物、长日植物和日中性植物。暗期闪光实验表明，临界夜长比临界日长更为重要。短日植物花诱导要求长夜，而长日植物则要求短夜。叶是感受光周期的部位，开花刺激物能传导。短日植物和长日植物叶子产生的开花刺激物是同一种物质，目前初步确定为植物开花素 FT 蛋白，光周期通过 CO 诱导叶片产生 FT 蛋白，FT 继而通过韧皮部运输到茎尖分生组织，与 FD 结合后调节一系列基因表达而促进向生殖生长的转换。

植物的成花诱导受到光周期、自主 / 春化、糖类、赤霉素、年龄和环境温度等 6 条信号转导途径控制，6 条途径汇聚到重要蛋白 FT 和 SOC1 后，引发生长点一系列基因如 *LEAFY*、*AP1* 等表达，生殖顶端进而开始花器官原基的形成。目前已知，花器官原基形成受一组同源异形基因的控制，ABCDE 模型解释了这组基因在 5 轮花器官原基形成中的调控作用。

植物的性别分化是植物的本性，但也受光周期、营养条件及植物生长调节剂施用的影响。花粉的寿命随植物种类而异。

授粉是结实的先决条件，受多种因素影响。花粉寿命和柱头生活力各种植物不同。

花粉与柱头有识别或拒绝反应，即亲和与不亲和。自交不亲和有孢子体型（SSI）和配子体型（GSI）之分。编码不同的蛋白质的 S 基因座是自交不亲和或亲和的分子识别基础。克服自交不亲和的多种方法在农业生产中得到应用。

❍ 名词术语

成花决定　幼年期　成年生殖期　春化作用　脱春化作用　FLC　光周期现象　夜间断
光周期诱导　长日植物　短日植物　日中性植物　临界日长　临界暗期　ABCDE 模型
成花素　FT　开花时间控制基因　分生组织决定基因　器官决定基因　花粉管引导　性别分化
自交不亲和性

❍ 思考题

1. 目前解释植物的春化作用诱导开花的机理有哪些？

2. 北方的苹果引到华南地区种植，只能进行营养生长，分析其原因？

3. 为什么晚造的水稻品种不能用于早造种植？

4. 试分析下列花卉在我国华南地区的广东、海南种植能否开花？
　①风信子　②月季　③剑兰　④牡丹　⑤郁金香

5. 自交不亲和的原因是什么？有什么生物学意义？

6. 作物开花时连续阴雨降温，对开花和授粉有什么不利？为什么？

7. 有什么办法可使菊花在春节开花而且花多？如果在夏季又怎样会开花而且花多？

8. 秋季干旱、冬季低温，则有利南方果树（如荔枝）花芽分化；该时如遇温暖多雨，就会抑制花芽分化，为什么？

❍ 更多数字课程资源

术语解释　　　　推荐阅读　　　　参考文献

第 十 二 章

植物的成熟和衰老生理

植物受精后，受精卵发育成胚，胚珠发育成种子，子房壁发育成果皮，子房发育形成果实。种子和果实形成时，不只是形态上发生很大变化，在生理生化上也发生剧烈的变化。果实、种子长得好坏和植物下一代的生长发育有很重要的关系，同时，也决定作物产量的高低、品质的好坏，所以，这方面的研究，在理论上和实践上都有重大意义。多数植物种子和某些植物的营养繁殖器官（如马铃薯、洋葱等），在成熟后进入休眠，不能立即发芽。这是植物对环境的一种有利的适应现象，使它们在外界条件适宜时才发芽。但为了生产上的要求，有时就需要人为地破除休眠或延长休眠。因此，这方面的研究就具有重要的实践价值。此外，随着植株年龄的增长，植物发生衰老和器官脱落现象。这方面的研究对预防衰老和器官脱落，有着重要的理论及应用意义。

第一节　种子成熟生理 ·······················

　　种子的成熟过程，实质上就是胚从小长大，以及营养物质在种子中积累的过程。种子成熟期间的物质变化，大体上和种子萌发时的变化相反，植株营养器官的养料，以可溶性的低分子化合物状态（如蔗糖、氨基酸等形式）运往种子，在种子中逐渐转化为不溶性的高分子化合物（如淀粉、蛋白质和脂肪等），并且累积起来。

一、主要有机物的变化

　　仔细研究水稻谷粒成熟过程各种糖分的变化过程，得知葡萄糖、蔗糖等全糖的水平和淀粉累积速度比较接近，都在开花后 9 d 达到高峰。可是乳熟期以后淀粉累积停止，而颖果中还有不少糖分（图 12-1）。由此可见，谷粒淀粉累积的下降或停止，除了与光合产物供应充分与否有关，也与淀粉生物合成能力减弱有很大的关系。本来颖果里仍有相当多的糖分，但未能被利用于合成淀粉。这个问题关系到产量高低，值得深入研究。在水分代谢一章讲过，淀粉磷酸化酶参与淀粉的生物合成。殷宏章等（1956）实验证明，水稻开花后十多天内，种子的淀粉磷酸化酶活性变化与种子淀粉增长相一致（图 12-2），说明淀粉磷酸化酶在淀粉合成中起一定作用。

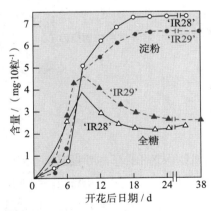

○ 图 12-1　谷粒成熟过程中淀粉和糖含量的变化

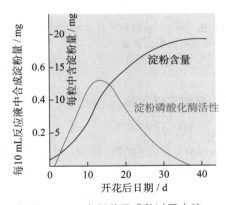

○ 图 12-2　水稻种子成熟过程中淀粉磷酸化酶活性与淀粉含量变化的关系（自殷宏章等，1956）

　　小麦籽粒的氮素总量，从乳熟初期到完熟期变化很小。但随着成熟度的提高，非蛋白氮不断下降，蛋白氮的含量不断增加，这说明蛋白质是由非蛋白氮化物转变而来的。与这种现象相适应，成熟小麦种子的 RNA 含量较多，以合成丰富的蛋白质。

　　油料种子在成熟过程中，脂肪含量不断提高，而糖类（葡萄糖、蔗糖、淀粉）总含量不断下降（图 12-3），这说明脂肪是由糖类转化而来的。油脂形成有两个特点：首先是成熟期所形成的大量游离脂肪酸，随着种子的成熟，游离脂肪酸逐渐合成复杂的油脂。其次，种子成熟时先形成饱和脂肪酸，然后，由饱和脂肪酸变为不饱和脂肪酸，所以，一般情况下，油料种子如芝麻、大豆、花生等种子油脂的碘值，是随着种子的成熟度而增加。

在豌豆种子成熟过程中，种子最先积累以蔗糖为主的糖分。然后糖分转变为蛋白质和淀粉，DNA 和 RNA 也相应增多。后来淀粉积累减少，而蛋白质保持较高的含量。

在种子成熟过程中，LAFL（LEC1、ABI3、FUS3 和 LEC2）及 WRI1 等转录因子是蛋白质与油脂积累重要的调控因子（图 12-4），其中 LEC2 和 FUS3 主要调控种子贮藏蛋白的积累，LEC2 和 WRI1 一起调控种子油脂的积累，ABI3 主要调控种子的耐脱水性，而 LEC1 能够通过 FUS3 和 ABI3 起作用（图 12-4）。

总之，在种子成熟过程中，可溶性糖类转化为不溶性糖类，非蛋白氮转变为蛋白质，而脂肪则是由糖类转化而来的。

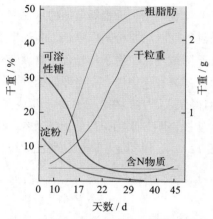

○ 图 12-3 油菜种子在成熟过程中各种有机物变化情况

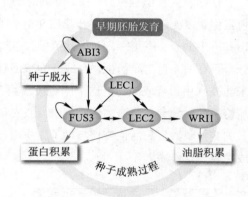

○ 图 12-4 种子成熟的调控因子

二、其他生理变化

1. 呼吸速率

在有机物的合成过程中，需要供给能量，所以，有机物积累和种子的呼吸速率有密切关系。有机物累积迅速时，呼吸作用也旺盛，种子接近成熟时，呼吸作用逐渐降低。在水稻谷粒成熟过程中，谷粒呼吸速率也发生显著的变化，呈单峰曲线，在乳熟期最强，以后就迅速下降。这个变化规律和淀粉等有机物积累有关。

2. 内源植物激素

在种子成熟过程，种子中的内源激素也在不断变化。例如，玉米素在小麦胚珠受精之前，其含量很低，在受精末期，达到最大值，然后减少；赤霉素在抽穗到受精之前，有一个小的峰，然后下降，这可能与穗子的抽出有关，受精后籽粒开始生长时，赤霉素浓度迅速增加，受精后 3 周达最大值，然后减少；生长素在胚珠内含量少，受精时稍增加，然后减少，当籽粒生长时再增加，收获前 1 周鲜重达最大值之前，达到最高峰，籽粒成熟时生长素消失（图 12-5）。此外，脱落酸在籽粒成熟期含量大增。上述情况表明，小麦成熟过程中，植物激素最高含量的顺序出现，可能与它们的作用有关。首先出现的是玉米素，可能是调节籽粒建成和细胞分裂；其次是赤霉素和生长素，可能是调节光合产物向籽粒运输与积累；最后是

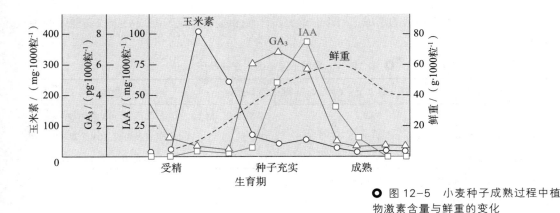

○ 图 12-5　小麦种子成熟过程中植物激素含量与鲜重的变化

脱落酸，可能控制籽粒的成熟与休眠。

3. 含水量

种子含水量与有机物的积累恰好相反，它是随着种子的成熟而逐渐减少的。种子的成熟脱水是种子发育的最后阶段，此后种子获得萌发能力与脱水耐性。种子成熟时幼胚中具浓厚的细胞质而无液泡，因此，自由水是很少的。小麦籽粒成熟时总重也是减少了，这只是含水量的减少，实际上干物质却在增加。

三、外界条件对种子成熟和化学成分的影响

尽管遗传性决定不同种或品种种子的化学成分，但外界条件也影响种子的成熟过程和它的化学成分。

风旱不实现象，就是干燥与热风使种子灌浆不足。我国河西走廊的小麦，常因遭遇这种气候而减产。叶片细胞必须在水分充足时，才能进行物质的运输，在干风袭来造成萎蔫的情况下，同化物便不能继续流向正在灌浆的籽粒，水解酶活性增强，妨碍了贮藏物质的积累，籽粒干缩和过早成熟。即使干风过后恢复正常供水条件，植株也不能像正常条件下那样供应营养物质给籽粒，造成籽粒瘦小，产量大减。

干旱也可使籽粒的化学成分发生变化。种子在较早时期干缩，可溶性糖来不及转变为淀粉，被糊精胶结在一起，形成玻璃状而不呈粉状的籽粒。这时蛋白质的积累过程受阻较淀粉的为小，因此，风旱不实的种子中蛋白质的相对含量较高。

在干旱地区，特别是稍微盐碱化地带，由于土壤溶液渗透势高，水分供应不良，即使在好的年头，灌浆也很困难，所以，籽粒比一般地区含淀粉少，而含蛋白质多。我国小麦种子的蛋白质含量，从南到北有显著差异。因为北方雨量及土壤水分比南方少，所以，北方小麦蛋白质含量比南方显著增加。有人分析杭州、济南、北京和黑龙江克山的小麦蛋白质含量（占干重的质量分数），分别为 11.7%、12.9%、16.1% 和 19.0%。

温度对于油料种子的含油量和油分性质的影响都很大。研究表明，我国各地大豆种子化学成分有很大的差别，南方种子的脂肪含量低，蛋白质含量高；北方特别是东北地区种子的脂肪含量高，蛋白质含量较低（表 12-1）。种子成熟期间，适当的低温有利于油脂的累积。在油脂品质上，在亚麻种子成熟时温度较低而昼夜温差大时，有利于不饱和脂肪酸的形成；

相反，则有利于饱和脂肪酸的形成，所以，最好的干性油是从纬度较高或海拔较高地区的种子中得到的。

○ 表 12-1　我国不同地区大豆的品质

不同地区品种	蛋白质 / 干重 %	脂肪 / 干重 %	品种数
北方春大豆	39.9	20.8	东北三省 308 个品种
黄淮海流域夏大豆	41.7	18.0	山东省及苏北 105 个品种
长江流域春夏秋大豆	42.5	16.7	鄂、湘、苏北、沪 73 个品种

注：数据源自吉林省农业科学院大豆研究所，1982

第二节　果实成熟生理······························

肉质果实在人们日常生活中占有重要地位，对这类果实成熟时的生理生化变化的研究最多。下面介绍肉质果实成熟时的生理生化变化。

一、果实的生长

肉质果实（如苹果、番茄、菠萝、草莓等）的生长和营养器官的生长一样，具有生长大周期，呈 S 形生长曲线；但也有一些核果（如桃、杏、樱桃）及某些非核果（如葡萄等）的生长曲线，则呈双 S 形，即在生长的中期有一个缓慢期（图 12-6）。这个时期正好是珠心和珠被生长停止的时期。

果实生长与受精后子房生长素含量增多有关。在大多数情况下，如果不受精，子房是不会膨大形成果实的。可是，也有不受精而结实的。这种不经受精而雌蕊的子房形成无籽果实的现象，称为单性结实（parthenocarpy）。单性结实有天然单性结实和刺激性单性结实之分。

天然单性结实是指不需要经过受精作用就产生无籽果实的现象，如无籽的香蕉、蜜柑、葡萄等。本来，这些植物的祖先都是靠种子传种的，由于种种原因，个别植株或枝条发生突变，结成无籽果实。人们发现了这些无籽果实，采用营养繁殖法保存下来，从而形成无籽品种。据分析，同一种植物，无籽种的子房中生长素含量较有籽种高。如一种柑橘

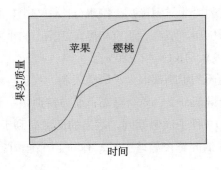

○ 图 12-6　苹果生长的 S 形曲线和樱桃生长的双 S 形曲线

（*Valencia*），有籽种的生长素含量为 0.58 μg·kg⁻¹ 鲜重，而无籽种达到 2.39 μg·kg⁻¹ 鲜重。

刺激性单性结实是指必须给以某种刺激才能产生无籽果实。在生产上通常用植物生长调节物质处理。生长素类（如 IAA、NAA、2,4-D）可诱导一些果实如番茄、茄子、辣椒、无花果及西瓜等单性结实。赤霉素也可以诱导单性结实。赤霉素能促使无籽品种的果实增大，如新疆无籽葡萄品种"无核白"通过喷施赤霉素，提高了产量。

二、呼吸跃变

当果实成熟到一定程度时，呼吸速率首先是降低，然后突然升高，然后又下降的现象，便称为呼吸跃变（图 12-7）。具呼吸跃变的跃变型果实有：苹果、香蕉、梨、桃、番木瓜、芒果和鳄梨等；不具呼吸跃变的非跃变型果实有：橙、凤梨、葡萄、草莓和柠檬等。跃变型果实和非跃变型果实的主要区别是，前者含有复杂的贮藏物质（淀粉或脂肪），在摘果后达到完全可食状态前，贮藏物质强烈水解，呼吸加强，而后者并不如此。跃变型果实成熟比较迅速，非跃变型果实成熟比较缓慢。在跃变型果实中，香蕉的淀粉水解过程很迅速，呼吸跃变出现较早，成熟也快；而苹果的淀粉水解较慢，呼吸跃变出现较迟，成熟也慢一些（图 12-8）。

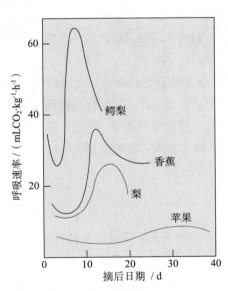

● 图 12-7　果实成熟过程中的呼吸跃变

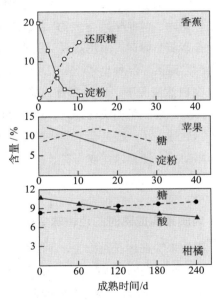

● 图 12-8　果实成熟过程中淀粉的水解作用

研究指出，在果实呼吸跃变正在进行或正要开始前，果实内乙烯的含量有明显的升高（图 12-9）。因此，人们认为果实发生呼吸跃变是由于果实中产生乙烯的结果。乙烯可增加果皮细胞的透性，加强内部氧化过程，促进果实的呼吸作用，加速果实成熟。呼吸跃变型果实存在着乙烯生成系统（系统 I）和乙烯调节系统（系统 II），前者负责跃变发生前的基础乙烯产生，而后者负责跃变发生时自我催化大量产生乙烯。

许多肉质果实呼吸跃变的出现，标志着果实成熟达到了可食的程度，有人称呼吸跃变期

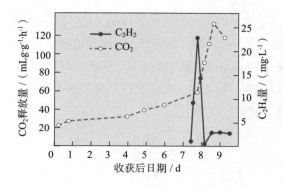

○ 图 12-9　香蕉成熟过程中，乙烯在呼吸跃变来临前大量产生

间果实内部的变化，就是果实的后熟作用，因此，在实践上可调节呼吸跃变的来临，以推迟或提早果实的成熟。适当降低温度和氧的浓度（提高 CO_2 浓度或充氮气），都可以延迟呼吸跃变的出现，使果实成熟延缓。反之，提高温度和 O_2 浓度，或施以乙烯，都可以刺激呼吸跃变的早临，加速果实的成熟。

人工催熟早已引起人们的注意，在我国已有一些传统的技术，如用温水浸泡使柿子脱涩，用喷酒法使青的蜜桔变为橙红，熏烟使香蕉提早成熟。这些方法直到现在还在某些地方广泛应用。近年来已广泛采用乙烯气体（或乙烯利）催熟，对香蕉、番茄、柿子等都很有效。

在延迟果实成熟方面，中国科学院植物研究所等单位采用控制气体法，研究番茄贮存在大塑料帐内，控制帐内空气 O_2 为 2%～5%，CO_2 为 0.2%～2%，可延迟呼吸跃变的到来，从而延长番茄贮存期。采用基因工程技术，如通过反义抑制技术抑制乙烯合成基因的表达进而获得耐贮藏番茄品种也是一个成功的例子。

在自然情况下，棉铃在开裂前 1～2 d，内源的乙烯含量会达到高峰，促进棉铃开裂吐絮。外施乙烯利可加快棉铃开裂吐絮过程。在我国棉田中，普遍存在霜前许多棉桃来不及开裂（霜后花）和一些甚至不能成熟吐絮（僵瓣）的问题。用乙烯利催熟，可使一部分霜后花变为霜前花，使无效花变为有效花，使吐絮畅快集中，提早收获，亦能增产。

三、肉质果实成熟时的色香味变化

肉质果实在生长过程中，不断积累有机物。这些有机物大部分是从营养器官运送来的，但也有一部分是果实本身制造的，因为幼果的果皮往往含有叶绿体，可以进行光合作用。当肉质果实长到一定大小时，果肉贮存不少有机养料，但还未成熟，因此果实不甜、不香、硬、酸、涩，这些果实在成熟过程中，要经过复杂的生化转变，才能使果实的色、香、味发生很大的变化。

1. 果实变甜

在未成熟的果实中贮存许多淀粉，所以早期果实无甜味。到成熟后期，呼吸跃变出现后，淀粉转为为可溶性糖。糖分就积累在果肉细胞的液泡中，淀粉含量越来越少，还原糖、蔗糖等可溶性糖含量迅速增多，使果实变甜。

2. 酸味减少

未成熟的果实中，在果肉细胞的液泡中积累很多有机酸。例如，柑橘中有柠檬酸，苹果中有苹果酸，葡萄中有酒石酸，黑莓中有异柠檬酸等，所以有酸味。在成熟过程中，多数果实有机酸含量下降，因为有些有机酸转变为糖，有些则由呼吸作用氧化成 CO_2 和 H_2O，有些则被 K^+，Ca^{2+} 等所中和。所以，成熟果实中酸味下降，甜味增加。从图 12–10 可看出，苹果成熟期中淀粉转化为糖及有机酸含量降低的情况。

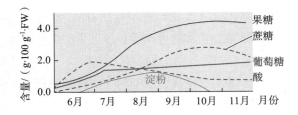

○ 图 12–10　苹果成熟期有机物质的变化

3. 涩味消失

没有成熟的柿子、李子等果实有涩味，这是由于细胞液内含有单宁。这些果实成熟时，单宁被过氧化物酶氧化成无涩味的过氧化物，或单宁凝结成不溶于水的胶状物质，因此，涩味消失。

4. 香味产生

果实成熟时产生一些具有香味的物质，这些物质主要是酯类，包括脂肪族的酯和芳香族的酯，另外，还有一些特殊的醛类等。例如，香蕉的特殊香味是乙酸戊酯，橘子中的香味是柠檬醛。

5. 由硬变软

果实成熟过程中由硬变软，与果肉细胞壁中层的果胶质变为可溶性的果胶有关。实验指出，随着果实的变软，果肉的可溶性果胶含量相应地增加。中层的果胶质变成果胶后，果肉细胞即相互分离，所以果肉变软。此外，果肉细胞中的淀粉粒的消失（淀粉转变为可溶性糖），也是果实变软的一个原因。

6. 色泽变艳

香蕉、苹果、柑桔等果实在成熟时，果皮颜色由绿逐渐转变为黄、红或橙色。因为成熟时，果皮中的叶绿素被逐渐破坏丧失绿色，而叶绿体中原有的类胡萝卜素仍较多存在，呈现黄、橙、红色，或者由于形成花色素而呈现红色。光直接影响花色素苷的合成。这也说明，为什么果实的向阳部分总是鲜艳一些。

应该指出，在成熟过程中，肉质果实果肉的有机物的变化，明显受温度和湿度的影响。在夏凉多雨的条件下，果实中含酸量较多，而糖分则相对减少；而在阳光充足、气温较高及昼夜温差较大的条件下，果实中含酸少而糖分较多。新疆吐鲁番哈密瓜和葡萄特别甜，就和当地的光照足、气温较高及昼夜温差较大有关。

四、果实成熟时植物激素的变化

现在已经证明，5 大类植物激素在发育的果实中都存在，通过这些激素间的相互作用，调节着果实的生长发育过程。

● 专题讲座 12-2
果实成熟的激素调
控

生长素调节果实发育最典型的例子是：JP. Nitsch（1950）以草莓为试材，将 100 mg·kg^{-1} NOA（萘氧乙酸）的羊毛脂涂到完全去掉瘦果的花托上，可使果实近于正常生长和成熟；而去掉瘦果未涂 NOA 的，花托就停止生长。对草莓瘦果中内源 IAA 的测定表明，IAA 水平在授粉后 3～12 d 的时间内增长 20 倍，其含量高峰恰好在次生胚乳细胞分裂的开始时期，由此可见，种子中的 IAA 对调节草莓果实生长非常重要。

在西洋梨中，盛花后 24～26 h，GA 含量达最高峰，GA 类物质主要包括 GA$_3$、GA$_4$ 和 GA$_7$。GA 对果实生长的作用有：与 IAA 共同促进维管束发育和养分调运；促进果肉细胞膨大；参与果形调控。

在苹果盛花期及花后 1～2 周内；iPA 和 ZRs 的含量明显增高，这说明细胞分裂素促进幼果细胞分裂和调运养分有积极作用。

近年来，人们发现果实在成熟过程中，ABA 含量不断增多，ABA 对果实的成熟有十分重要的调控作用。

授粉后苹果幼果内源 ABA 逐渐增加，至授粉后第 8 天，ABA 含量已达授粉前的 24.1 倍。ABA 含量变化与山梨醇的吸收量呈正相关。由于山梨醇是苹果树内主要糖类的运输形式，这说明 ABA 可以调节同化物的运输和分配。

葡萄是典型的非跃变型果实，在临熟启动前，ABA 就快速增加；内源 ABA 浓度的升高与糖的积累具有同步效应，外施 ABA 能促进葡萄、柑橘、草莓等非跃变型果实提前成熟。苹果、桃、梨等跃变型果实在成熟时，ABA 的积累发生在乙烯生成之前，因此 ABA 在跃变型果实的成熟时，似乎也有"原初启动信使"的功能。

乙烯公认是促进果实成熟的激素。许多果实幼小时即能产生乙烯，到果实进入成熟阶段时，乙烯生成量增高。跃变型果实采后有明显的后熟过程，其后熟启动伴随呼吸强度的大幅度上升，呼吸高峰的出现是由乙烯的刺激产生的。利用反义 RNA 技术，将 ACC 氧化酶的反义基因转入番茄，可抑制内源乙烯的产生，使果实更耐贮藏。

五、果实成熟的分子调控机制

果实成熟调控机制的研究对于提高果实品质、优化贮藏保鲜技术具有指导意义。近年来，通过获得番茄成熟过程相关的突变体，已经鉴定了多个重要的转录因子如 NOR（Nonripening）、RIN（Ripening inhibitor）和 CNR（Colorless non-ripening）等，它们组成了信号传递链，促进果实成熟相关基因如乙烯合成中 ACC 合成酶基因（ACS）、细胞壁扩展蛋白基因（EXP）和聚半乳糖醛酸酶基因（PG）、类胡萝卜素合成基因（PSY1）以及香味物质合成基因（LOXC）等的表达（图 12-11），以此调节番茄的成熟。在番茄中抑制 RIN 基因的表达后番茄无法成熟。CNR 基因的表达是受表观遗传调控的，其启动子序列的超甲基化能抑制 CNR 的表达，从而导致果实一直处于未成熟状态。

● 知识拓展 12-2
果实成熟的转录调
控机制

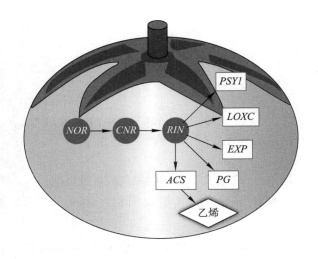

○ 图 12-11　果实成熟的分子调控机制（自 Seymour 等，2013）

第三节　植物休眠的生理·································

成熟种子、鳞茎和芽在合适的萌发条件下仍不萌发的现象，称为休眠（dormancy）。休眠是生长暂时停顿的状态。

一、种子休眠的原因和破除

1. 种皮限制

一些种子（如苜蓿、紫云英等种子）的种皮不能透水或透水性弱，这些种子称为硬实种子。另有一些种子（如椴树种子）的种皮不透气，外界氧气不能透进种子内，种子中的 CO_2 又累积在种子中，因此会抑制胚的生长。还有一些种子（如苋菜种子），虽能透水、透气，但因种皮太坚硬，胚不能突破种皮，也难以萌发。

在自然情况下，细菌和真菌分泌酶类去水解这些种子种皮的多糖和其他组成成分，使种皮变软，水分、气体可以透过。这个过程通常需要几周甚至几个月。在生产上，要求这个过程在短时间内完成。现在一般采用物理、化学方法来破坏种皮，使种皮透水透气。例如，用趟擦法使紫云英种皮磨损；用氨水（1∶50）处理松树种子或用98%浓硫酸处理皂荚种子1 h，清水洗净，再用40℃温水浸泡86 h等等；都可以破除休眠，提高发芽率。

2. 种子未完成后熟

许多植物的种子脱离母体后，须在一定外界条件下，经过一段时间才能达到生理上成熟的过程，称为后熟作用（after-ripening）。一些蔷薇科植物（如苹果、桃、梨、樱桃等）和松柏类植物的种子就是这样。这类种子必须经低温处理，即用湿砂将种子分层堆积在低温（5℃左右）的地方1~3个月，经过后熟才能萌发。这种催芽的技术称为层积处理，亦称"沙藏"（stratification）。一般认为，在后熟过程中，种子内的淀粉、蛋白质、脂肪等有机物的合成作用加强，呼吸减弱，酸度降低。经过后熟作用后，种皮透性增加，呼吸增强，有机

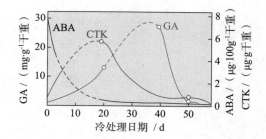

图 12-12　糖槭种子在层积（5℃）过程中各类激素的变化

物开始水解。研究指出，糖槭休眠种子在 5℃低温层积过程中，开始时脱落酸含量很高，后来迅速下降。细胞分裂素首先上升，以后随着赤霉素上升而下降（图 12-12）。

3. 胚未完全发育

分布于我国西南地区的木本植物珙桐（*Davidia involucrata*）的果核，要在湿砂中层积长达 1~2 年之久，才能发芽。据研究，新采收的珙桐种子的胚轴顶端无肉眼可见的胚芽，层积 3~6 个月后，胚芽才肉眼可见，9 个月后胚芽伸长并分化为叶原基状，1 年后叶原基伸长，1.5 年后叶原基分化为营养叶，此时胚芽形态分化结束，种胚完成形态后熟，胚根开始伸入土中，进入萌发阶段。

4. 抑制物质的存在

生长抑制剂香豆素，可以抑制莴苣种子的萌发。洋白蜡树（*Fraxinus americana*）种子休眠是因种子和果皮内都有脱落酸，当种子脱落酸含量降低时，种子就破除休眠。珙桐内果皮和种子子叶中均含有抑制物质，层积过程中，抑制物质逐渐减少。

生长抑制剂抑制种子萌发具有重要的生物学意义。例如，生长在沙漠的滨藜属（*Atriplex*）植物，它的种子含有阻止萌发的生长抑制剂，只有在一定雨量下冲洗掉这种抑制剂，种子才萌发，如果雨量不足，不能完全冲掉抑制剂，种子就不萌发。这种植物就是依靠种子中的抑制剂，巧妙地适应干旱的沙漠条件。在农业生产上，可以把种子从果实中取出，并借水流洗去抑制剂，促使种子萌发，番茄的种子就需要这样处理。

5. 植物激素与休眠调控基因

知识拓展 12-3
种子休眠调控因子 DOG1 的作用机制

种子脱落酸和赤霉素含量的平衡在调控种子休眠和破除休眠中发挥主导作用。脱落酸促进和维持种子休眠，赤霉素抑制休眠，促进萌发（图 12-13）。脱落酸和赤霉素的合成、降解和信号途径的突变可显著改变种子的休眠程度。外界环境信号因素如温度和光照等能够通过影响种子中脱落酸和赤霉素含量的比率使种子处于休眠或者非休眠状态。休眠的种子中脱落酸含量高，对赤霉素敏感性降低；而破除休眠后的种子对脱落酸敏感性降低，对赤霉素敏感性增强，并且对外界环境如温度和光照的敏感性逐渐增加。其他激素如乙烯、油菜素内酯、生长素，以及一些类似于植物激素的小分子化合物，如发现于野火烟雾中的卡里金（karrikins）等在植物的种子休眠调控中发挥重要作用。

近年来克隆了多个休眠调控因子如 DOG1（delay of germination）和 RDO5 等，其中 DOG1 在单子叶、双子叶植物中普遍存在，是调控种子休眠水平的特异基因，其表达水平越高，种子休眠程度越深。

许多化学物质如含氮化合物（硝酸盐，一氧化氮等）、巯基化合物（巯基乙醇等）、氧化剂（过氧化氢等）都能有效破除种子休眠。除了破除休眠外，生产实践也有需要延长休眠

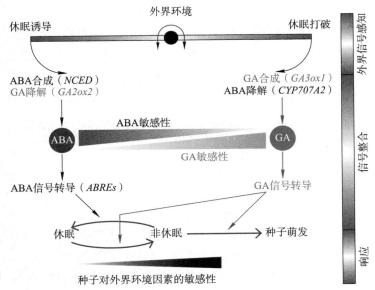

外界环境

休眠诱导　　　　　　　　　　　　　　　　休眠打破

ABA合成（*NCED*）　　　　　　　　　　GA合成（*GA3ox1*）
GA降解（*GA2ox2*）　　　　　　　　ABA降解（*CYP707A2*）

ABA敏感性

ABA　　　　　　　　　　　　　　　　GA

GA敏感性

ABA信号转导（*ABREs*）　　　　　　GA信号转导

休眠　　　　非休眠　　　　→　种子萌发

种子对外界环境因素的敏感性

外界信号感知

信号整合

响应

● 图 12-13　脱落酸与赤霉素调控
种子休眠（改自 Taiz 等，2015）

防止发芽的问题。有些小麦、水稻品种的种子休眠期短，成熟后遇到阴雨天气，就会在穗上发芽，影响产量和质量。春花生成熟后，阴雨土壤湿度大时，花生种仁会在土中发芽，给生产造成损失。可在成熟时喷施 B_9 或 PP333 等植物生长延缓剂（见第八章），延缓种子萌发。

二、延存器官休眠的打破和延长

马铃薯块茎在收获后，也有休眠。马铃薯休眠期长短依品种而定，一般是 40～60 d。因此，在收获后立即做种薯就有困难，需要破除休眠。用赤霉素破除休眠是当前最有效的方法。具体的方法是将种薯切成小块，冲洗过后在 0.5～1 mg·L^{-1} 的赤霉素溶液中浸泡 10 min，然后上床催芽。也可用 5 g·L^{-1} 硫脲溶液浸泡薯块 8～12 h，发芽率可达 90% 以上。

马铃薯在长期贮藏后，渡过休眠期就会萌发，这样就会失去它的商品价值，所以，要设法延长休眠。在生产上可用 0.4% 萘乙酸甲酯粉剂（用泥土混制）处理马铃薯块茎，可安全贮藏。洋葱、大蒜等鳞茎延存器官也可用萘乙酸甲酯延长休眠。

第四节　植物衰老的生理·······································

植物的衰老（senescence）是指细胞、器官或整个植株生理功能衰退，趋向自然死亡的时相。衰老是一个受遗传控制的、主动和有序的发育过程。环境因素可以诱导衰老，例如，落叶乔木的叶片在秋天呈现出由黄到红的斑斓色彩，而后落叶飘零。秋季的短日和低温就是触发叶片衰老的环境因素。

根据植物生长习性，开花植物有两类不同的衰老方式：一类是一生中能多次开花的植物，如多年生木本植物及草本植物，营养生长和生殖生长交替的生活周期，虽然叶片甚至茎秆会衰老死亡，但地下部分或根系仍然活着。这类植物称为多稔植物（polycarpic plant）。另一类是一生中只开一次花的植物，在开花结实后整株衰老和死亡，这类植物称一稔植物（monocarpic plant）。所有一年生和二年生植物和一些多年生植物（如竹）都属于这类植物。

一、衰老时的生理生化变化

1. 蛋白质显著下降

叶片衰老时，总的蛋白质含量显著下降，这已被许多实验所证实。蛋白质含量下降原因有两种可能：一是蛋白质合成能力减弱，一是蛋白质降解加快。有些试验认为，叶片衰老是由于蛋白质合成能力下降引起的。例如，用延缓衰老的植物激素（赤霉素和激动素）处理旱金莲（*Tropaeolum majus*）离体叶或叶圆片，掺入蛋白质中的 $^{14}C-$ 亮氨酸数量比对照（水）多；用促进衰老的脱落酸处理，掺入蛋白质的数量则比对照还少。这就说明衰老导致蛋白质合成能力减弱。另外一些人认为，衰老是由于蛋白质分解过快引起的。植物叶片中有 70% 的蛋白质存在于叶绿体，衰老首先发生叶绿体的破坏和降解，蛋白含量下降。同时，在衰老过程中，水解酶如蛋白酶、核酸酶、脂酶等活性增大，分解蛋白质、核酸和脂肪等物质并进行物质的再循环。

2. 核酸含量的变化

人们将在衰老过程中表达上调或增加的基因称为衰老相关基因（senescence associated gene，*SAG*）。而表达下调或减少的基因称为衰老下调基因（senescence down-regulated gene，*SDG*），*SAG* 包括降解酶如蛋白酶、核酸酶、脂酶等基因、与物质再循环有关酶如谷氨酰胺合成酶基因以及与乙烯合成相关的 ACC 合酶和 ACC 氧化酶基因等。外加激动素可提高 RNA 含量，延缓衰老。

3. 光合速率下降

叶片衰老时，叶绿体被破坏，具体来说，叶绿体的基质破坏，类囊体膨胀、裂解，嗜锇体的数目增多、体积加大。叶片衰老时，叶绿素含量迅速下降。在大麦叶片衰老时，伴随着蛋白水解酶活性增强的过程，Rubisco 减少，光合电子传递和光合磷酸化受到阻碍，所以光合速率下降。

4. 呼吸速率下降

在叶子衰老过程中，线粒体变化不如叶绿体大。在衰老早期，线粒体体积变小，褶皱膨胀，数目减少，然而功能线粒体一直到衰老末期还是保留着。叶片衰老时，呼吸速率迅速下降，后来又急剧上升，再迅速下降，似果实一样，有呼吸跃变（图12-14），这种现象和乙烯出现高峰有关，因为乙烯加速透性，呼吸加强。应当指出，在离体叶的试验中，整个衰老过程的呼吸与正常呼吸的不同，这说明衰老时的呼吸底物有改变，它利用的不是糖而是氨基酸。此外，衰老时呼吸过程的氧化磷酸化逐步解耦联，产生的 ATP 量也减少了，细胞中合成过程所需的能量不足，更促进衰老的发展。

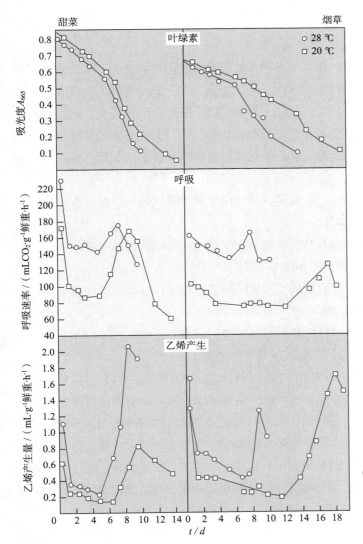

● 图 12-14　甜菜和烟草叶在暗中衰老时叶绿素、呼吸速率和乙烯含量的变化

5. 自由基和活性氧的增加

植物体内的羟自由基（HO·）、超氧化物阴离子自由基（O_2^-）、超氧物自由基（ROO·和HO_2·）、单线态氧（$^1O_2$）以及烃氧基（RO·）等统称为活性氧（reactive oxygen species，ROS），ROS 被认为是激活细胞程序性死亡相关基因表达的信号，它的大量积累是细胞在胁迫条件诱导的衰老以及自然衰老过程中做出的早期响应。ROS 可诱导叶片衰老调控基因如 *SAGs* 的表达。ROS 中的过氧化氢（H_2O_2）能够与植物激素乙烯、脱落酸和生长素以及一氧化氮（NO）等信号形成复杂的调控网络去调控衰老。在水稻叶片中积累的 H_2O_2 可诱导硝酸还原酶基因表达，进而诱导叶片中产生 NO。利用 NO 清除剂后，细胞死亡明显减轻。蛋白质亚硝基化是 NO 最主要的作用方式之一，以此方式参与了 H_2O_2 诱导的叶片细胞死亡。

植物中还存在着超氧化物歧化酶（SOD）、过氧化氢酶（CAT）、过氧化物酶（POD）、维生素 E、维生素 C 以及谷胱甘肽等自由基清除剂，不断清除体内产生的 ROS。

二、影响衰老的条件

（1）光 光能延缓菜豆、小麦、烟草等多种作物叶片或叶圆片的衰老。实验表明，光延缓叶片衰老是通过环式光合磷酸化供给 ATP，用于生物大分子如淀粉等的再合成，或降低蛋白质、叶绿素和 RNA 的降解。红光能阻止蛋白质和叶绿素含量的减少，远红光照射则消除红光的阻止作用，因此光敏色素在衰老过程中也起作用。蓝光显著地延缓绿豆幼苗叶绿素和蛋白质的减少，延缓叶片衰老。长日照对木槿延缓叶片衰老的作用比短日照更为有效。

（2）温度 低温和高温都会加速叶片衰老，可能由于钙的运转受到干扰，也可能因蛋白质降解，叶绿体功能衰退，叶片黄化。

（3）水分 干旱促使向日葵和烟草叶片衰老，加强蛋白质降解和提高呼吸速率，叶绿体片层结构破坏，光合磷酸化受抑制，光合速率下降。

（4）营养 营养缺乏是导致叶片衰老的原因之一。营养物质从较老组织向新生器官或生殖器官分配，也会加快叶片衰老过程。

（5）植物激素 目前已知，多种植物激素参与衰老的调节。乙烯、ABA、JA 以及水杨酸等促进，而细胞分裂素（CTK）、生长素、GA 等抑制衰老。

延缓叶衰老是 CTK 特有的作用。离体叶子会逐渐衰老，叶片变黄。CTK 可以显著延长保绿时间，推迟离体叶片衰老。CTK 能延缓水稻、苋菜离体叶片叶绿素和蛋白质降解，延缓 Rubisco 和 PEPC（磷酸烯醇式丙酮酸羧化酶）活性的降低。CTK 还可以通过刺激多胺，继而抑制 ACC 合酶形成，减少乙烯生成。此外，CTK 的一个重要生理效应就是调节溶质向 CTK 处理位点运输。在应用方面，CTK 可以延长蔬菜（如芹菜、甘蓝）的贮藏时间。细胞分裂素有防止果树生理落果的作用。用 6-BA 水溶处理柑橘幼果，可以显著地防止第一次生理落果。赤霉素也能延缓叶片衰老、蛋白质降解。生物延缓剂如 CCC 和 B$_9$ 等能阻止植物体内 GA 的生物合成，同样也有延缓衰老的效应。生长素处理能够延缓叶片衰老并且抑制 *SAG* 基因的表达。

乙烯不仅诱导果实成熟，也是诱导叶片、花等器官衰老的主要激素。叶片只有发育到一定的阶段才能感知乙烯信号，幼嫩叶片对乙烯不敏感。研究表明，反义 ACC 氧化酶转基因植株叶片的衰老受抑制。脱落酸之所以促进叶片衰老，主要是影响了生物大分子的降解和营养的再转运。水杨酸在衰老启动过程中起重要作用，其含量在叶绿素开始降低的叶片中快速增加，水杨酸合成和信号突变体衰老延迟。茉莉酸能够促进花、叶片等器官的衰老，并且其促进衰老的效果在老叶中比嫩叶明显（图 12-15）。

三、植物衰老的原因

植株或器官发生衰老的原因是错综复杂的。曾经提出过各种理论，其中营养亏缺理论和植物激素调控理论的影响较大。

营养亏缺理论认为，在自然条件下，一稔植物一旦开花结实后，全株就衰老死亡。这是因为生殖器官是一个很大的"库"，垄断了植株营养的分配，聚集营养器官的养料，引起植物营养体的衰老。但是这个理论不能说明下列问题：①即使供给已开花结实植株充分养料，也无法使植株免于衰老；②雌雄异株的大麻和菠菜，在雄株开雄花后，不能结实，谈不上积集营养体养分，但雄株仍然衰老死亡。

植物激素调控理论认为，一稳植物的衰老是由一种或多种激素综合控制的（图 12-15）。植物营养生长时，根系合成的 CTK 运到叶片，促使叶片蛋白质合成，推迟植株衰老。但是植株开花结实时，一方面是根系合成 CTK 数量减少，叶片得不到足够的 CTK；另一方面是，花和果实内 CTK 含量增大，成为植株代谢旺盛的生长中心，促使叶片的养料运向果实，这就是叶片缺乏 CTK 导致叶片衰老的原因。另一种解释是花或种子中形成促进衰老的激素（脱落酸和乙烯），运到植株营养器官所致。例如，取有两个分枝的大豆植株，一枝作去荚处理，一枝的荚正常发育。结果表明，前者枝条保持绿色，后者衰老。由此看来，衰老来源于籽粒本身，而不是由根部造成的。

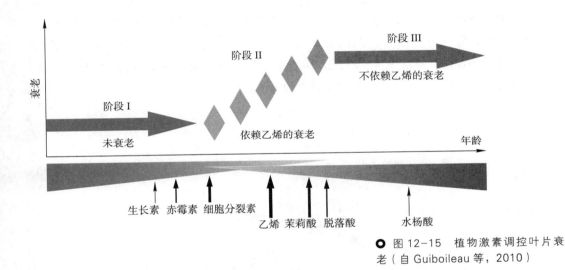

○ 图 12-15　植物激素调控叶片衰老（自 Guiboileau 等，2010）

四、植物衰老调控相关的转录因子

目前认为 WRKY（因含保守的 WRKYGQK 结构域而得名）和 NAC（NAM，ATAF1/2，CUC）被认为是两大类主要的衰老调控相关转录因子，两者在叶片的衰老初期具有关键的调控作用，如在 WRKY 家族成员中，*WRKY53* 在叶片衰老的初期表达，而在衰老后期表达下降；*WRKY53* 的表达受 ROS 的诱导，WRKY53 能够调控 *SAGs* 等衰老相关基因的表达。NAC 转录因子在小麦、水稻、菜豆、大豆等单双子叶植物中均被证明是叶片衰老的重要调控因子，如小麦的 NAM-B1 和水稻的 OsNAP（*Oryza sativa* NAC-like，activated by apetala3/pistillata）均是衰老的正调控因子，其功能丧失后能够延迟叶片衰老，并且 OsNAP 被认为是决定年龄及脱落酸诱导叶片衰老信号途径中的关键因子。

第五节　程序性细胞死亡·····································

细胞死亡可分为两种类型：细胞坏死（necrosis）和程序性细胞死亡（programmed cell death，PCD）。细胞坏死是细胞遇到极度刺激，质膜破坏，造成非正常死亡。程序性细胞死亡是一种主动的、生理性的细胞死亡，其死亡过程是由细胞内业已存在的、由基因编码的程序控制，所以人们称这种细胞自然死亡为程序性细胞死亡。

一、程序性细胞死亡发生的种类

程序性细胞死亡发生可以分为两类：一类是植物体发育过程中必不可少的部分，例如，种子萌发后糊粉层细胞死亡，根尖生长时根冠细胞死亡，导管分化时内容物自溶等。另一类是植物体对外界环境的反应，例如，玉米等因水涝和供氧不足，导致根和茎基部的部分皮层薄壁细胞死亡，形成通气组织，这是对低氧的适应。又如，病原微生物侵染处诱发局部细胞死亡，以防止病原微生物进一步扩散，这是对病原微生物的防御性反应（图12-16）。这里着重介绍几种研究较多的植物程序性细胞死亡的例子。

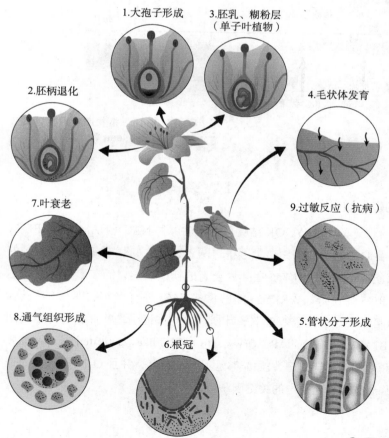

○ 图12-16　程序性细胞死亡（自 Dougl 等，2000）

（1）导管的形成　导管分子分化过程中，随着细胞延长和次生壁加厚，细胞也开始自溶，细胞质和核发生浓缩，接着破裂成许多小块，DNA 片段化，最后变成管状的死细胞。

（2）雌配子体的形成　在高等植物雌配子体的发育过程中，大孢子母细胞经过减数分裂形成 4 个细胞，其中 3 个细胞退化死亡，只有 1 个细胞能发育成为雌配子体。

（3）糊粉层细胞的退化　谷物成熟时，所有胚乳细胞都死亡，只有糊粉层细胞还存活。它在种子发芽时，能合成和分泌水解酶到胚乳，水解淀粉等，提供养分给胚后，糊粉层细胞立即死亡。

（4）过敏反应的防护作用　植物受到病原物侵染时，导致细胞死亡，这就是过敏反应。在此反应中，细胞核和细胞质浓缩，DNA 断裂，细胞死亡，于是阻断病菌继续侵入。

由此可知，程序性细胞死亡对维持植物的正常生长发育非常重要，没有程序性细胞死亡就不可能形成植物体，就不能进行正常生理活动。

二、程序性细胞死亡的特征

程序性细胞死亡过程中，细胞呈现下列特征：细胞核 DNA 断裂成一定长度的片段、染色质固缩、液泡形成，最后形成一个个由膜包被的凋亡小体或自噬小体。

目前已知道，DNA 酶、酸性磷酸酶、半胱氨酸蛋白酶（caspases）、ATP 酶等都参与程序性细胞死亡过程，植物激素（IAA、乙烯、ABA 等）、高温、干燥、活性氧等均能诱导程序性细胞死亡。

根据分子生物学研究，程序性细胞死亡发生过程可划分为 3 个阶段。

（1）启动阶段（initiation stage）　此阶段涉及启动细胞死亡信号的产生和传递过程，其中包括 DNA 损伤应激信号的产生、死亡受体的活化等。

（2）效应阶段（effector stage）　此阶段涉及程序性细胞死亡的中心环节——半胱氨酸蛋白酶的活化和线粒体通透性改变，半胱氨酸蛋白酶家族成员是直接导致程序性死亡细胞原生质体解体的蛋白酶系统。

（3）降解清除阶段（degradation stage）　此阶段涉及半胱氨酸蛋白酶对死亡底物的酶解，染色体 DNA 片段化，最后被吸收转变为细胞的组成部分。

三、细胞自噬与程序性细胞死亡

细胞自噬（autophagy）是真核生物利用溶酶体或液泡对胞内物质和细胞器进行降解的一种代谢机制，在进化上具有高度的保守性。根据降解底物进入溶酶体（动物）或液泡（植物和酵母）的方式不同，可将细胞自噬分成 3 种类型，分别为巨自噬（macroautophagy）、微自噬（microautophagy）和分子伴侣介导的自噬（chaperone-mediated autophagy，CMA）。植物、动物和酵母中共同存在的是前两种。直接参与形成自噬小体（autophagosome）。调控细胞自噬过程的基因被称为自噬相关基因（autophagy-related genes）或者 ATG 基因，在不同的物种中是保守的。植物中 ATG1–ATG13 激酶复合

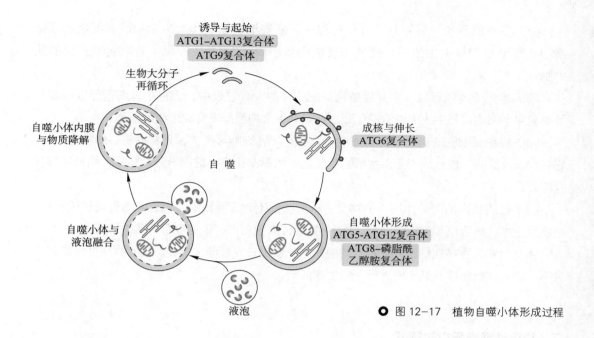

图 12-17　植物自噬小体形成过程

体与 ATG9 一起参与了自噬的起始诱导，ATG6 参与了泡状结构的成核与伸长，ATG8- 磷脂酰乙醇胺复合体（ATG8-PE）和 ATG5-ATG12 复合体通过类泛素化途径参与了自噬小体的最终形成（图 12-17）。自噬小体形成后其外层膜与液泡融合，内膜及小体内的内容物被降解以供生物大分子的再循环。

细胞自噬是细胞内物质的一种降解途径，参与了营养的循环利用，对于植物在逆境环境下的衰老启动尤为关键，阻断细胞自噬途径将使植物衰老加快。在大多数植物自溶性细胞程序性死亡过程中，细胞自噬参与了叶片衰老时蛋白质、叶绿体和线粒体的降解。细胞自噬还参与了小麦的小花发育、水稻花粉绒毡层中脂质的降解以及植物导管分子的分化等细胞程序性死亡。另外，细胞自噬还参与调控植物抗病免疫反应中由病原体诱导的超敏反应，以及氧化胁迫和其他非生物胁迫所导致的细胞程序性死亡。

● 知识拓展 12-4
植物的细胞自噬

第六节　植物器官的脱落······························

● 专题讲座 12-3
植物的器官脱落

脱落（abscission）是指植物细胞组织或器官与植物体分离的过程，如树皮和茎顶的脱落，叶、枝、花和果实的脱落。植物器官脱落是一种生物学现象。在正常条件下，适当的脱落，淘汰掉一部分衰弱的营养器官或败育的花果，以保持一定株型或保存部分种子，所以脱落是植物自我调节的手段。在干旱、雨涝、营养失调情况下，叶片、花和幼果也会提早脱落，这是植物对外界环境的一种适应。然而，过量和非适时的脱落，往往会给农业生产带来严重的损失。如何减少花果脱落，是生产上需要解决的问题。

一、脱落时细胞及生化变化

1. 脱落时细胞的变化

在叶柄、花柄和果柄的基部有一特化的区域，称为离区（abscisic zone），它是由几层排列紧密的离层（abscisic layer）细胞组成的。离层细胞开始发生变化时，首先是核仁变得非常明显，RNA含量增加，内质网增多，高尔基体和小泡（vesicle）都增多，小泡聚积在质膜上，分泌果胶酶和纤维素酶等，最后细胞壁和中胶层分解并膨大，其中以中胶层最为明显。离层细胞变圆，排列疏松，扯断木质部管胞，在外力作用下，器官就会脱落。残茬处细胞壁木栓化，形成保护层（图12-18）。

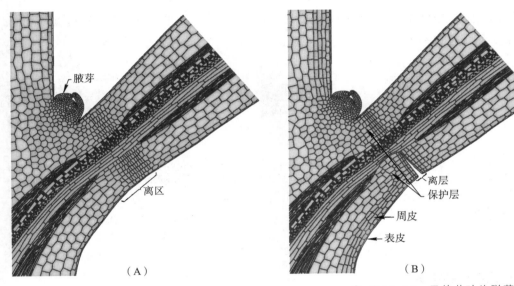

图12-18　凤仙花叶片脱落时离区细胞的变化（自Sexton等，1984）

2. 脱落的生化变化

脱落的生物化学过程主要是水解离层的细胞壁和中胶层，使细胞分离，成为离层；促使细胞壁物质的合成和沉积，保护分离的断面，形成保护层。在脱落发生之前，植物叶片或果实内植物激素含量发生变化，在激素信号的作用下，离区内合成RNA，翻译成蛋白质（酶），呼吸加强，提供上述变化的能量，因此脱落是一个需氧过程。与脱落有关的酶类较多，但是纤维素酶和果胶酶则较受重视。

（1）纤维素酶（cellulase）　纤维素酶定位在离层，该酶在脱落过程中可能扮演主要角色。菜豆、棉花和柑橘叶片脱落时，纤维素酶活性增加。菜豆叶离区的纤维素酶有两种同工酶，它们的pI（isoelectric point）（等电离点）分别是9.5和4.5，所以叫作4.5纤维素酶和9.5纤维素酶。4.5纤维素酶存在于生长发育全过程，脱落期间不增加；而9.5纤维素酶只在脱落期间形成并移向细胞壁的中胶层内。9.5纤维素酶活性增大时，叶片维持力下降，叶片脱落。乙烯和ABA促进该酶活性。

（2）果胶酶（pectinase）　果胶是中胶层的主要成分，基本上是多聚半乳糖醛酸。在脱落过程中，离层内的可溶性果胶含量增多；脱落期间细胞壁丧失的糖类（占总量4%）主要是可溶性果胶。开始时，果胶酶活性与脱落几乎同步增加。乙烯促进果胶酶活性，也促进脱落。

二、脱落的基因调控

目前已发现一类植物分泌型小分子多肽 IDA（inflorescence deficient in abscission）及其受体即富含亮氨酸重复序列的类受体蛋白激酶 HAE（HAESA）和 HSL2（HAESA-LIKE2）参与了植物花器官和叶片的脱落。IDA能够促进离层细胞细胞壁的松弛分解以及细胞的分离，人工合成的 IDA 能够诱导叶片脱落。IDA 结合到受体 HAE/HSL2 复合体后，激活了 MAPK 信号级联途径，进而激活了一些细胞壁松弛分解、细胞膨胀及细胞分离相关酶基因的表达，最终促进脱落（12-19）。

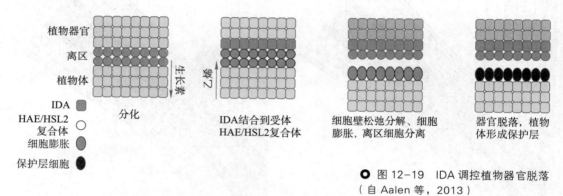

○ 图12-19　IDA调控植物器官脱落（自 Aalen 等，2013）

三、脱落与植物激素

1. 生长素与脱落

实验证明，将锦紫苏属（Coleus）的叶片去掉，留下的叶柄也会很快脱落，但如果将含有生长素的羊毛脂膏涂在叶柄的断口上，叶柄就延迟脱落，这说明叶片中产生的生长素有抑制叶子脱落的作用。在生产上施用 NAA 或 2,4-D 之所以使棉花保蕾保铃，就是因为提高了蕾、铃内生长素的浓度，防止离层的形成。

菜豆叶片随着叶龄的增加，生长素含量逐渐降低，到叶龄为 70 d，生长素含量降至最低，叶片就脱落，因此认为脱落与生长素有关，外施生长素确实可以防止脱落。研究表明，生长素对脱落的效应与施用部位和浓度有关，把生长素施用于离区的近基一侧，则加速脱落；施于远基一侧，则抑制脱落。FT. Addicott 等（1955）提出"生长素梯度"学说（auxin gradient theory）解释生长素与脱落的关系，认为决定脱落的不是生长素绝对含量，而是相对浓度，即离层两侧生长素浓度梯度起着调节脱落的作用。当远基端浓度高于近基端时，器官不脱落；当两端浓度差异小或不存在时，器官脱落；当远基端浓度低于近基端时，加速脱落（图12-20）。

2. 脱落酸与脱落

幼果和幼叶的脱落酸含量低，当接近脱落时，它的含量最高。脱落酸能促进分解细胞

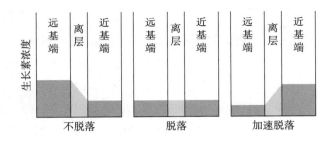

○ 图 12-20　叶子脱落和叶柄离层远基端的生长素和近基端生长素的相对浓度的关系（自 Addicott 等，1955）

壁酶的分泌，也能抑制叶柄内生长素的传导，所以促进器官脱落。短日照有利于脱落酸的合成，这正是说明短日照成为叶片脱落的环境信号的原因。

3. 乙烯与脱落

乙烯最早被人注意的一个作用就是会促使叶片和果实脱落。实验表明，用 ^{32}P- 磷酸标记菜豆切段，乙烯可促进 ^{32}P 掺入 RNA，RNA 合成加快；同样对菜豆切段给予 ^{14}C- 亮氨酸，乙烯也促进亮氨酸掺入蛋白质，说明乙烯也促进蛋白质合成。在叶片脱落过程中，乙烯能促进离层中纤维素酶的合成，并促进该酶由原生质体释放到细胞壁中，引起细胞壁分解，同时也刺激离层区近侧细胞膨胀，叶柄便分离开。

乙烯含量与脱落有密切关系。棉花子叶在脱落前乙烯生成增加一倍多，柑橘受到霜害后或花生感染病害后，乙烯释放量增多，都会促进脱落。CO_2、Ag^+ 和氨基乙氧基乙烯甘氨酸（AVG）抑制乙烯形成，也抑制脱落。乙烯引起脱落的机理，可能有两方面的作用：①诱导离区果胶酶和纤维素酶的合成，增加膜透性；②促使生长素钝化和抑制生长素向离区输导，使离区生长素含量少。

赤霉素和细胞分裂素也影响脱落，不过都不是直接的。赤霉素促进乙烯的形成，所以赤霉素也促进脱落的作用。细胞分裂素的含量在果实脱落时相当低，细胞分裂素抑制脱落的原因，可能是由于延缓衰老的缘故。

要保花保果，需要采取下列两种措施：①改善营养条件，使花果得到足够的光合产物。可以增加水肥供应，使形成较多光合产物，供应花果发育需要；也要适当修剪，甚至抑制营养枝的生长，使养分集中供应果枝发育；②应用植物生长调节剂，如 PP333 和 S-3307 等可以控制营养枝生长，促进花芽分化；赤霉素、萘乙酸、2,4-D 和 2,4,5-T 等可防止落花落果，增加坐果率。

合理疏花疏果也是平衡高产和保证品质的重要措施，可采用萘乙酸和萘乙酰胺。

四、环境因子对脱落的影响

（1）温度　温度过高和过低都会加速器官脱落。随着温度增高，生化反应加快，温度与脱落的关系 Q_{10} 约等于 2，这是直接的影响。此外，高温也会引起水分亏缺促使叶片脱落，这是间接影响。

（2）水分　通常季节性的干旱会使树木落叶。树木在干旱时落叶，以减少水分的蒸腾损失，否则会萎蔫死亡。所以叶片脱落是植物对水分胁迫的重要保护反应。干旱时，吲哚乙酸氧化酶活性增强，可扩散的生长素相应减少，细胞分裂素含量下降，乙烯和脱落酸增多，所有这些变化都促进器官的脱落。

（3）光照　光照强度对器官脱落的影响很大。光照充足时，器官不脱落；光照不足，器官容易脱落。大田作物种植过密时，植株下部光照过弱，叶片会早落。光照过弱，不仅使光合速率降低，形成的光合产物少，而且会阻碍光合产物运送到叶片和花果，导致脱落。凡是糖类含量高的叶片和果实，不易脱落；而糖类含量低的，则容易脱落。这是长久以来，园艺学家观察到的。日照缩短是落叶树秋季落叶的信号之一。北方城市的行道树（如杨树和法国梧桐），在秋季短日来临时纷纷落叶，但在路灯下的植株或枝条，因路灯延长光照时间，不落叶或落叶较晚。

◎　小结

种子在成熟期间，有机物主要向合成方向进行，把可溶性的低分子有机物（如葡萄糖、蔗糖、氨基酸等）转化为不溶性的高分子有机物（淀粉、蛋白质、脂肪），积累在子叶或胚乳中。呼吸速率与有机物积累速率呈平行关系。种子的化学成分还受水分、温度和营养条件等外界环境的影响。

成熟种子、鳞茎和芽的休眠受到自身发育条件、外部环境因素以及激素水平的影响，了解如何打破休眠的机理为农业生产提供理论依据。

果实成熟过程分为呼吸跃变和非呼吸跃变两种类型，呼吸跃变是由于乙烯大量产生所引起的。阻止乙烯的生成和作用可调节呼吸跃变型果实的成熟。

植物衰老是一个受遗传控制的、主动和有序的发育过程。环境因素和植物激素都有影响。植物体衰老时发生一系列的生理生化变化和活性氧的变化，衰老相关基因表达增加，这些基因编码降解酶、与物质再循环有关的酶以及与乙烯合成相关酶等。

程序性细胞死亡对维持植物正常生长发育必不可少的。植物程序性细胞死亡是由核基因和线粒体基因共同编制的。自噬是植物细胞程序化死亡时物质降解的一种方式，参与了营养的循环利用。半胱氨酸蛋白酶等参与细胞程序化死亡。

器官脱落是植物适应环境，保存自己和保证后代繁殖的一种生物学现象。脱落包括离层细胞分离和分离面保护组织的形成两个过程。生长素和细胞分裂素延迟器官脱落，脱落酸、乙烯和赤霉素促进器官脱落。人们应用这些研究结果，可人为控制器官脱落。

◎　名词术语

单性结实　呼吸跃变　种子休眠　后熟作用　沙藏　衰老相关基因　衰老下调基因
多稔植物　活性氧　细胞自噬　自噬相关基因　离层　离区　小分子多肽 IDA
细胞程序性死亡　生长素梯度学说

◎　思考题

1．小麦种子和香蕉果实在成熟期间发生了哪些生理生化变化？

2．举例说明生长调节剂在打破种子或器官休眠中的作用。

3．哪些生理学原理可以用于生产上防止落花落果？

4. 从下列果实中取出种子立刻播在土中，是否能很快萌发？请解释原因。

　　①松树　　②桃　　③珙桐　　④菜豆　　⑤番茄

5. 在苹果表面上长出字母的原因？

6. 为什么果树有大小年现象？怎样克服它？

⭕ **更多数字课程资源**

　　术语解释　　　　推荐阅读　　　　参考文献

第 十 三 章

植物对胁迫的应答与适应

植物体生存的自然环境不是恒定不变的，天南地北，水热条件相当悬殊，即使同一地区，一年四季也有冷热旱涝之分。对植物产生伤害的环境称为逆境，又称胁迫（stress）。由微生物、病虫害、动物等生物对植物造成的胁迫被称为生物胁迫（biotic stress），有病害、虫害和杂草；由外界自然条件变化对植物造成的胁迫被称为非生物胁迫（abiotic stress），包括寒冷、高温、干旱、水涝、盐渍、金属（包括重金属）、营养缺乏等。

植物面对不同于自身生境的环境胁迫，会形成对这些环境因子的适应能力，即采取不同的方式去抵抗各种胁迫因子。植物对胁迫的反应，称为应答（response）。有些植物不能适应这些不良环境，无法生存。有些植物却能适应这些环境，继续生存，这种对不良环境的适应性（adapdation）和抵抗力，称为植物的抗逆性（stress resistance），简称抗性。抗性是植物长期进化过程中对逆境的适应形成的可遗传变化。植物抗性有两种形式：一是避逆性（stress avoidance），即植物整个生长发育过程不与逆境相遇，例如沙漠中的植物只在雨季生长；二是耐逆性（stress tolerance），即植物通过自身的形态和代谢改变来忍耐逆境胁迫，大多数植物属于此类。

胁迫会引起植物发生一系列反应，从而引起相关基因的表达、细胞代谢到生理反应和形态的变化。植物激素通过信号转导网络参与植物对胁迫的应答与适应，其中 ABA 在非生物胁迫、JA 和 SA 在生物胁迫中起重要作用。我国幅员辽阔，地形复杂，气候多变，各地都有其特殊的环境，所以植物对各种胁迫的应答与适应与农林生产的关系极为密切。

第一节　胁迫应答与适应生理通论·····························

一、胁迫对植物的伤害

逆境胁迫是影响植物生长发育及地域分布的主要因子，胁迫会伤害植物，严重时会导致死亡。胁迫对植物造成的伤害主要在下面几个方面：

1. 水分平衡失调，细胞膜系统破坏

在干旱、盐碱和冷害的胁迫条件下，植物细胞的渗透势受到影响，产生渗透胁迫。明显的生理变化有叶面的气孔关闭能力明显减弱，叶片失水；同时，根部细胞结构破坏，根的吸水能力急剧降低，体内有机物质运输减慢，影响植物的生长。如冷敏感水稻早造秧苗经过零上低温危害后，蒸腾大于吸水，特别是天气转暖后排水过快，植株温度升高快过地温升高，更加剧水分平衡失调。因此，寒潮过后，秧苗叶尖和叶片迅速干枯。干旱条件下，细胞失水，细胞膜磷脂排列紊乱，膜蛋白排列无序，膜的选择性透性降低甚至丧失。

2. 呼吸速率大起大落，光合速率减弱

逆境胁迫会使呼吸速率发生变化，其变化进程因胁迫种类而异。冰冻、高温、盐渍和淹水胁迫时，呼吸逐渐下降；零上低温和干旱胁迫时，呼吸先升后降；感染病菌时，呼吸显著增高。冷害对喜温植物呼吸作用的影响极为显著。许多植物（如水稻秧苗、黄瓜植株、三叶橡胶树，甘薯块根，苹果、番茄等果实）在零上低温 $1 \sim 2 \, \text{d}$，冷害病征出现之前，呼吸速率加快，释放能量较多并转变为热能。随着低温的加剧或时间延长，呼吸速率又大大下降。抗寒弱的植株或品种呼吸减弱得很快，而抗寒性强的则减弱得较慢，比较平稳。细胞呼吸微弱，消耗糖分少，有利于糖分积累；细胞呼吸微弱，代谢活动低，有利于对不良环境条件的抵抗。

干旱、热害或低温会引起气孔关闭，叶绿体受伤，有关光合过程的酶变性失活，光合速率下降，同化物形成减少，运输变慢。如小麦在营养生长和生殖生长阶段经过高温处理 $7 \, \text{d}$（$32 \, ℃ / 27 \, ℃$，昼 / 夜），光合作用效率分别降低 32% 和 11%，生物产量分别降低 32% 和 15%。

3. 酶活性变化，代谢紊乱

逆境胁迫引起植物体内一系列合成酶，如蛋白质合成酶、核酸合成酶、脂肪合成酶和糖类合成酶等活性降低，使蛋白质、核酸、糖、脂肪的水解酶活性增高，糖类和蛋白质转变的可溶性化合物增加。当胁迫强度过大或时间过长，将造成植物不可恢复的伤害。

二、植物对逆境胁迫的适应生理

植物有各种各样抵抗或适应逆境胁迫的本领。在形态上，有根系发达，叶小以适应干旱；有扩大根部通气组织以适应淹水条件；有生长停止，进入休眠，以迎接冬季低温来临；等等。在生理上，发生各种代谢变化，以适应（抵御）逆境胁迫。主要表现在以下 4 点。

（一）渗透调节

大量实验表明，在干旱、高温、低温、盐渍、水涝等不良环境下，植物会诱导渗透调节基因的表达，形成一些渗透调节物质，提高细胞内溶质浓度，降低水势，使植物从外界吸水，维持生长。这称之为渗透调节（osmoregulation 或 osmotic adjustment）。渗透调节物质主要包括从细胞外进入细胞内的无机离子特别是 K^+ 和 Cl^- 以及有机物如糖、氨基酸、有机酸、脯氨酸（proline）、甜菜碱（betaine）等。其中，脯氨酸和甜菜碱（图 13-1）是分布在细胞质基质中作用最为明显的有机渗透调节剂。

$$H_2C —— CH_2$$
$$H_2C \quad CH_2 —— COOH$$
$$N$$
$$H$$

$$H_3C$$
$$H_3C —— N^+ —— CH_2 —— COOH$$
$$H_3C$$

脯氨酸 　　　　　　　　　　　　甜菜碱　　　　　　　　　 ◯ 图 13-1　脯氨酸和甜菜碱的结构

脯氨酸是由谷氨酸通过吡咯啉 -5- 羧酸形成的。遇到干旱或盐渍，脯氨酸含量可增加数十倍甚至上百倍。脯氨酸除了作为渗透调节物质，用于保持细胞与环境的渗透平衡，防止水分散失之外，还可保持膜结构的完整性。脯氨酸与蛋白质相互作用能增加蛋白质的可溶性，增强蛋白质和蛋白质间的水合作用。

甜菜碱是一类季胺类化合物。在水分亏缺或盐胁迫下，小麦、大麦、黑麦等作物体内积累甜菜碱。将菠菜甜菜碱合成关键酶甜菜碱醛脱氢酶基因（*BADH*）转入不能合成甜菜碱的烟草中，使转基因烟草中甜菜碱的含量增加，抵御逆境胁迫能力提高。用甜菜碱预处理大麦种子，在高温下生长，净光合速率提高，地上部生物量增加。

（二）抗氧化保护

植物通过各种途径产生活性氧（ROS）。高浓度的 ROS 有很强的氧化能力，对许多生物功能分子如蛋白质、核酸有破坏作用，并有膜脂过氧化作用。

在正常情况下，植物细胞内 ROS 的产生和清除处于动态平衡状态，不会伤害细胞。当植物受到高温、低温、盐渍、干旱、水涝时，该平衡被打破，ROS 积累，导致植物细胞遭受氧化胁迫，引起质膜、叶绿体膜和线粒体膜发生过氧化，积累有害的过氧化产物如丙二醛（MDA），伤害膜体系，从而使细胞功能失常。植物在长期适应胁迫的过程中形成了清除活性氧的酶促系统，如超氧化物歧化酶 SOD，可以消除 O_2^- 产生 H_2O_2，而 H_2O_2 可被过氧化氢酶 CAT 和过氧化物酶 POD 分解，减少 ROS 对细胞的伤害。叶绿体中还分布专一的抗坏血酸过氧化酶（ascorbate peroxidase，APX）、脱氢抗坏血酸还原酶（dehydroascorbate peroxidase，DHAR）和谷胱甘肽还原酶（glutathione reductase，GR）等，它们共同作用除去 H_2O_2。这一系列反应以发现人命名为 Halliwell-Asada 途径（图 13-2）。所以，SOD、CAT 和 APX 等酶系称为抗氧化酶系统。维生素 E、还原型谷胱甘肽、抗坏血酸、类胡萝卜素、Cytf、Fd 等都是天然的非酶自由基清除剂，称为抗氧化物质。另外小分子糖类、多元醇、脯氨酸、甜菜碱等也有一定的清除细胞内自由基伤害的作用。总之，植物体内存在天然的抗氧化系统，能有效清除细胞内因胁迫或伤害所产生的过多的自由基和活性氧，以此达到抗性或缓解伤害的效果。因此，抗氧化胁迫也是植物适应逆境的一种方式。

◯ 重要事件 13-1
活性氧在植物细胞
的产生与清除

$$O_2^- + O_2^- + 2H^+ \xrightarrow{\text{SOD}} H_2O_2 + O_2$$

$$H_2O_2 \xrightarrow{\text{CAT}} H_2O_2 + O_2$$

● 图 13-2 除去 H_2O_2 的 Halliwell-Asada 途径（自 Bowler 等，1992）

（三）逆境响应基因表达和产生胁迫蛋白

植物体内存在众多响应胁迫信号的基因。例如低温应答基因 COR（cold-regulated）能响应低温、干旱、盐害；RD29A 基因能同时对低温、干旱和盐胁迫做出应答。表 13-1 总结了部分抗冷基因在作物中的生理作用。

● 表 13-1　作物抗冷基因的功能及转基因的表型（自秦东玲等，2016）

基因	功能	转基因作物	生理作用
TERF2	转录因子	水稻	促进渗透调节物质和叶绿素的合成，减少活性氧的产生
Osmyb4	R2R3 转录因子	水稻	提高细胞抗氧化能力
OsMYB2	R2R3 转录因子	水稻	提高冷胁迫相关基因、抗氧化酶和脯氨酸合成基因的表达
LsICE1	bHLH 类转录因子	水稻	增强冷胁迫的耐性
OsWRKY71	WRKY 类转录因子	水稻	通过调节下游靶基因调控植株抗冷性
ROC1	调节蛋白	水稻	通过激活 DREB1B/CBF1 调控水稻抗冷性
CaPUB1	辣椒 U-box E3 泛素酶	水稻	增强植株对冷胁迫的耐受性和降低对干旱胁迫的耐受性
OsRAN1	小 G 蛋白	水稻	通过增加渗透调节物质脯氨酸和可溶性糖含量水平提高植株抗冷能力
OsWRKY76	WRKY 类转录因子	水稻	提高抗氧化相关酶及脂质转运蛋白基因的表达，保护质膜稳定性
JERF3	ERF 类转录因子	烟草	减少活性氧积累，提高对干旱、高盐及冷胁迫的抗性
LeLUT1	番茄类胡萝卜素 ε-羟化酶基因	烟草	缓解光抑制和光氧化，保护光器官
GhCAX3	蛋白基因	烟草	调控冷胁迫和 ABA 诱导的信号转导途径
ZmMPK17	蛋白激酶	烟草	提高发芽率、脯氨酸和可溶性糖含量，影响抗氧化酶系统
PtrbHLH	bHLH 类转录因子	烟草	转基因株系存活率高，抗冷能力强

一些逆境诱导基因编码形成新的蛋白，对膜起保护和稳定作用，以抵御逆境胁迫，这些蛋白质统称为胁迫蛋白（stress protein）。如抗冻植物合成的抗冻蛋白（antifreeze protein，AFP），可进入膜内或附着于膜表面，与冰核表面结合紧密，使冰核难以变成大的冰块，从

而抑制冰核的生长，降低冰点，调控胞外冰晶的增长及抑制冰的重结晶，从而减轻冰晶对类囊体膜的伤害，有效地保护植物细胞不会在极度低温产生冻害和凋亡。已经发现约 30 种植物存在 AFP，包括被子植物、裸子植物、蕨类植物和苔藓植物。生长在内蒙沙漠上的抗冻植物沙冬青（*Ammopipanthus monogolicus*）在冬季 −20～−30℃甚至更低仍能生存，其叶子中有3 种 AFP，在抗冻中发挥作用。

植物遇到高温和热害时，体内产生大量的热激蛋白（heat-shock protein，HSP）。HSP 主要存在于细胞质基质以及线粒体、叶绿体、内质网等细胞器中，相对分子质量为 $1.5 \times 10^4 \sim 10.4 \times 10^4$。HSP70 和小分子量 sHSP 以膜外周蛋白的形式位于质膜和液泡膜上，与膜蛋白发生作用，阻止膜蛋白变性，稳定细胞膜系统。大多数 HSP 具有分子伴侣（molecular chaperone）的作用，阻止热胁迫造成的蛋白质的错误折叠，提高细胞的抗热性。其他非生物胁迫如缺水、伤害、低温和盐害等也会诱导 HSP，在细胞抵御逆境胁迫中发挥作用。

（四）植物激素的调控

植物对逆境的适应主要受其遗传和体内激素所调控。植物在逆境如低温、高温、干旱、盐渍和水涝等条件下，植物体内 ABA 含量会迅速增加，ABA 分布也发生变化。研究表明，干旱时，土壤缺水促进根部合成 ABA 并向地上部分转运，ABA 在叶片中积累。花生幼苗在人工模拟干旱（聚乙二醇 6000 溶液）中生长 1 h，幼苗的叶片 ABA 含量显著增加，玉米根在冷胁迫下汁液中 ABA 含量也大幅度增加（图 13-3）；在番茄、鳄梨、豇豆和菜豆等多种植物中，干旱胁迫后 9- 顺 - 环氧类胡萝卜素双加氧酶（NCED）表达增加，以促进 ABA 的生物合成。将 *NCED* 基因转入缺乏 ABA 的拟南芥突变体 *nced* 后，转基因植株的抗旱性显著增强。此外，在干旱胁迫下，耐旱花生品种的内源脱落酸含量高于敏旱品种。因此，ABA可作为一个评价植物抵御干旱的重要指标。有实验表明，胁迫可使液泡内的结合型脱落酸如 ABA- GE 葡糖酯进入细胞质基质，经酶的作用转变成自由型脱落酸。当去除胁迫条件后，ABA 迅速发生降解，含量降低。

（A）

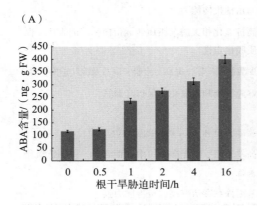

（B）

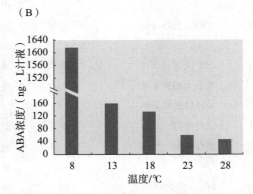

○ 图 13-3　干旱与冷害胁迫下植株 ABA 含量的变化

（A）干旱下花生幼苗的叶片 ABA 含量（胡博提供）；（B）低温下玉米根汁液中 ABA 含量（改自潘瑞炽和董愚得，1995）

ABA 提高作物的抗寒、抗冷、抗盐和抗旱能力的主要原因是：①提高膜的烃酰链（hydrocarbon acyl chain）的流动性，阻止还原型谷胱甘肽含量减少，减缓膜的伤害；②作为信号分子，调节活性氧、NO、Ca^{2+} 水平和蛋白激酶活性调控离子通道，进而调节气孔关闭，减少水分损失，抵御干旱和盐害；③增加脯氨酸、可溶性糖和可溶性蛋白质等含量；④直接或间接调控诸多相关转录因子表达，进而诱导植物体内发生各种生理生化反应，以抵御胁迫。有报道指出，ABA 可诱导拟南芥 245 个基因（如 *RAB18*、*RD29B*、*AREB* 等）的表达，这些基因编码转录因子、蛋白激酶、蛋白磷酸酶和其他信号分子等，可以调节胁迫相关基因表达、参与或调控信号转导。ABA 信号与干旱、高盐及低温的信号途径之间还存在着重要的结点与共同的调控环节。

通过 ABA 的介导，由 AREB/ABF 转录因子调节下游基因表达的途径称为 ABA 依赖的信号途径。植物体内也存在 ABA 不依赖的途径，实验证明，热胁迫和冷胁迫可以不需要 ABA 的介导，最终激活相应的转录因子而导致特定基因的诱导表达来抵御胁迫。ABA 依赖的和不依赖途径也存在着交叉（图 13-4）。例如，ABA 分别通过上述两条途径调控渗透胁迫响应基因（如脯氨酸合成酶基因 *P5CS*、水通道蛋白编码基因、*LEA* 等）表达，激活下游的特定转录因子和离子通道，增强植物适应水分胁迫的能力。

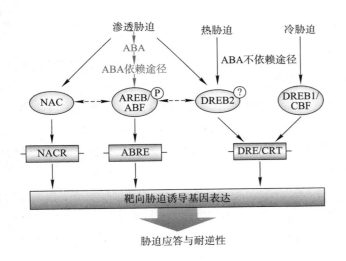

○ 图 13-4　温度胁迫和渗透胁迫的信号调控网络（自 Nakashima 等，2014）

乙烯也参与非生物胁迫的应答反应。乙烯的生物合成与外界环境胁迫息息相关，温度胁迫、强光照、高盐、涝害、干旱等，都会促进乙烯合成。深水水稻在浸没环境中，促进乙烯的合成，乙烯通过促进茎节间的细胞分裂和细胞伸长，使芽快速伸出水面以逃离浸没，从而促进气体交换。此外，乙烯可调节浸没茎节表皮细胞的死亡以及不定根的发生和伸长。

实验结果表明，100 μmol·L^{-1} 外源茉莉酸甲酯喷施的小麦幼苗增强了对低温胁迫的耐受能力，存活率可达 91%。幼苗中抗寒应答转录因子的表达量增加。

总之，脱落酸、细胞分裂素、乙烯、水杨酸、油菜素内酯、茉莉酸以及独脚金内酯等多种激素通过信号网络相互作用，相互协调，在植物抵御非生物胁迫中发挥重要作用。

○ 知识拓展 13-1 植物激素调节植物对逆境胁迫的响应

三、提高植物抗逆性的途径

（一）逆境锻炼

植物在营养生长时期给予适度的逆境锻炼是植物适应环境胁迫的主要方式以及提高抵御能力的主要途径。如在种子萌动期予以干旱锻炼，可以提高抗旱能力，玉米、棉花、谷子等作物在苗期适当控制水分，可以促下（根系）控上（地上部），并适应干旱，这叫作蹲苗。

高温锻炼可以提高植物的抗热性。因为在适当高温时，蛋白质分子一些亲水键断裂，也会重新形成一些较强的硫氢键，使整个分子重新恢复其空间结构，其热稳定性更大，耐热性增强。

研究发现，当植株处于一种或多种胁迫条件下的锻炼后，可以提高对其他胁迫的抵抗能力，这称之为交叉适应（cross adaptation）。例如水稻幼苗经过 8 h 干旱预处理或 24 h、$0.1\ mol \cdot L^{-1}$ NaCl 预处理后，转移到低温（$8 \sim 10\ ℃$）环境中，就表现出明显的抗冷性。低温和高盐可诱导水稻钙依赖型蛋白激酶 OsCDPK7 的表达，该基因在水稻中过表达时，植物对寒冷和盐胁迫的耐受性也增强。目前认为，植物经过逆境胁迫锻炼，诱导了影响非生物胁迫相关的下游基因编码转录因子，调节相关基因的表达，改变代谢反应，提高膜的稳定性以及糖和渗透调节物质的积累，又会增加其他的抗逆能力。

（二）生长调节剂的作用

前面提到，多种植物激素调控植物适应逆境的反应。生产上可应用脱落酸、茉莉酸、油菜素内酯、水杨酸以及生长延缓剂如多效唑、矮壮素等，调节植物的生长，提高体内脱落酸、乙烯以及水杨酸的含量，以增强植物的抗性。

○ 重要事件 13-2
AMF 的 结 构 及 在
植物抗旱中的作用

在第八章第五节的学习中，已了解 PYL 是脱落酸受体的重要成员。近年来，朱健康课题组在 PYL 激动剂 AM1（ABA 结构类似的物质，也称为 quinabactin）主链的苄基环中加入氟原子，形成一类新的称为 AMF 的脱落酸类似物。AMF 对 ABA 受体 PYL 具有非常高的亲和力，能够增强 ABA 信号。在大豆植株上外施 AMF，显著提高了植株的抗旱性。

（三）合理施肥

合理施用磷、钾肥，适当控制氮肥，可提高作物的抵御逆境能力。如磷能促进有机磷化合物的合成，提高原生质胶体的水合度，增加抗旱性。钾能改善作物的糖代谢，增加细胞的渗透浓度，保持气孔保卫细胞的紧张度，促进气孔开放，有利于光合作用。钙能稳定生物膜的结构，提高原生质的黏度和弹性，可以提高抗旱能力。

值得注意的是，植株稳定生长，含水量低，呼吸速率适中，对低温的应答与适应较强。因此，稻秧生长期间，在低温来临之前，可合理施用磷钾肥，少施或不施氮肥，不灌水，以控制稻秧的生长速率，可以提高抗寒能力。

○ 知识拓展 13-2
耐逆作物新品种的
选育

（四）选育耐逆品种

选育耐逆的作物品种是提高抗逆性的基本措施。主要通过搜集抗性种质，建立种质资源库，筛选抗性品种；也可以采用杂交或生物技术，将抗性基因转入到育种材料中；同时也要深入探究耐逆作物品种的栽培生理。

我国科学家在抗性作物品种的选育方面做了大量的工作，获得了一系列优质高产的抗性新品种。

第二节 植物对温度胁迫的应答与适应·······················

环境温度对植物生长发育影响甚大。在我国很多地区，温度胁迫是限制农业生产的主要因素之一。

一、低温胁迫的应答

低温胁迫（low-temperature stress）是影响植物地理分布和生长的重要因素。按低温程度和受害情况，可分为冷害（chilling injury）和冻害（freeze injury）两种。

（一）对冷害的应答

冷害指植物在生长季节内，温度降到生长发育所能忍受的低限以下而受害，虽无结冰现象，但引起植物生理障碍，或结实器官受损，导致植物受伤甚至死亡的现象。如，在长江中下游及南方各省培育水稻秧苗，如遇到春季寒潮，就可能烂秧；水稻开花前遭受冷空气侵袭，就会产生较多空秕粒。又如，在华南生长的三叶橡胶树，冬季碰上不定期寒流侵袭，枝条干枯甚至全株受害。不同作物对冷害的敏感性不同，如棉花、豇豆、花生、玉米和水稻等均对冷害温度非常敏感，在生长期处于 $2 \sim 4℃$，$12\,h$ 即产生伤害。

种康实验室发现，在水稻遭受低温胁迫时，G 蛋白的调节因子 COLD1 与 G- 蛋白 α 亚基发生互作而激活钙离子通道，增强 G 蛋白 GTP 酶活性，触发低温感应的信号通路，从而实现水稻的耐寒应答反应。朱健康实验室和杨淑华实验室的研究表明，植物感受到低温信号以后，CBF（C-repeat-binding factor）转录因子受到诱导表达，从而激活低温应答 COR 基因表达及对低温的应激反应。而 ICE1(Inducer of CBF expression 1) 是 CBF 的主要调节因子。丝裂原活化蛋白激酶 MPK3 和 MPK6 使 ICE1 磷酸化，从而降低了 ICE1 的稳定性和转录活性，因此激活 MPK3/MPK6 则使植物的耐寒性降低，而 *mpk3* 和 *mpk6* 单突变体以及 *mpk3 mpk6* 双突变体的耐寒性则增强。这些结果表明，MPK3/MPK6 通过对 ICE1 磷酸化以破坏其稳定性，从而负调控 CBF 表达及拟南芥的耐寒性。植物激酶级联反应是植物低温应答的重要组分，MAPKK 激酶与两个钙 / 钙调蛋白调节的受体激酶（CRLK1 和 CRLK2），负调控 MPK3/6 的低温激活，影响植物的抗寒性。

○ 知识拓展 13-3
低温信号诱导 CBF
途径的分子机理

细胞膜是植物感受低温胁迫的部位。在正常状态下，植物的膜脂呈液晶相。当温度下降到一定程度时，冷敏感植物的膜脂变为凝胶相，膜出现裂缝，透性增大，水溶性物质外渗，破坏了原来的离子平衡，也使结合在膜上的酶系统活性降低，有机物分解占优势。冷不敏感植物膜脂的不饱和脂肪酸的比例，常常大于冷敏感植物的（表 13-2）。当低温来临时，去饱和酶（desaturase）活性增强，不饱和脂肪酸增多，使膜在较低温度时仍保持液态，所以脂肪酸去饱和作用对抗冷害有一些保护作用。不饱和脂肪酸含量及其指数可作为植物抗冷性的重要指标之一。

生物膜存在着许多与运输和能量转换相关的蛋白，当植物受到冷害时，膜蛋白的结构和功能受到影响，如质膜上的 H^+-ATPase 活性下降，类囊体膜上的 CF_0 和 CF_1 呈解偶联状态，从而抑制了溶质进出细胞过程和正常的能量转换途径。如果低温胁迫持续数天甚至更长时

● 表 13-2　抗冷和冷敏感植物线粒体中各种脂肪酸组成（自 Taiz 和 Zeiger，2006）

| 主要脂肪酸 | 脂肪酸含量（占总脂肪酸含量的质量百分比 /%） | | | | | |
| | 冷不敏感植物 | | | 冷敏感植物 | | |
	花椰菜芽	萝卜根	豌豆苗	菜豆苗	甘薯	玉米苗
棕榈酸（16：0）	21.3	19.0	17.8	24.0	24.9	28.3
硬脂酸（18：0）	1.9	1.1	2.9	2.2	2.6	1.6
油酸（18：1）	7.0	12.2	3.1	3.8	0.6	4.6
亚油酸（18：2）	16.1	20.6	61.9	43.6	50.8	54.6
亚麻酸（18：3）	49.4	44.9	13.2	24.3	10.6	6.8
不饱和与饱和脂肪酸比	3.2	3.9	3.8	2.8	1.7	2.1

注：括号里的第一个数字是脂肪酸的碳原子数，第二个数是双键数

间，会进一步引起细胞代谢失调，导致生理功能减弱或丧失。

（二）对冻害的应答

冻害，即在 0℃以下的低温使作物体内结冰，对作物造成的伤害。冻害对农业威胁很大，在我国主要发生在西北、东北、华东地区，主要的受害植物是冬小麦、油菜、其他蔬菜以及葡萄、柑橘、油茶、茶树等经济果木。

植物细胞在冻害时出现结冰，一种是细胞间结冰，对细胞伤害不大，例如，白菜、葱等结冰后像玻璃一样透明，但解冻后仍然不死；另一种是细胞内结冰，先在原生质结冰，然后在液泡内结冰，这种结冰造成机械的损害，冰晶体会破坏生物膜、细胞器和胞质溶胶的结构，使细胞亚显微结构的区域化被破坏，酶活动无秩序，影响代谢。

二、高温胁迫的应答

全球变暖，干旱严重，有报道指出，温度上升 1℃，作物减产约 3% ~ 5%。如我国西北、华北等地区小麦籽粒灌浆期经常遭遇 30℃以上的高温天气，特别是黄淮海和新疆等小麦主产区易形成干热风，其危害面积可达该区域小麦种植面积的 2/3，使小麦减产 10% ~ 20%。高温对植物的危害是复杂的、全面的，归纳起来，可分为间接伤害和直接伤害两个方面。

间接伤害是指高温导致植物代谢的异常，渐渐使植物受害，高温持续时间越长或温度越高，伤害程度也越严重。高温会抑制植物体内氮化物的合成，氨积累过多，毒害细胞。同时，高温使蛋白质的合成速度减缓和降解加剧。

高温直接影响细胞质的结构，在短期（几秒到半小时）高温后，植物就会迅速出现热害症状，如树干（特别是向阳部分）干燥、裂开；叶片出现死斑，叶色变黄、变褐；鲜果（如葡萄、番茄）烧伤；出现雄性不育，花序或子房脱落等。高温对植物直接伤害的原因有：①高温引起生物膜功能键断裂，导致膜蛋白变性，膜脂分子液化，膜结构破坏。另外，植物在高温下生长，生物膜的不饱和脂肪酸含量降低，饱和脂肪酸含量高。②高温直接引起植物体内蛋白质变性和凝聚，最初的影响是使蛋白质分子的空间构型遭受破坏，蛋白质降解为氨基酸，代谢紊乱。如果高温的影响延长。变性蛋白质就转变成不可逆的凝聚状态。

当大豆幼苗突然从25℃转至40℃时（仅低于致死温度），促进了30~40种热激蛋白HSP的转录和翻译。热激3~5 min就能检测到新mRNA转录。

三、植物对温度胁迫的适应

（一）植物对冷害的适应

植物在长期进化过程中，对冬季的低温，在生长习性方面有各种特殊适应方式。例如，一年生植物主要以干燥种子形式越冬；大多数多年生草本植物越冬时地上部死亡，而以埋藏于土壤中的延存器官（如鳞茎、块茎等）度过冬天；大多数木本植物形成或加强保护组织（如芽鳞片、木栓层等）和落叶以过冬。

植物在低温胁迫下，糖是体内主要的保护物质。糖可以提高细胞液浓度，使冰点降低，又可缓冲细胞质过度脱水，保护细胞质胶体不致遇冷凝固。抗寒性强的植物，在低温时其可溶性糖含量比抗寒弱的高。此外，脂质也是保护物质之一。在越冬期间的北方树木枝条特别是越冬芽的胞间连丝消失，脂质化合物集中在细胞质表层，水分不易透过，代谢降低，细胞内不容易结冰，亦能防止过度脱水。植物组织总含水量减少和束缚水量相对增多，也有利于植物抗寒性的加强。

在电子显微镜下观察得知，冬小麦细胞核膜具有相当大的孔或口；当进入寒冬季节，冬小麦的核膜开口逐渐关闭，细胞核与细胞质之间物质交流停止，细胞分裂和生长活动受到抑制，植株进入休眠；在活跃的生长时期，核膜开口不关闭，核和质之间交流物质，植株继续生长。

（二）植物对冻害的适应

抗冻植物细胞内结冰少，因此不受冻害。抗冻植物之所以抗冻，主要有细胞外结冰和过冷却（supercooling）的特点。

细胞间隙处的水溶液浓度低，冰点较高，当温度降低时，细胞外的水溶液就最先结冰，从而吸引细胞内的水不断流到细胞外结冰。种子、越冬芽和经过抗寒锻炼的植物之所以抗冻，是因为它们液泡中的水流到细胞间隙。研究表明，冬小麦抗寒锻炼中，质膜内陷弯曲，扩大了细胞排水的总面积；部分膜脂从质膜上释放出来，增加膜的透水性；质膜内陷与液泡相连接，为液泡内水的外排开辟一个渠道（图13-5）。

植物组织液在0℃以下不结冰的现象，称为过冷却现象。实验观察到，杜鹃花花原基在低温中有放热现象，经检测细胞在−35℃存在稳定的深度过冷却现象。木质部射线将壁组织细胞液的深过冷是寒冷地区木本植物越冬中普遍存在的现象。

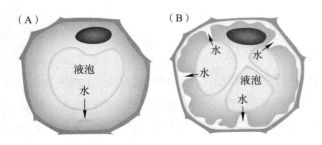

○ 图13-5　冬小麦抗寒锻炼前后质膜的变化（自简令成等，1986，1987）

（A）锻炼前，水在细胞质中可能结冰；
（B）锻炼后，质膜内陷，形成"排水渠"，水直接排到细胞外

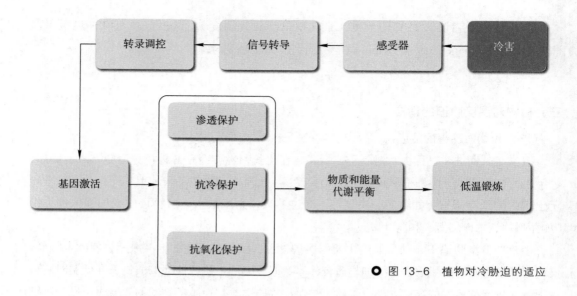

○ 图 13-6　植物对冷胁迫的适应

　　图 13-6 概括了植物对冷害胁迫的适应。通过植物体内 ABA 信号、钙信号等途径将低温信号传递到细胞内，诱导一系列转录因子作用，激活相关基因表达，通过渗透保护、抗冷保护和抗氧化酶系统的作用，使植物体内物质和能量代谢达到平衡，实现了低温锻炼，有效提高抵御冷害的能力。

　　（三）植物对热胁迫的适应

　　不同生长习性的高等植物，耐热性是不同的。一般来说，生长在干燥和炎热环境的植物，其耐热性大于生长在潮湿和凉冷环境的植物。例如，景天和一些肉质植物的热死温度是50℃左右（0.5 h），而阴生植物（如酢浆草等）则是 40℃左右。不同年龄的叶片，耐热性也不同，成长叶的耐热性大于嫩叶，更大于衰老叶。种子休眠的耐热性最强，随着种子吸水长大，耐热性就逐渐下降，开花期耐热性较差。果实成熟时，越成熟，耐热性越强。例如，葡萄未成熟时只能忍受 43℃，成熟时能忍受 62℃。油料种子对高温的抵抗力大于淀粉种子，一般来说，含油量越高，耐热性越强。细胞汁液浓度与耐热性有正相关的趋向，细胞含水量高，细胞汁液浓度低，耐热性差；反之则强。但是肉质植物例外，它的含水量大，而耐热性却很强（如仙人掌能耐 60℃的高温）。这和它的细胞质基质的黏性和束缚水含量有关，黏性大即束缚水百分率高，自由水百分率低，蛋白质分子就不易变性，耐热性强。

第三节　植物对水分胁迫的应答与适应 ·

　　植物耗水大于吸水时，组织内水分亏缺。过度水分亏缺的现象，称为干旱（drought）。干旱可分大气干旱和土壤干旱。大气干旱的特点是大气温度高而相对湿度低（10%～20%），蒸腾大大加强，水分平衡被破坏。此外，大气温度高，阳光强，也会造成植物的热害。我国西北等地就有大气干旱出现。大气干旱如果长期存在，会引起土壤干旱。土壤干旱是指土壤中没有或只有少量的有效水，不能满足植物根系吸收和正常蒸腾所需而造成的干旱。土壤干旱时，植物生长困难或完全停止，受害情况比大气干旱严重。我国西北、华北和东北等地区有干旱和半干旱耕地约 38 万 km^2，每年因干旱而导致粮食减产达 700 多亿 kg。

水分过多引起缺氧，对植物有害。水分过多对植物的伤害分为湿害（wet injury）和涝害（flood injury）两种。湿害是指土壤水分达到饱和时对旱生植物的伤害。涝害是指地面积水，淹没了作物一部分或全部而造成的伤害。湿害虽然不如涝害严重，但本质大体相同。在低洼、沼泽地带，在发生洪水和暴雨后，常常发生涝害，轻则减产，重则失收。涝害对我国农业影响很大。

一、水分胁迫的应答

（一）对干旱的应答

植物在水分亏缺严重时，细胞失去紧张，叶片和茎的幼嫩部分下垂，这种现象称为萎蔫（wilting）。萎蔫可分为暂时萎蔫（temporary wilting）和永久萎蔫（permanent wilting）两种，前者是靠降低蒸腾即能消除水分亏缺以恢复原状的，而后者不能恢复原状。

干旱的伤害目前有两个假说，分别是机械损伤假说和蛋白质损伤假说。

机械损伤假说的观点在于，干旱损伤植物是由于细胞失水与再吸水时造成的机械损伤。当干旱胁迫时，细胞失水，细胞壁和原生质体共同收缩，对于细胞壁较厚而硬的细胞，细胞壁收缩性差，当细胞收缩到一定程度时，细胞壁停止收缩，而原生质体继续收缩，生物膜就会被拉破，原生质体会受到机械损伤而死亡。所以，对于具有细胞渗透势低、原生质体弹性大、体积小等特点的细胞，其耐受机械损伤的能力较强，因此抗旱。

蛋白质损伤假说（也称为巯基假说）认为，干旱胁迫时植物细胞失水，原生质由溶胶变成凝胶，蛋白质凝聚，使相邻肽链外部的巯基（−SH）氧化形成二硫键（−S−S）；若复水时，肽链松散而二硫键不易断开，使蛋白质空间结构发生变化，导致蛋白质变性失活，进一步研究表明，植物的抗旱性与巯基数量相关，萎蔫叶片中巯基减少。

研究结果表明，拟南芥 LTI（low temperature-induced）是一种脱水素蛋白，是植物应答低温胁迫下游的重要作用因子，该基因受到 ABA 处理和干旱的诱导表达，*LTI30* 超表达拟南芥植株对 ABA 敏感，失水慢，通过降低活性氧水平及增加脯氨酸含量，从而增强植物的抗旱性。很多转录因子参与了对干旱胁迫信号的调节，如 WRKY、AREB 等蛋白质。

○ 知识拓展 13-4 WRKY 蛋白在植物抗旱作用的机制

（二）对涝害的应答

涝害时由于缺氧而抑制有氧呼吸，大量消耗可溶性糖，积累酒精；造成光合作用显著下降，甚至完全停止；有机物分解作用大于合成，使生长受阻，产量下降。涝害较轻时，由于合成不能补偿分解，植株逐渐被饿死；严重时，蛋白质分解，细胞质结构遭受破坏而致死。

涝害时土壤的好气性细菌（如氨化细菌、硝化细菌等）的正常生长活动受到抑制，影响矿质营养供应；相反，土壤厌气性细菌（如丁酸细菌）活跃，增加土壤溶液的酸度，降低其氧化还原势使土壤内形成大量有害的还原性物质（如 H_2S，Fe^{2+}，Mn^{2+} 等），必需元素 Mn，Zn，Fe 等易被还原流失，根部的呼吸和代谢受到影响，造成根系损坏，使植株营养缺乏。

二、植物对水分胁迫的适应

（一）对干旱的适应

植物适应干旱条件的形态特征是：根系发达而深扎，根／冠比大，增加叶片表面的蜡面沉积。叶片细胞小（可减少细胞收缩产生的机械损害），叶脉致密，单位面积气孔数目多（加强蒸腾，有利吸水）。适应干旱的生理特征是：细胞液的渗透势低（抗过度脱水），在缺水情况下气孔关闭较晚（光合作用不立即停止），酶的合成活动仍占优势（仍保持一定水平的生理活动，合成大于分解）。诱导质膜上的水孔蛋白基因表达，合成水孔蛋白。水孔蛋白可能帮助水分在受干旱胁迫的组织中流动，并可以在浇水时促使水分膨压快速恢复。

不同抗旱性作物的根／冠比（以干重表示，根的单位是 mg，地上部的单位是 g）是不同的，高粱为 209，玉米为 146，农林 21 号水稻为 117，IR20 水稻为 49。根／冠比越大，越抗旱，否则不抗旱。利用这个特征，可以选择出不同抗旱性的作物品种，或作为抗旱育种的亲本，加速抗旱育种的步骤。

干旱时，植物体内 ABA 合成急速增加，ABA 快速运输到叶片，调控气孔关闭，这是植物适应抗旱的重要特征，其具体过程是：ABA 与保卫细胞膜上受体结合，负调控蛋白磷酸酶 2C（PP2C）活性，解除了 PP2C 对下游蛋白激酶（SnRK）抑制作用，启动下游级联反应（包括磷酸化、转录调节和转录后蛋白修饰等），从而激活 Ca^{2+} 通道和阴离子通道，促进 K^+、Cl^- 和苹果酸二价离子等外流，降低保卫细胞膨压，引起气孔关闭（参考第八章第五节）。

（二）对涝害的适应

在水稻的根、茎有发达的通气组织，能把地上部吸收的氧，输送到根部，所以抗涝性就强。而小麦的茎、根缺乏通气组织，所以对淹水胁迫的适应能力弱。如果小麦、玉米等根部缺氧，也可诱导通气组织形成（图 13-7）。淹水缺氧之所以能诱导根部通气组织形成，是因为缺氧刺激乙烯的生物合成，乙烯的增加刺激纤维素酶活性加强，于是把皮层细胞的胞壁溶解，最后形成通气组织。

淹水缺氧与其他逆境一样，抑制原有蛋白质的合成，产生新的蛋白质或多肽。实验证明，玉米苗缺氧时形成两类新的蛋白：首先是过渡多肽（transition polypeptides），后来形成厌氧多肽（anaerobic polypeptide）。后者中有一些是糖酵解酶或与糖代谢有关的酶，这些酶的出现会产生 ATP，供应能量；也通过调节碳代谢以避免有毒物质的形成和累积。

(A)
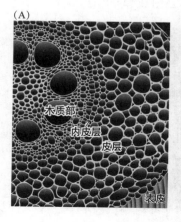

木质部
内皮层
皮层
表皮

(B)
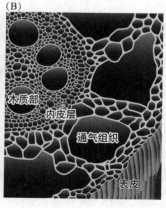

木质部
内皮层
通气组织
表皮

○ 图 13-7　缺氧诱导玉米根尖通气组织的形成

（A）氧气充足；（B）缺氧

第四节　植物对盐胁迫的响应······························

土壤盐分过多对植物造成的危害，称为盐害（salt injury），也称盐胁迫（salt stress）。NaCl、Na_2SO_4、Na_2CO_3 以及 $NaHCO_3$ 是自然界中造成盐胁迫主要成分。土壤中 NaCl 和 Na_2SO_4 占优势时称为盐土，Na_2CO_3 和 $NaHCO_3$ 较多的土壤则称为碱土。通常情况下这些盐同时存在，所以通常称盐碱土。我国盐碱土主要分布于西北、华北、东北和沿海地区，约占总耕地面积的 10%。通常土壤含盐量在 0.2%~0.5% 时，不利于植物生长，而盐碱土的含盐量高达 0.6%~10% 时，严重伤害植物，而且破坏土壤结构，危害农业生产，所以改良盐碱土是十分重要的任务。

一、对盐胁迫的应答

土壤高含盐量严重影响植物的生长和发育。土壤盐分过多，降低土壤溶液的渗透势，植物吸水困难，不但种子不能萌发或延迟发芽，而且生长着的植物也不能吸水或吸水很少，形成生理干旱，使得植物生长受抑制，最终加速衰老而死亡。高浓度的 NaCl 可置换细胞膜结合的 Ca^{2+}，膜结合的 Na^+/Ca^{2+} 增加，膜结构破坏，功能也改变，细胞内的 K^+、磷和有机溶质外渗。实验表明，生长在 25 mmol·L^{-1} NaCl 或 Na_2SO_4 溶液中的菜豆，其叶片中的 K^+ 强烈地外流。如果在这种溶液中加入 2 mmol·L^{-1} Ca^{2+}，则可阻止这种 Na^+ 诱导的 K^+ 外流。因此认为，这种 K^+ 外流是盐离子破坏质膜透性，Na^+ 置换膜结合的 Ca^{2+} 所致。

细胞内高浓度离子可使细胞原生质发生凝聚，破坏其胶体的性质。而细胞内大部分酶只能在很狭窄的离子浓度范围内才具有活性，对于 Na^+ 和 Cl^- 一般要求低于 50 mmol·L^{-1}。高浓度的盐破坏酶的结构和活性，破坏光合系统，造成代谢紊乱、蛋白质的降解。盐胁迫还使质膜的组分、透性、运输、离子流等发生一系列变化，导致膜的正常功能受损，进而使细胞的代谢及生理功能受到不同程度的破坏。例如，在轻度盐土上生长的棉花，其叶片的氨含量为正常的 2 倍，在重盐渍土上则是 10 倍。

二、对盐胁迫的适应

过量盐离子主要通过引发渗透胁迫、离子毒害和氧化胁迫对植物造成伤害。植物则通过调节气孔开度、合成渗透调节物质、液泡区域化积累过量离子及清除活性氧物质等响应来减轻盐胁迫的损害，通过盐胁迫诱发的复杂信号转导网络系统，最终达到离子和渗透平衡以减轻盐胁迫对植物生长的抑制作用。已研究的植物盐胁迫诱导信号转导途径有：盐过敏感（salt overly sensitive，SOS）信号转导途径、钙依赖型蛋白激酶（CDPK）级联反应途径、脱落酸信号通路、磷脂信号通路等，各种胁迫诱导信号通路彼此交叉，共同调控植物的耐盐生理响应。这里主要介绍 SOS 信号转导途径。

SOS 信号转导具有 3 个关键的基因，*SOS3*、*SOS2* 和 *SOS1*，其中 SOS3 是一个 EF 手型 Ca^{2+} 结合蛋白，可以特异性感受由盐胁迫引起的细胞溶质 Ca^{2+} 变化并向下游传递信号；

SOS2 是一个丝氨酸 / 苏氨酸蛋白激酶，其 C 末端的调控区域有一个 21 氨基酸的结构域（FISL motif），可以与 N 末端催化区域相互作用，可对 SOS2 激酶活性进行自动抑制；SOS1 是位于质膜上的 Na^+/H^+ 反转运蛋白，其 N 末端疏水性高，具有 12 个跨膜区域。植物处在高盐环境时，质膜上的受体感受到胁迫后，诱导胞内质 Ca^{2+} 急剧上升，激活 SOS3，SOS3 传递信号的同时，与 SOS2 的 FISL 结构域结合形成 SOS3-SOS2 激酶复合体，在转录水平调节 *SOS1* 基因表达，同时增强了 SOS1 转运蛋白的稳定性，使 Na^+ 外排，细胞内建立了新的离子平衡，增强了植物的耐盐性。

根据抗盐能力的大小，植物可分为盐生植物（halophyte）和非盐生植物（non halophyte）两大类。盐生植物是盐渍环境中天然存在的植物类群，可生长的盐度范围为 1.5% ~ 2.0%。如碱蓬（*Suaeda glauca*）、海蓬子（*Salicornia europaea*）等利用自身极高的渗透压，从高盐土壤中吸取水分。长穗偃麦草（*Agropyron elongatumi*）根细胞对 Na^+ 和 Cl^- 的透性较小，不吸收盐，所以细胞累积 Na^+ 和 Cl^- 较少。柽柳属（*Tamarix*）吸收盐分后，就把盐分从茎叶表面的盐腺排出体外，本身不积存盐分。

非盐生植物又称为甜土植物（glycophyte），耐盐范围为 0.2% ~ 0.8%，其中甜菜、高粱、棉花等抗盐能力较强，向日葵、水稻、小麦等较弱，荞麦、亚麻、大麻、豆类等最弱。在同一植物不同生育期，对盐分的敏感性不同。如水稻在幼苗期和开花期对土壤盐分相对特别敏感。通常，衡量植物的耐盐性可考虑：①植物在盐渍环境中是否能生存下来并能顺利完成生活史；②盐渍条件下植物的生长量或产量如何？

第五节　植物的抗病性·······································

病害引起植物伤亡，影响产量甚大。植物对病原微生物侵染的抗御力，称为植物的抗病性（disease resistance）。植物是否患病，决定于植物与病原微生物之间的斗争情况，植物取胜则不发病，植物失败则发病。了解植物的抗病生理，对于防治病害和改良植物抗病性有重要参考价值。

一、病原微生物对植物的伤害

（一）水分平衡失调

植物染病后，首先表现水分平衡失调，许多植物的病害常以萎蔫或猝倒为特征，其原因有三种：①有些病原微生物破坏根部，使植物吸水能力下降；②维管束被堵塞，水分向上运输中断。有些是细菌或真菌本身堵塞茎部，有些是微生物或植物产生胶质或黏液沉积在导管，有些是导管形成胼胝体而使导管不通；③蒸腾加强，因为病原微生物破坏植物的细胞质结构，透性加大，加快失水。上述任何一个原因都能引起植物萎蔫。

（二）呼吸作用加强

染病植物的呼吸作用大大加强，一般比健康组织的增加10倍。呼吸加强的原因，一方面是病原微生物本身具有强烈的呼吸作用；另一方面是寄主呼吸速率加快。因为健康组织的酶与底物在细胞里是被分区隔开的（即区室化），病害侵染后间隔被打破，酶与底物直接接触，呼吸作用就加强；与此同时，染病部位附近的糖类都集中到染病部位，呼吸底物增多，呼吸就加强。由于病害引起的强烈呼吸，其氧化磷酸化解偶联，大部分能量以热能形式释放出来，所以，染病组织的温度大大升高，反过来又促进呼吸。

（三）光合作用下降，改变生长

一般来说，染病组织的叶绿体被破坏，叶绿素含量减少，光合速率减慢。随着感染的加重，光合作用更弱，甚至完全失去同化二氧化碳的能力。

某些病害症状（如形成肿瘤、偏上生长、生长速率猛增等）与植物激素含量增多有关。植物组织在染病过程中，会大量形成多种植物激素，其中以吲哚乙酸最突出。实验证明，锈病能提高小麦植株内吲哚乙酸含量，而小麦的抗锈特性与组织中具有较高的吲哚乙酸氧化酶活性有关。前面学习已了解，吲哚乙酸氧化酶能氧化分解IAA。所以，吲哚乙酸氧化酶活性高，使染病组织的IAA水平下降。还有些病害的病征是赤霉素代谢异常所致，如小麦丛矮病是由于病毒侵染使小麦植株赤霉素含量下降，植株矮化，喷施赤霉素即可得到改善。水稻恶苗病是因为感染赤霉菌，造成植株徒长。

二、植物响应病原微生物的生理生化变化

植物感染病原微生物后，从生理、生化等不同层面做出响应与适应，主要表现在以下3点。

（一）加强氧化酶活性

当病原微生物侵入植物体时，该部分组织的氧化酶活性提高，以抵抗入侵。凡是叶片呼吸旺盛、氧化酶活性高的马铃薯品种，对晚疫病的抗性较大；凡是过氧化物酶、抗坏血酸氧化酶活性高的甘蓝品种，对真菌病害的抵抗力也较强。这就是说，植物呼吸作用与抗病能力呈正相关。呼吸加强为什么能减轻病害呢？原因是：

（1）分解毒素　病原菌侵入植物体后，会产生毒素（如黄萎病产生多酚类物质，枯萎病产生镰刀菌酸），把细胞毒死。旺盛的呼吸作用就能把这些毒素氧化分解为二氧化碳和水，或转化为无毒物质。

（2）促进伤口愈合　有的病菌侵入植物体后，植株表面可能出现伤口。呼吸有促进伤口附近形成木栓层的作用，伤口愈合快，把健康组织和受害部分隔开，不让伤口发展。

（3）抑制病原菌水解酶活性　病原菌靠自身水解酶的作用，把寄主的有机物分解，提供自身生活之需。寄主呼吸旺盛，就抑制病原菌的水解酶活性，因而防止寄主体内有机物分解，病原菌得不到充分养料，病情扩展就受限制。

（二）产生活性氧并促进细胞坏死

通常植物在感染病原菌的早期快速形成活性氧（ROS），杀死侵染部位的宿主细胞，这个过程称为超敏反应（hypersensitive response，HR）。HR是植物的一种早期防卫反应，为

植物抗病反应的一种典型特征，被侵染的植物细胞迅速死亡，使病原微生物不能从植物获得赖以生存的营养而随之死亡，从而限制了扩散。除了细胞坏死这一保护反应外，活性氧还可以直接杀死病原微生物，并且强化周边细胞的细胞壁；另外低浓度 ROS 在进入周边细胞后可以激活该细胞中的抗病反应。

（三）产生抑制物质

植物体内产生一些对病原微生物有抑制作用的物质，因而使植物有一定的抗病性。例如，银杏对各种病害都具有高度免疫力。即使在同一植物不同品种中，对某一病害的抵抗力也不一样。棉花中的海岛棉对枯萎病完全没有抵抗力，而中棉对枯萎病却有较高的抗病力。

植物对病原微生物有防御反应的物质很多，主要有下列几种类型：

（1）植物防御素　植物防御素（phytoalexin，也称植物抗毒素或植保素）是植物受侵染后才产生的一类低相对分子质量的抗病原微生物的化合物。植物在受侵染后才会形成。普遍认为，植物防御素的功能是专门起防御病斑扩展的作用。当病原菌入侵后，就在侵入点四周的组织形成坏死斑，限制病菌扩展，它产生的速率和积累的数量与抗病程度有关。已在 17 种植物发现 200 多种植物防御素，其中对倍半萜烯植物防御素和异类黄酮植物防御素两类研究最多。前者主要在茄科植物中，有甘薯酮（甘薯黑疤酮）、辣椒素（capsidiol）等；后者主要在豆科植物中，有豌豆素、菜豆抗毒灵、大豆抗毒素（glyceollin）等（图 13-8）。

（2）木质素　植物感染病原微生物后，木质化作用加强，以阻止病原菌进一步扩展。有人用霜霉菌感染萝卜根，与对照相比，木质素含量增加；对照组的木质素含有丁香酰单位（从芥子醇衍生而来），而感染组木质素含有较多愈创木酰单位（从松柏醇衍生而来）。由于异黄酮类植物防御素和木质素的生物合成都必须经过苯丙氨酸解氨酶（PAL）的催化，所以 PAL 活性与抗病性密切有关。

（3）抗病蛋白　当病原微生物侵染寄主植物时，植物能生成一些抗病蛋白质和酶，包括几丁质酶、β-1,3- 葡聚糖酶、植物凝集素以及病原相关蛋白等。

几丁质酶（chitinase）能水解许多病原菌细胞壁的几丁质。烟草叶片感染软腐欧氏杆菌后 48 h，几丁质酶活性增加 12 倍，可水解病原菌细胞壁，所以几丁质酶起着防卫作用。β-1,3- 葡聚糖酶（β-1,3-glucanase）能水解病原菌细胞壁的 1,3- 葡聚糖。寄主受感染时，此酶的活性迅速增高，分解病原菌的胞壁。此酶常与几丁质酶一起诱导形成，协同抗病。

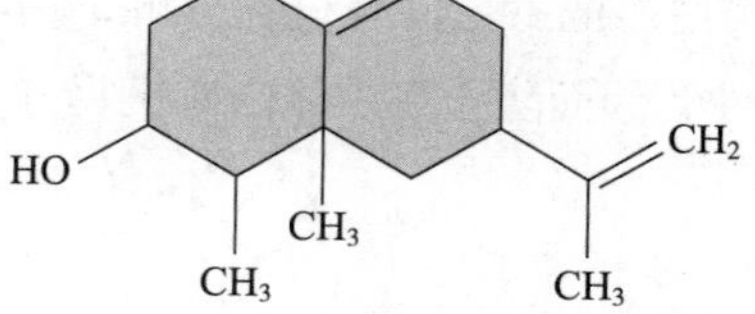

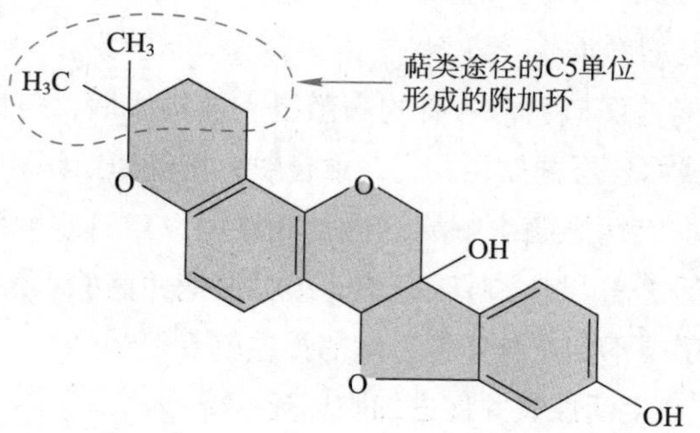

图 13-8　两种植物防御素的结构

病原相关蛋白（pathogenesis-related protein，PR）是植物被感染后产生的一种或多种新的蛋白质。已在 20 多种植物中发现 PR。如烟草有 33 种 PR，玉米有 8 种 PR。PR 起源于寄主植物，它的积累与植物的抗病性密切相关。

植物凝集素（lectin）是一类能与多糖结合或使细胞凝集的蛋白，多数为糖蛋白。小麦、大豆和花生的凝集素能抑制多种病原菌的菌丝生长和孢子萌发。水稻胚中的凝集素能使稻瘟病菌的孢子凝集成团，甚至破裂。

三、植物的天然免疫系统及抗病机制

植物中存在与动物类似的天然免疫系统（innate immunity），诱导一系列防卫反应。防卫反应由两类来源于病原微生物的分子引发，一类是存在于病原微生物表面的保守分子结构（病原相关分子模式，pathogen-associated molecular pattern，PAMP），在植物细胞膜上有模式识别受体（pattern recognition receptor，PRR），识别 PAMP 后激发基础防卫反应，该过程被称为病原相关分子模式触发的免疫反应（PAMP-triggered immunity，PTI），它使植物具有抵抗大多数病原物侵染的基本抗病能力。另一类引发物是由病原物 type-III 分泌系统运输到植物细胞的效应子（effector）或称效应蛋白，这些效应因子可以抑制 PTI，而诱导植物产生抗病基因编码的、具有高度特异性的抗病蛋白（R 蛋白）来识别病原物的效应因子，从而激发专化性防卫反应即效应因子触发的免疫反应（effector-triggered immunity，ETI）（图 13-9）。

目前将植物的天然免疫分为四个阶段，第一个阶段由 PRR 识别 PAMP 介导的 PTI，能够抑制病原菌的生长；第二个阶段是部分病原菌释放致病效应子，干扰 PTI，引起效应子触发的敏感性，进而促进病原菌的增殖；第三个阶段是 R 蛋白直接或间接地识别特异的效应子，引发 ETI，往往在病原菌的侵染位点引起超敏反应进而再次抑制病原菌的生长（图 13-9）；最后一个阶段是部分效应子通过自然选择的进化机制，避免被植物抗病蛋白识别，进而抑制 ETI，再次促进植物病原菌的生长。

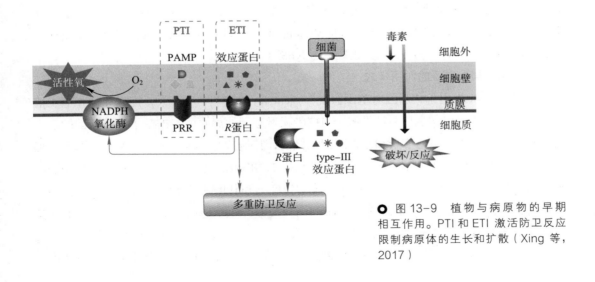

○ 图 13-9 植物与病原物的早期相互作用。PTI 和 ETI 激活防卫反应限制病原体的生长和扩散（Xing 等，2017）

（一）PTI 免疫反应

植物第一个水平的 PTI 免疫途径能有效阻止大多数致病病原菌的进入。不同的病原菌，特别是细菌和真菌，会向周围释放多种物质，包括多糖、脂肪酸、毒素等，病原菌分泌的某些特殊物质作为非特异激发子能使宿主植物识别病原菌。植物中能识别这些激发子的受体的具体定位目前还不清楚，但大多数受体存在于细胞表面，少数位于细胞内。研究表明，细胞表面的病原相关分子模式 PAMP 受体大多为跨膜蛋白，其细胞外含有一个富含亮氨酸重复序列的区域，细胞内含有一个激酶结构域。目前在植物中已经发现了许多 PAMP，迄今为止研究最为深入的 PAMP 是细菌的鞭毛蛋白（flagellin），它是构成细菌鞭毛的亚单位蛋白，而植物识别鞭毛蛋白的模式识别受体是 FLS2（flagellin-sensing 2），为富含亮氨酸重复序列的类受体激酶。大多数真菌的细胞壁都含有几丁质，N-乙酰几丁质寡糖作为真菌的 PAMPs，能引起小麦、大麦等许多植物的抗性反应，水稻中几丁质的模式识别受体是几丁质结合蛋白（chitin elicitor binding protein，CEBiP）。

（二）ETI 免疫反应

1. 病原无毒基因与效应因子

病原微生物通过 III 型分泌系统（type-III secretion system，TTSS）每次能向宿主植物细胞中释放 15~30 种效应子，这些效应子通常使病原菌修饰或改变宿主植物中参与抗病通路的某些蛋白，以减弱或抑制植物的抗病能力，利于自身的生长，最终达到使植物发病的目的。病原菌中编码这类效应子的基因被称为无毒基因（avirulence gene，简称 Avr 基因）。

已经发现并克隆到了多种 Avr 基因，在针对 FLS2 识别 flg22 的 PTI 途径中，假单胞菌至少产生了 AvrPto、AvrPtoB 和 AvrPphB 等 3 种效应子来抑制 FLS2 的识别并促进细菌的繁殖和侵染作用。AvrPto 可以和 FLS2 等模式识别受体的激酶区域相互作用，从而通过抑制受体的激酶活性来抑制 PTI 途径；AvrPtoB 能将 FLS2 泛素化，使之降解从而抑制 FLS2 的识别作用；AvrPphB 则是通过特异性降解 PTI 下游通路中的激酶来抑制信号的传递。

2. 植物抗病基因与 R 蛋白

病原菌向宿主植物分泌效应子后，植物能够通过抗病基因（disease resistance gene，R gene）编码的抗病蛋白（R 蛋白）去直接或者间接识别并结合效应子，抑制病原菌的侵染。如果效应子没能被抗病蛋白识别，就抑制了宿主植物的免疫应答，致使植物发病。大多数 R 蛋白都含有核苷酸结合位点（Nucleotide binding site，NBS）结构域和富含亮氨酸重复序列（Leucine Rich Repeat，LRR），因此也被称为 NBS-LRR 蛋白。

3. R 蛋白与效应子的作用模式

1971 年 Flor 提出了"基因对基因假说"（gene for gene hypothesis），把病原菌和宿主植物的关系分为亲和与不亲和两种类型，当携带无毒基因的病原菌与携带了抗病基因的宿主植物互作时，植物表现出不亲和性，即宿主抗病；其他情况下两者表现为亲和，即宿主感病。该假说认为 R 蛋白与效应子是直接相互作用的，R 蛋白直接识别效应子的显著例子是水稻中抗病蛋白 Pita 能够直接结合稻瘟菌分泌的效应子 AvrPita 并抑制其功能。之后在该假说的基础上进一步提出了"保卫假说"（guard hypothesis），即间接相互作用模式。认为 ETI 免疫反应中 R 蛋白与效应子之间是通过另一个蛋白以间接方式相互作用的。目前认为，在大多数情况下，植物抗病蛋白都是通过间接方式去识别效应子，例如拟南芥中的植物抗病蛋白

○ 知识拓展 13-8 FLS2 蛋白识别 flg22 及其激活机制

○ 知识拓展 13-9 水稻抗稻瘟病 NBS-LRR 基因的研究

RPM1，只有当病原菌分泌的效应子 AvrRpm1 和 AvrB 将 RIN4 蛋白磷酸化后，RPM1 才能识别磷酸化的 RIN4，最终引起 HR，起到免疫的作用。

● 知识拓展 13–10
植物抗病蛋白
RPM1 的抗病机制

（三）植物系统获得抗性

超敏反应是植物的一种早期防卫反应，这种反应只是在寄主与病原微生物间专一性侵染和抗病反应中发生，具有植物品种与病原小种间的生理特异性，因此也把这种抗性称为生理小种专化抗性。在超敏反应产生局部抗性之后，能够活化更多的抗性基因表达，使植物产生非专化性的抗性即系统获得抗性（systematic acquired resistance，SAR）。SAR 是植株被侵染细胞中产生的抗病信号传递到其他非侵染部位甚至整株植物后，使植物全株获得的抗病能力，这种抗性使植物再次被感染时具有抵抗的能力，而且大多具有广谱性。目前认为水杨酸是激发系统获得性抗性的主要信号分子，水杨酸信号途径中的 NPR1（nonexpressor of pathogenesis-related genes1）对植物的 SAR 起核心调控作用。

四、植物激素在抗病反应中的功能

在植物抗病过程中，水杨酸和茉莉酸被认为起主要调控作用，是防卫激素。其中，水杨酸也是一种重要的免疫激素信号分子，主要参与植物对活体或半活体营养寄生型病原菌抗性的信号途径。植物受到病原菌侵染后，体内水杨酸水平显著提高，产生系统获得性抗性。

NPR1 是位于水杨酸下游和 *PR* 基因上游的关键调节因子，NPR1 缺失后导致 *PR* 基因不表达，植物的 SAR 丧失。在水稻、烟草、番茄、小麦和苹果等多种植物中均发现 NPR1 基因的过量表达能够显著提高植物抗病性，说明在高等植物中 NPR1 调控植物免疫反应是一种保守机制。NPR1 的同源蛋白 NPR3 和 NPR4 是水杨酸的受体，当植物被病原菌侵染后，高浓度的水杨酸积累在侵染部位，促进该部位细胞中 NPR3 和 NPR1 相互作用，导致 NPR1 被降解，NPR1 不能发挥抗病作用从而引起侵染部位产生 PCD 以及 ETI；而侵染部位相邻的细胞中水杨酸含量相对较低，NPR1 不能被 NPR3 结合并降解，因此 NPR1 能够在细胞核中与其他转录因子相互作用促进 *PR* 基因的表达使植物获得抗病能力。外施水杨酸或者功能类似物能够增强植物的抗病能力，这在农业生产中具有应用的潜力。

茉莉酸信号途径主要调控植物对腐生营养型病原菌的抗性，植物受到腐生型病原菌和根际非病原性微生物的入侵时，茉莉酸含量会快速积累，诱导植物产生一系列由腐生型病原菌引起的免疫反应以及由根际微生物引起的诱导性系统抗性（induced systemic resistance，ISR）。通常认为在植物对病原微生物的免疫反应中，茉莉酸与水杨酸之间存在相互拮抗作用。

● 知识拓展 13–11
水杨酸与茉莉酸在
植物抗病中的相互
作用

许多植物的抗病突变体显示出形态或者发育上的变化。近年来发现生长素、赤霉素、细胞分裂素、油菜素内酯、乙烯以及脱落酸均参与调节植物的抗病反应，植物激素间的互作与动态平衡影响着植物的抗病性，并协调植物抗病性与其生长发育的整体平衡。

● 小结

逆境的种类多种多样，都引起植物的细胞膜破坏，细胞脱水，各种代谢无序进行。植物在非生物胁迫下，进行各种应答反应，只有适应逆境胁迫和具有抗逆性的植株才得以生存。适应性的应答反应包括快速上调脱落酸等胁迫激素含量、积累渗透调节物质（脯氨酸、甜菜碱等）、提高抗氧化酶系统（SOD、CAT、POD、GR 等）活性、形成胁迫蛋白（热激蛋白、抗冻蛋白）、诱导抗性相关基因的表达等，以此调节细胞代谢，提高植物的抵御能力。植物可以通过逆境锻炼，应用生长调节剂、合理施肥、选育耐逆境品种等途径提高抗逆性。

非生物胁迫信号传递的过程是：由位于细胞表面的信号受体感受到胁迫信号，与受体偶联的蛋白质发生磷酸化、去磷酸化等修饰，激起（或抑制）信号级联反应，诱导一系列相关基因表达，调节细胞的生理变化和形态改变。

作物抵抗病原微生物表现在：加强氧化酶活性；促进组织坏死以防止病菌扩展；产生抑制物质，例如植物防御素、木质素、抗病蛋白（几丁质酶、β-1,3 – 葡聚糖酶、病原相关蛋白、植物凝集素、激发子等）。植物中存在天然免疫系统，通过病原相关分子模式诱导的免疫反应（PTI）和效应子诱导的免疫反应（ETI）可激活防卫反应，限制病原微生物的生长和扩散。植物在局部对病原微生物产生专化抗性后，能够通过水杨酸获得广谱性的系统获得性抗性。

○ **名词术语**

胁迫　应答　抗逆性　生物胁迫　非生物胁迫　抗氧化系统　渗透胁迫　Halliwell–Asada 途径　丙二醛　渗透调节物质　逆境锻炼　抗冻蛋白　热激蛋白　冷害　冻害　盐害　交叉适应　植物防御素　CBF 转录因子　SOS 信号转导途径　超敏反应　凝集素　天然免疫系统　效应子　PTI　ETI　FLS2 蛋白　病原相关蛋白　抗病蛋白　系统获得抗性

○ **思考题**

1. 当植物在短时间内遇到逆境时，具有一定的忍受能力，请分析原因。

2. 盐胁迫通过什么方式对植物造成伤害？植物又通过哪些方式获得耐盐性？

3. 分析植物产生胁迫蛋白的生物学意义？

4. 植物的耐旱性是如何划分的？衡量作物的耐旱性有哪些指标？

5. 生物膜在各种对非生物胁迫抗性中的作用有什么特点？

6. 哪些植物激素与植物抵御非生物胁迫相关？它们是如何起作用的？

7. 水稻如何抵抗稻瘟病病原菌？

○ **更多数字课程资源**

术语解释　　　　推荐阅读　　　　参考文献

索 引